21世纪高等教育计算机规划教材

COMPUTER

PHP和MySQL Web应用开发

PHP and MySQL Web Application Development

刘乃琦 李忠 主编

李雯 宋燕红 汪文彬 陈亮亮 副主编

人民邮电出版社

北京

图书在版编目（CIP）数据

PHP和MySQL Web应用开发 / 刘乃琦，李忠主编. --
北京 ：人民邮电出版社，2013.1(2019.1重印)
21世纪高等教育计算机规划教材
ISBN 978-7-115-29841-6

Ⅰ. ①P… Ⅱ. ①刘… ②李… Ⅲ. ①
PHP语言－程序设计－高等学校－教材②关系数据库－数据
库管理系统－程序设计－高等学校－教材 Ⅳ. ①
TP312②TP311.138

中国版本图书馆CIP数据核字(2012)第289109号

内 容 提 要

PHP+MySQL 是开发 Web 应用程序的经典组合，具有开放源代码、可以免费下载使用和支持多种操作系统平台等特点，被国内外众多网站广泛采用，具有很强的实用性。本书首先系统介绍 PHP 程序设计和 MySQL 数据库管理的基础知识，然后结合几个使用 PHP+MySQL 开发 Web 应用程序的实例，包括网络留言板、网络投票系统、网络流量统计系统、二手交易市场系统等，全面介绍了使用 PHP 和 MySQL 开发 Web 应用程序的方法和技巧。

本书既可以作为大学本、专科“Web 应用程序设计”课程的教材，也可作为高职高专院校相关专业的教材，或作为 Web 应用程序开发人员的参考用书。

◆ 主　　编　刘乃琦　李　忠
副 主 编　李　雯　宋燕红　汪文彬　陈亮亮
责任编辑　邹文波
◆ 人民邮电出版社出版发行　　北京市丰台区成寿寺路 11 号
邮编　100164　　电子邮件　315@ptpress.com.cn
网址　http://www.ptpress.com.cn
固安县铭成印刷有限公司印刷
◆ 开本：787×1092　1/16
印张：21.25　　2013 年 1 月第 1 版
字数：558 千字　　2019 年 1 月河北第 7 次印刷

ISBN 978-7-115-29841-6

定价：45.00 元

读者服务热线：(010)81055256　印装质量热线：(010)81055316
反盗版热线：(010)81055315

前 言

互联网技术的不断发展和普及已经改变了人们的工作和生活习惯，很多人希望能够通过互联网足不出户地满足自己的需求，电子商务已经成为许多企事业单位的业务发展方向。因此，如何构建互连网站、开发 Web 应用程序已经成为当前的热门技术之一。高校的许多专业都开设了相关的课程。

开发 Web 应用程序必须了解两部分内容，即前台的开发工具和后台的数据库，本书选择了这一领域中的经典组合 PHP+MySQL，使读者能够掌握最实用的开发技术。PHP 和 MySQL 具有开放源代码、可以免费下载使用和支持多种操作系统平台等特点，是开发 Web 应用程序的最佳选择之一。

编者在多年开发 Web 应用程序和研究相关课程教学的基础上编写了本书。全书内容分为 3 个部分。第 1 部分介绍 PHP 程序设计基础，由第 1 章 ~ 第 8 章组成，全面地讲解了开发 Web 应用程序的基本流程、配置 PHP 服务器环境、PHP 语言基础、数组、接收用户的数据、自定义函数、面向对象程序设计和会话处理；第 2 部分介绍 MySQL 数据库的管理和开发接口，由第 9 章 ~ 第 11 章组成，比较详尽地讲解了 Web 应用程序所必备的后台数据库管理及开发技术，读者无须再查阅其他数据库管理的参考资料，即可开发 PHP+MySQL。第 2 部分还介绍几个非常实用的案例，包括网络留言板实例、网络投票系统、网站流量统计系统和二手交易市场系统。这些案例具有很强的实用性，读者可以通过这些案例系统学习开发 Web 应用程序的过程和技术，也可以在实例的基础上稍加修改，独立使用。第 3 部分是附录，包括为了便于老师教学和学生实践设计的实验和 1 个综合性的大作业，以及 HTML 语言的介绍。另外，本书每章都配有相应的习题，帮助读者理解所学习的内容，使读者加深印象、学以致用。

本书提供教学 PPT 课件、源程序文件等，需要者可以登录人民邮电出版社教学服务与资源网（http://www.ptpedu.com.cn）免费下载。

本书在内容的选择、深度的把握上充分考虑初学者的特点，内容安排上力求做到循序渐进，不仅适合教学，也适合开发 Web 应用程序的各类人员自学使用。

本书由刘乃琦、李忠任主编，李雯、宋燕红、汪文彬、陈亮亮任副主编。其中，刘乃琦、李忠策划并对全书进行统稿，李雯编写了本书的第 1 章~第 3 章，宋燕红编写了本书的第 4 章~第 8 章，汪文彬编写了本书的第 9 章~第 10 章，陈亮亮编写了本书的第 11 章和附录 A。此外，李晓黎编写了本书的附录 B 和附录 C。

由于编者水平有限，书中难免存在不足之处，敬请广大读者批评指正。

编 者

2012 年 11 月

目录

第1章 Web应用程序设计与开发概述 ……1

1.1 应用网络模型的演变 ……1
1.1.1 主机/终端网络模型 ……1
1.1.2 客户机/服务器（C/S）网络模型 ……2
1.1.3 浏览器/服务器（B/S）网络模型 ……3
1.2 Web应用程序的工作原理 ……4
1.2.1 Web应用程序的发展历史和工作原理 ……4
1.2.2 Web 应用程序的组成及各部分的主要功能 ……5
1.2.3 网页的分类与布局 ……6
1.3 Web应用程序的基本开发流程 ……8
1.3.1 准备Web服务器 ……8
1.3.2 安装操作系统 ……8
1.3.3 安装Web服务器应用程序 ……8
1.3.4 安装和配置脚本语言编辑工具 ……9
1.3.5 安装和配置后台数据库系统 ……9
1.3.6 设计数据库结构，创建数据库对象 ……9
1.3.7 设计Web应用程序中包含的模块和页面 ……9
1.3.8 设计网页界面 ……9
1.3.9 设计Web应用程序，编写脚本语言代码 ……10
1.3.10 测试Web应用程序，通过测试后上线运行 ……10
1.3.11 开发Web应用程序的项目组组成和分工 ……10
练习题 ……11

第2章 搭建PHP服务器和开发环境 ……12

2.1 安装与配置Apache HTTP Server ……12
2.1.1 安装Apache HTTP Server ……12
2.1.2 配置Apache HTTP Server ……14
2.2 安装与配置PHP ……17
2.2.1 安装PHP ……17
2.2.2 配置PHP ……17
2.3 安装MySQL数据库及其管理工具 ……19
2.3.1 安装MySQL数据库 ……19
2.3.2 安装和配置phpMyAdmin ……21
2.4 搭建PHP开发环境 ……23
2.4.1 安装Dreamweaver 8 ……23
2.4.2 安装EclipsePHP Studio 3 ……23
练习题 ……23

第3章 PHP语言基础 ……25

3.1 初识PHP ……25
3.1.1 一个简单的PHP程序 ……25
3.1.2 PHP语言的基本语法 ……25
3.1.3 PHP注释 ……27
3.1.4 初学者的常见问题 ……27
3.2 常量和变量 ……28
3.2.1 数据类型 ……28
3.2.2 常量 ……29
3.2.3 变量 ……30
3.2.4 类型转换 ……32
3.3 运算符和表达式 ……32
3.3.1 运算符 ……32
3.3.2 表达式 ……36
3.4 常用语句 ……36
3.4.1 赋值语句 ……36
3.4.2 条件分支语句 ……36
3.4.3 循环语句 ……41
3.5 字符串处理 ……43
3.5.1 字符串常量 ……43
3.5.2 字符串中的字符 ……44
3.5.3 获取字符串的长度 ……44

3.5.4 比较字符串……45
3.5.5 将字符串转换到 HTML 格式……46
3.5.6 替换字符串……48
3.5.7 URL 处理函数……48
3.6 在 PHP 脚本中使用 JavaScript 编程……50
3.6.1 JavaScript 脚本的使用……50
3.6.2 数据类型和变量……50
3.6.3 弹出警告对话框……51
3.6.4 弹出确认对话框……51
3.6.5 document 对象……52
3.6.6 弹出新窗口……54
3.7 开发与调试 PHP 程序……55
3.7.1 使用 Dreamweaver 设计网页……55
3.7.2 创建 PHP 工程……59
3.7.3 创建和编辑 PHP 文件……60
3.7.4 运行 PHP 程序……62
3.7.5 调试 PHP 程序……65
练习题……67

第 4 章 数组的使用……69

4.1 数组的概念和定义……69
4.1.1 数组的概念……69
4.1.2 定义一维数组……70
4.1.3 定义多维数组……71
4.2 数组元素……72
4.2.1 访问数组元素……72
4.2.2 添加数组元素……72
4.2.3 删除数组元素……73
4.2.4 定位数组元素……74
4.2.5 遍历数组元素……76
4.2.6 确定唯一的数组元素……78
4.3 常用数组操作……79
4.3.1 数组排序……79
4.3.2 填充数组……80
4.3.3 合并数组……80
4.3.4 拆分数组……80
4.3.5 数组统计……81
练习题……82

第 5 章 接收用户的数据……84

5.1 创建和编辑表单……84
5.1.1 创建表单……84
5.1.2 文本域……86
5.1.3 文本区域……86
5.1.4 单选按钮……87
5.1.5 复选框……87
5.1.6 列表/菜单……88
5.1.7 按钮……89
5.2 在 PHP 中接收和处理表单数据……89
5.2.1 GET 提交方式……89
5.2.2 POST 提交方式……91
5.2.3 GET 和 POST 混合提交方式……91
5.2.4 使用 JavaScript 验证表单的输入……92
5.3 用户身份认证……92
5.3.1 使用表单提交用户身份认证信息……93
5.3.2 使用 HTTP 认证机制……94
5.4 文件上传……95
5.4.1 使用 POST 方法上传文件……95
5.4.2 配置文件上传……98
练习题……99

第 6 章 自定义函数的使用……100

6.1 创建和调用函数……100
6.1.1 创建自定义函数……100
6.1.2 调用函数……101
6.1.3 变量的作用域……101
6.1.4 静态变量……103
6.1.5 变量函数……103
6.2 参数和返回值……104
6.2.1 在函数中传递参数……104
6.2.2 函数的返回值……106
6.3 函数库……107
6.3.1 定义函数库……107
6.3.2 引用函数库……108
练习题……108

第 7 章 PHP 面向对象程序设计……111

7.1 面向对象程序设计思想简介……111
7.2 定义和使用类……112
7.2.1 声明类……112

7.2.2 定义类的对象……114
7.2.3 静态类成员……115
7.2.4 instanceof 关键字……116
7.3 类的继承和多态……117
7.3.1 继承……117
7.3.2 抽象类和多态……119
7.4 复制对象……120
7.4.1 通过赋值复制对象……120
7.4.2 通过函数参数复制对象……121
练习题……122

第 8 章 会话处理……123

8.1 什么是会话处理……123
8.1.1 问题的提出……123
8.1.2 解决方案……124
8.2 Cookie 的应用……124
8.2.1 Cookie 的工作原理……125
8.2.2 设置 Cookie 数据……125
8.2.3 读取 Cookie 数据……126
8.2.4 删除 Cookie 数据……127
8.2.5 在用户身份验证时使用 Cookie……128
8.3 Session 的应用……129
8.3.1 Session 的工作原理……129
8.3.2 开始会话……130
8.3.3 全局数组$_SESSION……130
8.3.4 删除会话变量……132
8.3.5 销毁会话……133
8.3.6 配置 Session……134
练习题……134

第 9 章 MySQL 数据库管理……136

9.1 数据库技术基础……136
9.1.1 数据库的概念……136
9.1.2 关系型数据库管理系统……137
9.1.3 数据模型……138
9.1.4 SQL 语言……139
9.2 MySQL 数据库管理工具……140
9.2.1 MySQL 命令行工具……140
9.2.2 图形化 MySQL 数据库管理工具 phpMyAdmin……143
9.3 创建和维护数据库……145
9.3.1 创建数据库……145
9.3.2 删除数据库……146
9.3.3 备份数据库……147
9.3.4 恢复数据库……148
9.4 表管理……149
9.4.1 表的概念……149
9.4.2 MySQL 数据类型……149
9.4.3 创建表……151
9.4.4 编辑和查看表……153
9.4.5 删除表……155
9.5 管理和查询数据……155
9.5.1 插入数据……155
9.5.2 修改数据……157
9.5.3 删除数据……159
9.5.4 在 phpMyAdmin 中查询数据……160
9.5.5 使用 SELECT 语句查询数据……162
9.6 视图管理……167
9.6.1 视图概述……167
9.6.2 创建视图……167
9.6.3 修改视图……168
9.6.4 删除视图……169
练习题……169

第 10 章 在 PHP 中访问 MySQL 数据库……171

10.1 MySQL 数据库访问函数……171
10.1.1 连接到 MySQL 数据库……171
10.1.2 执行 SQL 语句……172
10.1.3 分页显示结果集……176
10.2 设计“网络留言板”实例……179
10.2.1 系统功能分析及数据库设计……179
10.2.2 定义数据库访问类……181
10.2.3 设计留言板的主页……181
10.2.4 显示主题留言……184
10.2.5 添加新留言……187
10.2.6 回复和删除留言……190
10.3 设计“网络投票系统”实例……191
10.3.1 系统功能分析及数据库设计……191
10.3.2 设计投票项目管理模块……192

10.3.3 投票界面设计……197
10.4 设计“网站流量统计系统”实例……201
10.4.1 系统功能分析及数据库设计……201
10.4.2 定义数据库访问类……203
10.4.3 设计函数库……204
10.4.4 设计访问者界面……206
10.4.5 网站信息界面设计……208
10.4.6 最近访问者界面设计……211
10.4.7 按月统计界面设计……211
10.4.8 按年统计界面设计……213
练习题……214

第 11 章 设计“二手交易市场系统”实例……215

11.1 需求分析与总体设计……215
11.1.1 系统总体设计……215
11.1.2 数据库结构设计与实现……216
11.2 目录结构与通用模块……218
11.2.1 目录结构……218
11.2.2 设计数据库访问类……218
11.3 管理主界面与登录程序设计……221
11.3.1 管理用户登录程序设计……221
11.3.2 设计管理主界面……223
11.3.3 设计 admin\Left.php……223
11.4 公告信息管理模块设计……224
11.4.1 设计公告管理页面……224
11.4.2 添加公告信息……226
11.4.3 修改公告信息……228
11.4.4 删除公告信息……229
11.4.5 查看公告信息……230
11.5 商品分类管理模块设计……231
11.5.1 商品分类管理页面……231
11.5.2 添加商品分类……233
11.5.3 修改商品分类……234
11.5.4 删除商品分类……235
11.6 二手商品后台管理……236
11.6.1 商品信息管理页面……236
11.6.2 删除商品信息……237
11.7 管理员用户管理……237
11.7.1 设计用户管理页面……237
11.7.2 删除用户信息……238
11.7.3 设计密码修改页面……239
11.8 系统主界面与登录程序设计……240
11.8.1 设计主界面……240
11.8.2 设计 Left.php……243
11.8.3 注册用户登录程序设计……246
11.9 商品信息管理……247
11.9.1 分类查看商品信息……247
11.9.2 添加商品信息……249
11.9.3 商品图片上传……251
11.9.4 查看商品信息……251
10.9.5 查看我的商品列表……252
11.9.6 修改商品信息……254
11.9.7 删除商品信息……255
11.9.8 结束商品信息……255
11.10 个人用户管理模块设计……256
11.10.1 注册新用户……256
11.10.2 退出登录……257

附录 A 实验……258

实验 1 搭建 PHP 服务器……258
目的和要求……258
实验准备……258
实验内容……258
实验 2 PHP 语言基础……261
目的和要求……261
实验准备……261
实验内容……261
实验 3 使用 Dreamweaver 设计网页……264
目的和要求……264
实验准备……264
实验内容……264
实验 4 安装和使用 EclipsePHP Studio……266
目的和要求……266
实验准备……266
实验内容……266
实验 5 使用数组……268
目的和要求……268
实验准备……268
实验内容……268

实验 6　创建和编辑表单 ……269
目的和要求……269
实验准备……270
实验内容……270
实验 7　使用自定义函数 ……271
目的和要求……271
实验准备……272
实验内容……272
实验 8　面向对象程序设计 ……272
目的和要求……272
实验准备……273
实验内容……273
实验 9　会话处理 ……273
目的和要求……273
实验准备……274
实验内容……274
实验 10　MySQL 数据库管理 ……274
目的和要求……274
实验准备……275
实验内容……275
实验 11　在 PHP 中访问 MySQL 数据库 ……279
目的和要求……279
实验准备……279
实验内容……279
大作业：软件资源下载系统 ……281
项目 1　系统及数据库结构设计 ……281
项目 2　目录结构与通用模块 ……283
项目 3　设计管理员主界面 ……286
项目 4　后台管理模块设计 ……288
项目 5　系统主界面程序设计 ……303

附录 B　HTML 语言简介……316

B1　基本结构标记……316
B2　设置网页背景和颜色……317
B3　设置字体属性……317
B4　超级链接……318
B5　图像和动画……319
B6　表格 ……320
B7　使用框架……321
B8　层叠样式表……322

附录 C　下载本书所需的软件……325

C1　下载 Apache HTTP Server ……325
C2　下载 PHP ……326
C3　下载 EclipsePHP Studio ……327
C4　下载 xdebug 插件……328
C5　下载 MySQL 数据库……329
C6　下载 phpMyAdmin ……330

第 1 章 Web 应用程序设计与开发概述

随着互联网技术的应用和普及，人类社会已经进入了信息化的网络时代，开发 Web 应用程序已经成为程序员的必备技能。开发 Web 应用程序必须了解两部分内容，即用于编写应用程序的开发语言和用于存储数据的数据库，本书选择了这一领域中的经典组合 PHP 和 MySQL。PHP 和 MySQL 具有开放源代码、可以免费下载使用和支持多种操作系统平台等特点，是开发 Web 应用程序的最佳选择之一。

为了使读者更好地理解 Web 应用程序的开发过程，本章介绍 Web 应用程序的演变、发展和工作原理，使读者从宏观上了解开发 Web 应用程序需要掌握哪些技术，为学习本书后面的内容奠定基础。

1.1 应用网络模型的演变

早期的计算机只是独立的主机，用于完成一系列单独的任务，比如数学计算，主机之间并无连接。随着计算机技术的应用和推广，使用计算机的用户越来越多。出于共享资源、相互通信等需求，人们开始研发不同的网络模型，从实验室里的小型局域网，发展到今天的无处不在、无所不能的互联网，期间主要经历了主机/终端、客户机/服务器（C/S）、浏览器/服务器（B/S）等应用网络模型的演变。

1.1.1 主机/终端网络模型

主机/终端（mainframe /terminal）网络模型是个人计算机没产生之前比较流行的网络模型，其工作原理如图 1-1 所示。

1. 主机（mainframe）

主机（mainframe），也称作大型主机或大型机，是 19 世纪 60 年代发展起来的计算机系统，具有一流的处理能力、稳定性和安全性。在主机/终端网络模型中，终端通过分时系统轮流分配使用主机的处理器和内存，因此主机的硬件配置通常很高。早期的主机甚至体积都很大，如 1954 年推出的 IBM 704 大型机，如图 1-2 所示。因为成本很高，通常只有政府、金融系统、科学计算等行业使用大型机系统。

在主机/终端（mainframe /terminal）网络模型中，主机并不一定使用大型机，也可以使用服务器，甚至普通 PC。比较常见的主机/终端网络模型的应用就是一些超市的收银系统，其主机显然不可能使用昂贵的大型机。

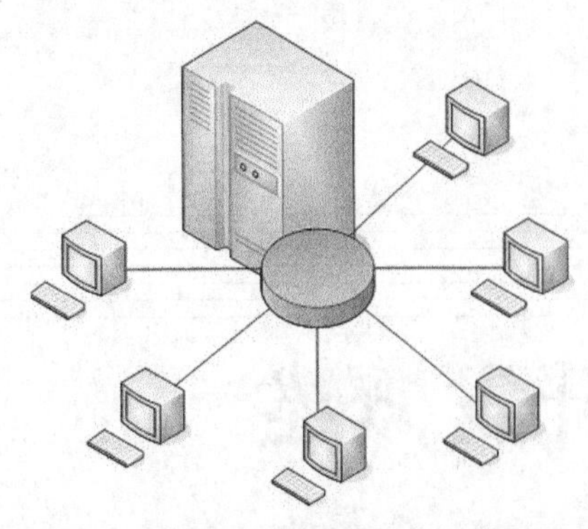

图 1-1　主机/终端网络模型的工作原理

图 1-2　IBM 704 大型机

2. 终端（terminal）

终端指端点用户与主机进行通信的设备，不具有存储和计算能力。传统的终端由键盘和显示器组成，如图 1-3 所示。

终端通过介质与主机连接。离开主机，终端几乎做不了任何事。用户通过键盘在终端上输入命令，终端通过介质将命令传送到主机，主机执行命令后将结果传送回终端，并显示在显示器的屏幕上（通常只支持字符模式）。终端上没有操作系统，因此不能安装任何应用软件，它所做的任何事情都是主机指示的。

图 1-3　传统的终端

主机/终端网络模型在个人计算机出现之前曾广泛应用。20 世纪 80 年代直至 90 年代初，国内实验室的机房基本都采用主机/终端网络模型。

随着个人计算机的推广，现在已经很少有人使用终端了。但还有一些银行和超市使用主机/终端网络模型。

1.1.2　客户机/服务器（C/S）网络模型

随着个人计算机逐渐取代终端，从主机/终端网络模型也衍生出了客户机/服务器（C/S）网络模型，其工作原理如图 1-4 所示。

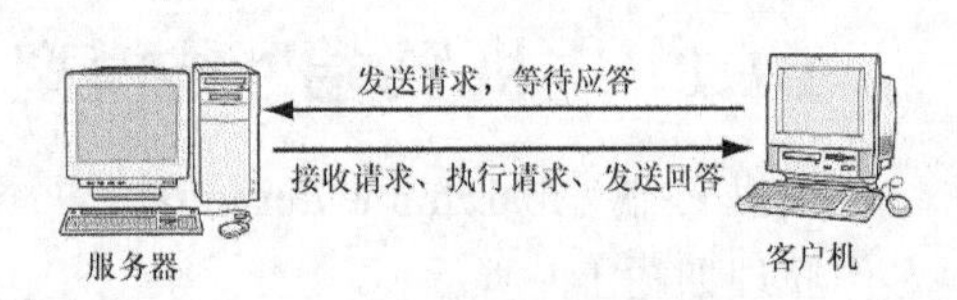

图 1-4　客户机/服务器网络模型

因为个人计算机有独立的处理能力，所以客户机/服务器网络模型对服务器的要求并不是很高，不需要使用大型机，在一般的应用中只需要使用 PC 服务器即可。

客户机/服务器网络模型的特点是客户机通过发送一条消息或一个操作来启动与服务器之间的交互，而服务器通过返回消息进行响应。

典型的客户机/服务器网络模型就是支持多用户的数据库管理系统，比如本书介绍的 MySQL 数据库。

客户机/服务器结构把整个任务划分为客户机上的任务和服务器上的任务。下面以数据库管理系统为例进行说明。

客户机必须安装操作系统和必要的客户端应用软件，客户机上的任务主要如下。

- 建立和断开与服务器的连接。
- 提交数据访问请求。
- 等待服务通告，接收请求结果或错误。
- 处理数据库访问结果或错误，包括重发请求和终止请求。
- 提供应用程序的友好用户界面。
- 数据输入/输出及验证。

同样，服务器也必须安装操作系统和必要的服务器端应用软件，服务器上的任务主要如下。

- 为多用户管理一个独立的数据库。
- 管理和处理接收到的数据访问请求，包括管理请求队列、管理缓存、响应服务、管理结果、通知服务完成等。
- 管理用户账号、控制数据库访问权限和其他安全性。
- 维护数据库，包括数据库备份、恢复等。
- 保证数据库数据的完整或为客户提供完整性控制手段。

1.1.3　浏览器/服务器（B/S）网络模型

在 C/S 网络模型中，客户端和服务器都需要安装相应的应用程序，而且不同的应用程序需要安装不同的客户端程序，系统部署的工作量很大。

随着互联网的应用和推广，浏览器/服务器（B/S）网络模型诞生了，其工作原理如图 1-5 所示。

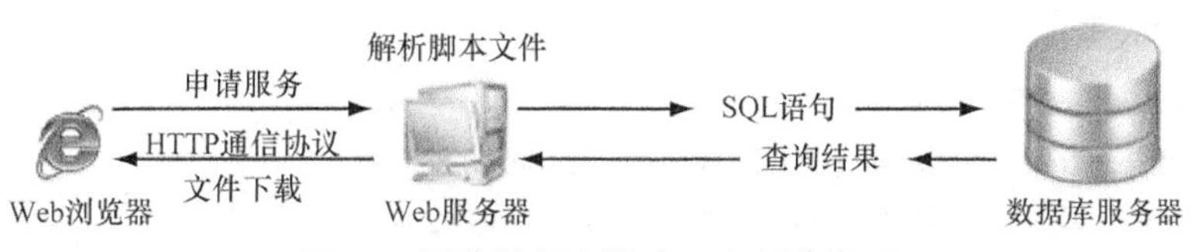

图 1-5　浏览器/服务器（B/S）网络模型

B/S 结构的应用程序只需要部署在 Web 服务器上即可，应用程序可以是 HTML（HTM）文件或 ASP、PHP 等脚本文件。用户只需要安装 Web 浏览器就可以浏览所有网站的内容，这无疑比 C/S 结构应用程序要方便得多。

Web 浏览器的主要功能如下。

- 由用户向指定的 Web 服务器（网站）申请服务。申请服务时需要指定 Web 服务器的域名或 IP 地址以及要浏览的 HTML（HTM）文件或 ASP、PHP 等脚本文件。如果使用 ASP 作为开发语言，则 Web 服务器只能使用 Windows；如果使用 PHP 作为开发语言，则 Web 服务器可以选择使用 Windows 或 UNIX、Linux 等多种平台。可见，PHP 具有更大的灵活性。而且 UNIX 平台下的软件多为开放源代码的免费软件，包括 MySQL 数据库，因此选择 PHP 开发 Web 应用程序的实施成本更低。
- 从 Web 服务器下载申请的 HTML（HTM）文件。
- 解析并显示 HTML（HTM）文件，用户可以通过 Web 浏览器申请指定的 Web 服务器
- Web 浏览器和 Web 服务器使用 HTTP 协议进行通信。

Web 服务器通常需要有固定的 IP 地址和永久域名，其主要功能如下。

- 存放 Web 应用程序。
- 接收用户申请的服务。如果用户申请浏览 ASP、PHP 等脚本文件，则 Web 服务器会对脚本进行解析，生成对应的临时 HTML（HTM）文件。PHP 是服务器端的脚本语言。它可以嵌入

HTML 语言，因此在使用 PHP 编写 Web 应用程序时，可以先使用 Dreamweaver 设计网页界面，然后使用在网页中添加 PHP 程序，这对于程序设计人员是很方便的。

- 如果脚本中需要访问数据库，则将 SQL 语句传送到数据库服务器，并接收查询结果。
- 将 HTML（HTM）文件传送到 Web 浏览器。

1.2 Web 应用程序的工作原理

在 1.1.3 中已经介绍了 B/S 网络模型的工作原理。基于 B/S 网络模型的应用程序被称为 Web 应用程序。本节将介绍 Web 应用程序的发展历史、组成和工作原理。

1.2.1 Web 应用程序的发展历史和工作原理

本节概要地介绍 Web 应用程序产生和发展过程中一些主要技术的推出和应用情况，读者可以从技术的演变过程中进一步理解 Web 应用程序的工作原理。

1. Web 应用程序产生之前

在 Web 应用程序出现之前，“客户机/服务器”（C/S）是应用程序的主流架构。C/S 应用程序通过客户端程序它为用户提供管理和操作界面，而数据通常保存在服务器端。在部署 C/S 架构的应用程序时，需要为每个用户安装客户端程序，升级应用程序时也同样需要升级客户端程序。这无疑增加了维护成本。

2. Web 应用程序的产生

1990 年，欧洲原子物理研究所的英国科学家 TimBerners-Lee（见图 1-6）发明了 WWW（World Wide Web）。通过 Web，用户可以在一个网页里比较直观地表示出互联网上的资源。因此，TimBerners-Lee 被称为互联网之父。

图 1-6　互联网之父 TimBerners-Lee

采用 B/S 网络模型开发的应用程序被称为 Web 应用程序，Web 应用程序使用 Web 文档（网页）来表现用户界面，而 Web 文档都遵循标准 HTML 格式（包括 2000 年推出的 XHTML 标准格式）。因为所有 Web 文档都遵循标准化的格式，所以在客户端可以使用不同类型的 Web 浏览器查看网页内容。只要用户选择安装一种 Web 浏览器，就可以查看所有 Web 文档，从而解决了为不同应用程序安装不同客户端程序的问题。

Web 应用程序只部署在服务器端。用户在客户端使用浏览器浏览服务器上的页面，客户端与服务器之间使用超文本传送协议（HTTP）进行通信。早期的 Web 服务器只能简单地响应浏览器发送过来的 HTTP 请求，并将存储在服务器上的 HTML 文件返回给浏览器。客户端只接收到经过服务器端处理的静态网页。

3. 从静态页面到动态页面

这里所说的静态页面和动态页面并不是指页面的内容是静止的还是动态的视频或画面。静态页面指页面的内容在设计时就固定在页面的编码中，而动态页面则可以从数据库或文件中动态读取数据，并显示在页面中。以网上商场系统为例，如果使用静态页面浏览商品的信息，则只能在设计时为每个商品设计一个页面，新增商品，就需要新增对应的页面；如果使用动态页面浏览商品的信息，则可以使用一个页面显示所有商品的信息，页面中的程序根据商品编号从数据库中读取商品，然后显示在页面中。

Web 应用程序产生之初，Web 页面都是静态的，用户可以通过单击超链接等方式与服务器进行交互，访问不同的网页。

最早能够动态生成 HTML 页面的技术是 CGI（Common Gateway Interface）。1993 年，NCSA（National Center for Supercomputing Applications）提出了 CGI 1.0 的标准草案；1995 年，NCSA 开始制订 CGI 1.1 标准；1997 年，CGI 1.2 也被纳入了议事日程。CGI 技术允许服务端的应用程序根据客户端的请求，动态生成 HTML 页面，这样客户端就可以和服务端实现动态信息交换了。早期的 CGI 程序大多是编译后的可执行程序，其编程语言可以是 C、C++、Pascal 等任何通用的程序设计语言，也可以是 Perl、Python 等脚本语言。

1994 年，Rasmus Lerdorf（见图 1-7）发明了专门用于 Web 服务端编程的 PHP（Personal Home Page）工具语言。与以往的 CGI 程序不同，PHP 语言将 HTML 代码和 PHP 指令结合成为完整的服务端动态页面，程序员可以用一种更加简便、快捷的方式实现动态 Web 功能。这也正是本书要介绍的主要内容。

图 1-7 Rasmus Lerdorf 发明了 PHP 语言

1995 年，Netscape 公司推出了一种在客户端运行的脚本语言——JavaScript。使用 JavaScript 语言可以在客户端的用户界面上添加一些动态的元素，如弹出一个对话框。

1996 年，Macromedia 公司推出了 Flash，一种矢量动画播放器。它可以作为插件添加到浏览器中，从而在网页中显示动画。

同样在 1996 年，Microsoft 公司推出了 ASP 1.0。这是 Microsoft 公司推出的第 1 个服务器端脚本语言，使用 ASP 可以生成动态的、交互式的网页。从 Windows NT 4.0 开始，所有的 Windows 服务器产品都提供 IIS（Internet Information Services）组件，它可以提供对 ASP 语言的支持。在 ASP 中，可以使用 VBScript 和 JavaScript 等脚本语言开发服务器端 Web 应用程序。

1997—1998 年，Servlet 技术和 JSP 技术相继问世，这两者的组合（还可以加上 JavaBean 技术）让 Java 开发者同时拥有了类似 CGI 程序的集中处理功能和类似 PHP 的 HTML 嵌入功能。此外，Java 的运行时编译技术也大大提高了 Servlet 和 JSP 的执行效率。

2002 年，Microsoft 公司正式发布.NET Framework 和 Visual Studio .NET 开发环境。它引入了 ASP.NET 这样一种全新的 Web 开发技术。ASP.NET 可以使用 VB.NET、C#等编译型语言，支持 Web Form、.NET Server Control、ADO.NET 等高级特性。

在互联网的发展历史中，还出现了很多实用的技术，由于本书篇幅和侧重点等原因，这里就不做展开了，点到为止，仅供读者参考。

1.2.2 Web 应用程序的组成及各部分的主要功能

Web 应用程序通常由 HTML 文件、脚本文件和一些资源文件组成。

- HTML 文件可以提供静态的网页内容，这也是早期最常用的网页文件。
- 脚本文件可以提供动态网页。ASP 的脚本文件扩展名为.asp，PHP 的脚本文件扩展名为.php，JSP 的脚本文件扩展名为.jsp。
- 资源文件可以是图片文件、多媒体文件、配置文件等。

要运行 Web 应用程序，还需要考虑 Web 服务器、客户端浏览器、HTTP 通信协议等因素。

1. Web 服务器

运行 Web 应用程序需要一个载体，即 Web 服务器。一个 Web 服务器可以放置多个 Web 应用程序，也可以把 Web 服务器称为 Web 站点。

通常服务器有两层含义，一方面它代表计算机硬件设备，用来安装操作系统和其他应用软件；另一方面它又代表安装在硬件服务器上的相关软件。Web 服务器上需要安装 Web 服务器应用程序，用来响应用户通过浏览器提交的请求。如果用户请求执行的是 PHP 脚本，则 Web 服务器应用程序将解析并执行 PHP 脚本，最后将结果转换成 HTML 格式，并返回到客户端，显示在浏览器中。

2. Web 浏览器

Web 浏览器是用于显示 HTML 文件的应用程序，它可以从 WWW 接收、解析和显示信息资源（可以是网页或图像等）。信息资源可以使用统一资源定位符（URL）标识，

Web 浏览器只能解析和显示 HTML 文件，而无法直接处理脚本文件。这就是为什么可以使用 Web 浏览器查看本地的 HTML 文件，而脚本文件则只有被放置在 Web 服务器上才能被正常浏览。

3. HTTP 通信协议

HTTP（Hypertext Transfer Protocol，超文本传输协议）是 Web 浏览器和 Web 服务器之间交流的语言。Web 浏览器向服务器发送 HTTP 请求消息，服务器返回相应消息，其中包含请求的完整状态信息，并在消息体中包含请求的内容。

1.2.3 网页的分类与布局

网页是 Web 应用程序的重要组成部分，本小节介绍网页的分类与布局，为设计 Web 应用程序奠定基础。

1. 网页的分类

按照编制网页所使用的语言和技术，可以将网页分为静态网页和动态网页。静态网页由 HTML 语言编制，扩展名为 htm 或 html，多使用 Dreamweaver 等网页设计工具设计。动态网页指使用 PHP、ASP 等脚本编写，扩展名为.asp 或.php 等的网页。一个网站中通常既有静态网页，也有动态网页。

按照网页的用途，还可以将网页分为商业型、门户型、搜索引擎、论坛、博客、在线游戏等类型。

2. 网页的布局

设计网页时，首先要根据网页的用途和内容设计网页的布局。常用的网页布局包括如下几种。

（1）国字型

国字型网页也称为同字型网页，即网页的布局类似国字，最上面是网站的标题或横幅广告，下面的内容被分为左中右 3 列。中间是网页的内容，左右一般是一些栏目、广告或新闻的链接，最下面是网站的基本信息、联系方式、版权声明等。一些大型门户网站的首页多采用此种布局，如新浪首页就属于国字形网页，如图 1-8 所示。

（2）拐角型

拐角型网页与国字型网页很相似，最上面是网站的标题或横幅广告，下面的左侧是一个窄条的链接，中间和右侧是网页的内容，最下面是网站的基本信息、联系方式、版权声明等。有一些公司的网站首页采用此种布局，图 1-9 所示为拐角型网页的例子。

（3）标题正文型

这是一种简单的网页布局，即上面是标题或广告等，下面是正文。一般采用此种类型的网页显示新闻或文章。

图 1-8　国字形的新浪首页

图 1-9　拐角型网页

（4）框架型

即使用框架将页面分成上下或左右两部分的网页类型，这种结构比较清晰。图 1-10 所示为框架型网页的例子。左侧的框架中显示产品分类，右侧的框架中是产品展示。

（5）封面型

封面型多用于一些公司或商务活动的首页，采用精美的图片或动画加上一些简单的链接。图 1-11 所示为封面型网页的例子。

图 1-10　框架型网页

图 1-11　封面型网页

（6）Flash 型

与封面型网页类似，Flash 型网页也多用于一些公司或商务活动的首页，采用精美的 Flash 加上一些简单的链接。Flash 的功能十分强大，视觉效果明显优于图片。图 1-12 所示为 Flash 型网页的例子。

图 1-12　Flash 型网页

1.3 Web 应用程序的基本开发流程

在完成需求分析和总体设计的情况下，开发 Web 应用程序的基本流程如图 1-13 所示。

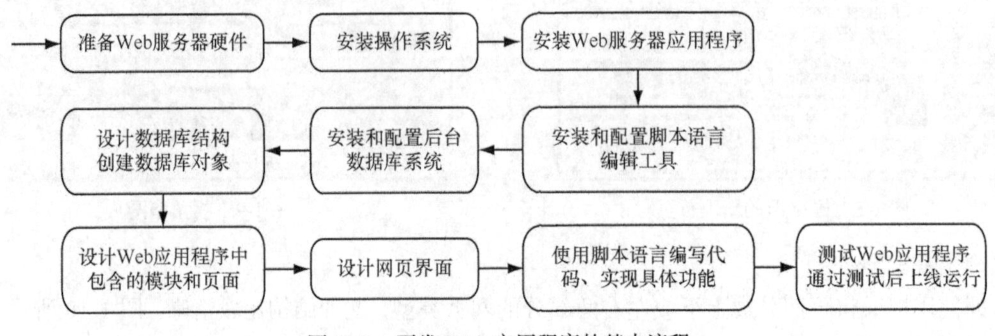

图 1-13 开发 Web 应用程序的基本流程

1.3.1 准备 Web 服务器

运行 Web 应用程序需要一个载体，即 Web 服务器。一个 Web 服务器可以放置多个 Web 应用程序，也可以把 Web 服务器称为 Web 站点。

通常服务器有两层含义：一方面它代表计算机硬件设备，用来安装操作系统和其他应用软件；另一方面它又代表安装在硬件服务器上的相关软件。

要配置 Web 应用程序，首先需要准备一台硬件服务器，如果没有特殊需要，选择普通的 PC 服务器即可。PC 服务器的组件与普通计算机相似，主要包括主板、CPU、内存、硬盘、显卡等。只是 PC 服务器比普通计算机拥有更高的性能和更好的稳定性。在开发和测试阶段，或者比较小的网络环境下，也可以使用普通计算机作为 Web 服务器。

1.3.2 安装操作系统

操作系统是控制其他程序运行、管理系统资源并为用户提供操作界面的系统软件的集合。准备硬件 Web 服务器后，需要安装适当的操作系统。本书选择的 PHP、Apache 等软件都是支持跨平台的开源项目，既可以工作于 Windows 平台下（如果需要配置 Web 服务器的工作机，则建议安装 Windows Server 操作系统，如 Windows Server 2000、Windows Server 2003 等），也可以运行于 UNIX 或 Linux 操作系统环境下。

如果只是安装开发或测试环境，则可以使用 Windows XP 或 Windows 7 等流行的操作系统。本书就是在 Windows 7 环境下编写完成的。

1.3.3 安装 Web 服务器应用程序

Web 服务器应用程序可以响应用户通过浏览器提交的请求。如果用户请求执行的是 PHP 脚本，则 Web 服务器应用程序将解析并执行 PHP 脚本，最后将结果转换成 HTML 格式，并返回到客户机，显示在浏览器中。

常用的 Web 服务器应用程序包括 IIS、Apache 等。选择 PHP 作为 Web 应用程序的开发语言时，通常选择 Apache 作为 Web 服务器应用程序。因为它们都是开放源代码和支持跨平台的产品，可以很方便地在 Windows 和 UNIX（Linux）之间整体移植。本书将在 2.1 小节介绍 Apache 的安装和配置情况。

1.3.4　安装和配置脚本语言编辑工具

与 Visual Basic、Visual C++等高级编程语言不同，PHP 没有提供一个集成的开发环境，也没有专用的编辑工具。可以使用任何文本编辑工具编辑 PHP 程序，包括 Windows 记事本。事实上，一些小的示例程序确实可以使用 Windows 记事本编辑，但开发比较大的 Web 应用程序时，使用 Windows 记事本就不够用了，必须选择专业的 PHP IDE 开发软件。

首先 PHP 代码是嵌入在网页中的，单纯的编辑工具都无法很友好地设计漂亮的网页。因此，建议读者选择一个专业设计网页的工具，目前比较流行的网页设计工具包括 Dreamweaver、FrontPage 等，读者可以根据自己的喜好选择。本书将在 2.4.2 小节介绍使用 Dreamweaver 设计网页的情况。

当然，Dreamweaver 的特点是设计网页的界面，使用它来开发 PHP 程序也是不适合的。笔者推荐使用基于可扩展开发平台 Eclipse 的 EclipsePHP Studio 简体中文版，这是经典的 PHP IDE 开发软件。它不仅可以创建和管理 PHP 项目、按 PHP 的语法显示代码，还可以很方便地对 PHP 程序进行运行和调试。在测试程序和解决 Bug（程序中的问题）时，这是非常有用的。具体情况将在 3.7 节中讲解。

1.3.5　安装和配置后台数据库系统

数据库服务器用来存储网站中的动态数据，如注册用户的信息、用户发贴的信息等。常用的数据库服务器包括 SQL Server、Access、Oracle、MySQL 等。通常 PHP 可以与 MySQL 数据库结合使用，因为它们都是开放源代码的、跨平台的项目，可以很方便地在 Windows 和 UNIX（Linux）平台之间整体移植 Web 应用程序。本书采用 MySQL 作为 Web 应用程序的后台数据库，相关内容将在第 9 章介绍。

1.3.6　设计数据库结构，创建数据库对象

在完成需求分析和总体设计后，程序员（通常项目组里有专门负责数据库管理和编程的人员）需要根据总体设计的要求设计具体的数据库结构，包括创建数据库、决定数据库中包含哪些表和视图、设计表和视图结构等。

在设计数据库结构后，可以通过编写数据库脚本来创建这些数据库对象。在安装应用程序时就可以执行这些数据库脚本来创建数据库对象了。

1.3.7　设计 Web 应用程序中包含的模块和页面

在开始开发 Web 应用程序之前，应由项目组长或系统分析员将 Web 应用程序划分成若干模块，并定义每个模块包含的页面以及模块间的接口。这是项目组成员分工合作的前提。

1.3.8　设计网页界面

通常程序员需要根据总体设计文档将每个功能模块划分成若干个网页文件；然后由美工设计网页中需要使用的图片和 Flash 等资源，再使用 Dreamweaver 设计网页的界面，包括网页的基本

框架和网页中的静态元素，如表格、静态图像、静态文本等。

1.3.9 设计 Web 应用程序，编写脚本语言代码

这正是本书要介绍的重点内容，在网页界面设计人员完成网页界面设计后，由 PHP 程序员在网页中添加 PHP 代码，完成网页的具体功能，具体方法将在后续章节中介绍。

1.3.10 测试 Web 应用程序，通过测试后上线运行

在 Web 应用程序开发完成后，需要设计测试案例，测试其具体功能的实现情况。在通过测试达到实际应用的需求后，可以将 Web 应用程序布署到 Web 服务器上。通常需要准备一个备份 Web 服务器，以便实现数据备份，并且在增加新功能时提供测试环境。

1.3.11 开发 Web 应用程序的项目组组成和分工

开发 Web 应用程序的项目组通常由下面的角色组成。

1. 项目组长

项目组长的主要职责如下：

- 根据需求文档编写和设计总体设计文档，将项目划分成若干模块；
- 规划项目组的人员分工和进度计划；
- 监督组员的工作，协调组员间的配合，帮助解决技术难题；
- 对组员的工作进行日常管理和考评。

2. 数据库设计人员

数据库设计人员的主要职责如下：

- 根据总体设计的要求设计具体的数据库结构，包括创建数据库、决定数据库中包含哪些表和视图、设计表和视图结构等；
- 编写数据库脚本来创建这些数据库对象；
- 编写数据库访问和管理的相关代码。

3. 美工

美工的主要职责是设计网页中需要使用的图片、Flash 等资源。

4. 网页设计人员

网页设计人员的主要职责是设计网页的界面，包括网页的基本框架和网页中的静态元素，如表格、静态图像、静态文本等。

5. 程序设计人员

程序设计人员的主要职责是在网页中添加脚本语言（如 PHP）代码，完成网页的具体功能。

6. 测试人员

程序设计人员的主要职责如下：

- 搭建测试环境；
- 设计测试案例、并对应用程序进行测试；
- 将发现的 bug 汇总、整理、并与程序设计人员沟通。

在实际工作中，往往做不到一人一岗，经常是一人兼任多个角色，如有时网页设计人员、程序设计人员和数据库设计人员都是一个人。当然，无论如何兼任这些角色的职责是同样的。

练 习 题

一、单项选择题

1. 在 B/S 网络模型中，客户端与服务器之间使用（　　）进行通信。

A. HTTP　　　　B. TCP

C. PHP　　　　D. HTML

2. Web 文档都遵循标准（　　）格式。

A. PHP　　　　B. HTM

C. HTTP　　　　D. HTML

3. 最早能够动态生成 HTML 页面的技术是（　　）。

A. PHP　　B. ASP　　C. CGI　　D. JavaScript

二、填空题

1. 应用网络模型的主要经历了________、________、________等演变。
2. 基于 B/S 网络模型的应用程序被称为________应用程序。
3. Web 应用程序通常由________文件、________文件和一些________文件组成。
4. 超文本传输协议的缩写是________。

三、简答题

1. 客户机/服务器结构把整个任务划分为客户机上的任务和服务器上的任务。以数据库管理系统为例分别说明客户机和服务器上的主要任务。
2. 试以流程图的方式说明浏览器/服务器（B/S）网络模型的工作原理。
3. 试列举常用的网页布局。
4. 试述 Web 应用程序的基本开发流程。
5. 试述开发 Web 应用程序的项目组通常由哪些角色组成。

第 2 章 搭建 PHP 服务器和开发环境

本书的主要目的是使读者能够使用 PHP 程序设计语言和 MySQL 数据库开发 Web 应用程序。要达到这样的目标，需要做一些必要的准备工作。

本章将介绍搭建 PHP 服务器的方法。用户可以选择下面 2 种搭建 PHP 服务器的方式。

（1）下载和安装 WampServer。WampServer 是 Apache Web 服务器、PHP 解释器以及 MySQL 数据库的整合软件包。这种方式比较简单，很多安装和配置工作都由 WampServer 安装程序完成了。

（2）手动下载、安装和配置 Apache Web 服务器、PHP 解释器、MySQL 数据库等软件。

本书选择第 2 种方法，原因如下。

（1）WampServer 中未必集成各种软件的最新版本，而分别下载则可以及时得到最新版本的软件。

（2）使用 WampServer 虽然可以免去一些安装和配置的工作，但同时也对用户隐藏了一些应该了解的技术点。特别是对初学者而言，亲自动手下载、安装和配置 Apache Web 服务器、PHP 解释器、MySQL 数据库等软件对于了解和认识它们的工作原理是有必要的，对日后的工作也是有帮助的。

本书使用的软件多数是跨平台（支持 UNIX、Linux 和 Windows 等平台）的开源软件，且可以从其官网上免费下载，具体下载方法请参照附录 C 了解。本书选择 Windows 平台来搭建 PHP 服务器。

2.1 安装与配置 Apache HTTP Server

Apache 软件基金会（Apache Software Foundation，ASF）是一个非营利性的民间机构，它对 Apache 社区的开源软件项目提供支持。Apache HTTP Server 是 Apache 软件基金会提供的一个开源 Web 服务器项目，它具有扩展性强、开放源代码、跨平台、可以免费下载等优势。虽然 Apache 是开源的项目，但是它在全球数以百万计的服务器上运行和测试，因此是理想的、稳定的 Web 应用服务器。

2.1.1 安装 Apache HTTP Server

首先参照附录 C 下载 Apache HTTP Server 2.2.22 的 Windows 安装包。双击下载得到的 msi 文件，打开 Apache HTTP Server 安装向导，如图 2-1 所示。

单击 Next 按钮，打开许可协议对话框，如图 2-2 所示。

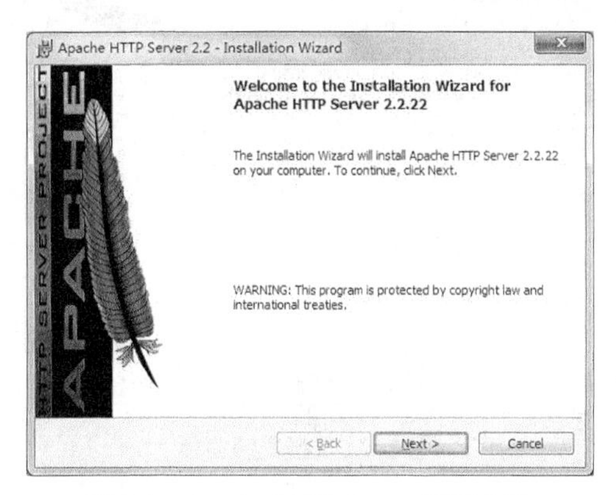

图 2-1　Apache HTTP Server 安装向导

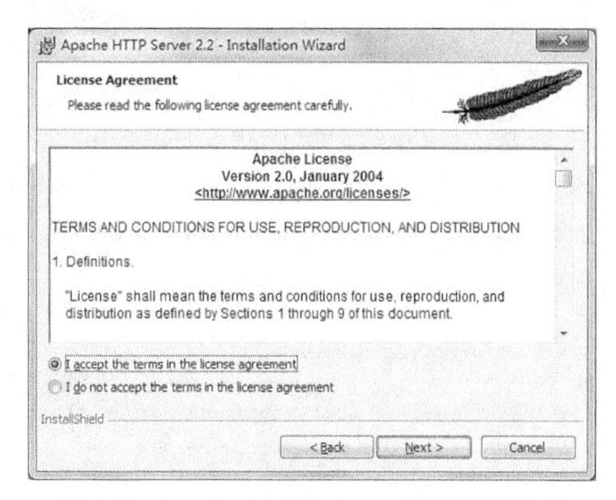

图 2-2　Apache HTTP Server 许可协议页面

选中 I accept the terms in the license agreement 复选框，然后单击 Next 按钮，打开 Apache HTTP Server 简要说明对话框，其中介绍了 Apache HTTP Server 的基本情况，如图 2-3 所示。单击 Next 按钮，打开配置服务器对话框，如图 2-4 所示。

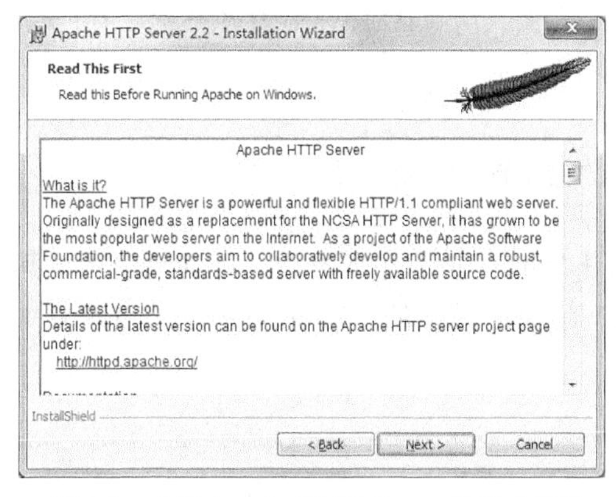

图 2-3　介绍 Apache HTTP Server 的基本情况

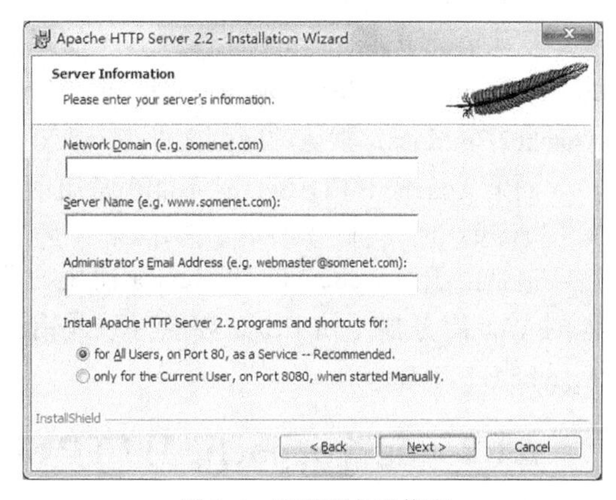

图 2-4　配置服务器信息

在配置服务器对话框中要输入的各项内容说明如下。

- Network Domain：服务器已经或者将要注册的 DNS 域名。例如，服务器的全称 DNS 域名是 server.mydomain.net，则输入 mydomain.net。
- Server Name：服务器的全称 DNS 域名。
- Administrator's Email Address：服务器管理员的 E-mail 地址。此地址将会在默认的出错页面上显示给客户端。

单击 Next 按钮，打开选择安装类型的对话框，如图 2-5 所示。用户可以选择经典（Typical）安装或自定义（Custom）安装。

选择 Typical，然后单击 Next 按钮，打开选择安装路径对话框，如图 2-6 所示。默认情况下，安装路径为 C:\Program Files\Apache Group\。通常可以保持默认配置，然后单击 Next 按钮，打开准备安装对话框。在此对话框中单击 Install 按钮，开始安装 Apache HTTP Server。

安装完成后，在任务栏的右下角会出现一个 Apache 的图标。如果图标中出现绿色的三角符号，则表示 Apache HTTP Server 已经开始运行了。

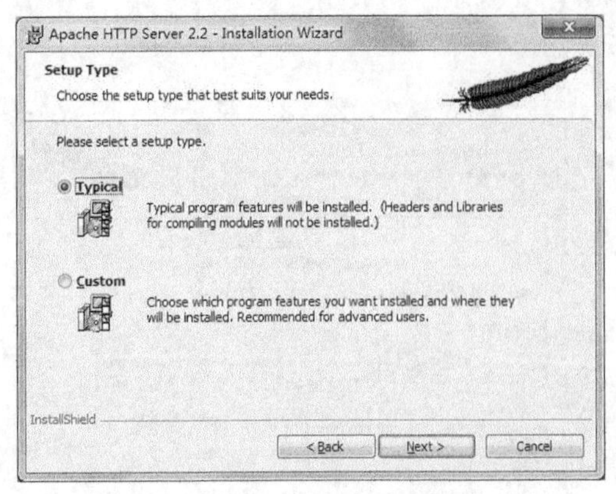

图 2-5　选择安装类型

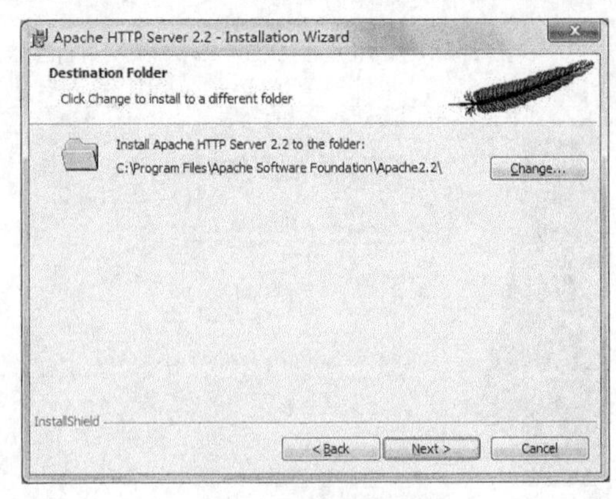

图 2-6　选择安装路径

为了验证 Apache HTTP Server 已经安装成功，可以打开浏览器，在地址栏中输入下面的网址：

```
http://localhost
```

如果 Apache HTTP Server 工作正常，则可以看到如图 2-7 所示的页面。

图 2-7　默认的 Apache HTTP Server 的主页面

默认情况下，Apache HTTP Server 的网站根目录为 C:\Program Files\Apache Software Foundation\Apache2.2\htdocs，默认的网页文件为 index.html。

如果 Apache HTTP Server 不能正常启动，最常见的错误提示信息如下：

```
Unable to bind to Port ...
```

这是由于 Apache HTTP Server 使用的端口（默认为 80）被占用所导致的。如果启用了其他的 Web 服务器（如 IIS），将会导致此错误。此时，请关闭其他的 Web 服务器，并重新启动 Apache HTTP Server。

2.1.2　配置 Apache HTTP Server

单击任务栏右下角的 Apache 图标，在弹出菜单中选择“Apache2.2”，可以看到二级菜单中会出现 Start、Stop、Restart 等菜单项。使用此菜单项，可以启动、停止和重启动 Apache HTTP Server 服务，如图 2-8 所示。鼠标右键单击任务栏右下角的 Apache 图标，弹出的快捷菜单如图 2-9 所示。

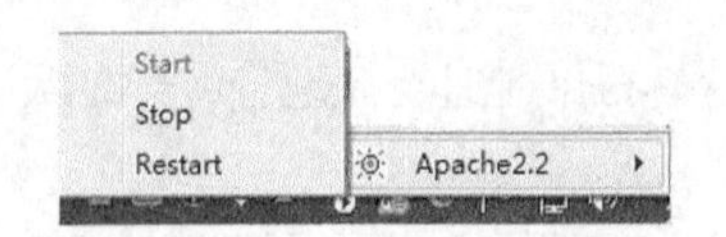

图 2-8　控制 Apache HTTP Server 服务的菜单项

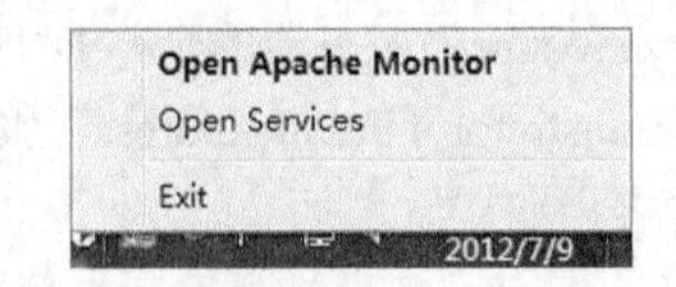

图 2-9　鼠标右键单击 Apache 图标的菜单

选择 Open Apache Monitor 菜单项，可以打开 Apache 服务监视窗口，如图 2-10 所示。

在 Apache 服务监视窗口中，可以查看到 Apache 服务的状态和版本信息。通过窗口右侧的按钮，也可以启动、停止和重新启动 Apache 服务。

单击 Services 按钮，可以打开 Windows 的服务窗口，Apache HTTP Server 对应的 Windows 服务为 Apache2.2，如图 2-11 所示。不同版本的 Apache HTTP Server 对应的服务名称也不相同。

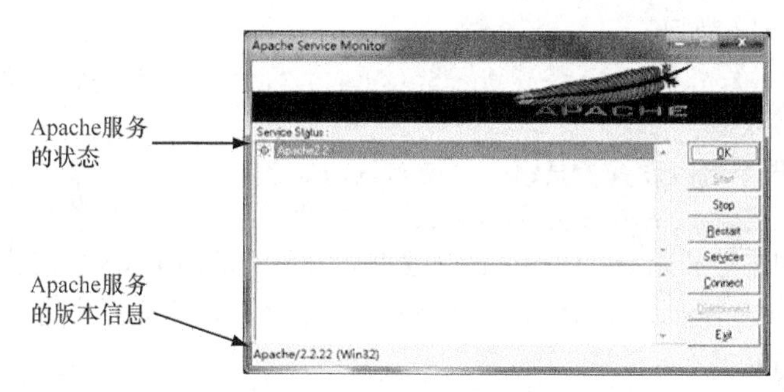

图 2-10 Apache 服务监视窗口

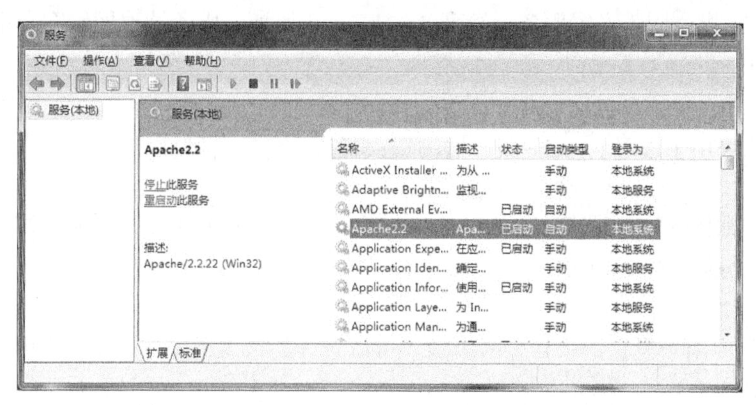

图 2-11 Apache HTTP Server 对应的 Windows 服务

可以通过配置文件对 Apache 服务进行管理。Apache 的配置文件保存在 Apache 主目录的 conf 目录下，文件名为 httpd.conf。httpd.conf 是包含若干指令的纯文本文件，它具有如下特征。

- 配置文件中的每行文字都是一条指令。
- 如果一行指令长度过大，可以使用反斜杠（\）表示续行。反斜杠后面不能存在任何其他字符，包括空格。
- 配置文件中的指令是不区分大小写的，但指令的参数通常是大小写敏感的。
- 配置文件中使用“#”作为注释符号，以“#”开头的行被视为注释行，不会被 Apache 服务解析。“#”不能出现在指令的后面。

配置文件的内容比较多，看起来也比较复杂。但如果只是简单使用 Apache HTTP Server 作为 Web 服务器，完全可以保持配置文件的默认设置，了解其中几个常用的配置指令就可以了。下面介绍 Apache 配置文件中的几个常用配置指令。

1. DocumentRoot

配置指令 DocumentRoot 可以设置网站的根目录。在配置文件中查找 DocumentRoot，如图 2-12 所示。

默认的网站根目录为 C:/Program Files/Apache Software Foundation/Apache2.2/htdocs。

用户可以在这里修改默认的网站根目录，同时需要修改下面的<Directory>指令，将目录与上面设置的根目录保持一致。

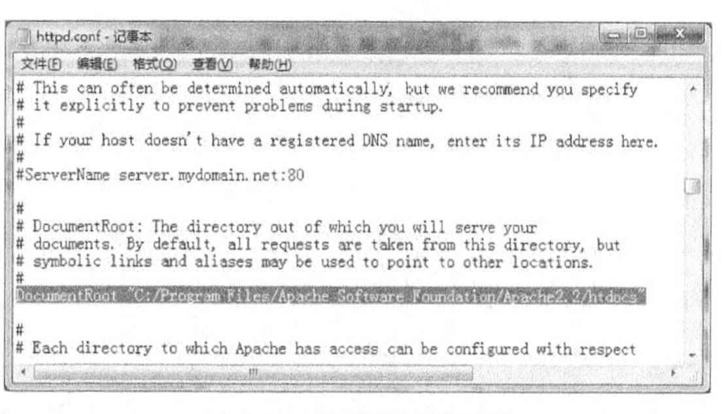

图 2-12 配置网站根目录

<Directory>指令的默认值如下：

```
<Directory "C:/Program Files/Apache Software Foundation/Apache2.2/htdocs">
```

2. DirectoryIndex

DirectoryIndex 指令可以设置目录索引，其默认值如下：

```
DirectoryIndex index.html index.html.var
```

目录索引指在浏览器的地址栏中输入此目录时自动打开的网页文件。默认的目录索引文件为 index.html，用户可以设置多个目录索引，每个文件名之间以半角空格分隔。Apache 会按从左至右的顺序选择打开的网页文件。

3. ServerAdmin

ServerAdmin 指令用于设置服务器管理员的 E-mail 地址。服务器返回给客户端的错误信息中将包含此 E-mail。

4. ErrorLog

ErrorLog 指令用于设置 Apache 服务器的错误日志文件。其默认值如下：

```
ErrorLog "logs/error.log"
```

可以看到，默认的错误日志文件为 logs/error.log。当 Apache 服务器工作异常时，可以通过错误日志文件分析原因，定位故障。

5. LogLevel

LogLevel 指令用于设置记录日志的级别。可以选择的错误级别如表 2-1 所示，它们按照重要性从高到低排列。

表 2-1　　　　LogLevel 指令可以选择的错误级别

错误级别	具体描述
emerg	紧急的错误，导致系统无法运行
alert	必须立即处理的错误
crit	致命错误
error	一般错误
warn	警告信息
notice	一般重要的信息
info	普通信息
debug	调试信息

默认的错误级别为 warn。设置一个错误级别，比它级别高的所有错误信息都会被记录在日志中。

6. Listen

Listen 指令用于设置 Apache 服务器监听的 IP 地址和端口。其语法格式如下：

```
Listen [IP 地址:]端口号 [协议]
```

如果指定 Apache 服务器监听所有的 IP 地址，则可以省略 IP 地址。默认的 Listen 指令内容如下：

```
Listen 80
```

即在所有的 IP 地址的 80 端口上监听。

修改配置文件 httpd.conf 后必须重新启动 Apache 服务才能使配置生效。

2.2 安装与配置 PHP

PHP 是服务器端、跨平台、HTML 嵌入式的脚本语言，在使用 PHP 开发 Web 应用程序之前需要下载、安装和配置 PHP。

2.2.1 安装 PHP

安装 PHP 的方法很简单，就是将下载得到的压缩包 php-5.4.4-nts-Win32-VC9-x86.zip 解压到指定的目录下，本书假定 PHP 的安装目录为 C:\php。

2.2.2 配置 PHP

在 C:\php 目录下找到 php.ini- production 文件，将其改名为 php.ini，这是 PHP 的配置文件。

1. 修改 PHP 配置文件

通常需要对 php.ini 做如下修改。

（1）extension_dir

此配置项指定 PHP 用来寻找动态连接扩展库的目录，默认配置如下：

```
extension_dir = "./"
```

需要将其修改为如下内容：

```
extension_dir = "C:\php\ext\"
```

打开 C:\php\ext\目录，可以看到很多 DLL 文件，这些都是 PHP 可能使用到的动态连接扩展库。

（2）支持 mbstring 库

mbstring 库的全称是 Multi-Byte String，即多字节字符串。各种语言都有自己的编码格式，它们的字节数是不一样的，目前 PHP 内部的编码只支持 ISO-8859-*、 EUC-JP 和 UTF-8 等编码格式，其他的编码的语言是没办法在 PHP 程序上正确显示的。可以通过支持 mbstring 库的方法解决此问题。在 php.ini 中查找到如下代码：

```
;extension=php_mbstring.dll
```

去掉前面的注释符号（;），修改后的内容如下：

```
extension=php_mbstring.dll
```

（3）支持 mysql 库

如果需要 PHP 提供对 MySQL 数据库的支持，则在 php.ini 中查找到如下代码：

```
;extension=php_mysql.dll
```

去掉前面的注释符号（;），修改后的内容如下：

```
extension=php_mysql.dll
```

修改完成后，保存并关闭 php.ini 文件，并将其复制到 C:\Windows\目录下。

2. 修改 Apache 配置文件

为了在 Apache HTTP Server 中支持 PHP，需要对 Apache 服务器的配置文件 httpd.conf 做如下修改。

（1）添加 php5apache2.dll

在 httpd.conf 中，找到 LoadModule 模块，在其后面添加如下代码：

```
LoadModule php5_module C:/php/php5apache2_2.dll
```

装载此模块，可以使 Apache 服务器提供对 PHP5 的支持。

（2）指定 PHP 配置文件的目录

为了让 Apache HTTP Server 了解 PHP 配置文件的位置，可以在 LoadModule 指令的下面添加如下代码：

```
PHPIniDir "C:/php"
```

（3）设置目录索引

修改 DirectoryIndex 指令，增加对 PHP 文件的支持，代码如下：

```
DirectoryIndex index.php index.html index.html.var
```

即在没有指定具体网页文件的情况下，访问指定的网站目录时，默认打开此目录下的 index.php 文件。如果不存在 index.php 文件，则打开 index.html 文件。

（4）添加可以执行 PHP 代码的文件类型

找到 AddType application/x-gzip .gz .tgz，在它的下面添加如下语句:

```
AddType application/x-httpd-php .php
```

表示可以在扩展名为 php 的文件中执行 PHP 代码。

修改完成后保存配置文件，并重启 Apache 服务。

3. 测试 PHP 是否配置成功

【例 2-1】 为了测试 PHP 是否配置成功，下面介绍一个演示用的 PHP 脚本，文件名为 test.php，代码如下：

```
<?PHP
    PHPInfo();
?>
```

“<?PHP” 表示 PHP 代码的开始，“?>” 表示 PHP 代码的结束。PHPInfo()是 PHP 提供的系统函数，用于在网页中显示 PHP 的工作环境和基本信息。将其复制到 Apache HTTP Server 的网站根目录（默认为 C:\Program Files\Apache Software Foundation\Apache2.2\htdocs）下，然后在浏览器中访问如下 URL：

```
http://localhost/test.php
```

如果 Apache HTTP Server 可以正确处理 PHP 脚本，则浏览器中显示的网页如图 2-13 所示。

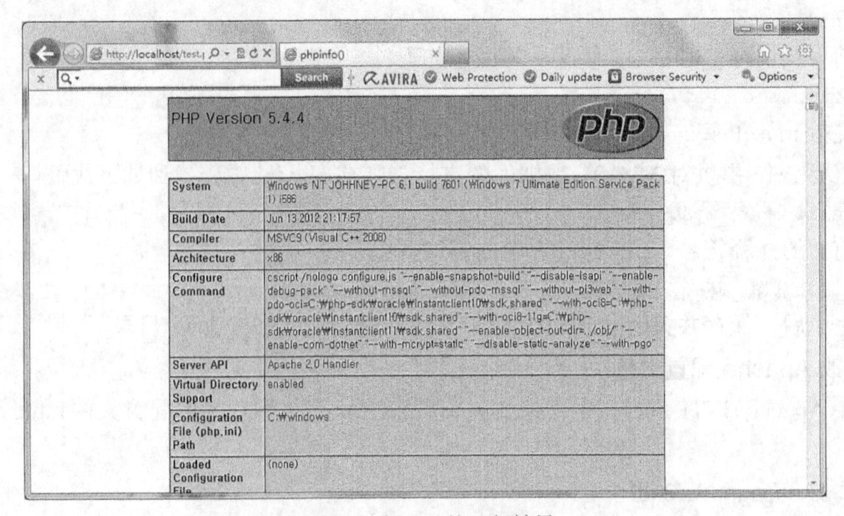

图 2-13　例 2-1 的运行结果

2.3　安装 MySQL 数据库及其管理工具

MySQL 是非常流行的开源数据库管理系统，它由瑞典的 MySQL AB 公司（后来被 Sun 公司收购，而 Sun 公司也已被 Oracle 公司收购）开发，开发语言是 C 和 C++。它具有非常好的可移植性，可以在 AIX、UNIX、Linux、Max OS X、Solaris、Windows 等多种操作系统下运行。如果选择使用 PHP 开发 Web 应用程序，通常会选择 MySQL 作为后台数据库。

因为本书在第 9 章介绍 MySQL 数据库管理，所以读者也可以根据情况暂时跳过本节，在学习第 9 章之前阅读本节内容。

2.3.1　安装 MySQL 数据库

双击运行下载得到的 mysql-installer-5.5.25a.0.msi 文件，打开 MySQL Installer 安装向导，如图 2-14 所示。

单击 Install MySQL Products 超链接，打开许可协议窗口，如图 2-15 所示。可以选择经典（Typical）安装、完全（Complete）安装和自定义（Custom）安装 3 种类型。建议选择经典（Typical）安装。

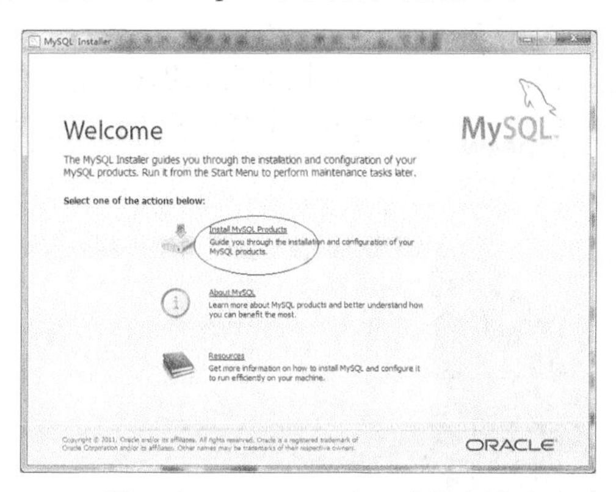

图 2-14　MySQL Installer 安装向导

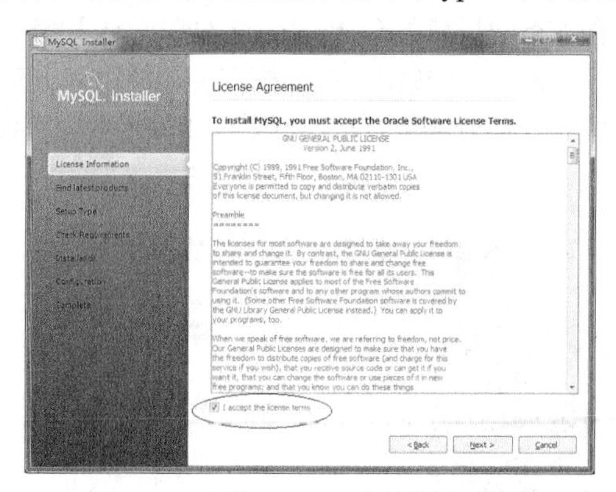

图 2-15　安装 MySQL 产品的许可协议

选中“I accept the license terms”复选框，然后单击 Next 按钮，打开是否寻找最新产品窗口，如图 2-16 所示。因为是刚下载的安装程序，所以建议选中“Skip theck for updates（not recommended）”复选框，然后单击 Next 按钮，打开配置安装类型和路径窗口，如图 2-17 所示。

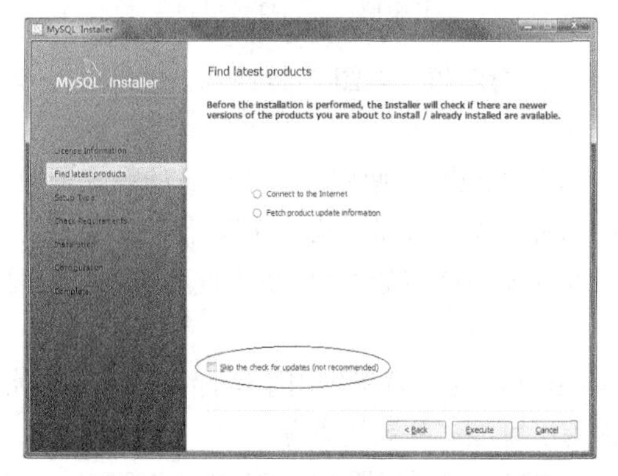

图 2-16　是否寻找最新产品窗口

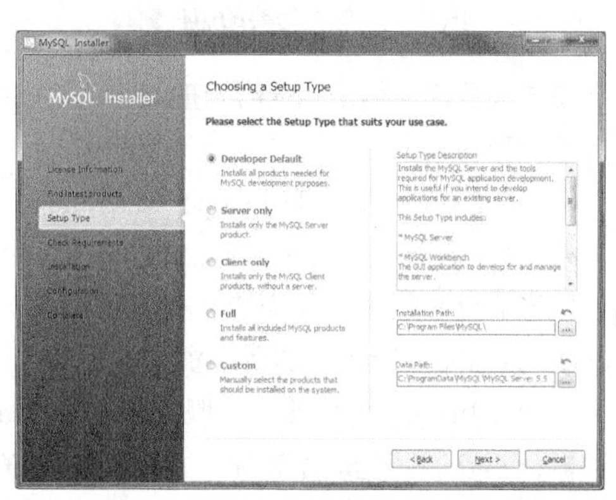

图 2-17　配置安装类型和路径窗口

用户可以选择下面 5 种安装类型。

（1）Developer Default：安装开发 MySQL 应用程序所需要的所有产品，包括：

- MySQL Server；
- MySQL Workbench，用于开发和管理 MySQL Server 的图形应用程序；
- 用于 Microsoft Visual Studio 的 MySQL MySQL Visual Studio 插件；
- MySQL 连接器，包括 Connector/Net、Java、C/C++、OBDC 和其他连接器；
- 示例、教程和文档。

（2）Server only：只安装 MySQL Server 产品。

（3）Client only：只安装 MySQL 客户端产品，包括：

- MySQL Workbench，用于开发和管理 MySQL Server 的图形应用程序；
- 用于 Microsoft Visual Studio 的 MySQL MySQL Visual Studio 插件；
- MySQL 连接器，包括 Connector/Net、Java、C/C++、OBDC 和其他连接器；
- 示例、教程和文档。

（4）Full：完全安装。

（5）Custom：自定义安装。

这里选择 Full，进行完全安装。默认的安装路径为 C:\Program Files\MySQL\MySQL\，默认的保存数据的目录为 C:\ProgramData\MySQL\MySQL Server 5.5。

单击 Next 按钮，打开检查需要的组件窗口，如图 2-18 所示。如果提示缺少组件，安装程序会首先安装组件后后再尝试安装 MySQL 数据库。单击 Next 按钮，打开安装进度窗口，如图 2-19 所示。单击 Execute 按钮开始安装。

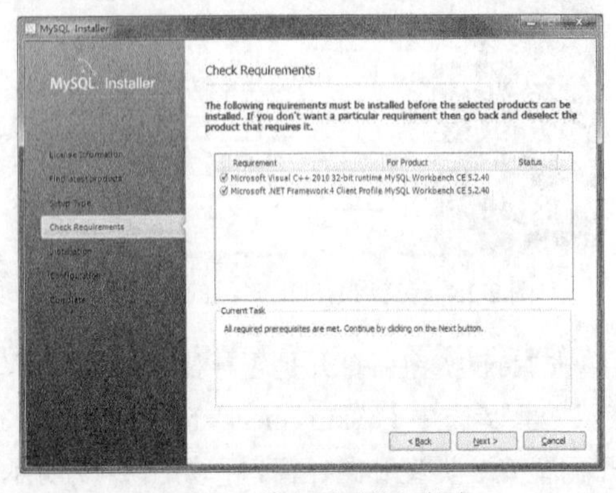

图 2-18　检查需要的组件窗口

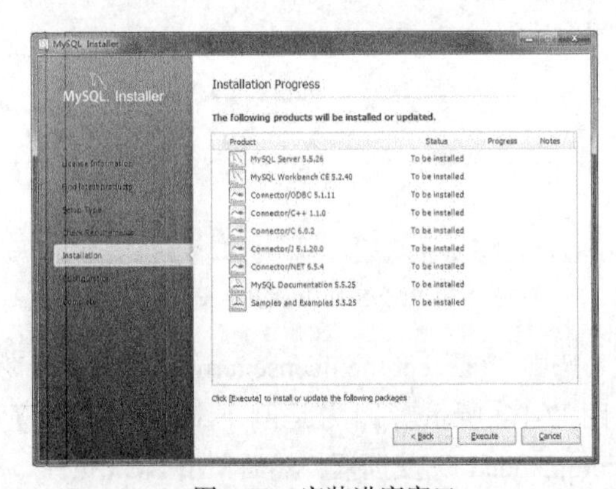

图 2-19　安装进度窗口

安装完成后，单击 Next 按钮可以对 MySQL Server 进行配置，如图 2-20 所示。可以选择如下服务器类型：

- 开发测试类型（Developer Machine），仅用于开发人员测试使用，占用较少的系统资源。
- 服务器类型（Server Machine），如果将此计算机作为 Web 服务器（或其他应用程序）使用（即当前计算机上还要安装其他应用程序），则可以将 MySQL 数据库配置为此种类型。此时，MySQL 数据库占用较多的系统资源。
- 专门的 MySQL 数据库服务器（Dedicated Machine），此计算机仅用于运行 MySQL 数据库服务器，不安装其他应用程序。此时，MySQL 会占用尽可能多的系统资源。

建议选择 Server Machine 复选框，然后单击 Next 按钮，打开配置 MySQL Server 窗口，如图

2-21 所示。在这里可以设置 MySQL 的监听端口（默认为 3307）、Windows 服务名（默认为 MySQL）和 MySQL 数据库管理员用户 root 的密码。

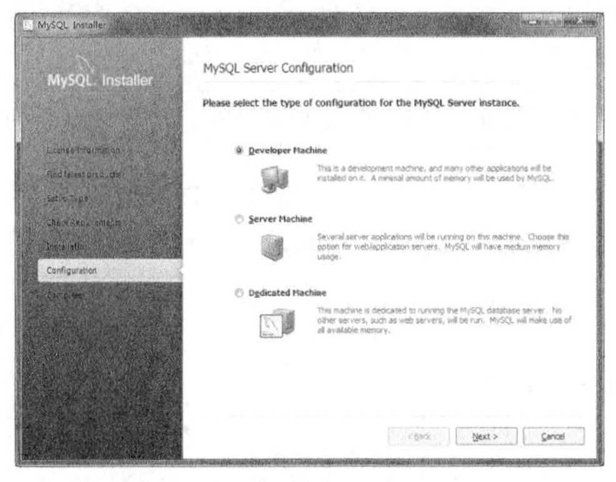

图 2-20　选择 MySQL 服务器类型

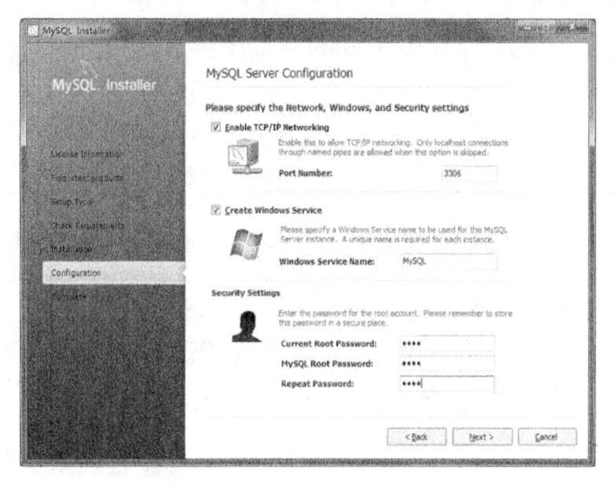

图 2-21　配置 MySQL Server

配置完成后，将 C:\Program Files\MySQL\MySQL Server 5.5\lib\libmysql.dll 复制到 c:\windows\system32 目录下。

2.3.2　安装和配置 phpMyAdmin

phpMyAdmin 是非常流行的第 3 方图形化 MySQL 数据库管理工具，使用它可以更加直观方便地对 MySQL 数据库进行管理。首先参照附录 C 下载 phpMyAdmin，将下载得到的 zip 文件解压缩到 Apache HTTP Server 的网站根目录（C:\Program Files\Apache Software Foundation\Apache2.2\htdocs）下的 phpMyAdmin 目录。

phpMyAdmin 的配置文件名称为 config.inc.php，默认情况下它并不存在。可以将 phpMyAdmin 目录下的 config.sample.inc.php 复制为 config.inc.php。

除了使用/*…*/的注释语句外，配置文件中的多数配置项均以下面的格式来表现：

```
$cfg[配置项名称] = 配置项值;
```

编辑 config.inc.php 时，注意以下配置项。

- $cfg['blowfish_secret']：如果使用 cookie 作为认证方式，则此配置项用于设置一个随机密钥，该密钥在 blowfish 算法内部使用。注意，此配置项并不是 mysql 管理员的密码。这里可以随便输入一个由字母和数字组成的字符串，如“EAF23401ADF4”。
- $cfg['Servers']：这是一个数组，用于设置不同 SQL 服务器的登录属性。常用的数组元素如表 2-2 所示。

表 2-2　$cfg['Servers']数组的常用元素

错误级别	具体描述
$cfg['Servers'][$i]['host']	指定第$i 个服务器的主机名
$cfg['Servers'][$i]['auth_type']	指定第$i 个服务器的认证方式。可以使用 config、cookie 和 http3 种认证方式。config 认证方式可以将用户名和密码的信息保存在配置文件中；cookie 认证方式将用户名和密码信息保存在 cookie 中，当用户注销时删除密码；http 认证方式允许通过 HTTP-Auth 方式连接并登录 MySQL 数据库
$cfg['Servers'][$i]['connect_type']	指定连接到 MySQL 数据库的方式，可以选择 tcp 和 sock 两种方式

续表

错误级别	具体描述
$cfg['Servers'][$i]['compress']	指定是否以压缩方式连接到 MySQL 数据库，可选值为 true 和 false，默认值为 false
$cfg['Servers'][$i]['extension']	phpMyAdmin 系统使用的 php MySQL 扩展，默认值为 mysqli，即改进的 MySQL 扩展

如果要修改配置文件，则保存后需要启动 Apache 服务。可以通过下面的地址访问 phpMyAdmin：

```
http://localhost/phpMyAdmin/index.php
```

如果没有安装 mysqli 扩展，将会提示错误，如图 2-22 所示。

图 2-22　phpMyAdmin 提示安装 mysqli 扩展

要解决此问题，需要编辑 php.ini，找到

```
;extension=php_mysqli.dll
```

去掉注释符;，改为

```
extension=php_mysqli.dll
```

并确认 C:\PHP\ext 目录下存在 php_mysqli.dll。

保存 php.ini，并将其复制到 Windows 目录下。重启 Apache 服务后，再访问 phpMyAdmin，即可查看到 phpMyAdmin 的登录界面，如图 2-23 所示。

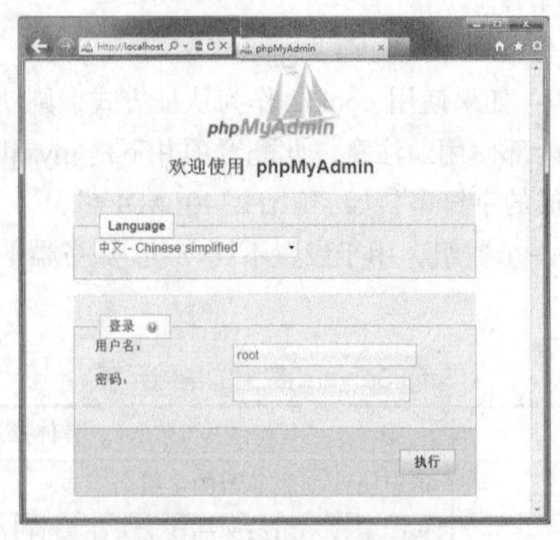

图 2-23　phpMyAdmin 登录页面

如果不希望每次登录时都输入用户名、密码等信息，则可以打开 phpMyAdmin 的配置文件 config.inc.php，将$cfg['Servers'][$i]['auth_type'] 设置为 'config'，然后将用户名和密码信息保存在配置文件中，代码如下：

```
<?php
```

```
….
    /* Authentication type */
    $cfg['Servers'][$i]['auth_type'] = 'config';
    $cfg['Servers'][$i]['user']          = 'root';
    $cfg['Servers'][$i]['password']      = 'pass'; // 使用自己的密码
….
?>
```

保存后，重启 Apache 服务。之后再访问 phpMyAdmin，就不会显示登录页面了，而是直接显示主页面。

2.4　搭建 PHP 开发环境

PHP 语言并没有提供一个官方的开发环境，需要用户自主选择开发工具。设计 Web 应用程序的程序员主要负责下面两方面的工作。

（1）设计网页界面。本书建议使用 Dreamweaver 来实现此功能。

（2）编辑和调试 PHP 程序。本书建议使用 EclipsePHP Studio 简体中文版来实现此功能。

2.4.1　安装 Dreamweaver 8

Dreamweaver 8 的安装程序是经典的 Windows 安装程序，用户只需使用默认设置，单击“下一步”按钮即可完成安装。

2.4.2　安装 EclipsePHP Studio 3

首先参照附录 C 下载 EclipsePHP Studio 3，解压缩下载文件 EPP3_Setup.rar，得到安装文件 EPP3_Setup.exe。双击 EPP3_Setup.exe，即可安装 EclipsePHP Studio 3。安装过程很简单，只需按照安装程序的提示单击“下一步”按钮即可。安装完成后，在桌面会创建一个 EclipsePHP Studio 3 快捷方式，如图 2-24 所示。双击此快捷方式，即可打开 EclipsePHP Studio 3 开发平台。

图 2-24　EclipsePHP Studio 3 快捷方式

练　习　题

一、单项选择题

1. 下面关于 Apache 配置文件的描述，错误的是（　　）。

A. Apache 配置文件是包含若干指令的纯文本文件

B. Apache 配置文件中的每行文字都是一条指令

C. Apache 配置文件中的指令是大小写敏感的

D. Apache 配置文件中使用“#”作为注释符号，以“#”开头的行被视为注释行

2. 在 Apache 配置文件中配置指令（　　）可以设置网站的根目录。

A. ApacheRoot B. DocumentRoot

C. WebRoot D. RootDir

3. 在 Apache 配置文件中，配置指令（　　）用于设置服务器管理员的 E-mail 地址。

A. ServerAdmin B. AdminEmail C. Email D. ServerAdminEmail

二、填空题

1. Apache HTTP Server 的网站根目录为其安装目录下的目录________。

2. Apache 的配置文件保存在 Apache 主目录的________目录下，文件名为________。

3. 在 Apache 配置文件中，________指令用于设置 Apache 服务器的错误日志文件。

4. 在 Apache 配置文件中，________指令用于设置 Apache 服务器监听的 IP 地址和端口。

5. PHP 的配置文件为________。

6. 在 PHP 的配置文件中，配置项________指定 PHP 用来寻找动态连接扩展库的目录。

三、操作题

1. 练习安装 Apache HTTP Server。

2. 练习启动、停止和重启动 Apache HTTP Server。

3. 练习安装与配置 PHP，参照例 2-1 设计 test.php，并将其复制到 Apache HTTP Server 的网站根目录（默认为 C:\Program Files\Apache Software Foundation\Apache2.2\htdocs）下，然后在浏览器中浏览，确认可以显示 PHP 的工作环境和基本信息。

4. 练习安装 MySQL 数据库，完成后确认 MySQL 服务可以正常启动。

5. 练习安装和配置 phpMyAdmin，确认可以访问 phpMyAdmin 的登录界面。

第 3 章 PHP 语言基础

PHP 是运行在服务器端的脚本语言。本章将介绍 PHP 语言的基本语法和编码规范，并重点讲解 PHP 语言的数据类型、运算符、常量、变量、表达式和常用语句等基础知识，为使用 PHP 开发 Web 应用程序奠定基础。

3.1 初识 PHP

本节将通过一个简单的实例使读者初步了解 PHP 语言的基本语法和使用方法，并解决初学者经常遇到的基本问题。

3.1.1 一个简单的 PHP 程序

PHP 脚本文件的扩展名为.php，其中可以包含 HTML 代码和 PHP 代码。Apache 服务器在接收到 PHP 脚本文件的请求后，会解析 PHP 脚本文件中的 PHP 代码，执行代码并将其转换为 HTML 格式，然后转送到客户端。

【例 3-1】 下面是一段简单的 PHP 代码：

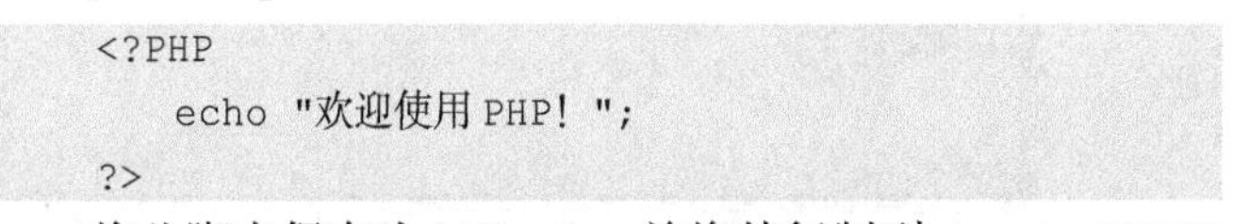

```
<?PHP
    echo "欢迎使用 PHP! ";
?>
```

将此脚本保存为 hello.php，并将其复制到 Apache HTTP Server 的网站根目录下，在浏览器中查看此脚本，如图 3-1 所示。关于 PHP 语言的基本语法将在 3.1.2 小节中介绍。

图 3-1 浏览例 3-1 的结果

3.1.2 PHP 语言的基本语法

本小节将结合例 3-1，介绍 PHP 语言的一些基本语法。

1. PHP 程序的开始标记和结束标记

在例 3-1 中，<?PHP 标识 PHP 程序的开始，?>标识 PHP 程序的结束。在开始标记和结束标记之间的代码将被作为 PHP 程序执行。除此之外，PHP 语言还支持下面 3 种开始标记和结束标记。

① <?和?>，这是简写的开始标记和结束标记，必须将 php.ini 中的 short_open_tag 的值设置为 On，才能使用此种标记。

② <script language="PHP">和</script>，这种写法表意比较直观，但书写起来有些麻烦。

【例 3-2】 将例 3-1 使用<script language="PHP">和</script>标记改写，代码如下：

```
<script language="PHP">
    echo "欢迎使用 PHP! ";
</script>
```

③ <%和%>，这是 ASP 风格的开始标记和结束标记，必须将 php.ini 中的 asp_tags 的值设置为 On，才能使用此种标记。

2. PHP 语句

PHP 程序可以由多条语句构成。每条语句用于指定程序要执行的动作。通常一条 PHP 语句占一行，以分号（;）结束。

例 3-1 中的 echo 就是一条 PHP 语句，用于在网页中输出指定的内容。使用 echo 语句除了可以输出字符串，还可以在网页中输出 HTML 标记。

【例 3-3】 使用 echo 语句在网页中输出 HTML 换行标记
。代码如下：

```
<?PHP
    echo "欢迎使用 PHP! ";
    echo "<BR>";
    echo "另起一行。欢迎使用 PHP! ";
?>
```

将此脚本保存为 hello.php，并将其复制到 Apache HTTP Server 根目录下，在浏览器中查看此脚本，如图 3-2 所示。

图 3-2 浏览例 3-3 的结果

还可以使用 print 语句向网页中输出内容，其用法与 echo 语句相同。

3. 将 PHP 语句嵌入到 HTML 文档中

在 Web 应用程序中，PHP 文件就是一个网页。因此，在大多数情况下，PHP 代码是和 HTML 语言嵌套使用的。例 3-3 演示了在 PHP 代码中和嵌入 HTML 语言的情况。下面演示在 HTML 文档中嵌入 PHP 语句的情况。

图 3-3 浏览例 3-4 的结果

【例 3-4】 可以把例 3-1 的代码嵌入 HTML 文档中，代码如下：

```
<html>
<head>
<title>我的第 1 个 PHP 程序</title>
</head>
<body>
<?PHP
    echo "欢迎使用 PHP! ";
?>
</body>
</html>
```

在浏览器中查看此脚本，如图 3-3 所示。可以看到，与例 3-1 不同的是，例 3-4 的网页有了标题“我的第 1 个 PHP 程序”，说明 HTML 代码起了作用。

3.1.3 PHP 注释

注释是程序代码中不执行的文本字符串，用于对代码行或代码段进行说明，或者暂时禁用某些代码行。使用注释对代码进行说明，可以使程序代码更易于理解和维护。注释通常用于说明代码的功能，描述复杂计算或解释编程方法，记录程序名称、作者姓名、主要代码更改的日期等。

向代码中添加注释时，需要用一定的字符进行标识。PHP 支持 3 种类型的注释字符。

1. //

//是单行注释符，这种注释符可与要执行的代码处在同一行，也可另起一行。从//开始到行尾均表示注释。对于多行注释，必须在每个注释行的开始使用//。

【例 3-5】　使用单行注释符//给例 3-1 添加注释。

```
<?PHP
    // 输出字符串
    echo "欢迎使用 PHP! "; // 这是注释
?>
```

2. #

#也是单行注释符，其用法与//相同。

【例 3-6】　使用单行注释符#给例 3-1 添加注释。

```
<?PHP
    # 输出字符串
    echo "欢迎使用 PHP! "; # 这是注释
?>
```

3. /* ... */

/* ... */是多行注释符，…表示注释的内容。这种注释字符可与要执行的代码处在同一行，也可另起一行，甚至用在可执行代码内。对于多行注释，必须使用开始注释符（/*）开始注释，使用结束注释符（*/）结束注释。注释行上不应出现其他注释字符。

【例 3-7】　使用/* ... */给例 3-1 添加注释。

```
<?PHP
    /* 一个简单的 PHP 程序,演示输出字符串.
        作者: 启明星
        日期: 2012-07-20
     */
    /* echo 语句输出字符串 */
    echo "欢迎使用 PHP! "; /* 这是注释 */
?>
```

3.1.4 初学者的常见问题

PHP 是服务器端脚本语言，与 HTML 不同，它需要配置正确的环境，并通过恰当的方法才能浏览到需要的内容。对于初学者而言，经常出现由于配置或操作不当而无法浏览 PHP 网页的问题。本小节将介绍几种初学者的常见问题。

1. 未安装 Apache

浏览 PHP 网页需要对应用环境进行配置，安装 Web 服务器应用程序。比较典型的 Web 服务器就是前面介绍的 Apache。如果没有安装 Apache 而直接浏览 ASP 网页，将会显示“无法显示网页”的错误，如图 3-4 所示。

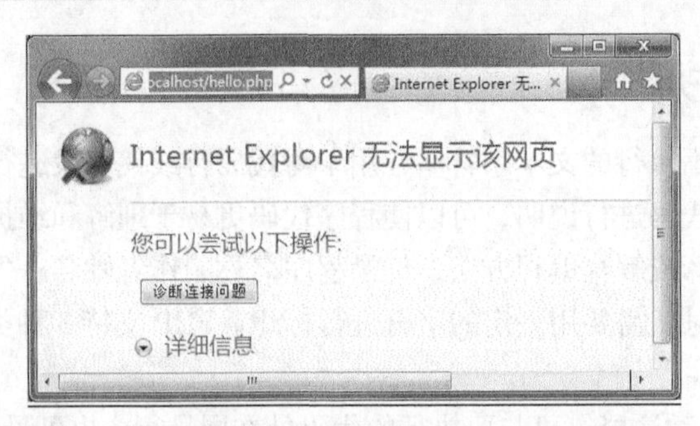

图 3-4　未安装 Apache 时无法正确显示 PHP 网页

2. Apache 服务未启动

如果安装了 Apache，还需要 Apache 服务，才能正确浏览 PHP 网页。启动 Apache 服务的方法请参照 2.1.2 小节。

3. 直接输入 PHP 文件的绝对路径

有些人习惯于双击 HTML 文件查看其内容，这是没有问题的。但双击 PHP 文件将无法浏览到它的内容，而是打开网页编辑工具对其进行编辑。

HTML 文档可以在任何位置上被浏览，但 PHP 文档需要复制到网站的工作目录下，使用 http://xxx/xxx.php 的方式浏览。如果直接在浏览器中输入 PHP 文档的绝对路径，则无法查看到正确内容。

3.2　常量和变量

常量和变量是程序设计语言的最基本元素，它们是构成表达式和编写程序的基础。本节将介绍 PHP 语言的常量和变量。

3.2.1　数据类型

数据类型在数据结构中的定义是一个值的集合以及定义在这个值集上的一组操作。使用数据类型可以指定变量的存储方式和操作方法。PHP 的常用数据类型如表 3-1 所示。

表 3-1　PHP 的常用数据类型

数据类型	具体描述
boolean	布尔类型，包含 True（逻辑真）和 False（逻辑假）。True 和 False 不区分大小写，true 和 TRUE 都等同于 True
integer	整型，即表示不包含小数点的实数。取值范围为 –2 147 483 647 ~ 2 147 483 648
float	也称作 double，包含小数点的浮点型
string	字符串类型。在 PHP 中，字符串可以使用单引号或双引号括起来，也可以使用定界符<<<来定义字符串。关于字符串的具体使用情况将在 3.4 节中介绍
array	数组类型。数组是由一组数据类型相同的元素组成的数据结构，本书将在第 4 章对 PHP 数组的使用情况进行详细介绍
object	对象类型。PHP 是面向对象的程序设计语言，可以用户可以自定义类，然后定义类的对象变量。本书将在第 7 章对 PHP 类和对象进行详细介绍

续表

数据类型	具体描述
resource	资源类型。资源类型的变量用于保存打开文件、数据库连接、图形画布区域等的特殊句柄
NULL	只包含 NULL 值。表示一个变量没有值
伪类型	不是 PHP 的基本数据类型，只用于函数定义中，表示一个参数可以接受多种类型的数据，还可以接受别的函数作为回调函数使用，具体如下 • mix，说明一个参数可以接受多种不同的（但并不必须是所有的）类型 • number，说明一个参数可以是 integer 或者 float • callback，用于定义回调函数

这里，读者只需要了解 PHP 语言包含哪些数据类型以及这些数据类型的基本情况。数据类型的使用往往与变量的定义联系在一起。本书后续内容很多都涉及数据类型的使用。

3.2.2　常量

常量是内存中用于保存固定值的单元，在程序中常量的值不能发生改变。在程序设计时使用常量会带来很多方便，如将常量 PI 定义为 3.14159 后，就可以在后面的程序中使用 PI 这个直观的符号来代替 3.14159 这个复杂的数字了。

常量具有两个属性，即名字和值。每个常量都有一个为标识它的名字，名字对应于保存常量的内存地址。

常量名遵循下面的命名规则：

- 合法的常量名以字母或下画线开始；
- 首字符的后面可以跟着任何字母、数字或下画线；
- 常量默认为大小写敏感，也就是说 PI 和 pi 不是同一个常量，通常常量名总是大写的。

可以使用 define()函数来定义常量，其基本语法结构如下：

```
define(常量名, 常量值);
```

【例 3-8】　定义一个常量 MYSTR，其内容为“这是一个常量”，代码如下：

```
<?PHP
    define("MYSTR", "这是一个常量");
    echo(MYSTR);
?>
```

运行结果如下：

```
这是一个常量
```

一旦定义了常量，就不能修改它的值，或对其进行重新定义。

【例 3-9】　一个重复定义变量的例子。

```
<?PHP
    define("MYSTR", "这是一个常量");
    echo(MYSTR);
    echo("<BR>");
    define("MYSTR", "这是另一个常量");
    echo(MYSTR);
?>
```

运行结果如下：

```
这是一个常量
```

```
这是一个常量
```

可以看到变量 MYSTR 的值没有被修改。

3.2.3 变量

变量是内存中命名的存储位置，与常量不同的是变量的值可以动态变化。在 PHP 中，使用$加上一个标识符来表现变量，如$a。变量名的命名规则与常量名的命名规则相同，具体情况参见 3.2.2 小节。

PHP 的变量不需要声明，可以直接使用赋值运算符对其进行赋值操作，根据所赋的值来决定其数据类型。

【例 3-10】 在下面的代码中，定义了一个字符串类型的变量$a、整型变量$b 和布尔类型变量$c。

```
<?PHP
    $a = "这是一个常量";
    $b = 2;
    $c = True
?>
```

例 3-10 的代码中都是将常量赋值到一个变量中。也可以将变量赋值给另外一个变量，例如：

```
<?PHP
    $a = "这是一个常量";
    $b = $a;
?>
```

此代码将变量$a 的值赋予变量$b，但以后对变量$a 的操作将不会影响到变量$b。

也就是说，变量$a 只是将它的值传递给了变量$b。

【例 3-11】 变量值传递的例子。

```
<?PHP
    $a = "这是一个变量";
    $b = $a;
    echo($b);  //此时变量 b 的值应等于变量 a 的值
    echo("<BR>");
    $a = "这是另一个变量";
    echo($b);  //对变量$a 的操作将不会影响到变量$b
?>
```

运行结果如下：

```
这是一个变量
这是一个变量
```

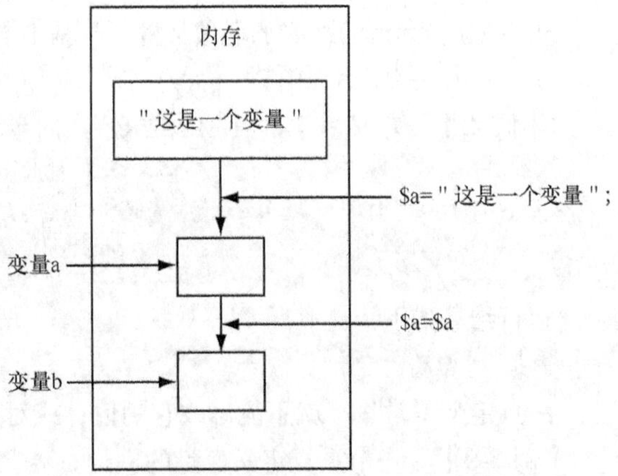

图 3-5　变量值传递的示意图

可以看到，变量值传递后修改变量$a 的值并没有影响到变量$b。图 3-5 所示为变量值传递的示意图。

PHP 还提供一种变量间的地址传递操作，在赋值的变量前使用&符号可以表示地址传递。地址传递后，两个变量就有了相同的内存地址，相当于是同一个变量了。

【例 3-12】 下面是一个变量地址传递的示例程序：

```
<?PHP
    $a = 10;
```

```
    $b = &$a;
    $c = $a;
    $a = 100;
    echo("\$a=");
    echo($a);
    echo("<BR>");
    echo("\$b=");
    echo($b);
    echo("<BR>");
    echo("\$c=");
    echo($c)
?>
```

程序首先定义了一个变量$a，将它赋值为 10；将变量$a 的地址传递给变量$b，值传递给变量$c；再修改变量$a 的值为 100，最后分别打印变量$a、$b 和$c 的值。在 echo("\$c=");语句中，反斜杠“\”表示转义符号，如果不使用反斜杠符号，将在网页中直接输出变量$c 的值。

运行结果如下：

```
$a=100
$b=100
$c=10
```

可以看到，变量$a 的值变化影响到了地址传递的变量$b，而值传递的变量$c 则保持其最初的值。图 3-6 所示为变量地址传递的示意图。

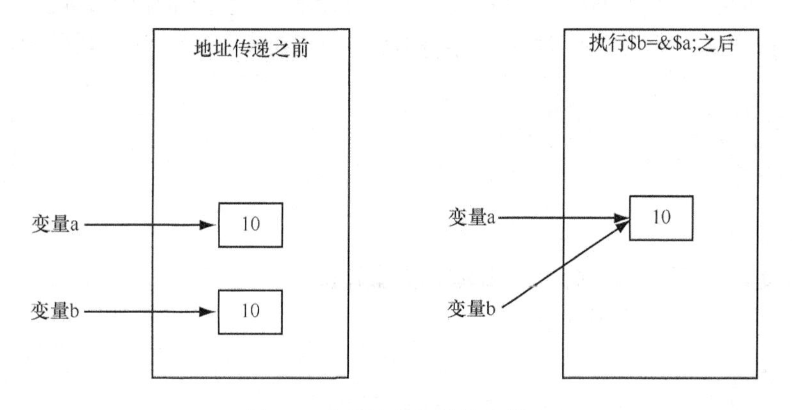

图 3-6 变量地址传递的示意图

使用 echo()函数可以输出变量的值，值为"4"的变量和值为 4 的变量输出结果是一样的。如果想输出变量的明细信息，可以使用 var_dump()函数。此函数显示关于一个或多个表达式的结构信息，包括表达式的类型与值。

【例 3-13】 下面是使用 var_dump()函数输出变量明细信息的例子。

```
<?php
$a = "100";
var_dump($a);
$b=100;
var_dump($b);
?>
```

输出的结果如下：

```
string '100' (length=3)
int 100
```

3.2.4 类型转换

PHP 在定义变量时，不需要指定其数据类型，而是根据每次给变量所赋的值决定其数据类型。

【例 3-14】 下面是一个类型转换的例子。

```
<?PHP
$a = 1;
$a = "变量 a 转换成字符串";
echo("<BR>");
echo($a);
?>
```

变量$a 被赋值 1，此时它是整型变量。然后将变量$a 赋值为一个字符串，使用 echo 命令将其输出，此时变量$a 变成字符串类型。运行结果如下：

```
变量 a 转换成字符串
```

【例 3-15】 如果字符串变量的内容是数值，也可以在表达式中直接转换成数值类型，例如：

```
<?PHP
    $a = "100";
     $b = $a * 2;
     echo($b);
?>
```

首先变量$a 被赋值为"100"，此时它是字符串类型。在$b = $a * 2 语句中，因为字符串变量$a 的内容是数值，所以会自动被转换成数值类型并参与计算，变量$b 的值为 200。

【例 3-16】 如果一个内容不是数值的字符串变量出现在算术表达式中，则计算结果为 0，例如：

```
<?PHP
    $a = "abc";
     $b = $a * 2;
     echo($b);
?>
```

输出的结果为 0。

也可以在变量前面添加数据类型，做强制类型转换。

【例 3-17】 强制类型转换的例子。

```
<?PHP
    $a = "5 个人";
     $b = (integer)$a * 2;
     echo($b);
?>
```

在上面的代码中，使用(integer)将变量$a 强制转换为整型，运行结果为 10。

3.3 运算符和表达式

运算符是程序设计语言的最基本元素，它是构成表达式的基础。本节将介绍 PHP 语言的运算符和表达式。

3.3.1 运算符

PHP 支持算术运算符、赋值运算符、位运算符、比较运算符、执行运算符、加 1/减 1 运算符、逻辑运算符、字符串运算符、数组运算符等基本运算符。本节分别对这些运算符的使用情况进行简单介绍。

1. 算术运算符

算术运算符可以实现数学运行，包括加（+）、减（-）、乘（*）、除（/）、求余（%）、取反（-）等。具体使用方法如下：

```
$a = $b + $c;
$a = $b - $c;
$a = $b * $c;
$a = $b / $c;
$a = $b % $c;
$b = -$a;
```

其中$a、$b 和$c 是变量，等号（=）是赋值运算符。

2. 赋值运算符

赋值运算符是等号（=），它的作用是将运算符右侧的常量或变量的值赋值到运算符左侧的变量中。前面已经给出了赋值运算符的使用方法。

3. 位运算符

位运算符允许对整型数中指定的位进行置位。如果左右参数都是字符串，则位运算符将操作这个字符串中的字符。PHP 的位运算符如表 3-2 所示。

表 3-2　　PHP 的位运算符

<table>
<tr><th>位运算符</th><th>具体描述</th></tr>
<tr><td>&</td><td>按位与运算。运算符查看两个表达式的二进制表示法的值，并执行按位“与”操作。只要两个表达式的某位都为 1，则结果的该位为 1；否则，结果的该位为 0</td></tr>
<tr><td>|</td><td>按位或运算。运算符查看两个表达式的二进制表示法的值，并执行按位“或”操作。只要两个表达式的某位有一个为 1，则结果的该位为 1；否则，结果的该位为 0</td></tr>
<tr><td>^</td><td>按位异或运算。异或的运算法则为：0 异或 0=0，1 异或 0=1，0 异或 1=1，1 异或 1=0</td></tr>
<tr><td>~</td><td>按位非运算。0 取非运算的结果为 1；1 取非运算的结果为 0</td></tr>
<tr><td><<</td><td>位左移运算，即所有位向左移</td></tr>
<tr><td>>></td><td>位右移运算，即所有位向右移</td></tr>
</table>

4. 比较运算符

比较运算符是对两个数值进行比较，返回一个布尔值。PHP 的比较运算符如表 3-3 所示。

表 3-3　　PHP 的比较运算符

比较运算符	具体描述
==	等于运算符（两个=）。例如，$a==$b，如果$a 等于$b，则返回 True；否则返回 False
===	全等运算符（3 个=）。例如，$a===$b，如果$a 的值等于$b，而且它们的数据类型也相同，则返回 True；否则返回 False
!=	不等运算符。例如，$a!=$b，如果$a 不等于$b，则返回 True；否则返回 False
<>	不等运算符，与!=相同
!==	不全等运算符（后面是两个=）。例如，$a!==$b，如果$a 的值不等于$b，或者它们的数据类型不相同，则返回 True；否则返回 False
<	小于运算符
>	大于运算符
<=	小于等于运算符
>=	大于等于运算符

5. 执行运算符

执行运算符是反引号（``），它的作用相当于 shell_exec()函数，即执行一个系统命令。

【例 3-18】　下面是一个执行运算符的使用实例。

```
<?PHP
    $output = `dir`;
    echo $output;
?>
```

程序首先调用 dir 命令，列出当前的目录和文件信息，并将结果保存在$output 变量中。最后，调用 echo 命令，将目录和文件信息输出到网页中。在浏览器中查看其运行结果，如图 3-7 所示。

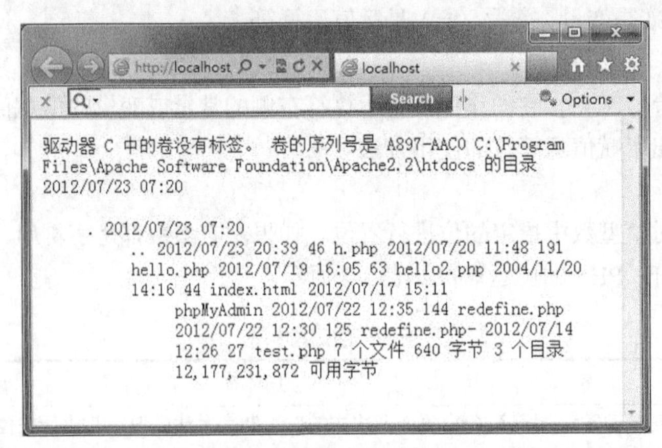

图 3-7　例 3-18 的结果

6. 加 1/减 1 运算符

加 1/减 1 运算符与 C++中的加 1/减 1 运算符相同，包括前加（++$a）、后加（$a++）、前减（--$a）和后减（$a--）4 种形式。

前加操作是先将变量执行加 1 操作，然后返回；后加操作是先返回变量的值，然后再对变量执行加 1 操作；前减操作是先将变量执行减 1 操作，然后返回；后减操作是先返回变量的值，然后再对变量执行减 1 操作。

【例 3-19】　加 1/减 1 运算符的使用实例。

```
<?PHP
    $a = 10;
    echo("++\$a=");
    echo(++$a);
    echo("<BR>");
    echo("\$a=");
    echo($a);
    echo("<BR>");
    $a = 10;
    echo("\$a++=");
    echo($a++);
    echo("<BR>");
    echo("\$a=");
    echo($a);
    echo("<BR>");
    $a = 10;
    echo("--\$a=");
    echo(--$a);
```

```
    echo("<BR>");
    echo("\$a=");
    echo($a);
    echo("<BR>");
    $a = 10;
    echo("\$a--=");
    echo($a--);
    echo("<BR>");
    echo("\$a=");
    echo($a);
    echo("<BR>");
?>
```

运行结果为

```
++$a=11
$a=11
$a++=10
$a=11
--$a=9
$a=9
$a--=10
$a=9
```

7. 逻辑运算符

PHP 支持的逻辑运算符如表 3-4 所示。

表 3-4　PHP 的逻辑运算符

逻辑运算符	具体描述
and	逻辑与运算符。例如$a and $b，当$a 和$b 都为 True 时等于 True；否则等于 False
or	逻辑或运算符。例如$a or $b，当$a 和$b 至少有一个为 True 时等于 True；否则等于 False
xor	逻辑异或运算符。例如$a xor $b，当$a 和$b 有一个为 True，但不同时为 True 时，表达式等于 True；否则等于 False
!	逻辑非运算符。例如!$a，当$a 等于 True 时，表达式等于 False；否则等于 True
&&	逻辑与运算符，与 and 相同
||	逻辑或运算符，与 or 相同

8. 字符串运算符

字符串运算符包括连接运算符（“.”）和连接赋值运算符（“.=”），连接运算符将左右两个参数连接，$a.= $b 等同于$a=$a+$b。

【例 3-20】　字符串运算的例子。

```
<?PHP
$b = "hello ";
$a = $b . "world ";
echo($a);
echo("<BR>");
$a .= "!!";
echo($a);
?>
```

运行结果如下：

```
hello world
hello world !!
```

关于 PHP 字符串的具体情况将在 3.4 节中介绍。

3.3.2 表达式

表达式由常量、变量和运算符组成。在 3.3.1 小节中介绍运算符的时候，已经涉及了一些表达式，例如：

```
$a = $b + $c;
$a = $b - $c;
$a = $b * $c;
$a = $b / $c;
$a = $b % $c;
$output = `dir`;
$a++;
$b--;
```

在本书后续章节中介绍的数组、函数、对象等都可以成为表达式的一部分。

3.4 常 用 语 句

本节将介绍 PHP 语言的常用语句，包括赋值语句、分支语句、循环语句、注释语句和其他常用语句。使用这些语句就可以编写简单的 PHP 程序了。

3.4.1 赋值语句

赋值语句是 PHP 语言中最简单、最常用的语句。通过赋值语句可以定义变量并为其赋初始值。在 3.3.1 小节介绍赋值运算符时，已经涉及了赋值语句，例如：

```
$a = 2;
$b = $a + 5;
```

变量赋值分为值传递和地址传递两种情况，具体内容参照 3.2.3 小节理解。

3.4.2 条件分支语句

条件分支语句指当指定表达式取不同的值时，程序运行的流程也发生相应的分支变化。PHP 提供的条件分支语句包括 if 语句和 switch 语句。

1. if 语句

if语句是最常用的一种条件分支语句，其基本语法结构如下：

```
if(条件表达式)
    语句块
```

只有当“条件表达式”等于 True 时，执行“语句块”。if 语句的流程图如图 3-8 所示。

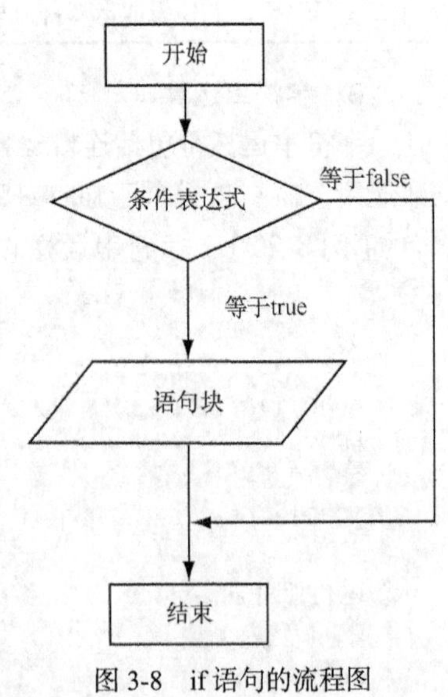

图 3-8 if 语句的流程图

【例 3-21】 if 语句的例子。

```
if($a > 10)
    echo "变量\$a 大于 10";
```

如果语句块中包含多条语句，可以使用{}将语句块包含起来。例如：

```
if($a > 10)  {
    echo "变量\$a 大于 10";
    $a = 10;
}
```

if 语句可以嵌套使用，也就是说在<语句块>中还可以使用 if 语句。

【例 3-22】　嵌套 if 语句的例子。

```
if($a > 10)  {
    echo "变量\$a 大于 10";
    if($a > 100)
      echo "变量\$a 大于 100";
}
```

提示

在使用 if 语句时，语句块的代码应该比上面的 if 语句缩进 2 个（或 4 个）空格，从而使程序的结构更加清晰。

2. else 语句

可以将 else 语句与 if 语句结合使用，指定不满足条件时所执行的语句。其基本语法结构如下：

```
if(条件表达式)
    语句块 1
else
    语句块 2
```

当条件表达式等于 True 时，执行语句块 1，否则执行语句块 2。if...else...语句的流程图如图 3-9 所示。

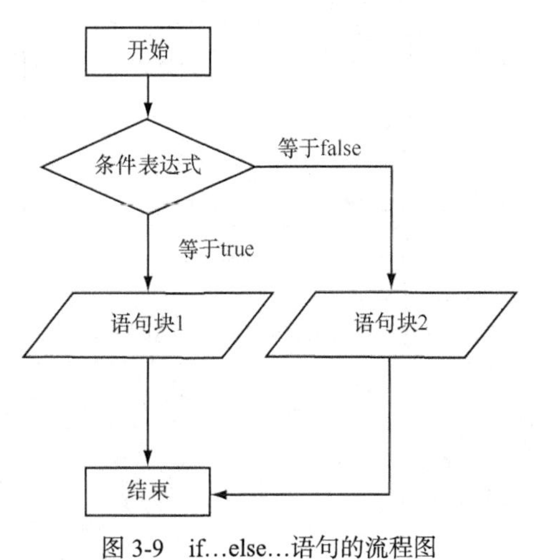

图 3-9　if…else…语句的流程图

【例 3-23】　if...else...语句的例子。

```
if($a > 10)
    echo "变量\$a 大于 10";
else
    echo "变量\$a 小于或等于 10";
```

3. elseif 语句

elseif 语句是 else 语句和 if 语句的组合，当不满足 if 语句中指定的条件时，可以再使用 elseif 语句指定另外一个条件。其基本语法结构如下：

```
if 条件表达式 1
    语句块 1
elseif 条件表达式 2
    语句块 2
elseif 条件表达式 3
    语句块 3
......
else
    语句块 n
```

在一个 if 语句中，可以包含多个 elseif 语句。if…elseif…else…语句的流程图如图 3-10 所示。

【例 3-24】 下面是一个显示当前系统日期的 PHP 代码，其中使用到了 if 语句、elseif 语句和 else 语句。

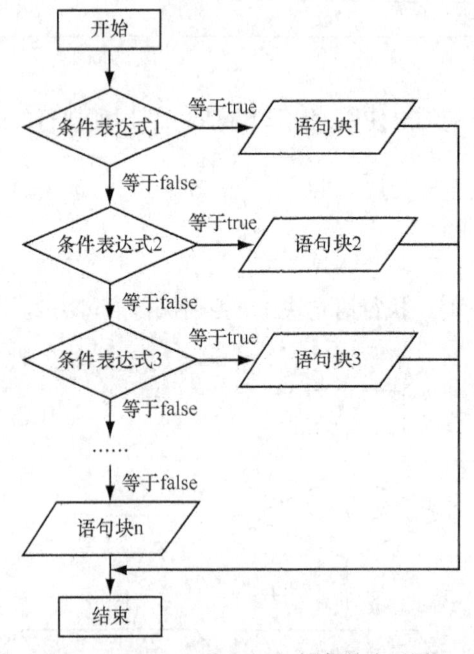

图 3-10 if…elseif…else…语句的流程图

```
<?PHP
    $today = getdate();
    echo("今天是");
    if($today['wday']==1) {
        echo("星期一");
    }
    elseif($today['wday']==2) {
        echo("星期二");
    }
    elseif($today['wday']==3) {
        echo("星期三");
    }
    elseif($today['wday']==4) {
        echo("星期四");
    }
```

```
    elseif($today['wday']==5) {
        echo("星期五");
    }
    elseif($today['wday']==6) {
        echo("星期六");
    }
    else {
        echo("星期日");
    }
?>
```

getdate()是 PHP 的日期时间函数，它返回一个数组。可以通过一组键值访问返回的数组，获取当前系统日期中的数据，如表 3-5 所示。关于数组的概念和应用请参见第 4 章。

表 3-5　日期数组中的键值

键值	具体描述
second	返回时间中的秒数，数值范围是 0 ~ 59
minute	返回时间中的分钟数，数值范围是 0 ~ 59
hours	返回时间中的小时数，数值范围是 0 ~ 23
mday	返回日期中第几天的数字，数值范围是 1 ~ 31
wday	返回星期中第几天的数字，数值范围是 0 ~ 6，0 表示星期日，1 表示星期一，依此类推
mon	返回日期中的月份数字，数值范围是 1 ~ 12
year	返回 4 位的年份数字
yday	返回一年中第几天的数字，取值范围是 0 ~ 366
weekday	返回星期几的英文表示，例如星期日返回 Sunday，星期六返回 Saturday 等
month	返回月份的英文表示，例如一月返回 January

在例 3-24 中使用$today['wday']返回变量$today 对应的星期数字，根据此值使用 if 语句显示当前日期对应的星期文字。此实例保存为附赠光盘的“第 2 章\weekday.php”。

4. switch 语句

很多时候需要根据一个表达式的不同取值对程序进行不同的处理，此时可以使用 switch 语句，其语法结构如下：

```
switch(表达式) {
    case 值1:
        语句块 1
        break;
    case 值2:
        语句块 2
        break;
……
    case 值n:
        语句块 n
        break;
    default:
        语句块 n+1
}
```

case 子句可以多次重复使用，当表达式等于值 1 时，则执行语句块 1；当表达式等于值 2 时，则执行语句块 2；依此类推。如果以上条件都不满足，则执行 default 子句中指定的<语句块 *n*>。每个 case 子句的最后都包含一个 break 语句，执行此语句会退出 switch 语句，不再执行后面的语句。switch 语句的流程图如图 3-11 所示。

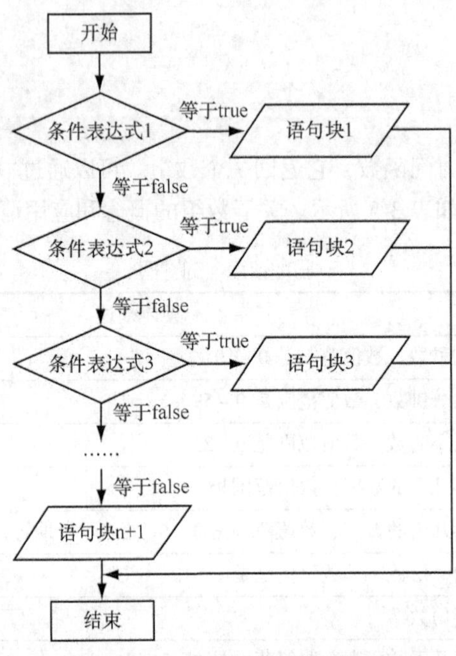

图 3-11　switch 语句的流程图

【例 3-25】　将例 3-24 的程序使用 switch 语句来实现，代码如下：

```
<?PHP
    $today = getdate();
    echo("今天是");
    switch($today['wday']) {
        case 1:
            echo("星期一");
            break;
        case 2:
            echo("星期二");
            break;
        case 3:
            echo("星期三");
            break;
        case 4:
            echo("星期四");
            break;
        case 5:
            echo("星期五");
            break;
        case 6:
            echo("星期六");
            break;
        default:
```

```
            echo("星期日");
        }
?>
```

3.4.3 循环语句

循环语句即在满足指定条件的情况下循环执行一段代码，并在指定的条件下执行循环。

PHP 中的循环语句包括 while 语句、do...while 语句、for 语句和 foreach 语句。

1. while 语句

while 语句的基本语法结构如下：

```
while(条件表达式) {
    循环语句体
}
```

当条件表达式等于 True 时，程序循环执行循环语句体中的代码。while 语句的流程图如图 3-12 所示。

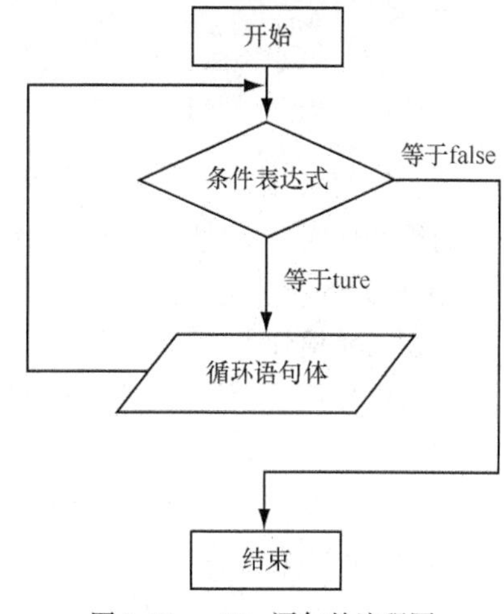

图 3-12 while 语句的流程图

通常情况下，循环语句体中会有代码来改变条件表达式的值，从而使其等于 False 而结束循环语句。如果退出循环的条件一直无法满足，则会产生死循环。这是程序员不希望看到的。

【例 3-26】 下面通过一个实例来演示 while 语句的使用。

```
<?PHP
    $i = 1;
    $sum = 0;
    while($i<11) {
            $sum = $sum + $i;
            $i++;
    }
    echo($sum);
?>
```

程序使用 while 循环计算从 1 累加到 10 的结果。每次执行循环体时，变量$i 会增 1，当变量$i 等于 11 时，退出循环。运行结果为 55。

2. do...while 语句

do...while 语句和 while 语句很相似，它们的主要区别在于 while 语句在执行循环体之前检查表达式的值，而 do...while 语句则是在执行循环体之后检查表达式的值。do...while 语句的流程图如图 3-13 所示。

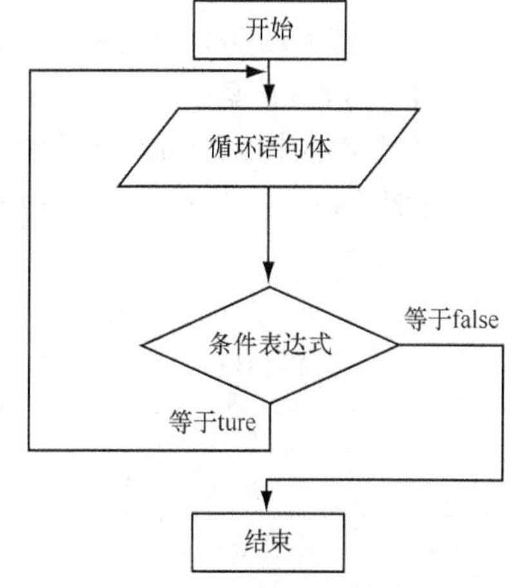

图 3-13 do...while 语句的流程图

do...while 语句的基本语法结构如下：

```
do {
    循环语句体
} while(条件表达式);
```

【例 3-27】 下面通过一个实例来演示 do...while 语句的使用。

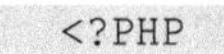

```
<?PHP
```

```
    $i = 1;
    $sum = 0;
    do {
        $sum = $sum + $i;
        $i++;
    } while($i<11);
    echo($sum);
?>
```

程序使用 do…while 语句循环计算从 1 累加到 10 的结果。每次执行循环体时，变量$i 会增 1，当变量$i 等于 11 时，退出循环。运行结果为 55。

3. for 语句

PHP 中的 for 语句与 C++中的 for 语句相似，其基本语法结构如下：

```
for(表达式 1; 表达式 2; 表达式 3) {
    循环体
}
```

程序在开始循环时计算表达式 1 的值，通常对循环计数器变量进行初始化设置；每次循环开始之前，计算表达式 2 的值，如果为 True，则继续执行循环，否则退出循环；每次循环结束之后，对表达式 3 进行求值，通常改变循环计数器变量的值，使表达式 2 在某次循环结束后等于 False，从而退出循环。for 语句的流程图如图 3-14 所示。

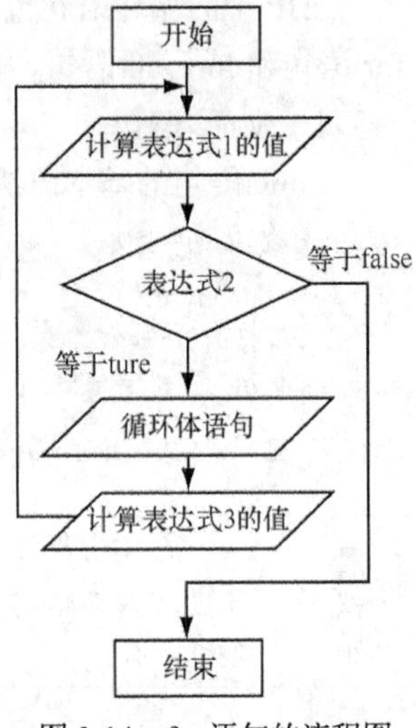

图 3-14　for 语句的流程图

【例 3-28】　下面通过一个实例来演示 for 语句的使用。

```
<?PHP
    $sum = 0;
    for($i=1; $i<11; $i++) {
        $sum = $sum + $i;
    }
    echo($sum);
?>
```

程序使用 for 语句循环计算从 1 累加到 10 的结果。循环计数器$i 的初始值被设置为 1，每次循环变量$i 的值增加 1；当$i<11 时执行循环体。运行结果为 55。

使用 foreach 语句可以遍历数组中的元素，本书将在第 4 章介绍它的使用情况。

4. continue 语句

在循环体中使用 continue 语句可以跳过本次循环后面的代码，重新开始下一次循环。

【例 3-29】　如果只计算 1~100 的偶数之和，可以使用下面的代码：

```
<?PHP
    $i = 1;
    $sum = 0;
    while($i<101) {
        if($i % 2 == 1)  {
            $i++;
            continue;
        }
        $sum = $sum + $i;
        $i++;
```

```
    }
    echo($sum);
?>
```

如果$i%2 等于 1，表示变量$i 是奇数。此时，只对$i 加 1，然后执行 continue 语句开始下一次循环，并不将其累加到变量$sum 中。

5. break 语句

在循环体中使用 break 语句可以跳出循环体。

【例 3-30】　将例 3-26 修改为使用 break 语句跳出循环体。

```
<?PHP
    $i = 1;
    $sum = 0;
    while(true) {
            if($i>=11)
                break;
            $sum = $sum + $i;
            $i++;
    }
    echo($sum);
?>
```

3.5　字符串处理

在 Web 应用程序设计时经常要在网页中输出字符串，因此，字符串是 PHP 语言中最常用到的数据类型。本节专门对 PHP 语言中的字符串处理进行介绍。

3.5.1　字符串常量

字符串常量必须使用单引号（'）或双引号（"）括起来。例如：

```
'我是一个字符串'
"我是另一个字符串"
```

如果字符串中出现单引号（'）或双引号（"），则需要使用转义符号（\），例如：

```
echo 'I\'m a string'
```

输出的结果如下：

```
I'm a string
```

单引号字符串和双引号字符串的区别在于，如果在双引号字符串中出现变量时，程序会自动将其替换成变量的值，而单引号字符串中出现变量时则不会替换。

【例 3-31】　演示字符串中包含变量的例子。

```
<?PHP
    $a = 10;
    echo('变量$a');
    echo("<BR>");
    echo("变量$a");
?>
```

运行结果如下：

```
变量$a
变量 10
```

可以看到，在双引号字符串中，$a 被解析为变量$a 的值，即 10。如果希望在双引号字符串中输出$a，则可以使用转义字符（\）。

【例 3-32】 在双引号字符串中输出$a，则可以使用转义字符（\）的例子。

```
<?PHP
    $a = 10;
    echo("变量\$a");
?>
```

输出结果如下：

```
变量$a
```

PHP 支持的常用转义字符使用情况如表 3-6 所示。

表 3-6 PHP 的常用转义字符

转义字符	具体描述
\n	换行
\r	回车
\t	Tab
\$	$
\"	"
\\	\

3.5.2 字符串中的字符

字符串实际上是由一组字符组成，可以通过下面的方式获取字符串中的字符。

```
字符串变量[index]
```

index 指定获取字符的位置。0 表示第 1 个字符，1 表示第 2 个字符，依此类推。

【例 3-33】 获取字符串中字符的例子。

```
<?PHP
$a = "hello ";
$a = $b . "world ";
echo($a);
echo("\$a 的第 2 个字符是 ");
echo($a[1]);
?>
```

运行结果如下：

```
$a 的第 2 个字符是 e
```

3.5.3 获取字符串的长度

在 PHP 语言中，可以使用 strlen()函数获取字符串的长度，语法如下：

```
int strlen(字符串);
```

函数返回字符串的长度。

【例 3-34】 获取字符串长度的例子。

```
<?php
echo strlen("Hello world!");
?>
```

运行结果为 12。如果字符串中有中文，则使用 strlen()函数并不能准确地获取字符串的长度。因为 strlen()函数实际是返回存储字符串所用的字节数。使用 Windows 记事本编辑的 php 文件默认采用 ANSI 编码。在 ANSI 编码中，一个英文字符占一个字节，一个中文字符则占两个字节。

【例 3-35】 获取中文字符串长度的例子。

```
<?php
echo strlen("你好 PHP!");
?>
```

运行结果为 8，而不是预期的 6。因为“你好”占 4 个字节，加上后面 4 个英文字符占 4 个字节，所以 echo strlen("你好 PHP!")返回 8。

可以使用 mb_strlen()函数计算包含中文的字符串的长度。语法如下：

```
int  mb_strlen(字符串, 字符编码);
```

将字符编码设置为"GBK"或"gb2312"即可获得正确的中文字符串长度。

【例 3-36】 使用 mb_strlen()函数获取中文字符串长度的例子。

```
<?php
echo mb_strlen("你好 PHP!", "GBK");
?>
```

运行结果为 6。

3.5.4 比较字符串

在程序设计中，经常需要对字符串进行比较，判断两个字符串是否相等。在 PHP 语言中，可以使用 strcmp()、strcasecmp()、strspn()和 strcspn()函数进行字符串比较。

1. strcmp()函数

strcmp()函数用于比较两个字符串，语法如下：

```
int strcmp( string $str1, string $str2)
```

参数$str1 和$str2 是进行比较的两个字符串。如果 str1 小于 str2，返回负数；如果 str1 大于 str2，返回正数；二者相等则返回 0。注意该比较区分大小写，也就是说"ABC"不等于"abc"。

【例 3-37】 使用 strcmp ()函数比较字符串的例子。

```
<?php
echo strcmp("ABC", "abc");
?>
```

运行结果为-1。因为 A 的 ASCII 码值为 65，而 a 的 ASCII 码值为 97，且 strcmp()函数是区分大小写的，所以"ABC"小于"abc"。

2. strcasecmp()函数

strcasecmp ()函数用于不区分大小写地比较两个字符串，语法如下：

```
int strcasecmp( string $str1, string $str2)
```

参数$str1 和$str2 是进行比较的两个字符串。如果 str1 小于 str2，返回负数；如果 str1 大于 str2，返回正数；二者相等则返回 0。注意该比较不区分大小写，也就是说"ABC"等于"abc"。

【例 3-38】 使用 strcasecmp ()函数比较字符串的例子。

```
<?php
echo strcasecmp ("ABC", "abc");
```

```
?>
```

运行结果为 0。说明比较结果是"ABC"等于"abc"。

3. strspn()函数

strspn()函数用于计算字符串中全部字符都存在于指定字符集合中的第一段子串的长度。语法如下：

```
int strspn( string $subject, string $mask [, int $start [, int $length ]] )
```

函数返回字符串 subject 中全部字符都存在于字符串 mask 中的第一组连续字符（子字符串）的长度。如果省略了 start 和 length 参数，则检查整个 subject 字符串；如果指定了这两个参数，则只检查字符串 subject 的从 start 位置开始，长度为 length 的子串。

【例 3-39】 使用 strspn ()函数比较字符串$str 前面由数字组成的子串的长度。

```
<?php
  $str = "5564897acd54678";
  echo strspn($str, "123456789");
?>
```

运行结果为 7。

4. strcspn()函数

strcspn()函数用于计算字符串中包含指定字符集合中不存在的第一段子串的长度。语法如下：

```
int strcspn( string $ str1, string $ str2 [, int $start [, int $length ]] )
```

函数返回字符串 str1 中全部字符都不存在于字符串 str2 中的第一组连续字符（子字符串）的长度。如果省略了 start 和 length 参数，则检查整个 str1 字符串；如果指定了这两个参数，则只检查字符串 str1 的从 start 位置开始，长度为 length 的子串。

【例 3-40】 使用 strcspn ()函数的例子。

```
<?php
echo(strcspn('abcd',  'apple'));  // 因为字符第一个字符 a 就出现在'apple'中，所以输出 0
echo(strcspn('abcd',  'banana')); //因为字符第一个字符 a 就出现在'banana'中，所以输出 0
echo(strcspn('hello', 'l')); //因为字符前 2 个字符'he'没有出现在'l'中，
                              //第 3 个字符'l'出现在'l'中所以输出 2
echo(strcspn('hello', 'world')); //因为字符前 2 个字符'he'没有出现在'world'中，
                                  //第 3 个字符'l'出现在'world'中所以输出 2
?>
```

3.5.5 将字符串转换到 HTML 格式

在程序设计中，有时需要将大段的字符串显示在网页中，此时并不能简单地使用 echo()函数。因为字符串中有一些特殊字符在 HTML 语言中不能正常显示，如换行符\n 在 HTML 语言中对应“
”。

【例 3-41】 直接输出字符串时无法输出回车符的例子。

```
<?php
echo("hello\n world");
?>
```

运行结果如图 3-15 所示。这并不是希望的结果。

1. 将换行符\n 转换为“
”

可以调用 nl2br()函数将换行符\n 转换为“
”，其基本语法如下：

```
string nl2br( string $string)
```

【例 3-42】　直接输出字符串时输出回车符的例子。

```
<?php
echo(nl2br("hello\n world"));
?>
```

运行结果如图 3-16 所示。可以看到，回车符起作用了。

图 3-15　例 3-41 的运行结果

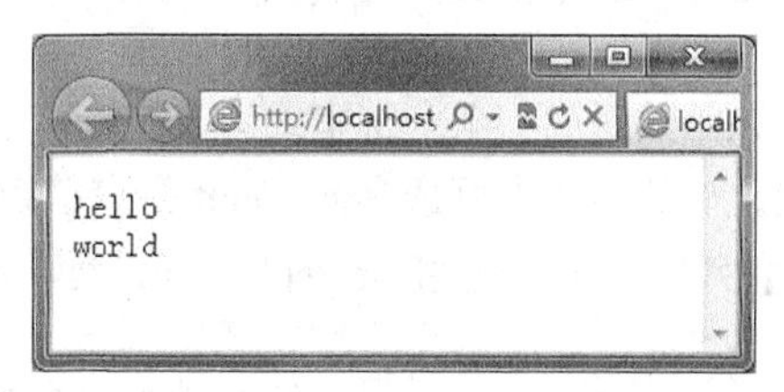

图 3-16　例 3-42 的运行结果

2. htmlentities()函数

htmlentities()函数可以把字符串转换为 HTML 实体，其基本语法如下：

```
htmlentities(string,quotestyle,character-set)
```

参数说明如下。

- string：要转换的字符串。
- quotestyle：指定如何编码单引号和双引号。ENT_COMPAT 为默认，表示仅编码双引号；ENT_QUOTES 表示编码双引号和单引号；ENT_NOQUOTES 表示不编码任何引号。
- character-set：指定要使用的字符集，ISO-8859-1 为 默认，表示西欧；GB2312 表示简体中文，国家标准字符集；BIG5 表示繁体中文；BIG5-HKSCS 表示 Big5 香港扩展。

【例 3-43】　使用 htmlentities ()函数把字符串转换为 HTML 实体的例子。

```
<html>
<body>
<?php
$str = "John & 'Adams'";
echo htmlentities($str, ENT_COMPAT);
echo "<br />";
echo htmlentities($str, ENT_QUOTES);
echo "<br />";
echo htmlentities($str, ENT_NOQUOTES);
?>
</body>
</html>
```

在浏览器中的输出如下：

```
John & 'Adams'
John & 'Adams'
John & 'Adams'
```

在浏览器中查看源代码可以看到下面的 HTML 代码：

```
<html>
<body>
John &amp; 'Adams'<br />
John &amp; &#039;Adams&#039;<br />
John &amp; 'Adams'
</body>
</html>
```

3.5.6 替换字符串

PHP 提供了一些替换字符串中子串的函数，其中常用的包括 str_replace()函数和 strtr()函数。

1. str_replace()函数

str_replace()函数的语法如下：

```
mixed str_replace(mixed $search , mixed $replace , mixed $subject [,int &$count])
```

该函数返回一个字符串或者数组。该字符串或数组是将 subject 中全部的 search 都被 replace 替换之后的结果。可选参数 count 指定替换发生的次数。

【例 3-44】 使用 str_replace()函数替换字符串的例子。

```
<?php
$bodytag = str_replace("ASP", "PHP", "你好 ASP");
echo($bodytag);
?>
```

运行结果为“你好 PHP”。程序将字符串"你好 ASP"中的"ASP"替换为"PHP"。

2. strtr()函数

strtr ()函数的语法如下：

```
string strtr ( string $str , string $from , string $to )
```

该函数返回字符串 str 的一个副本，并将在 from 中指定的字符转换为 to 中相应的字符。

【例 3-45】 使用 strtr()函数替换字符串的例子。

```
<?php
$str = strtr("你好 ASP","ASP", "PHP");
echo($str);
?>
```

程序的效果与例 3-44 相同。

3.5.7 URL 处理函数

在 Web 应用程序中，经常需要对 URL 字符串进行处理，本小节将介绍几个 URL 处理函数。

1. 解析 URL 字符串

可以调用 parse_url()函数解析 URL 字符串。parse_url()函数的语法如下：

```
array parse_url ( string $url )
```

参数$url 是要解析的 URL 字符串。下面是一个 URL 字符串的例子：

```
'http://username:password@hostname/path?arg=value#anchor'
```

通常 URL 字符串包括如下部分。

- scheme：URL 字符串中的协议部分。
- host：URL 字符串中的域名部分。
- user：URL 字符串中的用户名部分。
- pass：URL 字符串中的密码部分。
- path：URL 字符串中的脚本文件路径部分。
- query：URL 字符串中的参数部分。
- fragment：URL 字符串中#后面的命名锚记（书签）部分。

parse_url()函数返回解析 URL 字符串得到的结果数组，数组的键就是上面列出的各项。

【例 3-46】 使用 parse_url ()函数解析 URL 字符串的例子。

```
<?php
$url = 'http://username:password@hostname/path?arg=value#anchor';
print_r(parse_url($url));
?>
```

运行结果如图 3-17 所示。

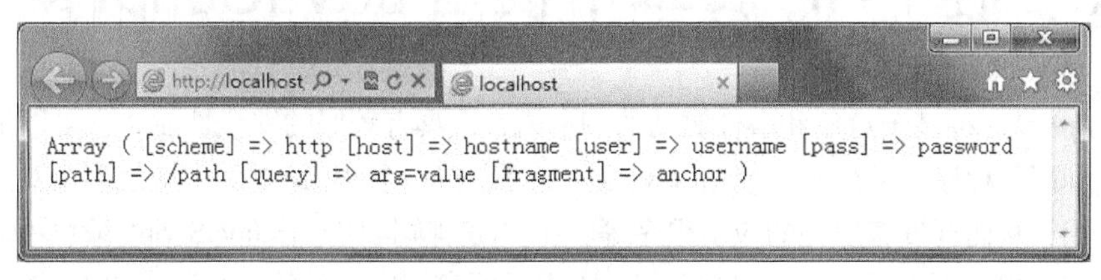

图 3-17　例 3-46 的运行结果

2. URL 编码

在 URL 字符串中，可以使用 key=value 键值对这样的形式来传递参数。如果有多个参数，则可以在键值对之间以&符号分隔，例如：

```
verify.php?user=admin&pass=password
```

上面的 URL 中包含 2 个参数，即 user 和 pass。如果参数值字符串中包含了=或者&字符，那么就会造成接收 URL 的服务器解析错误，因此，必须将引起歧义的&和=符号进行转义，也就是对 URL 进行编码。

对 URL 进行编码的另一个原因是 URL 的编码格式是 ASCII 码，而不是 Unicode，这也就是说不能在 URL 中包含任何非 ASCII 字符，如中文。这显然不能满足实际应用的需求。

URL 编码的原则就是使用安全的字符（没有特殊用途或者特殊意义的可打印字符）去表示那些不安全的字符（如前面提到的=字符和&字符，以及中文字符）。

可以调用 urlencode()函数对 URL 进行编码，语法如下：

```
string urlencode( string $str )
```

函数返回编码后的字符串，此字符串中除了 “-”、“_”、“.” 等字符 之外的所有非字母数字字符都将被替换成百分号（%）后跟两位十六进制数，空格则编码为加号（+）。

【例 3-47】　使用 urlencode()函数对 URL 进行编码的例子。

```
<?php
$url = 'http://localhost/verify.php?user=' . urlencode('管理员') . '&pass=' .
urlencode('pass=&word');
echo($url);
?>
```

运行结果如下：

```
http://localhost/verify.php?user=%B9%DC%C0%ED%D4%B1&pass=pass%3D%26word
```

3. URL 解码

有编码就应该有解码，这才能得到被编码的内容。可以使用 urldecode () 函数对使用 urlencode() 函数进行编码的 URL 进行解码，语法如下：

```
string urldecode(string str)
```

【例 3-48】　使用 urldecode()函数对 URL 进行解码的例子。

```
<?php
$str = urlencode('管理员');
echo urldecode($str);
?>
```

运行结果为“管理员”。也就是说，使用 urldecode ()函数可以成功解码被 urlencode()函数编码的字符串。

3.6 在 PHP 脚本中使用 JavaScript 编程

JavaScript 是一种基于对象和事件驱动的脚本语言，具有较好的安全性能。它可以把 Java 语言的优势应用到网页程序设计当中。使用 JavaScript 可以在一个 Web 页面中链接多个对象，与 Web 客户交互作用，从而开发客户端的应用程序等。在 PHP 脚本中使用 JavaScript 编程可以扩展 PHP 的功能，使应用程序更灵活方便。本节介绍在本书后面实例中用到的一些基本的 JavaScript 技术。

3.6.1 JavaScript 脚本的使用

在 PHP 脚本中使用 JavaScript 脚本时，JavaScript 代码需要在<Script Language ="JavaScript">和</Script>中使用。

【例 3-49】 一个简单的在 PHP 脚本中使用 JavaScript 脚本实例。

```
<HTML>
<HEAD><TITLE>简单的 JavaScript 代码</TITLE></HEAD>
<BODY>
<Script Language ="JavaScript">
 // 下面是 JavaScript 代码
  document.write("这是一个简单的 JavaScript 程序!");
  document.close();
</Script>
</BODY>
</HTML>
```

运行结果如图 3-18 所示。

图 3-18 简单的 JavaScript 脚本

document 是 JavaScript 的文档对象，document.write()用于在文档中输出字符串，document.close()用于关闭输出操作。

提示 在 JavaScript 中，使用//表示程序中的注释，服务器在解释程序时，将不考虑一行程序中字符//后面的代码。

3.6.2 数据类型和变量

JavaScript 包含 4 种基本的数据类型，如表 3-7 所示。

表 3-7 JavaScript 的数据类型

类型	具体描述
数值类型	包括整数和实数
字符串类型	由单引号或双引号括起来的字符
布尔类型	包含 True 和 False
空值	即 null。如果引用一个没有定义的变量，则返回空值

在 JavaScript 中，可以使用 var 关键字声明变量，声明变量时不要求指明变量的数据类型。例如：

```
var x;
```

也可以在定义变量时为其赋值，例如：

```
var x = 1;
```

或者不定义变量，而通过使用变量来确定其类型，例如：

```
x = 1;
str = "This is a string";
exist = false;
```

3.6.3 弹出警告对话框

在 Web 应用程序中，经常需要弹出一个警告对话框，提示用户注意事项。HTML 语言并不提供此功能。PHP 是服务器端的脚本语言，也不能在客户端弹出对话框。可以使用 JavaScript 的 alert() 函数实现此功能。

【例 3-50】 在网页中添加一个“点击试一下”超链接，单击此超链接，弹出一个消息对话框。代码如下：

```
<HTML>
<HEAD><TITLE>演示使用 Window.alert()的使用</TITLE></HEAD>
<BODY>
<Script LANGUAGE = JavaScript>
  function Clickme() {
  alert("欢迎使用 JavaScript");
  }
</Script>
<p><a href=# onclick="Clickme()">点击试一下</a></p>
</BODY>
</HTML>
```

运行结果如图 3-19 所示。

这段程序定义了一个 JavaScript 函数 Clickme()，其功能是调用 alert() 函数弹出一个显示“欢迎使用 JavaScript”的消息对话框。在网页的 HTML 代码中使用 <a href=# onclick ="Clickme()">点击试一下</a>的方法调用 Clickme()函数。

onclick 是 JavaScript 中的单击事件，当用户单击指定对象时，触发此事件，可以执行 onclick 后面定义的操作。

图 3-19 例 3-50 的运行结果

3.6.4 弹出确认对话框

与 alert()方法相近，可以使用 confirm()函数显示一个请求确认对话框。确认对话框包含一个“确定”按钮和一个“取消”按钮。在程序中，当用户单击“确定”按钮时，confirm()函数返回 True；当用户单击“取消”按钮时，confirm()函数返回 False。程序可以根据用户的选择决定执行的操作。

【例 3-51】 在网页中添加一个“删除数据”超链接，单击此超链接，弹出一个确认对话框。如果用户单击“确定”按钮，则弹出一个显示“成功删除数据”的消息对话框；如果用户单击“取消”按钮，则弹出一个显示“没有删除数据”的消息对话框。代码如下：

```
<HTML>
<HEAD><TITLE>演示使用 Window.confirm()的使用</TITLE></HEAD>
<BODY>
<Script LANGUAGE = JavaScript>
  function Checkme() {
    if (confirm("是否确定删除数据?") == true)
      alert("成功删除数据");
    else
      alert("没有删除数据");
  }
</Script>
<p><a href=# onclick="Checkme()">删除数据</a></p>
</BODY>
</HTML>
```

运行结果如图 3-20 所示。

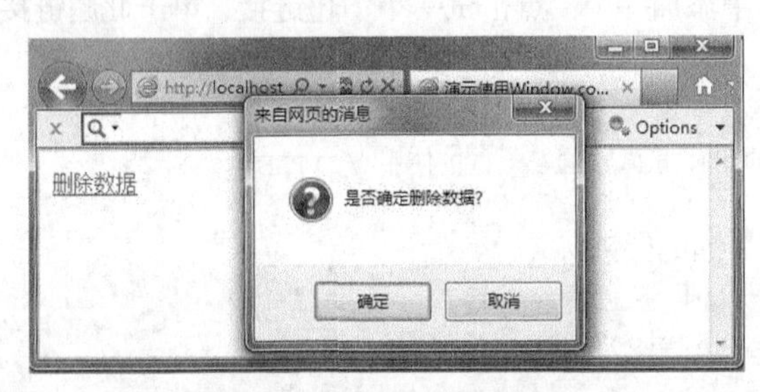

图 3-20　例 3-51 的运行结果

3.6.5　document 对象

document 是常用的 JavaScript 对象，用于管理网页文档。前面已经介绍了使用 document.write() 用于在文档中输出字符串的方法。本小节再简单介绍一下 document 对象的属性、方法、子对象和集合。

1．常用属性

document 对象的常用属性如表 3-8 所示。

表 3-8　document 对象的常用属性

类型	具体描述
title	设置文档标题等价于 HTML 的 title 标签
bgColor	设置页面背景色
fgColor	设置前景色（文本颜色）
linkColor	未点击过的链接颜色
alinkColor	激活链接（焦点在此链接上）的颜色
vlinkColor	已点击过的链接颜色
URL	设置 URL 属性从而在同一窗口打开另一网页
fileCreatedDate	文件建立日期，只读属性

续表

类型	具体描述
fileModifiedDate	文件修改日期，只读属性
fileSize	文件大小，只读属性
cookie	设置和读出 cookie
charset	设置字符集，简体中文为 gb2312

2. 常用方法

document 对象的常用方法如表 3-9 所示。

表 3-9　document 对象的常用方法

类型	具体描述
write	动态向页面写入内容
.createElement(Tag)	创建一个 html 标签对象
getElementById(ID)	获得指定 ID 值的对象
getElementsByName(Name)	获得指定 Name 值的对象

3. 子对象和集合

document 对象的常用子对象和集合如表 3-10 所示。

表 3-10　document 对象的常用子对象和集合

类型	具体描述
主体子对象 body	指定文档主体的开始和结束等价于<body>…</body>
位置子对象 location	指定窗口所显示文档的完整(绝对)URL
选区子对象 selection	表示当前网页中的选中内容
images 集合	表示页面中的图像
forms 集合	表示页面中的表单

【例 3-52】　演示 document 对象使用的实例。

```
<HTML>
 <HEAD>
  <TITLE> New Document </TITLE>
 </HEAD>
 <BODY>
  <IMG SRC="1.jpg" WIDTH="170" HEIGHT="100" BORDER="0" ALT=""><br/>
  <SCRIPT LANGUAGE="JavaScript">
  <!--
 document.write("文件地址:"+document.location+"<br/>")
 document.write("文件标题:"+document.title+"<br/>");
 document.write("图片路径:"+document.images[0].src+"<br/>");
 document.write("文本颜色:"+document.fgColor+"<br/>");
 document.write("背景颜色:"+document.bgColor+"<br/>");
  //-->
```

```
  </SCRIPT>
 </BODY>
</HTML>
```

运行结果如图 3-21 所示。

图 3-21　例 3-52 的运行结果

本书还将在后续章节中结合具体实例介绍 document 对象的使用。

3.6.6　弹出新窗口

Window.open()函数的功能是打开一个新窗口，可以设置窗口中显示的网页内容、标题、窗口的属性等，语法如下：

```
Window.open(url, 窗口名, 属性列表)
```

属性列表的内容如表 3-11 所示。

表 3-11　　Window.open()函数的属性列表

属性	具体描述
height	窗口高度
width	窗口高度
top	窗口距屏幕上方的像素值
left	窗口距屏幕左侧的像素值
toolbar	是否显示工具栏，toolbar=yes 表示显示工具栏，toolbar=no 表示不显示
menubar	是否显示菜单栏，menubar=yes 表示显示菜单栏，menubar=no 表示不显示
scrollbars	是否显示滚动条，scrollbars=yes 表示显示滚动条，scrollbars=no 表示不显示
resizable	是否允许改变窗口大小，resizable= es 表示允许，resizable=no 表示不允许
location	是否显示地址栏，location= es 表示允许，location=no 表示不允许
status	是否显示状态栏，status =yes 表示允许，status=no 表示不允许

【例 3-53】　演示使用 Window.open()方法打开一个新窗口。

```
<HTML>
<HEAD><TITLE>演示使用 Window.open()的使用</TITLE></HEAD>
<BODY>
<Script LANGUAGE = JavaScript>
  function newwin(url, wname) {
       var
oth="toolbar=no,location=no,directories=no,status=no,menubar=no,scrollbars=yes,resizab
```

```
le=yes,left=200,top=200";
        oth = oth+",width=400,height=300";
        var newwin = window.open(url,wname,oth);
        newwin.focus();
    }
  </Script>
  <a href=# onclick="newwin('http://www.ptpress.com.cn', '邮电出版社')">邮电出版社</a>
  </BODY>
  </HTML>
```

程序中定义了一个函数 newwin()，这是比较有用的一个自定义函数，可以实现弹出窗口的功能。参数 url 指定要在新窗口中打开网页的地址，参数 wname 指定新窗口的名称，后面的属性列表可以根据需要设置。可以使用这种方法弹出广告窗口。

在浏览器中浏览此页面，会看到一个“邮电出版社”超链接，单击此链接，会弹出一个新窗口，打开人民邮电出版社的官网，如图 3-22 所示。

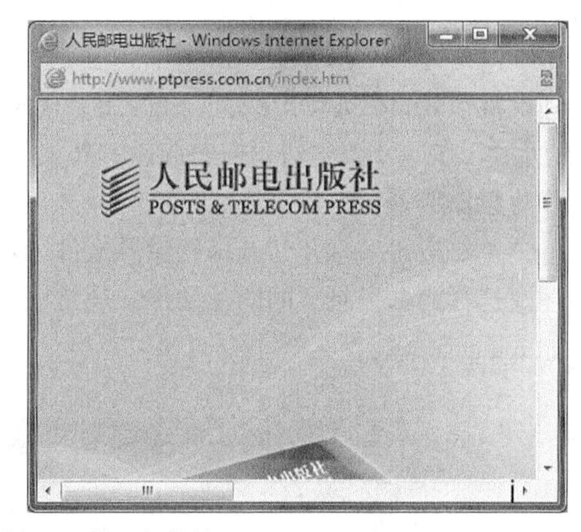

图 3-22　例 3-53 的运行结果

3.7　开发与调试 PHP 程序

程序员在使用 PHP 开发 Web 应用程序时，通常需要先设计网页界面，然后在网页里添加 PHP 代码。本节介绍使用 Dreamweaver 设计网页和使用 EclipsePHP Studio 3 开发 PHP 程序的方法。

3.7.1　使用 Dreamweaver 设计网页

设计网页界面包含很多工作，如设计各种图片、Flash、网页的框架等。设计各种图片、Flash 属于美工的工作，不在本书的讨论范围之内；而设计网页则是开发应用程序所必备的技能。本小节介绍使用 Dreamweaver 8 设计网页的基本方法。

1．设置网页背景和颜色

设计网页时，经常需要设置网页的属性。常见的网页属性是网页的颜色和背景图片。

打开 Dreamweaver，首先弹出向导对话框，如图 3-23 所示。

单击“创建新项目”栏目中的 HTML 项，可以创建一个 HTML 文件。Dreamweaver 提供了代码、拆分和设计 3 种设计模式，如图 3-24 所示。

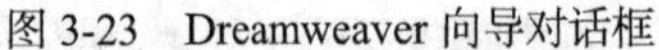
图 3-23　Dreamweaver 向导对话框

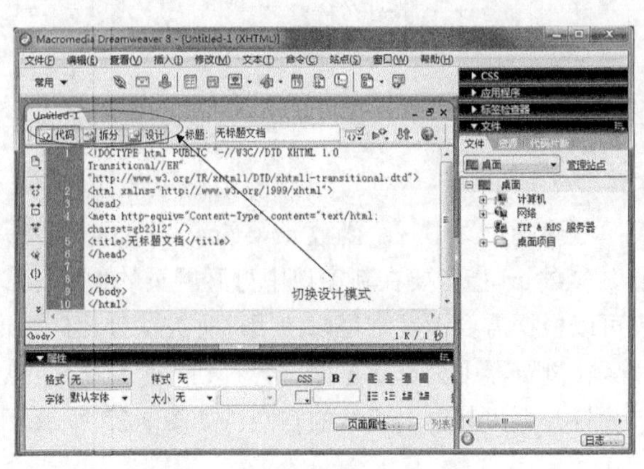

图 3-24　使用 Dreamweaver 设计网页

切换到设计模式，右键单击网页，在弹出菜单中选择“页面属性”，打开“页面属性”对话框，如图 3-25 所示。在“分类”列表框中选择“外观”，可以在右侧设置页面中使用的字体、页面的背景颜色和背景图像等。

单击“浏览”按钮，打开“选择图像源文件”对话框，选择指定的背景图像。在选择背景图片时，请注意选择网站目录下的图片文件，通常需要创建一个目录专门保存网站中所有网页使用的图片，如 images。

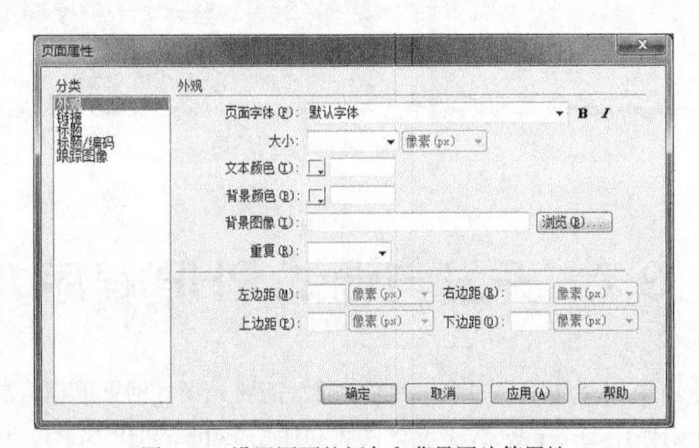

图 3-25　设置网页的颜色和背景图片等属性

2. 设置字体属性

在 Dreamweaver 中，可以直接在属性窗口中设置字体属性，如图 3-26 所示。

选中一段文本，在菜单中选择“文本”→“样式”命令，可以选择文本的样式，包括加粗、倾斜、下画线等，如图 3-27 所示。

3. 超级链接

超级链接（也称超链接）是网页中一种特殊的文本，通过单击超级链接可以方便地转向本地或远程的其他文档。超级链接可分为两种，即本地链接和远程链接。本地链接用于指向本地计算机的文档，而远程链接则用于指向远程计算机的文档。

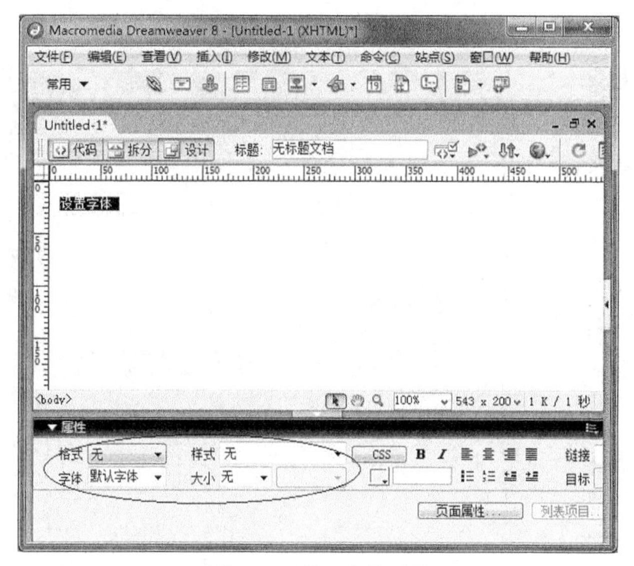

图 3-26 设置字体属性

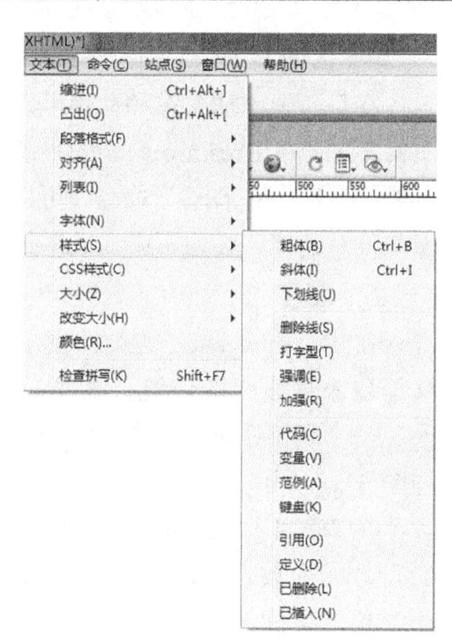

图 3-27 选择字体样式

在菜单中选择“插入”→“超级链接”命令，打开“超级链接”对话框，如图 3-28 所示。在“文本”文本框中输入超级链接的显示文本，然后在下面选择链接的文档。可以选择本地的文档，也可以在地址栏中直接输入一个网址。

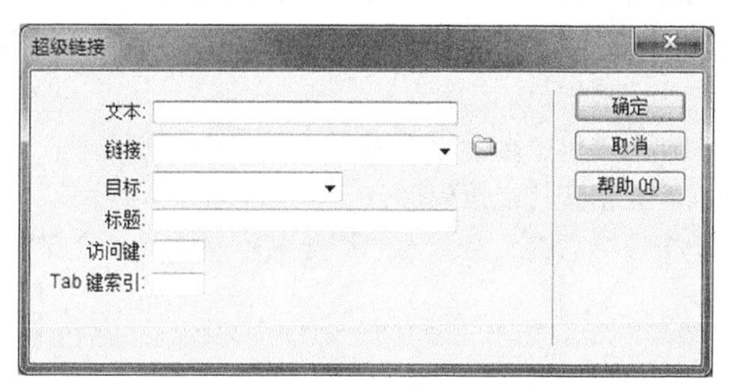

图 3-28 “超级链接”对话框

在菜单中选择“插入” / “电子邮件链接”命令，打开插入电子邮件链接的对话框，如图 3-29 所示。

在超级链接中还可以定义在本网页内跳转，从而实现类似目录的功能。比较常见的应用包括在网页底部定义一个超级链接，用于返回网页顶端。首先需要在跳转到的位置定义一个标识，在 Dreamweaver 中这种定义位置的标识被称为命名锚记（在 FrontPage 中被称为书签）。

在 Dreamweaver 的设计视图中，在菜单中选择“插入记录”→“命名锚记”命令，打开“命名锚记”对话框，如图 3-30 所示。

图 3-29 插入电子邮件链接

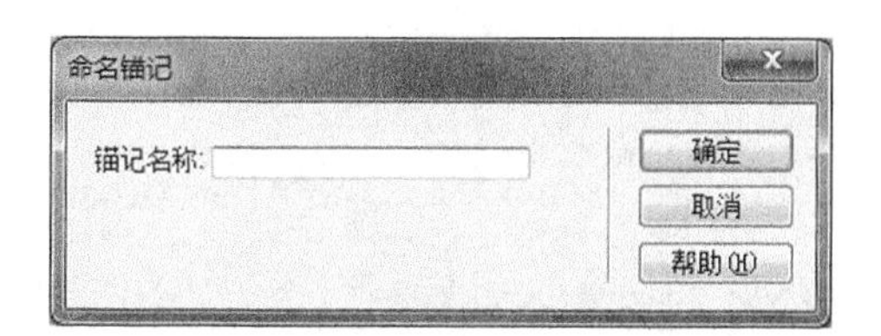

图 3-30 插入命名锚记

4. 图像

在页面中添加图像和动画可以使网页更加丰富多彩。在 Dreamweaver 的系统菜单中选择“插入记录”→“图像”命令，可以打开选择图像文件对话框，在网页中插入图像。

5. 表格

在 Dreamweaver 的设计视图中，将光标移至要添加表格的位置，在菜单中选择“插入”→“表格”命令，打开“表格”对话框，如图 3-31 所示。

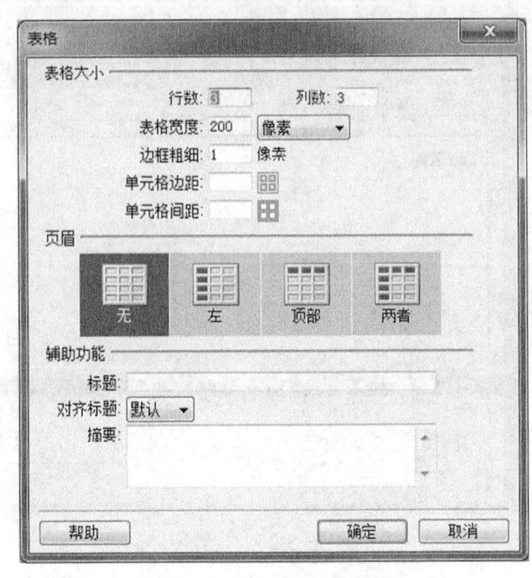

图 3-31 “表格”对话框

在“表格”对话框中，用户可以设置表格的行数、列数、宽度、边框粗细、单元格边距、单元格间距等属性。通常，在插入表格时需要指定行数和列数，其他属性可以在表格产生后再设置。

选中表格的一行，单击鼠标右键，在弹出的快捷菜单中选择“表格”→“插入行”命令，可以在表格中插入一个空行；选择“表格”→“删除行”命令，可以删除当前行。选中表格的一列，单击鼠标右键，在弹出的快捷菜单中选择“表格”→“插入列”命令，可以在表格中插入一个空列；选择“表格”→“删除列”命令，可以删除当前列。

右键单击单元格，在弹出菜单中选择“表格”→“拆分单元格”命令，打开“拆分单元格”对话框。用户可以将当前单元格按行或按列拆分。

选中多个单元格，单击鼠标右键，在弹出的快捷菜单中选择“合并单元格”命令，可以将选择的单元格合并。

6. 使用框架

框架（Frame）可以将浏览器的窗口分成多个区域，每个区域可以单独显示一个 HTML 文件，各个区域也可以相关联地显示某一个内容。

在编辑网页时，在工具栏中选择“布局”，然后单击“框架”图标，可以在下拉菜单中选择网页的框架格式，如图 3-32 所示。

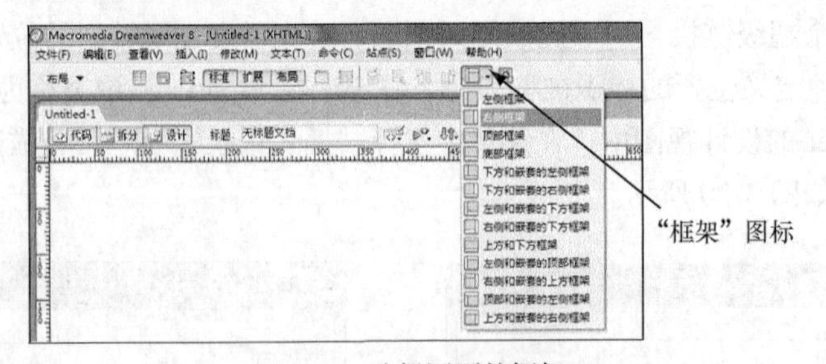

图 3-32 选择网页的框架

例如，选择“左侧框架”，在“设计”视图中查看效果，如图 3-33 所示。

可以看到，网页被分为左右两个部分。

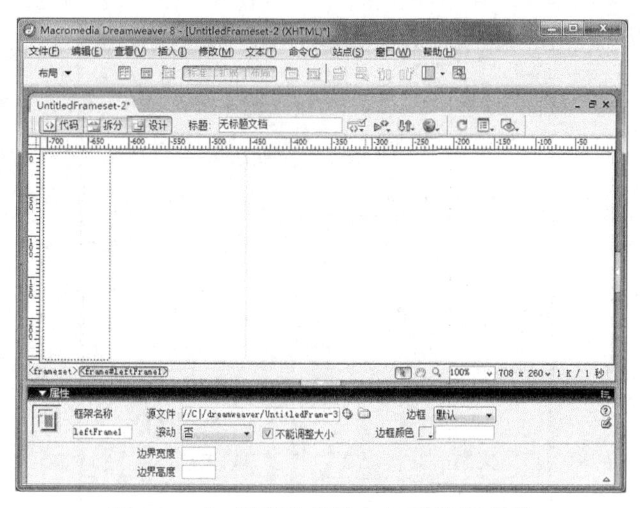

图 3-33　在“设计”视图中查看框架的效果

3.7.2　创建 PHP 工程

PHP 工程是管理 PHP 应用程序的容器，它用于组织应用程序中的 PHP 文件和其他资源文件。因此，开发 PHP 应用程序的第 1 件事就是创建 PHP 工程。

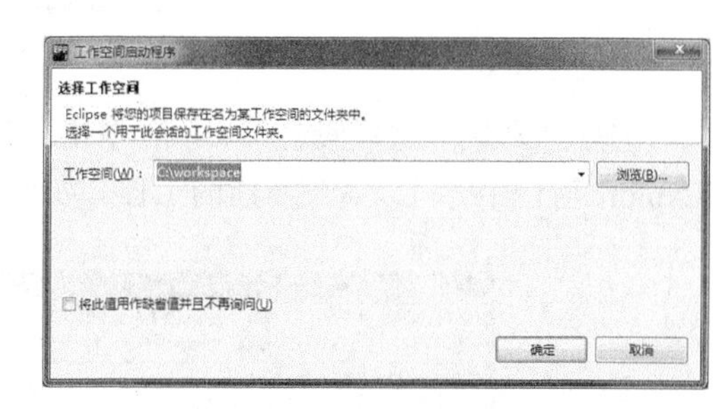

图 3-34　选择 workspace 目录

EclipsePHP 在工作空间（workspace）中存储 PHP 工程，工作空间实际上就是操作系统中的一个目录。默认情况下，启动 EclipsePHP 时会弹出如图 3-34 所示的对话框，要求用户选择工作空间目录。本书假定设置工作空间目录为 C:\workspace，单击“确定”按钮保存。

单击工具栏最左侧的“新建”按钮，打开“新建”对话框，如图 3-35 所示。在类型列表中展开 PHP 目录，选中 PHP Project，然后单击“下一步”按钮，打开 New PHP Project 对话框，如图 3-36 所示。

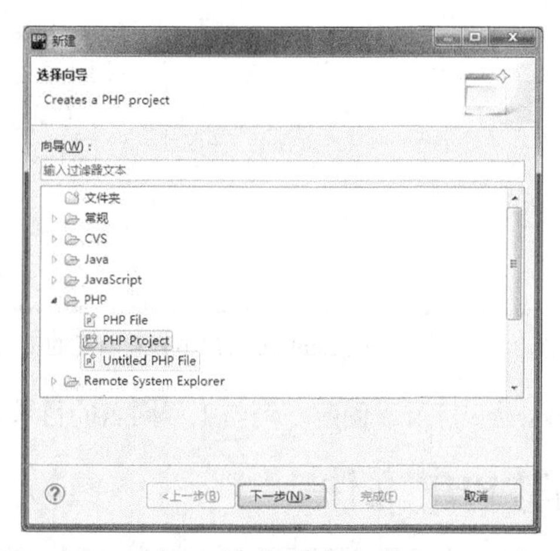

图 3-35　“新建”对话框

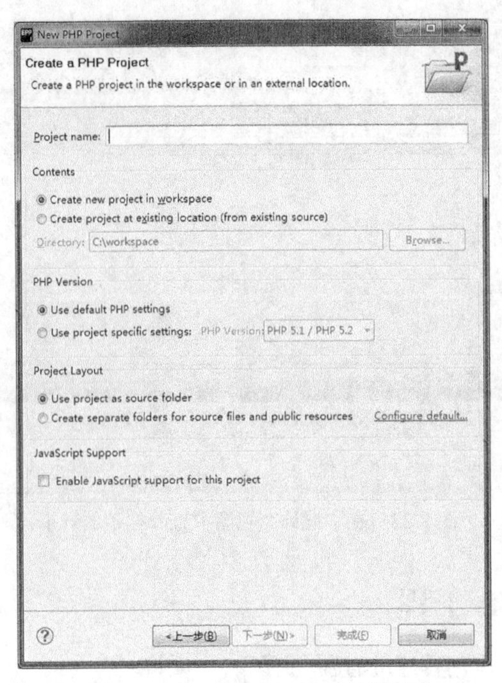

图 3-36　New PHP Project 的对话框

输入工程名（这里假定为 test），单击“完成”按钮完成创建。创建完成后，在左侧的 Project Explore 窗口中，可以看到新建的工程，如图 3-37 所示。

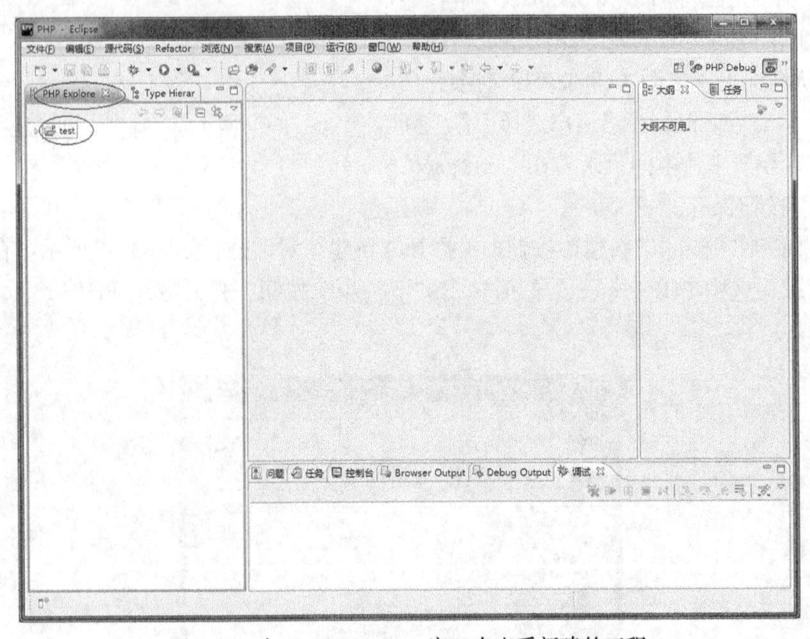

图 3-37　在 Project Explore 窗口中查看新建的工程

新建工程后，会在 workspace 目录下创建一个与工程同名的目录，用于存储工程中的文件。

3.7.3　创建和编辑 PHP 文件

在左侧的 Project Explore 窗口中选中要创建 PHP 文件的工程，然后单击工具栏最左侧的“新建”按钮，打开“新建”对话框。在类型列表中展开PHP目录，选中PHP File，然后单击Next按钮，打开New PHP File对话框，如图3-38所示。

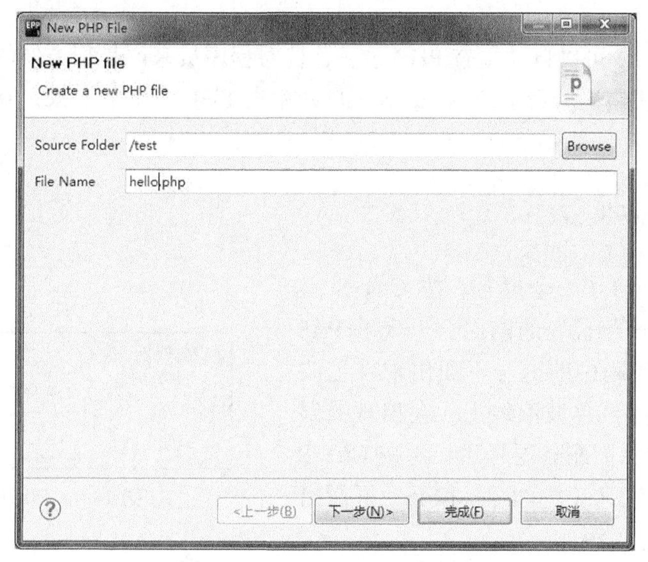

图3-38　New PHP File对话框

输入文件名（这里假定为hello.php），单击“完成”按钮完成创建。创建完成后，在左侧的Project Explore窗口中展开工程test，可以看到新建的PHP文件hello.php。同时，在中间的编辑窗口中，会打开hello.php文件供用户编辑，如图3-39所示。

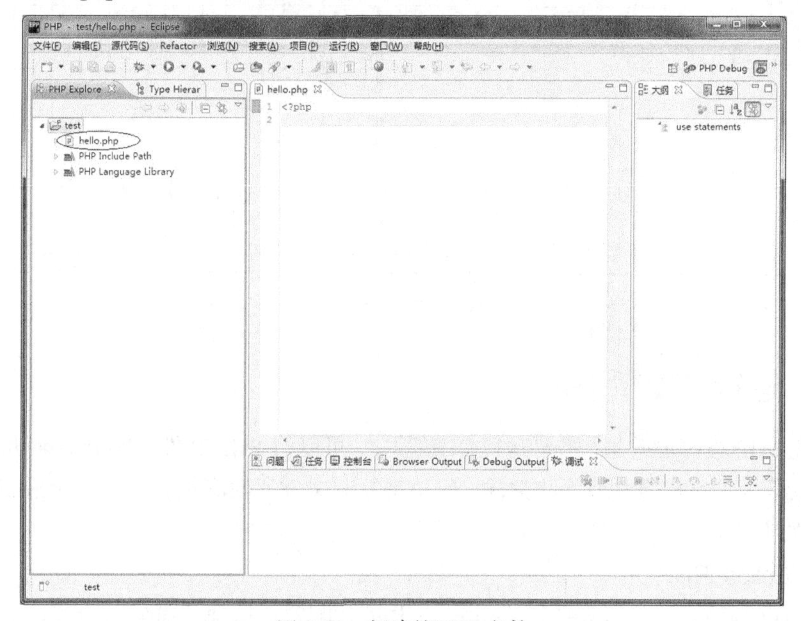

图3-39　新建的PHP文件

可以看到，在新建的PHP文件中包括PHP程序的开始标记，内容如下：

```
<?php
```

提示　在EclipsePHP中，使用不同颜色的字体显示程序的不同部分。例如，默认情况下，开始标记（<?php）和结束标记（?>）使用粉色字体显示；注释部分使用淡绿色字体显示；如果输入PHP函数echo，则会以紫色字体显示。这样很便于读者阅读程序。

EclipsePHP Studio 还可以帮助程序员完成输入，例如输入“echo(”，Eclipse 会自动在后面添加一个“)”，输入一个半角的双引号，Eclipse 也会自动在后面添加一个半角的双引号，方便程序员输入字符串。

EclipsePHP Studio 可以自动检查 PHP 语法，这对程序员来说是很方便的，他们可以很快速地发现程序中的语法错误。为了演示 Eclipse 自动检查 PHP 语法的效果，在编辑窗口中输入如下代码：

```
<?php
    echo(,"欢迎使用 PHP! ");
?>
```

在 echo()函数中多了一个逗号。按 Ctrl+S 组合键保存程序。在该行代码的前面会出现一个红叉（⊗）图标，在代码中的逗号下面出现红色波浪线。将鼠标停留在红色波浪线上，会出现错误提示，如图 3-40 所示。删除逗号后，再按 Ctrl+S 组合键保存程序，红叉（⊗）图标和逗号下面出现的红色波浪线都会消失。

图 3-40　自动检查 PHP 语法

EclipsePHP Studio 还可以在输入程序时为程序员提供语法提示。例如，输入 echo，EclipsePHP Studio 会自动弹出浮动窗口，提示 echo()函数的语法，如图 3-41 所示。

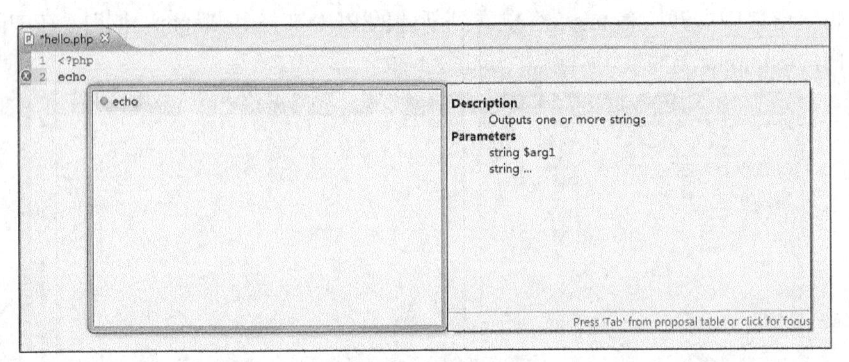

图 3-41　语法提示

3.7.4　运行 PHP 程序

为了验证 PHP 程序的效果，需要运行 PHP 程序。可以将 PHP 文件复制到 ApacheHTTP Server 的网站根目录下，在浏览器中浏览此文件。但总是复制文件比较麻烦，本小节介绍在 Eclipse 中运行 PHP 程序的方法。

1．配置 EclipsePHP

在运行 PHP 程序之前，首先要对 EclipsePHP 进行配置。选择“窗口”→“首选项”菜单项，打开“首选项”窗口。在左侧列表中选择 PHP→PHP executables，如图 3-42 所示。

单击右侧的 Add 按钮，打开 Add new PHP Executables 对话框，如图 3-43 所示。

在 Name 文本框中输入 PHP5，选择 PHP 可执行文件（例如，C:\PHP\php.exe），选择 PHP 配置文件（例如，C:\PHP\php.ini），设置 SAPI Type 为 CLI，设置 PHP debugger 为 XDubug，然后单击“完成”按钮保存。

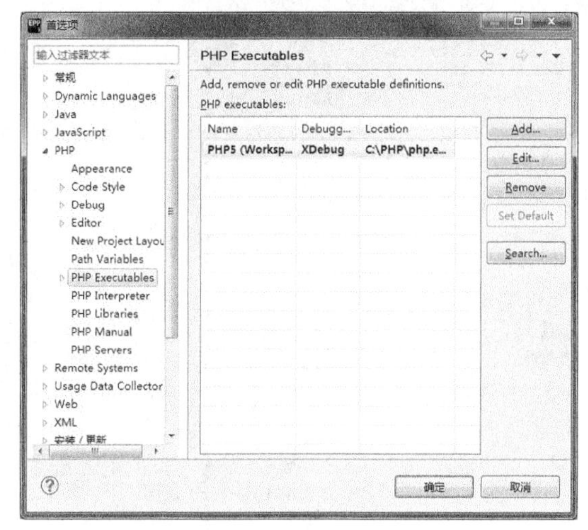

图 3-42 配置 PHP 可执行文件

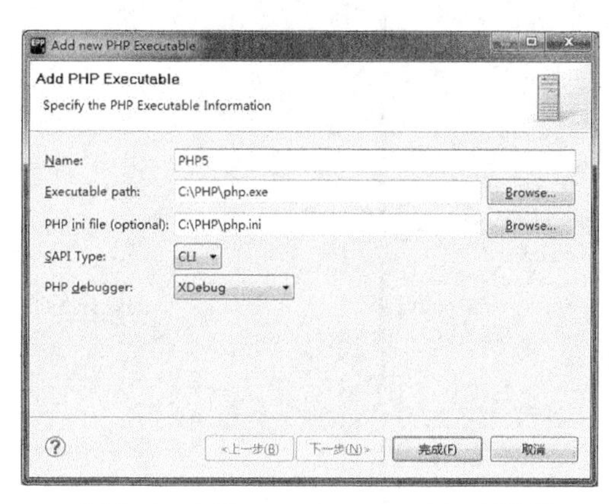

图 3-43 Add new PHP Executables 对话框

2. 以脚本方式运行 PHP 程序

以脚本方式运行比较简单，不启动浏览器，只在 EclipsePHP 解析 PHP 文件，并在控制台窗口中显示运行结果。选择“运行”→“运行配置”菜单项，打开“运行配置”对话框，如图 3-44 所示。在左侧列表中右击 PHP Script，在快捷菜单中选择“新建”，新建一个运行配置。首先设置 PHP 调试器（PHP Debugger）、PHP 运行文件（PHP Executables）和要运行的 PHP 文件；然后输入配置名，如 myRunConf，在运行和调试时需要指定配置名。

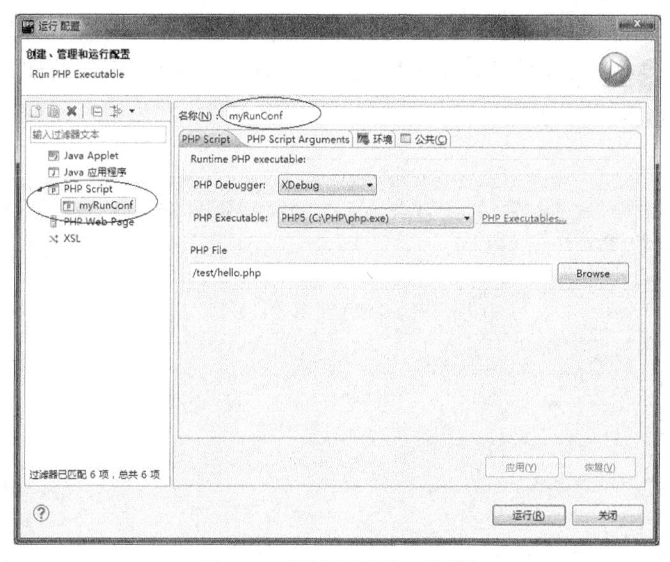

图 3-44 “运行配置”对话框

配置完成后单击“应用”按钮保存配置。单击“运行”按钮，可以直接运行程序，也可以单击 Close 按钮关闭对话框，以后再运行。

单击工具栏上“运行”按钮 后面的下拉箭头，在下拉菜单中选择前面创建的运行配置 myRunConf，即可运行当前的 PHP 程序。在 Eclipse 的下部有一个“控制台”窗口，用于显示 PHP 程序的输出。例如，运行例 3-1 的结果如图 3-45 所示。

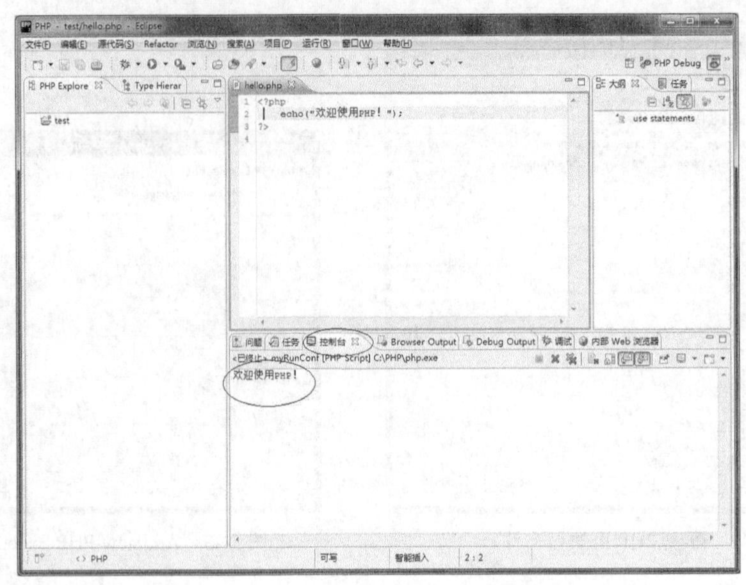

图 3-45　以脚本方式运行例 3-1 的结果

3. 以网页方式运行 PHP 程序

以脚本方式运行 PHP 程序虽然简单，但 PHP 毕竟是用于开发 Web 应用程序的，里面可能包含 HTML 代码，不启动浏览器很难看到真实的运行界面。下面介绍以网页方式运行 PHP 程序。

首先参照 2.1.2 小节设置 Apache 网站的根目录为 EclipsePHP 的工作空间目录 C:\workspace，然后重新启动 Apache 服务，这样就可以方便地在浏览器中浏览工程的 PHP 文件了。

在 EclipsePHP Studio 中选择“运行”→“运行配置”菜单项，打开运行配置窗口，在左侧列表中右击 PHP Web Page，在快捷菜单中选择“新建”命令，新建一个运行配置。首先选择服务器调试器（Server debugger）、PHP Server 和要运行的 PHP 文件，然后输入配置名，如 RunWebpage，如图 3-46 所示。

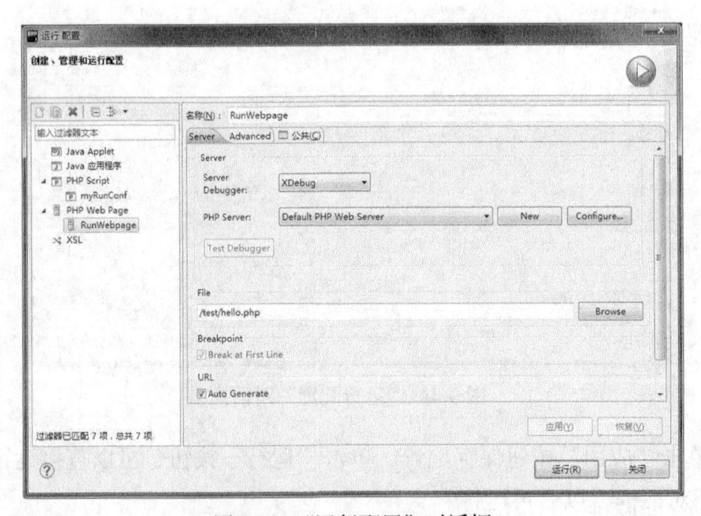

图 3-46　“运行配置”对话框

配置完成后单击“应用”按钮保存配置。单击“运行”按钮，可以直接运行程序，也可以单击 Close 按钮关闭对话框，以后再运行。

单击工具栏上“运行”按钮 后面的下拉箭头，在下拉菜单中选择前面创建的运行配置 RunWebpage，即可运行当前的 PHP 程序。在 Eclipse 的下部有一个“内部 Web 浏览器”窗口，用于显示 PHP 程序的输出。例如，运行例 3-1 的结果如图 3-47 所示。

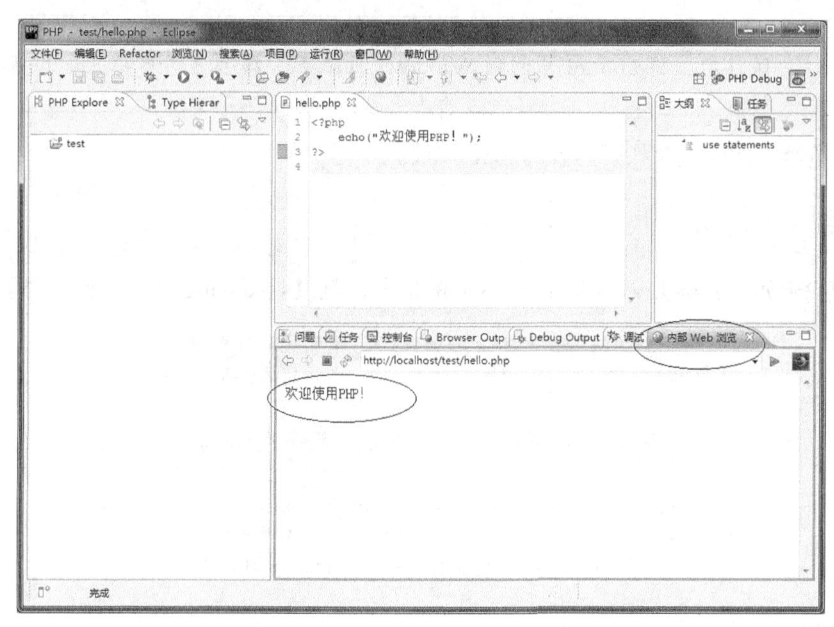

图 3-47　以网页方式运行例 3-1 的结果

3.7.5　调试 PHP 程序

在开发应用程序或解决程序问题时，程序员需要对程序进行调试。调试程序可以在运行程序时查看大多数源代码信息（如行数、变量信息、函数等）。在 Eclipse 中调试 PHP 程序需要依赖第 3 方插件（如 xdebug），本小节介绍利用 xdebug 插件调试 PHP 程序的方法。

1. 安装 xdebug 插件

参照附录 C 下载 xdebug 插件 php_xdebug-2.2.1-5.4-vc9.dll。将其复制到 C:\PHP\ext 目录下，并将其重命名为 php_xdebug.dll。在 php.ini 中添加如下内容：

```
[Xdebug]
zend_extension="C:\php\ext\php_xdebug.dll"
xdebug.remote_enable=on
xdebug.profiler_enable=on
XDEBUG.TRACE_OUTPUT_DIR="c:\workspace\XDEBUG"
xdebug.profiler_output_dir="C:\workspace\xdebug"
xdebug.auto_trace = On
xdebug.show_exception_trace = On
xdebug.remote_autostart = On
```

参数说明如下。

- zend_extension：指定 xdebug 插件的位置。
- xdebug.remote_enable：指定是否开启远程调试。
- xdebug.profiler_enable：指定是否开启性能评测。
- XDEBUG.TRACE_OUTPUT_DIR：指定保存跟踪文件的位置。
- xdebug.profiler_output_dir：指定保存性能评测文件的位置。

- xdebug.auto_trace：指定是否开启自动跟踪。
- xdebug.show_exception_trace：指定是否开启异常跟踪。
- xdebug.remote_autostart：指定是否开启远程调试自动启动。

保存后，将 php.ini 复制到 Windows 目录下，然后重新启动 Apache 服务。

打开浏览器，访问包含如下内容的 PHP 文件。

```
<?PHP
    PHPInfo();
?>
```

如果能找到如图 3-48 所示的有关 xdebug 的信息，就说明 xdebug 已经安装成功了。

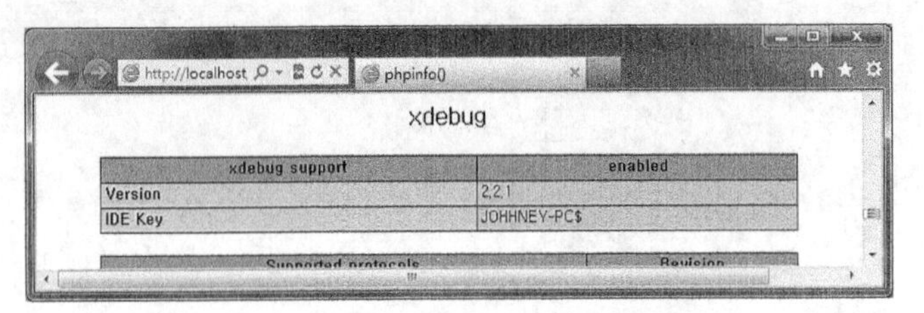

图 3-48　PHP 配置信息中有关 xdebug 的信息

2. 配置 EclipsePHP

在运行 PHP 程序之前，同样要对 EclipsePHP 进行配置。请参照 3.7.6 小节配置 EclipsePHP。

3. 调试 PHP 程序

如果已经参照 3.7.6 小节配置了以脚本方式运行 PHP 程序，单击工具栏上“调试”按钮后面的下拉箭头，在下拉菜单中选择前面创建的运行配置 myRunConf，即可调试当前的 PHP 程序。EclipsePHP 会自动切换到调试视图，并且暂停在第 1 行代码处，如图 3-49 所示。

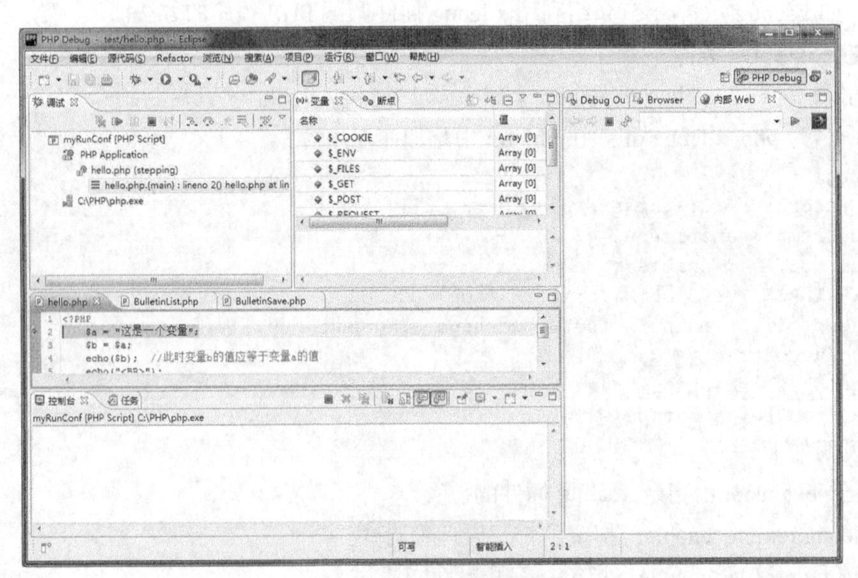

图 3-49　调试视图

当前中断运行的程序行显示为淡绿色背景条，并且该行代码前会出现一个“箭头”图标。

单击调试工具栏上的“继续”按钮可以继续运行程序，单击调试工具栏上的“终止”按钮可以终止运行程序。

结束调试后，可以选择“窗口”→“打开透视图”→“PHP”菜单项，切换回编辑PHP程序的PHP视图。

4. 设置和应用断点

断点是调试器的功能之一，可以让程序中断在需要的地方，从而方便其分析。将光标移动至要设置断点的程序行，选择“运行”→“切换断点”菜单项，会在当前行设置断点，该行代码前会出现一个“圆点”图标，代表断点，如图3-50所示。

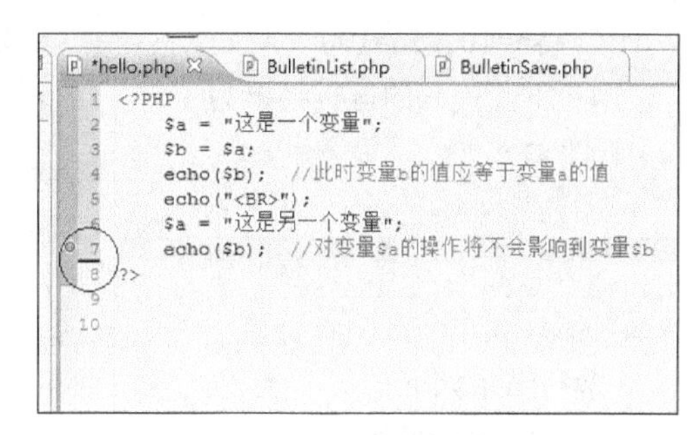

图3-50　设置断点

将光标移动至已经设置断点的程序行，选择“运行”→“切换断点”菜单项，会取消当前行的断点。双击断点的圆点图标位置，也可以切换断点。

5. 查看变量值

在调试PHP程序时，将鼠标移至变量名，可以弹出浮动窗口，显示程序运行到当前位置时该变量的值，如图3-51所示。

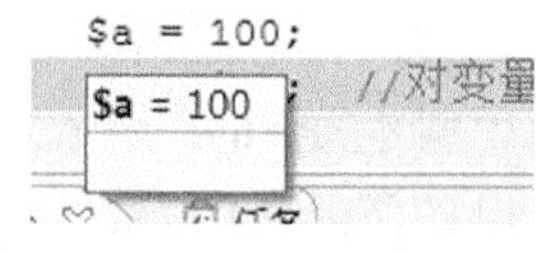

图3-51　查看变量值

6. 单步运行

单步运行就是一步一步地运行程序，程序员可以使用单步运行跟踪程序的运行轨迹。选择“运行”→“单步跳过”菜单项（或按F6键）可以执行单步运行，程序行前面的“箭头”图标会移动到下一行程序。

> 如果觉得安装和配置xdebug插件比较麻烦，还可以使用一种相对简单的调试PHP程序的方法，就是在程序中需要设置断点的地方使用echo()函数打印关心的变量值（或使用print_r()函数打印数组的内容，具体情况请参见第4章），然后使用exit()函数中断程序的运行。

EclipsePHP Studio的功能很强大，对PHP提供了很多个性化的支持，由于篇幅所限，这里就不详细介绍了，有兴趣的读者可以查阅相关资料理解。

练　习　题

一、单项选择题

1. PHP程序的开始标记是（　　）。

A. <%%　　B. PHP

C. <?PHP　　D. <%PHP

2. 下面不是PHP注释符的是（　　）。

A. //　　B. '

C. #　　D. /*　*/

3. 执行下面的代码后，$b 和$c 的值为（　　）。

```
<?PHP
    $a = 10;
    $b = &$a;
    $c = $a;
    $a = 100;
```

A. $b=100，$c=10　　B. $b=100，$c=100

C. $b=10，$c=100　　D. $b=10，$c=100

4. 下面代码的运行结果为（　　）。

```
<?PHP
    $a = 10;
    echo('变量$a');
    echo("变量$a");
?>
```

运行结果如下：

A. 变量$a 变量 a　　B. 变量 10 变量 10

C. 变量$a 变量 10　　D. 变量 10 变量$a

二、填空题

1. PHP 脚本文件的扩展名为________。

2. PHP 的字符串类型是________。

3. 在循环体中使用________语句可以跳过本次循环后面的代码，重新开始下一次循环。

4. 可以使用________函数获取字符串的长度。

5. 可以调用________函数对 URL 进行编码。

6. 在 JavaScript 中，使用________函数弹出警告对话框。

三、简答题

1. 试画出 if...else...语句的流程图。

2. 试画出 switch 语句的流程图。

第 4 章 数组的使用

数组（array）是内存中一段连续的存储空间，用于保存一组相同数据类型的数据。在 PHP 语言中，数组的功能得到了很大的扩展，它可以被看做是一个有序图，图是一种把值映射到关键字的类型。

4.1 数组的概念和定义

本节介绍数组的基本概念以及在 PHP 中如何定义数组。

4.1.1 数组的概念

数组是在内存中保存一组数据的数据结构，它具有如下特性。

- 和变量一样，每个数组都有一个唯一标识它的名称。
- 同一数组的数组元素应具有相同的数据类型。
- 每个数据元素都有键（key）和值（value）两个属性。键用于定义和标识数组元素，键可以是整数或字符串；值就是数组元素对应的值。因此，数组元素就是一个“键/值对”。
- 一个数组可以有一个或多个键，键的数量也称为数组的维度。拥有一个键的数组就是一维数组，拥有 2 个键的数组就是二维数组，依此类推。

图 4-1 所示为一维数组的示意图。灰色方块中是数组元素的键，白色方块中是数组元素的值（本书以后也会使用这种形式）。数组 arr 中共有 7 个元素，它们的键分别是 0、1、2、3、4、5、6。以整数为键是很常用的用法。

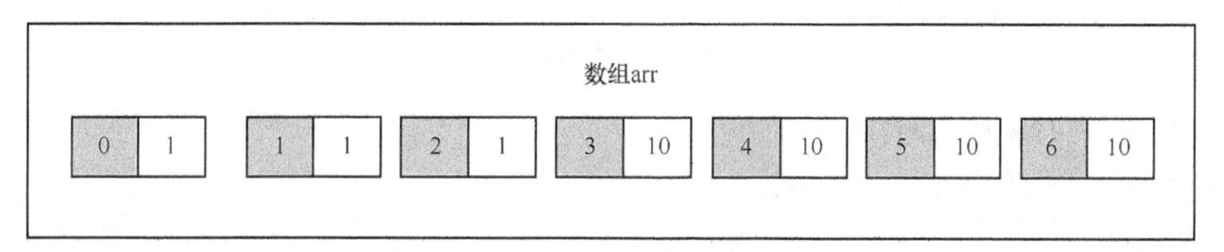

图 4-1　一维数组的示意图

图 4-2 所示为二维数组的示意图。数组 arr2 中共有 4 个元素，它们的键分别是[0][0]、[0][1]、[1][0]和[1][1]。

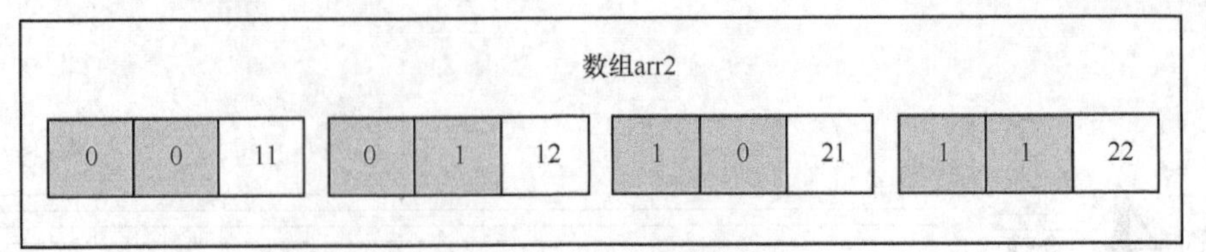

图 4-2　二维数组的示意图

4.1.2　定义一维数组

可以使用 array()函数来定义一维数组，其基本语法结构如下：

```
array ( [key => ] value
      , ……
)
```

其中，key 表示数组中关键字，它可以是整数和字符串；value 表示关键字 key 对应的值。下面是一个定义数组的例子：

```
$arr = array("first_element" => "CPU", 2 => "内存");
```

上面代码定义了一个数组变量$arr。数组$arr 中包含了两个元素，分别使用字符串 first_element 和整数 2 作为键来标识。第 1 个数组元素的值为“CPU”，第 2 个数组元素的值为“内存”。

在定义数组时，也可以不指定键。此时，程序会自动使用从 0 开始的整数作为关键字。

【例 4-1】　一个定义一维数组的例子。

```
$arr = array("CPU", "内存", "硬盘");
```

【例 4-2】　例 4-1 的代码等同于下面的代码：

```
$arr = array(0 => "CPU", 1 => "内存", 2 => "硬盘");
```

可以通过向数组赋值的方式来添加数组元素。例如，执行下面的语句可以在数组$arr 中添加一个键为 4 的元素，它的值为“声卡”。

```
$arr[4] = "声卡";
```

也可以不指定键，只在数组变量后面加一对空的方括号来添加数组元素，代码如下：

```
$arr[] = "显卡";
```

执行此语句后，会在数组$arr 中增加一个键为 5 的元素，元素值为“显卡”。此时数组 arr 的内容如图 4-3 所示。

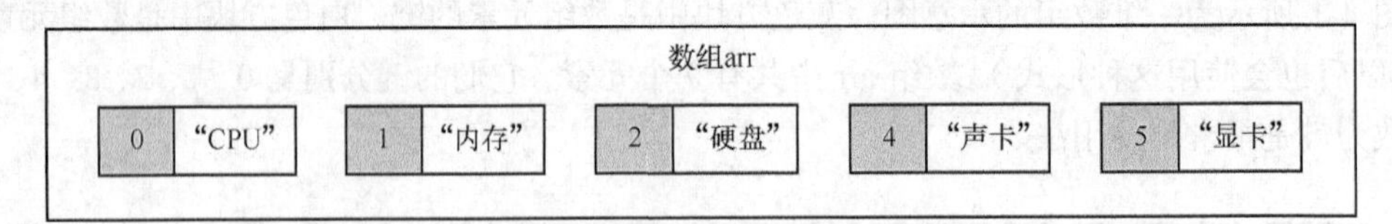

图 4-3　数组 arr 的内容

调用 print_r()函数可以打印数组的内容。

【例 4-3】　打印数组$arr 的内容。

```
<?PHP
$arr = array(0 => "CPU", 1 => "内存", 2 => "硬盘");
$arr[4] = "声卡";
$arr[] = "显卡";
print_r($arr);
?>
```

运行结果如图 4-4 所示。

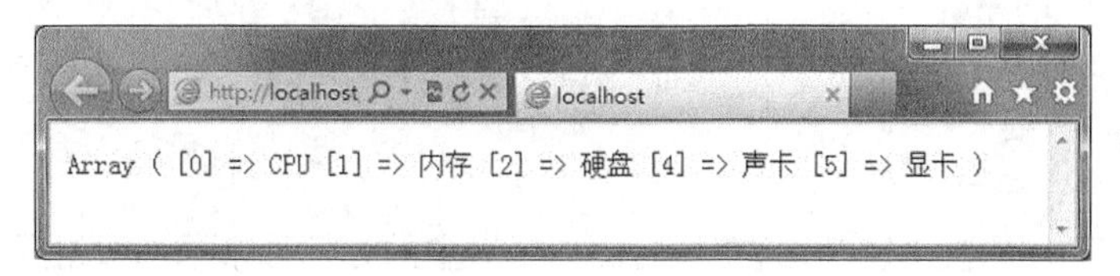

图 4-4　**例 4-2** 的运行结果

也可以调用 var_dump ()函数来打印数组的明细内容。

【例 4-4】　打印数组$arr 的明细内容。

```
<?PHP
$arr = array(0 => "CPU", 1 => "内存", 2 => "硬盘");
$arr[4] = "声卡";
$arr[] = "显卡";
var_dump($arr);
?>
```

运行结果如下：

```
array (size=5)
  0 => string 'CPU' (length=3)
  1 => string '内存' (length=4)
  2 => string '硬盘' (length=4)
  4 => string '声卡' (length=4)
  5 => string '显卡' (length=4)
```

4.1.3　定义多维数组

可以将多维数组视为数组的嵌套，即多维数组的元素值也是一个数组，只是维度比其父数组小一。二维数组的元素值是一维数组，三维数组的元素值是二维数组，依此类推。可以使用 array()函数来定义多维数组，其基本语法结构如下：

```
array ( [key => ] array([key => ] value )
      , ……
)
```

其中 value 还可以嵌套 array()函数来定义数组。

【例 4-5】　一个定义二维数组的例子。

```
$arr2 = array( array("CPU", "内存"), array("硬盘","声卡"));
```

此时数组 arr 的内容如图 4-5 所示。

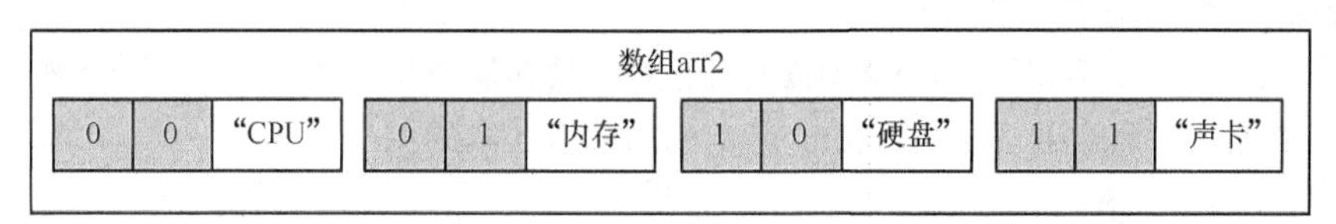

图 4-5　**例 4-5** 中数组 arr 的内容

【例 4-6】　例 4-5 的代码等同与下面的代码：

```
$arr2 = array(0 => array("CPU", "内存"), 1 => array("硬盘","声卡"));
```

也可以通过向数组赋值的方式来创建数组并添加数组元素。

【例 4-7】 例 4-5 的代码等同与下面的代码：

```
$arr2[0][0] = "CPU";
$arr2[0][1] = "内存";
$arr2[1][0] = "硬盘";
$arr2[1][1] = "声卡";
```

【例 4-8】 不指定键，只在数组变量后面加一对空的方括号来添加数组元素，代码如下：

```
$arr2[0][] = "CPU";
$arr2[0][] = "内存";
$arr2[1][] = "硬盘";
$arr2[1][] = "声卡";
```

4.2 数组元素

数组由数组元素组成。对数组的管理就是对数组元素的访问和操作。

4.2.1 访问数组元素

可以通过下面的方法获取一维数组元素的值：

```
$数组名[key]
```

如果是多维数组，则可以使用多个[key]来获取数组元素的值。例如，获取二维数组元素的值的方法如下：

```
$数组名[key] [key]
```

【例 4-9】 一个访问一维数组元素的例子。

```
<?PHP
$arr = array("CPU", "内存", "硬盘");
echo($arr[2])
?>
```

运行结果为“硬盘”。

4.2.2 添加数组元素

前面介绍了通过赋值添加数组元素的方法，本小节再介绍两个可以添加数组元素的系统函数。

1. array_unshift()函数

array_unshift()函数的功能是在数组开头插入一个或多个元素，用于以整数为键的数组。array_unshift()函数的基本语法如下：

```
array_unshift( $数组名, 添加的数组值 1, …, 添加的数组值 n)
```

【例 4-10】 一个使用 array_unshift()函数添加数组元素的例子。

```
<?php
    $queue = array("orange", "banana");
    array_unshift($queue, "apple", "raspberry");
    print_r($queue);
?>
```

运行结果如图 4-6 所示。可以看到，使用 array_unshift()函数添加的数组元素出现在数组的开头。

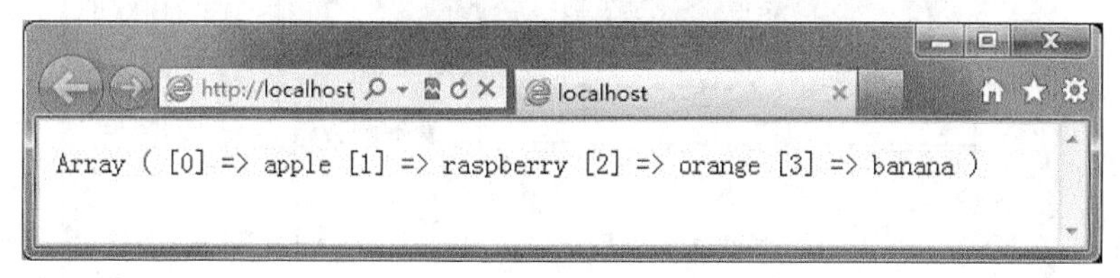

图 4-6　例 4-10 的运行结果

2. array_push()函数

array_ push()函数的功能是在数组末尾插入一个或多个元素，用于以整数为键的数组。array_ push()函数的基本语法如下：

```
array_ push( $数组名, 添加的数组值 1, …, 添加的数组值 n)
```

【例 4-11】　一个使用 array_ push()函数添加数组元素的例子。

```
<?php
    $stack = array("orange", "banana");
    array_push($stack, "apple","raspberry");
    print_r($stack);
?>
```

运行结果如图 4-7 所示。可以看到，使用 array_unshift()函数添加数组元素出现在数组的开头。

图 4-7　例 4-11 的运行结果

4.2.3　删除数组元素

本小节介绍两个删除数组元素的系统函数。

1. array_shift()函数

array_shift()函数的功能是从数组头删除一个元素，用于以整数为键的数组。array_shift()函数的基本语法如下：

```
mixed array_shift (array &$array)
```

函数返回被删除的数组元素。调用 array_shift()函数后，数组$array 的第 1 个元素被删除。

【例 4-12】　使用 array_shift()函数删除数组元素的例子。

```
<?php
 $stack = array("orange", "banana", "apple", "raspberry");
 $fruit = array_shift($stack);
 echo($fruit);
 echo("<BR>");
 print_r($stack);
?>
```

运行结果如图 4-8 所示。可以看到，数组$stack 的第 1 个元素 orange 已经被删除。

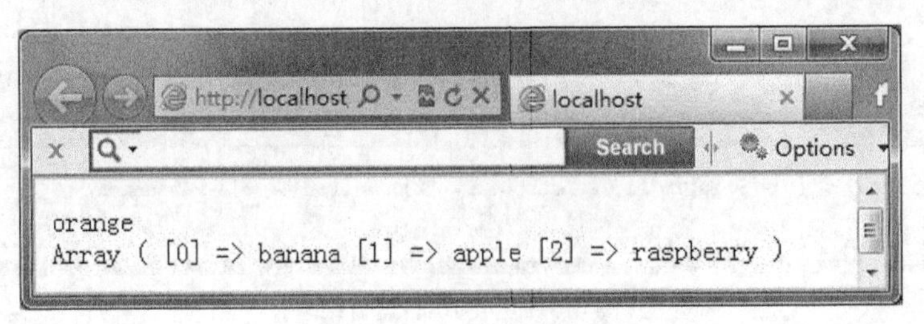

图 4-8　例 4-12 的运行结果

2. array_pop()函数

array_pop()函数的功能是从数组末尾删除一个元素，用于以整数为键的数组。array_pop()函数的基本语法如下：

```
mixed array_pop (array &$array)
```

函数返回被删除的数组元素。调用 array_pop()函数后，数组$array 的最后 1 个元素被删除。

【例 4-13】　一个使用 array_pop()函数删除数组元素的例子。

```
<?php
  $stack = array("orange", "banana", "apple", "raspberry");
  $fruit = array_pop($stack);
  echo($fruit);
  echo("<BR>");
  print_r($stack);
?>
```

运行结果如图 4-9 所示。可以看到，数组$stack 的最后 1 个元素 raspberry 已经被删除。

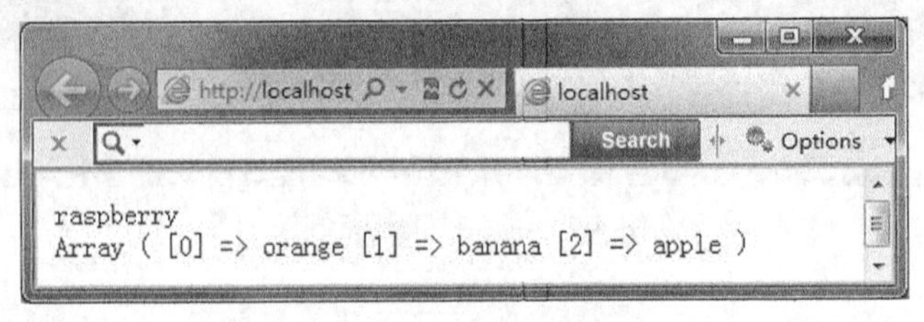

图 4-9　例 4-13 的运行结果

4.2.4　定位数组元素

本小节介绍搜索数组，定位数组元素的方法。

1. 在搜索数组中是否存在指定值

可以使用 in_array ()函数检查数组中是否存在某个值。其基本语法如下：

```
bool in_array ( mixed $needle , array $haystack [, bool $strict ] )
```

in_array()函数的功能是在数组 haystack 中搜索 needle。如果找到则返回 TRUE，否则返回 FALSE。如果第 3 个参数 strict 的值为 TRUE，则 in_array()函数还会检查 needle 的类型是否和 haystack 中的相同。

如果 needle 是字符串，则比较是区分大小写的。

【例 4-14】　使用 in_array()函数搜索数组的例子。

```
<?php
```

```
    $language = array("PHP", "ASP", "ASP.NET");
    if (in_array("ASP", $language)) {
        echo "找到了 ASP";
    }
    if (in_array("php", $language)) {
        echo "找到了 php";
    }
?>
```

运行结果如下：

```
找到了 ASP
```

因为搜索是区分大小写的，所以没有找到字符串"php"。

2. 在搜索数组中指定值对应的键

可以使用 array_search()函数在数组中搜索给定的值，如果成功则返回相应的键名。其基本语法如下：

```
mixed array_search ( mixed $needle , array $haystack [, bool $strict ] )
```

array_search()函数的功能是在数组 haystack 中搜索 needle。如果找到则返回相应的键名，否则返回 FALSE。如果第 3 个参数 strict 的值为 TRUE，则 array_search()函数还会检查 needle 的类型是否和 haystack 中的相同。

如果 needle 在 haystack 中出现不止一次，则返回第一个匹配的键；如果 needle 是字符串，则比较是区分大小写的。

【例 4-15】 使用 array_search()函数搜索数组的例子。

```
<?php
    $array = array(0 => 'blue', 1 => 'red', 2 => 'green', 3 => 'red');
    $key = array_search('green', $array); // $key = 2;
    echo($key);
    $key = array_search('red', $array);   // $key = 1;
    echo($key);
?>
```

运行如下：

```
2
1
```

3. 检查数组中是否存在指定键

可以使用 array_key_exists()函数检查数组中是否存在某个键。其基本语法如下：

```
bool array_key_exists ( mixed $key , array $search )
```

array_key_exists()函数的功能是在数组 search 中搜索键 key。如果找到则返回 TRUE，否则返回 FALSE。

如果 needle 是字符串，则比较是区分大小写的。

【例 4-16】 使用 array_key_exists()函数检查数组中是否存在某个键的例子。

```
<?php
$search_array = array('first' => 1, 'second' => 4);
if (array_key_exists('first', $search_array)) {
    echo "键'first'在数组中存在";
```

```
}
?>
```

运行如下：

```
键'first'在数组中存在找到了ASP
```

4. 返回所有的键

可以使用 array_keys()函数返回数组中的所有键。其基本语法如下：

```
array array_keys ( array $input [, mixed $search_value [, bool $strict ]] )
```

array_key_ keys ()函数的功能是返回数组 input 中的数字或者字符串的键名。如果指定了可选参数 search_value，则只返回该值对应的键名；否则 input 数组中的所有键名都会被返回。可以用 strict 参数来指定进行全等比较（===）。

【例 4-17】 使用 array_keys()函数的例子。

```
<?php
   $array = array(0 => 100, "color" => "red");
   print_r(array_keys($array));
   $array = array("blue", "red", "green", "blue", "blue");
   print_r(array_keys($array, "blue"));
?>
```

运行如下：

```
Array ( [0] => 0 [1] => color )
Array ( [0] => 0 [1] => 3 [2] => 4 )
```

5. 返回所有的值

可以使用 array_values()函数返回数组中的所有值。其基本语法如下：

```
array array_values ( array $input)
```

array_key_values()函数的功能是返回 input 数组中所有的值并给其建立数字索引。

【例 4-18】 使用 array_values()函数的例子。

```
<?php
   $array = array("size" => "XL", "color" => "gold");
   print_r(array_values($array));
?>
```

运行如下：

```
Array ( [0] => XL [1] => gold )
```

4.2.5 遍历数组元素

遍历数组就是一个一个地访问数组元素，这是使用数组时的常用操作。

1. 获取数组的元素数量

调用 count()函数可以获取数组的元素数量，其语法如下：

```
int count(array $arr)
```

函数返回数组$arr 的元素数量。也可以使用 count()函数的别名 sizeof()来获取数组的元素数量。

2. 数组指针

数组指针指向一个数组元素，每个数组中都有一个内部的指针指向它“当前的”数组元素，可以使用数组指针函数实现遍历数组的功能。使用 current()函数可以获取当前指针下的数组元素，其语法如下：

```
mixed current ( array &$array )
```

current()函数返回当前被内部指针指向的数组元素的值，并不移动指针。如果内部指针指向超出了单元列表的末端，current()函数返回 FALSE。

使用 next()函数可以将数组指针移动到下一个位置，其语法如下：

```
mixed next( array &$array )
```

next()函数和 current()函数的行为类似，只有一点区别，在返回值之前将内部指针向前移动一位。也就是说，它返回的是下一个数组单元的值并将数组指针向前移动了一位。如果移动指针的结果是超出了数组单元的末端，则 next()返回 FALSE。

【例 4-19】　使用 next()函数和 current()函数移动数组指针遍历数组元素。

```
<?PHP
    $emp = array('王二', '张三', '李四', '王五');
    echo(current($emp));
    for($i=0; $i<sizeof($emp); $i++) {
        echo("  " . next($emp));
    }
?>
```

程序的运行结果如下：

```
王二  张三  李四  王五
```

调用 end()函数可以将数组指针移动到最后一个单元，并返回该单元，其语法如下：

```
mixed end( array &$array )
```

调用 prev()函数可以将数组指针倒回一位，其语法如下：

```
mixed prev ( array &$array )
```

【例 4-20】　使用 end()函数和 prev()函数移动数组指针倒序遍历数组元素。

```
<?PHP
    $emp = array('王二', '张三', '李四', '王五');
    echo(end ($emp));
    for($i=0; $i<sizeof($emp); $i++) {
        echo("  " . prev($emp));
    }
?>
```

程序的运行结果如下：

```
王五 李四 张三 王二
```

调用 reset()函数可以将数组指针指向第一个元素，并返回第一个数元素的值，其语法如下：

```
mixed reset ( array &$array )
```

【例 4-21】　使用 reset ()函数移动数组指针的例子。

```
<?PHP
    $emp = array('王二', '张三', '李四', '王五');
    echo(end($emp));
    echo("<BR>");
    echo(reset($emp));
?>
```

程序的运行结果如下：

```
王五
王二
```

各数组指针函数的功能如图 4-10 所示。

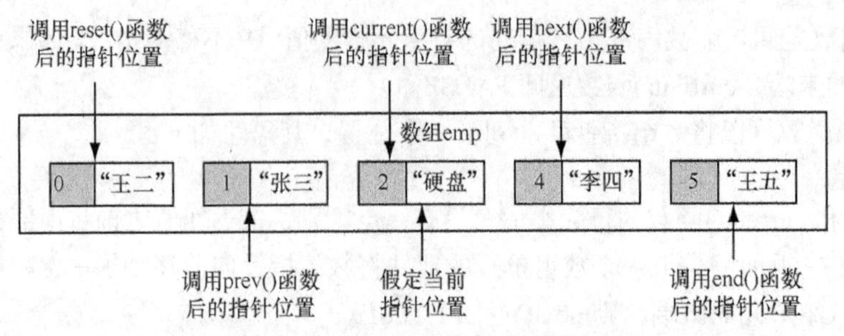

图 4-10 各数组指针函数的功能演示

3. 使用 foreach 语句来遍历数组元素

可以使用 foreach 语句来遍历数组元素，方法如下：

```
foreach ( 数组 as $value) {
    语句块
}
```

在 foreach 语句中，数组的每一个元素都会被循环处理一遍，在每次循环中，当前数组元素的值被赋予$value 并且数组内部的指针向前移一步（因此下一次循环中将会得到下一个数组元素）。

【例 4-22】 使用 foreach 语句遍历数组元素。

```
<?PHP
    $emp = array('王二', '张三', '李四', '王五');
    foreach($emp as $val) {
        echo( "$val ");
    }
?>
```

程序的运行结果如下：

```
王二 张三 李四 王五
```

4.2.6 确定唯一的数组元素

调用 array_unique()函数可以过滤掉数组中的重复元素，从而确定唯一的数组元素，其语法如下：

```
array array_unique( array $array )
```

函数对数组$array 进行处理，过滤掉数组中的重复元素，返回没有重复值的新数组。

【例 4-23】 使用 array_unique()函数的例子。

```
<?php
  $input = array("a" => "green", "red", "b" => "green", "blue", "red");
  $result = array_unique($input);
  print_r($result);
?>
```

程序的运行结果如下：

```
Array ( [a] => green [0] => red [1] => blue )
```

可以看到，如果存在重复元素，会保留最早出现的元素，后面的重复元素会被过滤掉。

在过滤数组元素时，函数会首先将元素值转换成 string 类型，再进行比较。也就是说 4 和"4"在比较时是相同的。

【例 4-24】 使用 array_unique()函数过滤数组元素的另一个例子。

```
<?php
```

```
  $input = array(4, "4", "3", 4, 3, "3");
  $result = array_unique($input);
  var_dump($result);
?>
```

程序的运行结果如下：

```
array (size=2)
  0 => int 4
  2 => string '3' (length=1)
```

因为在比较数组元素时，4 和"4"相同，3 和"3"相同，且只保留最先出现的因素，所以结果中只有键为 0 和 2 的元素。

4.3　常用数组操作

本节介绍一些常用的数组操作，包括数组排序、填充数组、合并数组、拆分数组、数组统计等。

4.3.1　数组排序

数组排序操作指按数组元素值的升序、降序或反序重新排列数组元素的位置。

1. 升序排列数组

可以使用 asort()函数对数组进行升序排列，其语法如下：

```
bool asort ( array &$array)
```

如果排序成功，则返回 TRUE；否则返回 FALSE。

【例 4-25】　使用 asort()函数对数组进行升序排列。

```
<?PHP
    $emp = array('王二', '张三', '李四', '王五',);
   asort($emp);
   print_r($emp);
?>
```

程序的运行结果如下：

```
Array ( [2] => 李四 [0] => 王二 [3] => 王五 [1] => 张三 )
```

2. 降序排列数组

可以使用 arsort()函数对数组元素进行降序排列。它的用法与 asort()函数相似。

【例 4-26】　使用 arsort()函数对数组进行降序排列。

```
<?PHP
    $emp = array('王二', '张三', '李四', '王五',);
    arsort($emp);
    print_r($emp);
?>
```

程序的运行结果如下：

```
Array ( [1] => 张三 [3] => 王五 [0] => 王二 [2] => 李四 )
```

3. 反序排列数组

可以使用 array_reverse()函数对数组元素进行反序排列，其语法如下：

```
array array_reverse ( array $array)
```

函数接受数组 array 作为输入并返回一个单元为相反顺序的新数组。

【例 4-27】 使用 array_reverse()函数对数组进行反序排列。

```
<?PHP
    $emp = array('王二', '张三', '李四','王五');
    $emp = array_reverse ($emp, True);
    print_r($emp);
?>
```

程序的运行结果如下：

```
Array ( [3] => 王五 [2] => 李四 [1] => 张三 [0] => 王二 )
```

4.3.2 填充数组

使用 array_fill()函数可以指定的值填充所有的数组元素，它的基本语法结构如下：

```
array array_fill ( int $start_index, int $num, mixed $value)
```

参数说明如下。

- start_index：指定数组键的起始序号。
- num：指定填充数组元素的数量。
- value：指定填充数组元素的值。

【例 4-28】 array_fill()函数的应用实例。

```
<?PHP
    $arr = array_fill(2, 10, "element");
    print_r($arr);
?>
```

程序的运行结果如下：

```
Array ( [2] => element [3] => element [4] => element [5] => element [6] => element [7]
=> element [8] => element [9] => element [10] => element [11] => element )
```

4.3.3 合并数组

使用 array_merge 函数可以将多个数组合并为一个数组。如果输入的数组中有相同的字符串键名，则该键名后面的值将覆盖前一个值。然而，如果数组包含数字键名，后面的值将不会覆盖原来的值，而是附加到后面。它的基本语法结构如下：

```
array array_merge ( array array1, array array2 [, array ...])
```

【例 4-29】 array_merge()函数的应用实例。

```
<?php
   $array1 = array("color" => "red", 2, 4);
   $array2 = array("a", "b", "color" => "green", "shape" => "cicle", 4);
   $result = array_merge($array1, $array2);
   print_r($result);
?>
```

程序的运行结果如下：

Array ([color] => green [0] => 2 [1] => 4 [2] => a [3] => b [shape] => circle [4] => 4)

可以看到，两个数组的内容已经合并到一个数组中。因为关键字为 color 的元素在$arr_1 和$arr_2 中都存在，所以使用后面的数组（$arr_2）的值（green）作为新数组的值。

4.3.4 拆分数组

使用 array_chunk()函数可以将一个数组拆分为多个数组，其语法如下：

```
array array_chunk ( array $input , int $size [, bool $preserve_keys ] )
```

$input 是被拆分的数组，$size 指定拆分后数组的大小。将可选参数 preserve_keys 设为 TRUE，可以使 PHP 保留输入数组中$input 原来的键名。如果将其指定为 FALSE，则每个结果数组将用从 0 开始的新数字索引。默认值是 FALSE。

【例 4-30】　array_chunk()函数的应用实例。

```
<?php
$input_array = array('a', 'b', 'c', 'd', 'e');
print_r(array_chunk($input_array, 2));
echo("<BR>");
print_r(array_chunk($input_array, 2, true));
?>
```

程序的运行结果如下：

```
Array ( [0] => Array ( [0] => a [1] => b ) [1] => Array ( [0] => c [1] => d ) [2] =>
Array ( [0] => e ) )
Array ( [0] => Array ( [0] => a [1] => b ) [1] => Array ( [2] => c [3] => d ) [2] =>
Array ( [4] => e ) )
```

可以看到，数组$input_array 被拆分为 3 个数组。如果将可选参数 preserve_keys 设为 TRUE，则拆分得到的数组保留原来的键名。

4.3.5　数组统计

本小节介绍两个对数组进行统计的函数。

1. array_count_values()函数

array_count_values()函数用于统计数组中所有值出现的次数，结果返回到另一个数组中。可以使用此函数对数组中的数据进行统计，其语法如下：

```
array array_count_values ( array $input )
```

函数返回一个数组，该数组用 input 数组中的值作为键名，该值在 input 数组中出现的次数作为值。

【例 4-31】　array_count_values()函数的应用实例。

```
<?PHP
    $arr = array(1, 2, 2, 3, 4, 5, 1, 4, 4);
    $tmp = array_count_values($arr);
    print_r($tmp);
?>
```

程序的运行结果如下：

```
Array ( [1] => 2 [2] => 2 [3] => 1 [4] => 3 [5] => 1 )
```

2. array_sum()函数

array_sum()函数可以对数组中元素的值进行求和操作，其语法如下：

```
number array_sum ( array $array )
```

【例 4-32】　array_sum()函数的应用实例。

```
<?php
   $a = array(2, 4, 6, 8);
   echo "sum(a) = " . array_sum($a) . "<BR>";
   $b = array("a" => 1.2, "b" => 2.3, "c" => 3.4);
   echo "sum(b) = " . array_sum($b) . "<BR>";
?>
```

程序的运行结果如下：

```
sum(a) = 20
sum(b) = 6.9
```

练 习 题

一、单项选择题

1. 数组是在（　　）中保存一组数据的数据结构。

A. 内存　　B. 硬盘

C. 寄存器　　D. ROM

2. 运行下面的程序后，$queue[0]的值为（　　）。

```
<?php
    $queue = array("orange", "banana");
    array_unshift($queue, "apple", "raspberry");
    print_r($queue);
?>
```

A. "orange"　　B. "banana"

C. "apple"　　D. "raspberry"

3. 运行下面的程序后，$数组 stack[0]的最后一个因素的值为（　　）。

```
<?php
  $stack = array("orange", "banana", "apple", "raspberry");
  $fruit = array_pop($stack);
  echo($fruit);
  echo("<BR>");
  print_r($stack);
?>
```

A. "orange"　　B. "banana"

C. "apple"　　D. "raspberry"

4. 运行下面的程序后，输出结果为（　　）。

```
<?php
   $array = array("size" => "XL", "color" => "gold");
   print_r(array_values($array));
?>
```

A. Array ([0] => XL [1] => gold)　　B. Array ([0] => size [1] => gold)

C. 2　　D. Array ("size" => "XL", "color" => "gold")

5. 可以使用（　　）函数对数组进行升序排列。

A. sort　　B. asort

C. arsort　　D. array_reverse

二、填空题

1. 每个数组元素都有________和________两个属性。

2. 可以使用________函数来定义数组。

3. 可以使用________函数检查数组中是否存在某个值。

4. 使用________函数可以获取当前指针下的数组元素，使用________函数可以将数组指针移动到下一个位置。

三、问答题

1. 下面程序的运行结果是什么？

```
<?php
    $array = array(0 => 100, "color" => "red");
    print_r(array_keys($array));
    $array = array("blue", "red", "green", "blue", "blue");
    print_r(array_keys($array, "blue"));
?>
```

2. 下面程序的运行结果是什么？

```
<?PHP
     $arr = array(1, 2, 2, 3, 4, 5, 1, 4, 4);
     $tmp = array_count_values($arr);
     print_r($tmp);
?>
```

第5章 接收用户的数据

应用程序的基本功能就是与用户进行交互。用户提交数据的最常用方式是通过表单，也可以使用网址中的参数传递数据。本章介绍 PHP 接收用户数据的方法。

5.1 创建和编辑表单

表单是网页中的常用组件，用户可以通过表单向服务器提交数据。表单中可以包括标签（静态文本）、单行文本框、滚动文本框、复选框、单选按钮、下拉菜单（组合框）、按钮等元素。

本节介绍如何在 Dreamweaver 中设计表单，以及如何在 PHP 处理表单数据。

5.1.1 创建表单

本小节以 Dreamweaver 8 为例，介绍如何在 Dreamweaver 中创建表单。

将光标移至要插入表单的位置，然后依次选择“插入记录”→“表单”→“表单”菜单项，在网页中将出现代表表单的红色虚线，如图 5-1 所示。

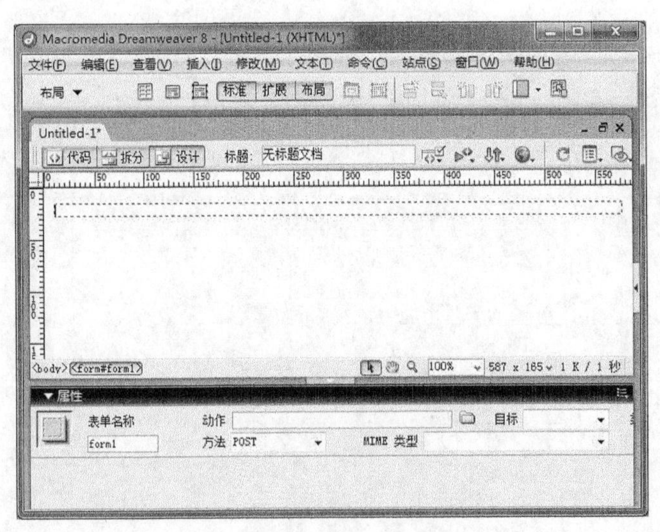

图 5-1 插入表单

选择“插入”→“表单”菜单项中的其他选项，可以插入各种表单元素。图 5-2 所示为输入用户信息的表单样例，为了使各表单项结构整齐，在表单中使用了表格。假定此网页为 input.htm。

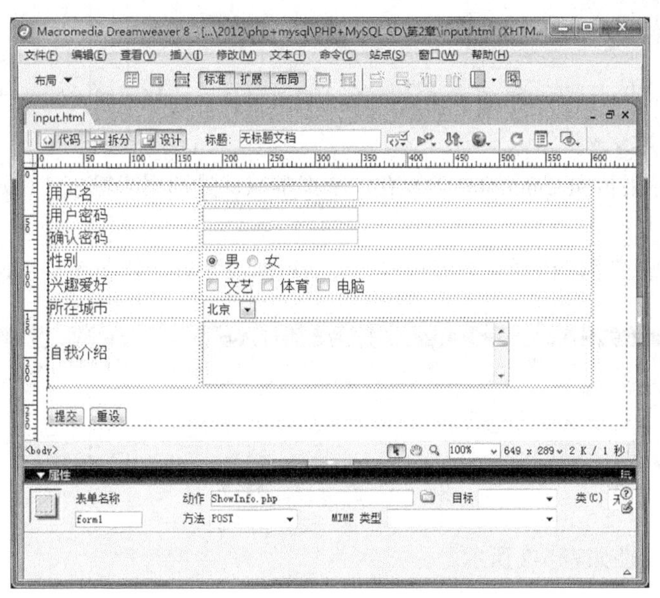

图 5-2　输入用户信息的表单

在设计页面的下部是表单属性页，如果要在 PHP 脚本文件处理表单提交的数据，请单击“动作”文本框后面的“浏览文件”按钮，打开“选择文件”对话框。例如，设置表单提交的数据由 ShowInfo.php 处理，方法为 POST。

在 Dreamweaver 的代码页面中，可以查看定义表单的代码，内容如下：

```
<form id="form1" name="form1" method="post" action="ShowInfo.php">
……
</form>
```

属性列表的内容如表 5-1 所示。

表 5-1　　表单的常用属性及说明

属性	代码	具体描述
名称	name	用来标记一个表单
动作	action	指定处理表单提交数据的脚本文件（PHP 文件）
方法	method	指定表单信息传递到服务器的方式，有效值为 GET 或 POST。如果设置为 GET，则当按下“提交”按钮时，浏览器会立即传送表单数据；如果设置为 POST，则浏览器会等待服务器来读取数据。使用 GET 方法的效率较高，但传递的信息量仅为 2KB，而 POST 方法没有此限制，所以通常使用 POST 方法

在 action 属性中指定处理脚本文件时可以指定文件的路径。可以使用绝对路径和相对路径两种方式指定脚本文件的位置。

绝对路径指从网站根目录（\）到脚本文件的完整路径，如"\ShowInfo.php"或"\php\ShowInfo.php"；绝对路径也可以是一个完整的 URL，如"http://www.host.com/ ShowInfo.php"。

相对路径是从表单所在网页文件到脚本文件的路径。如果网页文件和脚本文件在同一目录下，则 action 属性中不需指定路径，也可以使用".\ShowInfo.php"指定处理脚本文件。“.”表示当前路径。还有一个特殊的相对路径，即“..”，它表示上级路径。如果脚本文件 ShowInfo.php 在网页文件的上级目录中，则可以使用“..\ShowInfo.php”指定处理脚本文件。

5.1.2 文本域

文本域是用于输入文本的表单控件。选择“插入”→“表单”→“文本域”菜单项，可以插入文本域。

在如图 5-2 所示的网页 input.htm 中，有 3 个文本域，分别用来输入“用户名”、“用户密码”和“确认密码”。

选中一个文本域，可以在页面下部看到“文本域属性”页，如图 5-3 所示。

图 5-3 设置文本域属性

文本域的常用属性如表 5-2 所示。

表 5-2 文本域的常用属性及说明

属性	代码	具体描述
名称	name	用来标记一个文本域
初始值	value	设置文本域的初始值
字符宽度	size	设置文本域的宽度值
最多字符数	maxlength	设置文本域允许输入的最大字符数量
类型	type	设置文本框为单行、多行或密码域，密码域文本框中输入的字符将显示为*type="text"表示普通文本框，type="password"表示密码文本框

可以使用<input …>定义单行文本框，例如：

```
<input name="txtUserName" type="text" id="txtUserName" value="" />
<input type="text" name="txtUserPass" id="txtUserPass" />
<input type="text" name="txtUserPass2" id="txtUserPass2" />
```

5.1.3 文本区域

文本区域是用于输入多行文本的表单控件。选择“插入”→“表单”→“文本区域”菜单项，可以插入文本区域。

在如图 5-2 所示的网页 input.htm 中，有 1 个“自我介绍”文本区域。选中一个文本区域，在页面下部可以看到它的属性页，如图 5-4 所示。

图 5-4 设置文本区域的属性

文本区域的常用属性如表 5-3 所示。

表 5-3　　文本区域的常用属性及说明

属性	代码	具体描述
名称	name	用来标记一个文本区域
初始值	value	设置文本区域的初始值
字符宽度	col	设置文本区域的字符宽度值
行数	rows	设置文本区域允许输入的最大行数

可以使用<textarea…></textarea>定义文本区域。例如，在 input.htm 中定义文本区域的代码如下：

```
<textarea name="textarea" id="textarea" cols="45" rows="5"></textarea>
```

5.1.4　单选按钮

单选按钮◉是用于从多个选项中选择一个项目的表单控件。选择“插入”→“表单”→“单选按钮”菜单项，可以在网页中插入单选按钮。

在如图 5-2 所示的网页 input.htm 中，有 2 个用于下载性别的单选按钮。选中一个单选按钮，在页面下部可以看到它的属性页，如图 5-5 所示。

图 5-5　设置单选按钮的属性

单选按钮的常用属性如表 5-4 所示。

表 5-4　　单选按钮的常用属性及说明

属性	代码	具体描述
名称	name	用来标记一个单选按钮
初始值	value	设置单选按钮的初始值
初始状态	checked	如果初始状态为“已勾选”，则在代码中显示为 checked；如果是“未选中”，则在代码中没有显示

可以使用<input type = "radio"…>定义单选按钮。例如，在 input.htm 中定义单选按钮的代码如下：

```
<input name="radioSex" type="radio" id="Sex" value="男" checked="checked" />
<input name="radioSex" type="radio" id="radioSex2" value="女" />
```

5.1.5　复选框

复选框☐是用于选择或取消某个项目的表单控件。选择“插入”→“表单”→“复选框”菜单项，可以在网页中插入复选框。选中一个复选框，在页面下部可以看到它的属性页，如图 5-6 所示。

图 5-6　设置复选框的属性

复选框的常用属性如表 5-5 所示。

表 5-5　　　　　　　　　　复选框的常用属性及说明

属性	代码	具体描述
名称	name	用来标记一个复选框
初始状态	checked	如果初始状态为“已勾选”，则在代码中显示为 checked；如果是“未选中”，则在代码中没有显示

在如图 5-2 所示的网页 input.htm 中，有 3 个复选框，用来输入“兴趣爱好”。

可以使用<ipnut type = "checkbox"...>定义复选框，在 input.htm 中定义复选框的代码如下：

```
    <input type="checkbox" name="C1" id="C1" /> 文艺
  <input type="checkbox" name="C2" id="C2" />体育
  <input type="checkbox" name="C3" id="C3" />  电脑
```

5.1.6　列表/菜单

列表/菜单，也称为组合框，是用于从多个选项中选择某个项目的表单控件。选择“插入”→“表单”→“列表/菜单”菜单项，可以在网页中插入列表/菜单。

在如图 5-2 所示的网页 input.htm 中，有一个列表/菜单，用来选择“所在城市”。选中一个列表/菜单控件，在页面下部可以看到它的属性页，如图 5-7 所示。单击“列表值”按钮，打开编辑列表值的对话框，如图 5-8 所示。

图 5-7　设置列表/菜单的属性

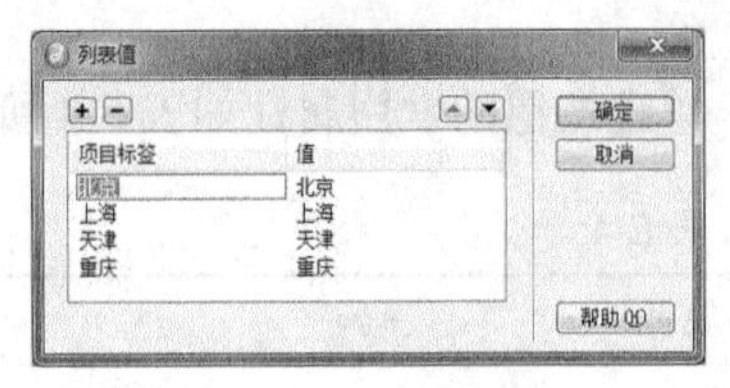

图 5-8　编辑列表值

单击“+”按钮可以添加新的列表值，单击“-”按钮可以删除列表值。在列表中可以直接修改列表值。修改完成后，单击“确定”按钮。

列表/菜单的常用属性如表 5-6 所示。

表 5-6　　　　　　　　　　列表/菜单的常用属性及说明

属性	代码	具体描述
名称	name	用来标记一个下拉菜单
选项	option	定义菜单项
值	value	定义菜单项的值
初始状态	selected	如果初始状态为“选中”，则在代码中显示为 selected；如果是“未选中”，则在代码中没有该属性

可以使用<select...></select 定义列表/菜单。例如，在 input.htm 中定义列表/菜单的代码如下：

```
<select name="city" id="city">
    <option value="北京" selected="selected">北京</option>
    <option value="上海">上海</option>
```

```
    <option value="天津">天津</option>
    <option value="重庆">重庆</option>
</select>
```

如果在设计网页时，不能确定下拉菜单中的内容，可以通过程序控制添加菜单项。

【例 5-1】 下面的代码将 1~10 添加到列表/菜单中。

```
<select size = "1" name = "number">
    <?PHP for($i=1; $i<11; $i++) { ?>
    <option value = "<?PHP echo($i) ?>"> <?PHP echo($i) ?></option>
    <?PHP } ?>
</select>
```

5.1.7　按钮

选择“插入”→“表单”→“按钮”菜单项，可以在网页中插入按钮。

选中一个按钮控件，在页面下部可以看到它的属性页，如图 5-9 所示。

图 5-9　设置按钮的属性

按钮的常用属性如表 5-7 所示。

表 5-7　按钮的常用属性及说明

属性	代码	具体描述
名称	name	用来标记一个按钮
值	value	定义按钮显示的字符串
类型	type	定义按钮类型

HTML 支持 3 种类型的按钮，即提交按钮（submit）、重置按钮（reset）和普通按钮（button）。单击提交按钮，浏览器会将表单中的数据提交到 Web 服务器；单击重置按钮浏览器会将表单中的所有控件的值设置为初始值；单击普通按钮的动作则由用户指定。

在如图 5-2 所示的网页 input.htm 中，有“提交”和“重设”2 个按钮。定义代码如下：

```
<input type="submit" name="submit" id="submit" value="提交" />
<input type="reset" name="reset" id="reset" value="重设" />
```

5.2　在 PHP 中接收和处理表单数据

用户在表单中输入数据后，可以单击“提交”按钮，将数据提交到服务器，由在服务器端工作的 PHP 程序接收和处理表单数据。本节介绍在 PHP 程序中接收和处理表单数据的方法。

5.2.1　GET 提交方式

表单提交数据的方式分为 GET 和 POST 两种，本节将介绍 GET 提交方式的特点和接收数据的方法。

在定义表单时，将 method 属性设置为 get，可以指定表单采用 GET 提交方式，例如：

```
<form id="form1" name="form1" method="get" action="ShowInfo.php">
```

使用 GET 提交方式时，表单数据将附加在 URL 的动作属性上，然后把这个新的 URL 发送给处理脚本。数据与表单处理脚本之间用问号（"?"）作为分隔符。数据的格式为：

```
数据名=数据值
```

提交数据时，URL 的格式如下：

```
http://网址/处理脚本?参数名 = 参数值
```

如果表单中包含多个控件，则它们之间用&作为分隔符。例如，如果将 5.1.1 小节介绍的 input.html 中的表单设置为$_GET 提交方式，则在提交数据时，地址栏中的 URL 会变成如下格式：

```
http://localhost/ShowInfo.php?txtUserName=lee&txtUserPass=pass&txtUserPass2=&radio
Sex=%E7%94%B7&C1=on&C2=on&C3=on&city=%E5%8C%97%E4%BA%AC&textarea=%E8%87%AA%E6%88%91%E4
%BB%8B%E7%BB%8D&submit=%E6%8F%90%E4%BA%A4
```

在 PHP 程序中，可以使用 HTTP GET 变量$_GET 读取使用 GET 方式提交的表单数据，具体方法如下：

```
参数值 = $_GET[参数名]
```

【例 5-2】 在 ShowInfo.php 中处理 input.html 使用 GET 方式提交的表单数据，代码如下：

```
<meta http-equiv="Content-Type" content="text/html; charset=utf-8" />
<?PHP
    if($_GET['submit']) {
        echo("用户名: " . $_GET['txtUserName'] . "<BR>");
        echo("用户密码: " . $_GET['txtUserPass'] . "<BR>");
        echo("确认密码: " . $_GET['txtUserPass2'] . "<BR>");
        echo("性别: " . $_GET ['radioSex'] . "<BR>");
        echo("兴趣爱好: ");
        if($_GET['C1'] == 'on')
            echo("文艺  ");
        if($_GET['C2'] == 'on')
            echo("体育  ");
        if($_GET['C3'] == 'on')
            echo("电脑  ");
        echo("<BR>");
        echo("所在城市: " . $_ GET['city'] . "<BR>");
        echo("自我介绍: ") . $_ GET['textarea'];
    }
?>
```

$_GET['submit']当数据是单击“提交”按钮提交到处理脚本 ShowInfo.php 时等于 True；否则等于 False。使用$_GET['submit']可以确保处理脚本 ShowInfo.php 只有在表单提交数据时才能接收和处理数据，避免直接访问处理脚本 ShowInfo.php（直接访问时 ShowInfo.php 什么事都不做）。

将 input.html 和 ShowInfo.php 复制到 Apache 服务器的根目录下，在浏览器中查看 http://localhost/input.html，并参照图 5-10 输入数据。

单击“提交”按钮，调用 ShowInfo.php，接收表单中的数据并显示在页面中，如图 5-11 所示。

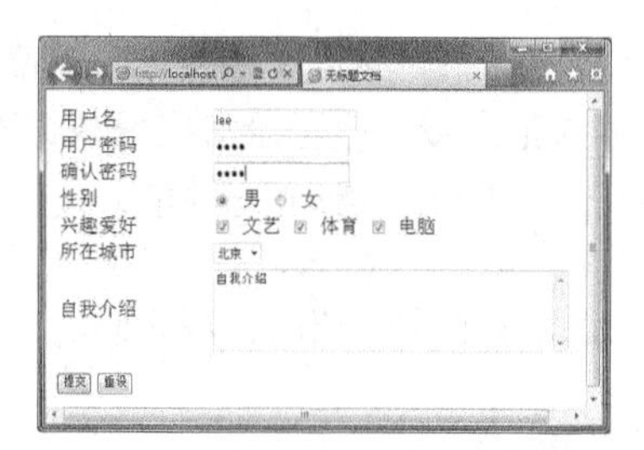

图 5-10　在 input.html 输入数据

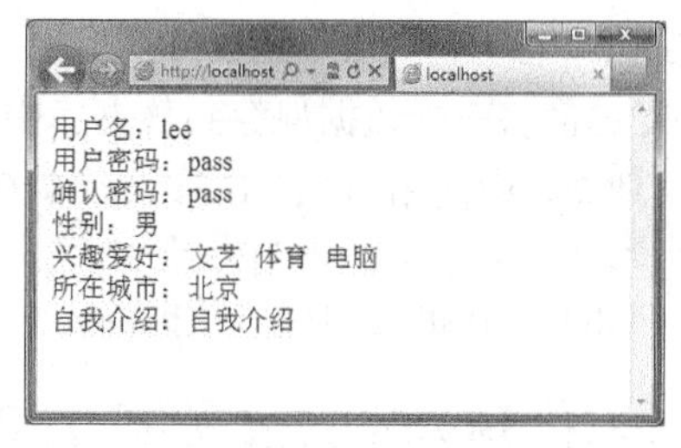

图 5-11　在 ShowInfo.php 显示数据

5.2.2　POST 提交方式

GET 提交方式存在如下不足。

- 表单数据会出现在 URL 中，这是不安全的。因为有些数据（例如密码）是不希望被看到的。
- URL 的数据长度是有限制的，不能用于传递大数据量的表单数据。

使用 POST 提交方式可以解决上述问题。

在定义表单时，将 method 属性设置为 post，可以指定表单采用 POST 提交方式，例如：

```
<form id="form1" name="form1" method="post" action="ShowInfo.php">
```

在 PHP 程序中，可以使用 HTTP POST 变量$_POST 读取使用 POST 方式提交的表单数据，具体方法如下：

```
参数值 = $_POST[参数名]
```

【例 5-3】　在 ShowInfo.php 中处理 input.html 使用 POST 方式提交的表单数据，代码如下：

```
<meta http-equiv="Content-Type" content="text/html; charset=utf-8" />
<?PHP
    if($_POST['submit']) {
        echo("用户名：" . $_ POST['txtUserName'] . "<BR>");
        echo("用户密码：" . $_ POST['txtUserPass'] . "<BR>");
        echo("确认密码：" . $_ POST['txtUserPass2'] . "<BR>");
        echo("性别：" . $_ POST['radioSex'] . "<BR>");
        echo("兴趣爱好：");
        if($_POST ['C1'] == 'on')
            echo("文艺  ");
        if($_POST['C2'] == 'on')
            echo("体育  ");
        if($_POST['C3'] == 'on')
            echo("电脑  ");
        echo("<BR>");
        echo("所在城市：" . $_ POST['city'] . "<BR>");
        echo("自我介绍：") . $_ POST['textarea'];
    }
?>
```

$_GET['submit']的作用与 5.2.1 小节中介绍的$_GET['submit']相同。

5.2.3　GET 和 POST 混合提交方式

通常表单使用 POST 方式提交数据，但有时也需要在指定处理脚本时设置 URL 参数。而 URL 参数是使用 GET 方式提交数据的。这就是 GET 和 POST 混合提交方式。例如：

```
<form id="form1" name="form1" method="post" action="ShowInfo.php?flag=1">
```

在实际应用中，多使用 URL 参数 flag 标记当前表单的编辑状态（插入记录或修改记录），处理脚本根据 flag 的值将表单数据保存到数据库中（插入记录或修改记录对应的数据库操作语句是不同的）。在处理脚本中使用 HTTP GET 变量$_GET 读取 URL 参数 flag 的值，代码如下：

```
flag = $_GET['flag'];
```

读取使用 POST 方式提交的表单数据的方法与 5.2.2 小节中介绍的方法相同。

5.2.4 使用 JavaScript 验证表单的输入

在提交表单数据之前，通常需要验证表单的输入，如果一些必须输入的数据没有输入，则要求用户重新输入再提交。可以使用 JavaScript 程序实现此功能。

在定义提交按钮时可以使用 onclick 事件定义一个验证表单的函数，语法如下：

```
<input type="submit" name="Submit" value=" 添 加 " onclick="return 验证表单的函数(this.form)">
```

验证表单的函数通常以 this.form（即表单对象）为参数，这是为了在验证表单的函数中能够访问表单控件，并验证它们的值。验证表单的函数通常返回一个布尔值，当返回 True 时可以提交表单；否则不能提交。

【例 5-4】 在 input.html 中增加验证表单输入功能。

提交按钮的定义代码如下：

```
<input type="submit" name="submit" id="submit" value=" 提 交 " onclick="return form_onsubmit(this.form)"/>
```

验证表单的函数为 onsubmit()。假定必须输入用户名和所在城市，则 onsubmit()函数的代码如下：

```
<script language="javascript">
function form_onsubmit(obj)
{
  if(obj.txtUserName.value == "") {
    alert("请输入用户名");
       return false;
  }
  if(obj.city.selectedIndex <0) {
    alert("请选择所在城市");
    return false;
  }
  return true;
}
</script>
```

参数 obj 即为提交数据的表单对象，可以通过它访问表单控件。如果没有输入用户名，则会弹出如图 5-12 所示的警告消息框。onsubmit()函数返回 false，表单数据不会被提交。

组合框控件的 selectedIndex 属性表示选择项目的索引。如果选择第 1 项数据，则 selectedIndex 等于 0；如果选择第 2 项数据，则 selectedIndex 等于 1；依此类推。当 selectedIndex 小于 0 时表示没有选择数据。

图 5-12 警告消息框

5.3 用户身份认证

很多 Web 应用程序都需要对用户进行身份认证，本节专门讨论如何在 PHP 中接收用户身份认证信息的技术。

5.3.1　使用表单提交用户身份认证信息

5.1 节中已经介绍了通过表单提交数据的方法，5.2 节中介绍了在 PHP 中接收和处理表单数据，本小节使用这些技术设计登录页面，实现用户身份认证的功能。

设计用户登录页面 Login.html，界面如图 5-13 所示。

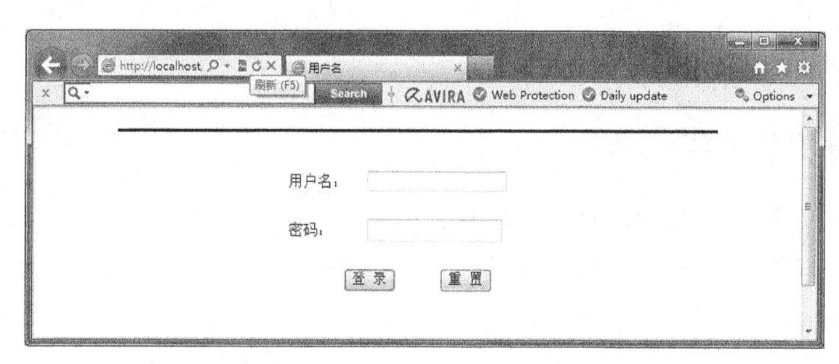

图 5-13　用户登录页面 Login.html

表单的定义代码如下：

```
<form method="POST" action="check.php">
......
</form>
```

可以看到，处理提交的用户身份认证信息的脚本为 check.php。

用户名文本框的定义代码如下：

```
<input type="text" name="txtUserName" size="20">
```

密码文本框的定义代码如下：

```
<input type="password" name="txtPwd" size="20">
```

按钮的定义代码如下：

```
    <input type="submit" value="登 录" name="B1" style="font-size: 11pt; font-family: 宋体" onclick="return form_onsubmit(this.form)">     
                        <input type="reset" value="重 置" name="B2" style="font-family: 宋体; font-size: 11pt">
```

单击“登录”按钮时会调用 Javascript 函数 form_onsubmit()验证是否输入了用户名和密码。form_onsubmit()函数的代码如下：

```
<script language="javascript">
function form_onsubmit(obj)
{
  if(obj.txtUserName.value == "") {
    alert("请输入用户名");
       return false;
  }
  if(obj.txtPwd.value == "") {
    alert("请输入密码");
    return false;
  }
  return true;
}
</script>
```

请参照 5.2.4 小节理解。

check.php 的代码如下：

```
<?PHP
  //取输入的用户名和密码
  $UID=$_POST['txtUserName'];
  $PWD=$_POST['txtPwd'];
  // 验证用户名和密码
 if($UID == "admin" and $PWD == "pass")
   echo("您已经登录成功，欢迎光临。");
 else
   echo("登录失败，请返回重新登录。");
?>
```

在实际应用中，用户名和密码是存储在数据库中的，程序应该从数据库中检索用户信息并与接收到的用户名和密码进行比较。但现在并没有介绍管理 MySQL 数据库的方法，因此假定存在一个有效用户名 admin，密码为 pass。如果接收到的用户名为 admin 并且密码为 pass，则显示“您已经登录成功，欢迎光临。”；否则显示“登录失败，请返回重新登录。”。

在第 11 章中，将结合二手交易市场系统介绍从数据库中检索并验证用户身份信息的方法。

5.3.2 使用 HTTP 认证机制

HTTP 认证是一种用来允许 Web 浏览器，或其他客户端程序在请求时提供以用户名和口令形式的凭证。PHP 的 HTTP 认证机制仅在 PHP 以 Apache 模块方式运行时才有效。可以使用 header() 函数实现此功能，它的语法如下：

```
void header ( string $string [, bool $replace = true [, int $http_response_code ]] )
```

header()函数会向 Web 服务器发送一个 HTTP 报头，参数$string 指定 HTTP 报头的内容。可选参数$replace 指定该报头是否替换之前的报头，或添加第二个报头。默认值为 true（替换），如果为 false，则允许相同类型的多个报头。可选参数$http_response_code 用于强制指定 HTTP 响应代码的值。

调用 header()函数客户端浏览器发送 HTTP 报头'WWW-Authenticate: Basic realm="My Realm"'和'HTTP/1.0 401 Unauthorized'，弹出一个输入用户名/密码的窗口，代码如下：

```
header('WWW-Authenticate: Basic realm="My Realm"');
header('HTTP/1.0 401 Unauthorized');
```

用户输入用户名和密码后，在 PHP 中可以通过服务器变量$_SERVER 获取用户的输入数据。$_SERVER 是一个全局数组，与 HTTP 身份认证有关的键包括：

- PHP_AUTH_USER，用户名；
- PHP_AUTH_PW，密码。

【例 5-5】 使用 HTTP 认证机制的例子，代码如下：

```
<?php
  if (!isset($_SERVER['PHP_AUTH_USER'])) {
    header('WWW-Authenticate: Basic realm="My Realm"');
    header('HTTP/1.0 401 Unauthorized');
    echo 'Text to send if user hits Cancel button';
    exit;
  } else {
    echo "<p>您好 {$_SERVER['PHP_AUTH_USER']}.</p>";
```

```
    echo "<p>您输入的密码是 {$_SERVER['PHP_AUTH_PW']} .</p>";
  }
?>
```

浏览此脚本会弹出如图 5-14 所示的登录对话框。输入用户名和密码后单击“确认”按钮，会在页面中显示输入用户名和密码，如图 5-15 所示。

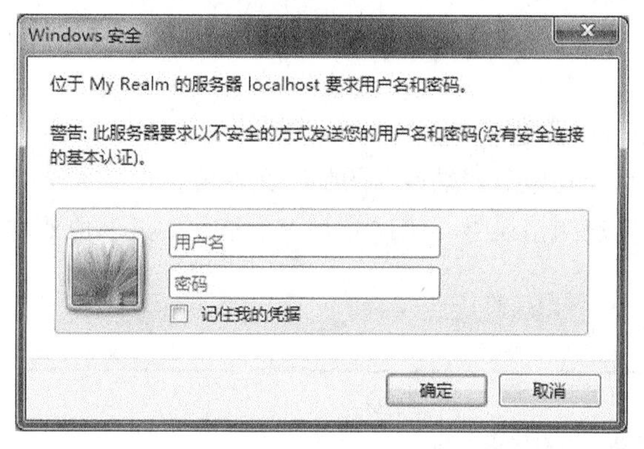

图 5-14　例 5-5 的登录对话框

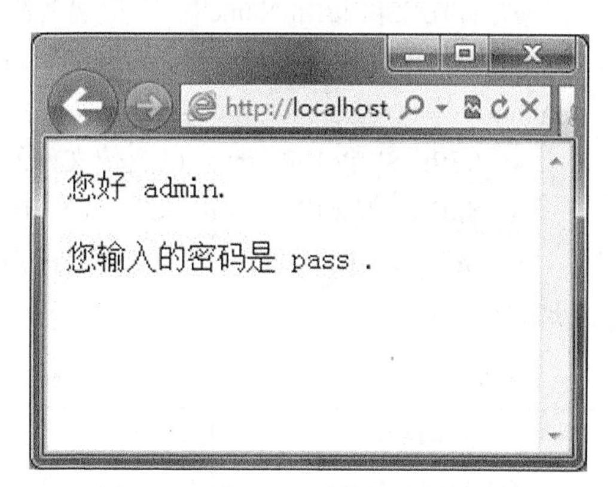

图 5-15　例 5-5 显示输入用户名和密码

5.4　文 件 上 传

PHP 除了可以接收表单中提交的数据外，还可以接收客户端上传的文件数据。本节介绍 PHP 中文件上传的方法。

5.4.1　使用 POST 方法上传文件

在 HTML 文档中，可以使用表单来提交要上传的文件。下面是一个上传文件表单的定义代码：

```
<form name="form1" method="post" action="upfile.php" enctype="multipart/form-data" >
  ……
<input type="file" name="file1" style="width:80%" value="">
<input type="submit" name="Submit" value=" 上 传 ">
</form>
```

其中省略了一些说明文字和用于对齐的表格。可以看到，在定义表单中使用了 enctype="multipart/form-data"，这是使用表单上传文件的固定编码格式。action="upfile.php"表示 upfile.php 是处理上传文件的脚本。表单中使用一个文本框（input）控件来要求用户选择上传的文件，控件的类型为“file”，控件名为 file1。上面定义的上传文件网页 upload.html 如图 5-16 所示。

图 5-16　上传文件的网页 upload.html

在处理脚本 upfile.php 中，可以使用全局变量$_FILES 来获取上传文件的信息。$FILES 是一个数组，它可以保存所有上传文件的信息。如果上传文件的文本框名称为 file1，则可以使用$FILES[file1]来访问此上传文件的信息。$FILES['file1']也是一个数组，数组元素是上传文件的各种属性，具体说明如下。

- $FILES['file1']['Name']：客户端上传文件的名称。
- $FILES['file1']['type']：文件的 MIME 类型，需要浏览器提供对此类型的支持，如 image/gif 等。
- $FILES['file1']['size']：已上传文件的大小，单位是字节。
- $FILES['file1']['tmp_name']：文件被上传后，在服务器端保存的临时文件名。
- $FILES['file1']['error']：上传文件过程中出现的错误号，错误号是一个整数，其取值如表 5-8 所示。

表 5-8　　上传文件过程中出现的错误

错误常量	错误号	说明
UPLOAD_ERR_OK	0	文件上传成功，没有错误发生
UPLOAD_ERR_INI_SIZE	1	上传的文件超过了 php.ini 中 upload_max_filesize 选项限制的值
UPLOAD_ERR_FORM_SIZE	2	上传文件的大小超过了 HTML 表单中 MAX_FILE_SIZE 选项指定的值
UPLOAD_ERR_PARTIAL	3	只上传了部分文件
UPLOAD_ERR_NO_FILE	4	没有上传的文件
UPLOAD_ERR_NO_TMP_DIR	6	找不到临时文件夹
UPLOAD_ERR_CANT_WRITE	7	文件写入失败
UPLOAD_ERR_EXTENSION	8	上传的文件被 PHP 扩展程序中断

【例 5-6】　设计在 upload.html 中指定的上传文件处理脚本 upfile.php，代码如下：

```
<html>
<head>
<title>文件上传</title>
</head>
<body>
<font style='font-family: 宋体; font-size: 9pt'>
<?PHP
    // 检查上传文件的目录
    $upload_dir = getcwd() . "\\images\\";
    // 如果目录不存在，则创建
    if(!is_dir($upload_dir))
        mkdir($upload_dir);
    // 此函数用于根据当前系统时间自动生成上传文件名
    function makefilename() {
        // 获取当前系统时间，生成文件名
        $curtime = getdate();
        $filename  =$curtime['year']  . $curtime['mon']  . $curtime['mday']  .
$curtime['hours'] . $curtime['minutes'] . $curtime['seconds'] . ".jpeg";
```

```
        Return $filename;
    }
    $newfilename = makefilename();
    $newfile = $upload_dir . $newfilename;
    if(file_exists($_FILES['file1']['tmp_name'])) {
        move_uploaded_file($_FILES['file1']['tmp_name'], $newfile);
    }
    else {
        echo("error");
    }
    echo("客户端文件名: " . $_FILES['file1']['name'] . "<BR>");
    echo("文件类型: " . $_FILES['file1']['type'] . "<BR>");
    echo("文件大小: " . $_FILES['file1']['size'] . "<BR>");
    echo("服务器端临时文件名: " . $_FILES['file1']['tmp_name'] . "<BR>");
//  echo(   $_FILES['file1']['error'] . "<BR>");
    echo("上传后新的文件名: " . $newfile . "<BR>");
?>
文件上传成功 [ <a href=# onclick=history.go(-1)>继续上传</a> ]

<BR><BR>下面是上传的图片文件:<BR><BR>
<img border="0" src="images/<?PHP echo($newfilename); ?>">
</font>
</body>
</html>
```

程序的执行过程如下。

1. 判断保存上传文件的目录 images 是否存在

本实例指定保存上传文件的目录为 images。getcwd()函数用于返回当前工作目录。

程序使用 is_dir()函数判断保存上传文件的目录 images 是否存在，如果不存在，则使用 mkdir()创建之。is_dir()函数的语法如下：

```
bool is_dir ( string $filename )
```

如果文件名 filename 存在并且为目录则返回 TRUE。如果 filename 是一个相对路径，则按照当前工作目录检查其相对路径。

mkdir()函数用于创建目录，其基本语法如下：

```
bool mkdir ( string $pathname)
```

如果创建成功则返回 TRUE，否则返回 FALSE。

2. 调用 makefilename()函数生成新的文件名

本例约定每个上传的文件都保存在\images 目录下。为了防止出现同名文件，覆盖原来上传的文件，程序中提供了一个 makefilename()函数，它的功能是根据当前的系统时间来生成文件名。本例中要求用户上传以 jpeg 为扩展名的文件。

getdate()函数返回一个表示当前系统时间数组，该数组包含如表 5-9 所示的键。

表 5-9　getdate()函数返回数组中包含的键

键	说明
"seconds"	日期中的秒数
"minutes"	日期中的分钟数
"hours"	日期中的小时数

续表

键	说明
"mday"	日期中的日数
"wday"	日期中的星期数
"mon"	日期中的月份数
"year"	日期中的年份数
"yday"	日期是当年的第几天
"weekday"	日期中的星期的英文表示
"month"	日期中的星期的月份表示

makefilename()函数根据 getdate()函数返回的数组来生成保存上传文件的文件名。

3. 保存上传文件

程序首先调用 file_exists()函数判断$_FILES['file1']['tmp_name']中保存的临时文件是否存在，如果存在，则表示服务器已经成功接收到了上传的文件，并保存在临时目录下；然后调用 move_uploaded_file()函数将上传文件移动至\images 目录下。

file_exists()函数的语法如下：

```
bool file_exists( string $filename )
```

如果由 filename 指定的文件或目录存在则返回 TRUE，否则返回 FALSE。

move_uploaded_file()函数的语法如下：

```
bool move_uploaded_file( string $filename, string $destination )
```

函数检查并确保由 filename 指定的文件是合法的上传文件（即通过 PHP 的 HTTP POST 上传机制所上传的）。如果文件合法，则将其移动为由 destination 指定的文件。

如果 filename 不是合法的上传文件，不会出现任何操作，move_uploaded_file()将返回 FALSE。

如果 filename 是合法的上传文件，但出于某些原因无法移动，不会出现任何操作，move_uploaded_file()将返回 FALSE。

如果文件移动成功，则返回 TRUE。

4. 显示上传文件的信息

最后，程序显示$_FILES['file1']中各项上传文件的信息。

使用 HTML 语句<a href=# onclick=history.go(-1) >…</a>来显示“继续上传”超链接。history.go(-1)是 JavaScript 语句，表示返回上一页。

使用 <img border="0" src="images/<?PHP echo($newfilename); ?>">语句显示新上传的图片文件。文件名由 PHP 程序输出。

如果图片文件正确显示，则表示上传成功，如图 5-17 所示。

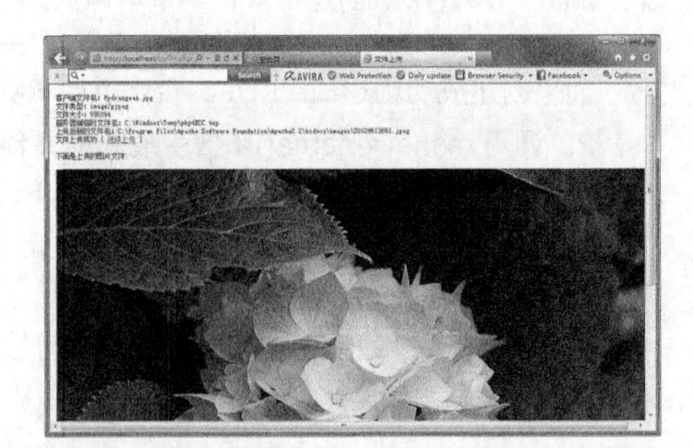

图 5-17 文件上传成功

5.4.2 配置文件上传

PHP 提供了一组参数，可以对文件上传进行配置。通常情况下，保持默认配置即可以实现文件上传的功能。但如果有特殊需求（如上传较大的文件），则需要修改配置文件。

可以在 php.ini 中对文件上传参数进行配置，主要的参数说明如下。

1. max_execution_time

指定每个脚本最大的执行时间，单位是秒。默认情况下是 30 秒，如果要上传大文件，则可以根据实际情况增加此配置值。

2. post_max_size

指定 PHP 可以接收的最大提交数据的大小，单位是 MB，默认值为 8MB。

3. file_uploads

是否允许文件上传，默认值为 On，即支持文件上传。如果设置为 Off，则不支持文件上传功能。

4. upload_tmp_dir

设置保存上传文件的临时目录。如果不设置，则使用系统默认的临时文件目录。

5. upload_max_filesize

允许上传的文件大小，单位是 MB，默认值为 2MB。此值通常比 post_max_size 要小。如果要上传较大的文件，可以修改此配置项。

修改 php.ini 后，需要重新启动 Apache 才能生效。

练 习 题

一、单项选择题

1. 可以使用（　　）定义单行文本框。

A. <input ...>　　B. <textbox ...>

C. <textarea...>　　D. <ipnut type = "checkbox"...>

2. 使用（　　）提交方式时，表单数据将附加在 URL 的动作属性上，然后把这个新的 URL 发送给处理脚本。

A. POST　　B. URL

C. GET　　D. SUBMIT

3. 在 PHP 配置文件中用于设置保存上传文件的临时目录为（　　）。

A. upload_tmp_dir　　B. upload_dir

C. tmp_dir　　D. upload_tmpdir

二、填空题

1. 在定表单的代码中，使用________属性指定处理表单提交数据的脚本文件（PHP 文件）。

2. HTML 支持 3 种类型的按钮，即________、________和________。

3. 在 PHP 程序中，可以使用变量________读取使用 GET 方式提交的表单数据。

4. 在 PHP 程序中，可以使用变量________读取使用 POST 方式提交的表单数据。

5. 可以使用全局变量________来获取上传文件的信息。

三、简答题

1. 简述 GET 提交方式存在的不足。

2. 比较 PHP 配置文件中参数 post_max_size 和参数 upload_max_filesize 的区别。

第6章 自定义函数的使用

函数（function）由若干条语句组成，用于实现特定的功能。函数包含函数名、若干参数和返回值。一旦定义了函数，就可以在程序中需要实现该功能的位置调用该函数，给程序员共享代码带来了很大方便。在PHP语言中，除了提供丰富的系统函数（本书前面已经介绍了一些常用的系统函数）外，还允许用户创建和使用自定义函数。

6.1 创建和调用函数

本节介绍创建自定义函数和调用函数的方法。使用自定义函数可以使程序的结构清晰，更利于分工协作和程序的调试与维护。

6.1.1 创建自定义函数

可以使用function关键字来创建PHP自定义函数，其基本语法结构如下：

```
function 函数名 (参数列表)
{
    函数体
}
```

参数列表可以为空，即没有参数；也可以包含多个参数，参数之间使用逗号（,）分隔。函数体可以是一条PHP语句，也可以由一组PHP语句组成。

【例6-1】 创建一个非常简单的函数PrintWelcome，它的功能是打印字符串“欢迎使用PHP”，代码如下：

```
function PrintWelcome()
{
    echo("欢迎使用 PHP");
}
```

调用此函数，将在网页中显示“欢迎使用PHP” 字符串。PrintWelcome()函数没有参数列表，也就是说，每次调用PrintWelcome()函数的结果都是一样的。

可以通过参数将要打印的字符串通知自定义函数，从而可以由调用者决定函数工作的情况。

【例6-2】 创建函数PrintString()，通过参数决定要打印的内容。

```
function PrintString($str)
{
    echo("$str");
}
```

变量$str 是函数的参数。在函数体中，参数可以像其他变量一样被使用。

可以在函数中定义多个参数，参数之间使用逗号分隔。

【例 6-3】　定义一个函数 sum()，用于计算并打印两个参数之和。函数 sum()包含两个参数参数$num1 和$num2，代码如下：

```
function sum($num1, $num2)
{
    echo($num1 + $num2);
}
```

6.1.2　调用函数

可以直接使用函数名来调用函数，无论是系统函数还是自定义函数，调用函数的方法都是一致的。

【例 6-4】　要调用 PrintWelcome()函数，显示“欢迎使用 PHP”字符串，代码如下：

```
<?PHP
    function PrintWelcome()
    {
        echo("欢迎使用 PHP");
    }
     PrintWelcome();
?>
```

如果函数存在参数，则在调用函数时，也需要使用参数。

【例 6-5】　要调用 PrintString()函数，打开用户指定的字符串，代码如下：

```
<?PHP
    function PrintString($str)
    {
        echo("$str");
    }

     PrintString("传递参数");
?>
```

如果函数中定义了多个参数，则在调用函数时也需要使用多个参数，参数之间使用逗号分隔。

【例 6-6】　调用 sum()函数，计算并打印 100 和 3 之和，代码如下：

```
<?PHP
    function sum($num1, $num2)
    {
         echo($num1 + $num2);
    }

     sum(100, 3);
?>
```

6.1.3　变量的作用域

在函数中也可以定义变量，在函数中定义的变量被称为局部变量。局部变量只在定义它的函数内部有效，在函数体之外，即使使用同名的变量，也会被看做是另一个变量。相应地，在函数体之外定义的变量是全局变量。全局变量在定义后的代码中都有效，包括它后面定义的函数体内。如果局部变量和全局变量同名，则在定义局部变量的函数中，只有局部变量是有效的。

【例 6-7】　局部变量和全局变量作用域的例子。

```
<?PHP
    $a = 100;       // 全局变量
     function setNumber() {
          $a = 10; // 局部变量
          echo($a);      // 打印局部变量$a
     }
     setNumber();
     echo("<BR>");
     echo($a);      // 打印全局变量$a
?>
```

在函数 setNumber()外部定义的变量$a 是全局变量，它在整个 PHP 程序中都有效。在 setNumber()函数中也定义了一个变量$a，它只在函数体内部有效。因此，在 setNumber()函数中修改变量$a 的值，只是修改了局部变量的值，并不影响全局变量$a 的内容。运行结果如下：

```
10
100
```

为了更直观地认识局部变量和全局变量，分别在 setNumber()函数内部和后面的 echo($a)语句上设置断点，然后调试程序，并在断点处查看变量$a 的值。局部变量$a 的值如图 6-1 所示，全局变量$a 的值如图 6-2 所示。

图 6-1　局部变量$a 的值

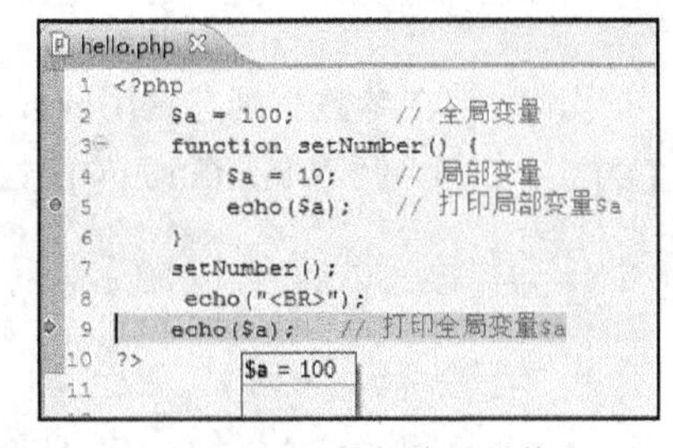

图 6-2　全局变量$a 的值

如果要在函数中使用全局变量，可以使用 global 关键字进行声明，方法如下：

```
定义全局变量
function 函数名(参数列表)
{
    global 全局变量名
    使用全局变量
}
```

【例 6-8】　对例 6-7 进行修改，在 setNumber()函数中设置全局变量$a 的值，代码如下：

```
<?PHP
    $a = 100;       // 全局变量
     function setNumber() {
          global $a; // 指定全局变量$a 在函数 setNumber()
          $a = 10; // 设置全部变量$a 的值，而不是局部变量
     }
     setNumber();
     echo($a);      // 打印全局变量$a
?>
```

因为全局变量$a 在 setNumber()函数中被设置为 10，所以运行结果为 10。

6.1.4　静态变量

在函数体内可以定义静态变量，静态变量的作用域与局部变量相同，只在定义它的函数体内。与局部变量不同的是，局部变量会在函数结束时被释放，而静态变量的值会被保留下来，下次调用函数时，静态变量的值不会丢失。

可以使用 static 关键字定义静态变量，语法如下：

```
static $变量名 = 初始值;
```

【例 6-9】　静态变量的例子。

```
<?php
   function test()
   {

      static $count = 1;
      echo("第" . $count ."次调用函数<br />");
      $count++ ;
   }

   for($i=1; $i<11; $i++) {
      test();
   }
?>
```

运行结果如下：

```
第 1 次调用函数
第 2 次调用函数
第 3 次调用函数
第 4 次调用函数
第 5 次调用函数
第 6 次调用函数
第 7 次调用函数
第 8 次调用函数
第 9 次调用函数
第 10 次调用函数
```

静态变量$count 的值在调用函数后被保留。

6.1.5　变量函数

PHP 支持变量函数，即通过变量调用函数。在变量名后面添加()，PHP 会调用变量值指定的函数。

【例 6-10】　变量函数的例子。

```
<?php
function foo()
{
   echo "In foo()<br>\n";
}

function bar($arg = '')
{
```

```
    echo "In bar(); argument was '$arg'.<br>\n";
}

// echo()函数的外壳函数
function echoit($string)
{
    echo $string;
}

$func = 'foo';
$func();        // 调用 foo()

$func = 'bar';
$func('test');  // 调用 bar()

$func = 'echoit';
$func('test');  // 调用 echoit()
?>
```

程序中使用$func()函数分别调用了 foo()、bar()和 echoit() 3 个函数。

提示

变量函数不能用于语言结构，如 echo()、print()、unset()、isset()、empty()、include()、require()等。如果需要对它们调用变量函数，可以为其定义一个外壳函数，然后调用外壳函数。

6.2 参数和返回值

用户可以通过参数和返回值与函数交换数据，本节将介绍具体情况。

6.2.1 在函数中传递参数

在 PHP 函数中，参数传递可以分为值传递和引用传递（也称为地址传递）两种情况。

1. 值传递参数

默认情况下，PHP 实行按值传递参数。值传递指调用函数时将常量或变量的值（通常称其为实参）传递给函数的参数（通常称其为形参）。值传递的特点是实参与形参分别存储在内存中，是两个不相关的独立变量。因此，在函数内部改变形参的值时，实参的值一般是不会改变的。6.1.2 小节介绍的实例都属于按值传递参数的情况。

2. 引用传递参数

引用传递（按地址传递）的特点是实参与形参共享一块内存。因此，当形参的值改变的时候，实参的值也会相应地做出改变。从这种角度上来说，可以认为形参和实参是同一个变量。

在定义引用传递参数时，可以在参数前面加上引用符号&。

【例 6-11】 一个使用引用传递参数的例子。

```
<?PHP
    function printString(&$string) {
        echo($string);
        $string = "打印完成!";
```

```
    }

    $str = "测试字符串!<BR>";
    printString($str);
    echo($str);
?>
```

在函数 printString()中，定义了一个引用传递参数$string。在函数体中，首先调用 echo()函数打印变量$string，然后将变量$string 的值设置为“打印完成!”。使用变量$str 作为实参调用 printString($str)，调用完成后，打开变量$str 的值。运行结果如下：

```
测试字符串!
打印完成!
```

可以看到，在作为实参调用 printString()函数后，变量$str 的值已经发生了改变。

3. 参数的默认值

在 PHP 中，可以为函数的参数设置默认值。可以在定义函数时，直接在参数后面使用“=”为其赋值。

【例 6-12】 设置参数默认值的例子。

```
<?PHP
    function printString($string = "This is a string!") {
        echo($string);
    }

printString();
    $str = "<BR>测试字符串! ";
    printString($str);
?>
```

函数 printString()的参数$string 有一个默认值“This is a string!”，如果在调用函数时没有指定参数，则将默认值作为参数的值。在例 6-12 中，两次调用 printString()函数，一次没有参数，一次使用参数“
测试字符串!”。运行结果如下：

```
This is a string!
测试字符串!
```

4. 可变长参数

PHP 还支持可变长度的参数列表。在定义函数时，不指定参数。在调用函数时，可以根据需要指定参数的数量，通过与参数相关的几个系统函数获取参数信息。具体说明如下：

- func_num_args：返回传递给函数的参数数量；
- func_get_arg：返回传递给函数的参数列表；
- func_get_args：返回一个数组，由函数的参数组成。

【例 6-13】 一个可变长参数的实例。

```
<?PHP
    function mysum() {
        $num =   func_num_args();
        echo("函数包含: " . $num . "个参数<br>");
        $sum = 0;
        for($i=0; $i<$num; $i++) {
            $sum = $sum + func_get_arg($i);
        }
```

```
        echo("参数累加之和为: " . $sum);
    }

    mysum(1, 2, 3, 4);
?>
```

自定义函数 mysum()在定义时没有指定参数。在函数体中使用 func_num_args()函数获取调用函数时传递的参数数量，然后使用 for 语句将每个参数值都累加到变量$sum 中，并打印累加的结果。在下面的程序中，使用 1、2、3、4 作为参数调用 mysum()函数。运行结果如下：

```
函数包含: 4 个参数
参数累加之和为: 10
```

【例 6-14】 修改例 6-13，使用 func_get_args 函数获取参数信息，代码如下：

```
<?PHP
    function sum1() {
        $num =  func_num_args();
        echo("函数包含: " . $num . "个参数<br>");
        $sum = 0;
        $arg_list = func_get_args();
        for($i=0; $i<$num; $i++) {
            $sum = $sum + $arg_list[$i];
        }

        echo("参数累加之和为: " . $sum);
    }

    sum1(1, 2, 3, 4);
?>
```

运行结果与例 6-13 相同。

6.2.2 函数的返回值

可以为函数指定一个返回值，返回值可以是任何数据类型，使用 return 语句可以返回函数值并退出函数。

【例 6-15】 对例 6-13 中的 mysum()函数进行改造，通过函数的返回值返回累加结果，代码如下：

```
<?PHP
    function mysum() {
        $num =  func_num_args();
        echo("函数包含: " . $num . "个参数\n");
        $sum = 0;
        $arg_list = func_get_args();
        for($i=0; $i<$num; $i++) {
            $sum = $sum + $arg_list[$i];
        }
        return $sum;
    }

    echo("计算结果为: " . mysum (1, 2, 3, 4));
?>
```

运行结果如下：

```
函数包含: 4 个参数
```

计算结果为：10

可以在函数中返回多个值（即返回数组）。

【例 6-16】　下面程序中的 mysquare()函数返回参数列表中所有参数的平方值。

```
<?PHP
   function mysquare() {
        $num =   func_num_args();
        $sum = 0;
        $arg_list = func_get_args();
        for($i=0; $i<$num; $i++) {
            $arg_list[$i] = $arg_list[$i] * $arg_list[$i];
        }

        return $arg_list;
   }

   print_r(mysquare(1, 2, 3, 4));
?>
```

程序将参数值计算平方值，保存在数组$arg_list 中，然后将数组$arg_list 作为函数的返回值。使用 print_r()函数打开 mysquare()函数的返回结果，内容如下：

```
Array ( [0] => 1 [1] => 4 [2] => 9 [3] => 16 )
```

6.3　函 数 库

在 PHP 语言中，可以把函数组织到函数库（library）中。在其他程序中可以引用函数库中定义的函数，这样可以使程序具有良好的结构，增加代码的重用性。

6.3.1　定义函数库

函数库是一个.php 文件，其中包含函数的定义。

【例 6-17】　创建一个函数库 mylib.php，其中包含 2 个函数 PrintString()和 sum()，代码如下：

```
<?PHP
  // mylib.php 函数库
  // 打印字符串
  function PrintString($str)
  {
     echo("$str");
  }
  //求和
  function sum($num1, $num2)
  {
     echo($num1 + $num2);
  }
?>
```

一个应用程序中可以定义多个函数库，通常使用易读的名字来标识它们。例如，将与数学计算相关的函数库命名为 math. library.php，将与数据库操作相关的函数库命名为 db. library.php。不建议将函数库文件保存在网站根目录下，因为这样用户可以使用浏览器读取函数库的内容。通常，将函数库文件保存在一个特定的目录下，如 lib\。

6.3.2 引用函数库

可以使用 include()函数引用 PHP 函数库，语法如下：

```
include(函数库文件)
```

在使用了 include()函数的 PHP 文件中就可以引用函数库文件中定义的函数了。

【例 6-18】 假定例 6-16 中创建的函数库 mylib.php 保存在 inc 目录下，引用其中包含的函数 PrintString()和 sum()，代码如下：

```
<?php
  include("inc\mylib.php");

  PrintString("1+2=");
  sum(1,2);
?>
运行结果如下：
1+2=3
```

require()函数和 include()函数几乎完全一样，除了处理失败的方式不同之外。当找不到包含的文件时，include()函数会产生一个警告，而 require()函数则会导致一个严重错误。

【例 6-19】 在例 6-18 中使用 require()函数引用 mylib.php 函数库，代码如下：

```
<?php
  require("inc\mylib.php");

  PrintString("1+2=");
  sum(1,2);
?>
```

还可以使用 require_once()函数引用函数库，它的用法与 require()函数完全相同，唯一区别是如果该文件中的代码已经被包含了，则不会再次包含。这样就可以避免函数库被重复引用。

练 习 题

一、单项选择题

1. 下面程序的运行结果为（　　）。

```
<?PHP
    $a = 100;      // 全局变量
     function setNumber() {
          $a = 10; // 局部变量
          echo($a);     // 打印局部变量$a
     }
     setNumber();
     echo($a);     // 打印全局变量$a
?>
```

A. 10100　　B. 0010　　C. 010　　D. 100100

2. 下面程序的运行结果为（　　）。

```
<?PHP
    $a = 100;      // 全局变量
```

```
    function setNumber() {
        global $a; // 指定全局变量$a 在函数 setNumber()
        $a = 10; // 设置全部变量$a 的值，而不是局部变量
        echo($a);    // 打印全局变量$a
    }
    setNumber();
    echo($a);    // 打印全局变量$a
?>
```

A. 1010　　B. 10010　　C. 10100　　D. 100100

二、填空题

1. 可以使用________关键字来创建 PHP 自定义函数。
2. 在 PHP 函数中，参数传递可以分为________和________两种情况。
3. 在定义引用传递参数时，可以在参数前面加上引用符号________。
4. 系统函数________返回传递给函数的参数数量。
5. 系统函数________返回传递给函数的参数列表。
6. 可以使用________函数引用 PHP 函数库。

三、简答题

1. 设计一个 PrintString()函数，打印用户指定的字符串，参数$str 为要打印的字符串。
2. 下面程序的运行结果是什么？

```
<?PHP
   function printString($string = "This is a string!") {
        echo($string);
   }
printString();
   printString("<BR>测试字符串！");
?>
```

3. 比较下面两段程序的运行结果，说明静态变量与局部变量的异同。

程序 1：

```
<?php
   function test()
   {

      static $count = 1;
      echo("第" . $count ."次调用函数<br />");
      $count++ ;
   }

   for($i=1; $i<4; $i++) {
      test();
   }
?>
```

程序 2：

```
<?php
   function test()
   {

      $count = 1;
      echo("第" . $count ."次调用函数<br />");
```

```
        $count++ ;
    }

    for($i=1; $i<11; $i++) {
        test();
    }
?>
```

4. 下面程序的运行结果是什么?

```
<?php
function foo()
{
    echo "In foo().";
}

function func()
{
    echo "In func().";
}

$func = 'foo';
$func();
?>
```

第7章 PHP面向对象程序设计

面向对象编程是PHP采用的基本编程思想，它可以将属性和代码集成在一起定义为类，从而使程序设计更加简单、规范、有条理。在本书后面的实例中，都采用面向对象的程序设计思想，为每个数据库表创建一个同名的类。类的属性是表的所有字段，类的方法是对表的操作。本章将介绍如何在PHP中使用类和对象。

7.1 面向对象程序设计思想简介

在传统的程序设计中，通常使用数据类型对变量进行分类。不同数据类型的变量拥有不同的属性，如整型变量用于保存整数，字符串变量用于保存字符串。数据类型实现了对变量的简单分类，但并不能完整地描述事务。

在日常生活中，要描述一个事务，既要说明它的属性，也要说明它所能进行的操作。例如，如果将人看做一个事务，它的属性包含姓名、性别、生日、职业、身高、体重等，它能完成的动作包括吃饭、行走、说话等。将人的属性和能够完成的动作结合在一起，就可以完整地描述人的所有特征了，如图7-1所示。

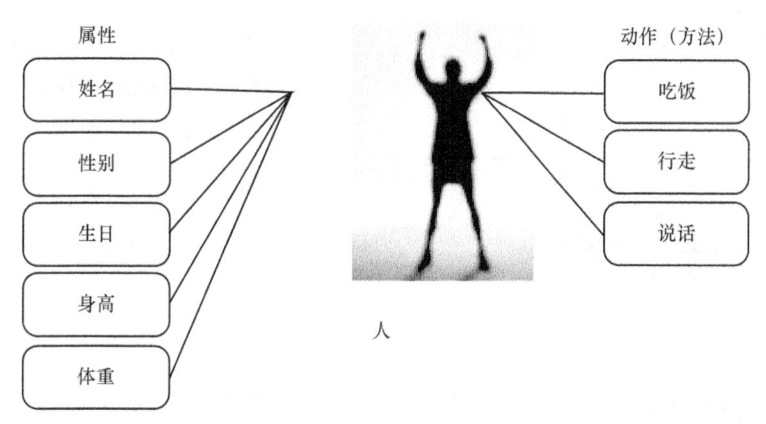

图7-1　人的属性和方法

面向对象的程序设计思想正是基于这种设计理念，将事务的属性和方法都包含在类中，而对象则是类的一个实例。如果将人定义为类的话，那么某个具体的人就是一个对象。不同的对象拥有不同的属性值。

PHP 提供对面向对象程序设计思想的全面支持，从而使应用程序的结构更加清晰，成为开发大型 B/S 应用程序的最佳选择之一。

7.2 定义和使用类

类是面向对象程序设计思想的基础，可以定义指定类的对象。类中可以定义对象的属性（特性）和方法（行为）。

7.2.1 声明类

在 PHP 中，可以使用 class 关键字来声明一个类，其基本语法如下：

```
class 类名
{
    定义成员变量
    定义成员函数
}
```

【例 7-1】 定义一个字符串类 MyString，代码如下：

```
<?PHP
    class MyString {
        var $str;

        function output() {
            echo($str);
        }
    }
?>
```

在类 MyString 中，定义了一个成员变量$str，用于保存字符串；定义了一个成员函数 output()，用于输出变量的内容。

1. 定义成员变量

在类定义中，使用关键字 var 定义一个成员变量。在定义成员变量时，可以同时对其赋初始值。

【例 7-2】 定义一个字符串类 MyString，定义成员变量$str，并同时对其赋初始值。

```
<?PHP
    class MyString {
        var $str = "MyString";

        function output() {
            echo($str);
        }
    }
?>
```

类的成员变量可以分为两种情况，一种是公有变量，使用关键字 public 标识；另一种是私有变量，使用关键字 private 标识。公有变量可以在类的外部访问，它是类与用户之间交流的接口。用户可以通过公有变量向类中传递数据，也可以通过公有变量获取类中的数据。在类的外部无法访问私有变量，从而保证类的设计思想和内部结构并不完全对外公开。

【例 7-3】 下面是定义公有变量和私有变量的实例。

```
<?PHP
```

```
    class UserInfo {
        public $userName;
        private $userPwd;

        function output() {
            echo($userName);
        }
    }
?>
```

在类 UserInfo 中，公有变量$userName 用来保存用户名，私有变量$userPwd 用来保存密码。

在每个 PHP 类中，都包含一个特殊的变量$this。它表示当前类自身，可以使用它来引用类中的成员变量和成员函数。

【例 7-4】　修改类 UserInfo，使用变量$this 来引用类中的成员变量。

```
<?PHP
    class UserInfo {
        public $userName;
        private $userPwd;

        function output() {
            echo($this->userName);
        }
    }
?>
```

在类中必须使用$this->userName 访问成员变量$userName，不能写成$this->$userName，也不能简单地使用$userName。

2. 构造函数

构造函数是类的一个特殊函数，它拥有一个固定的名称，即__construct（注意，函数名是以两个下画线开头的），当创建类的对象实例时系统会自动调用构造函数，通过构造函数对类进行初始化操作。

【例 7-5】　在 UserInfo 类中使用构造函数的实例。

```
<?PHP
    class MyString {
        public $userName;
        private $userPwd;

        function __construct() {
            $this->userName = "Admin";
            $this->userPwd = "AdminPwd";
        }

        function output() {
            echo($this->userName);
        }
    }
?>
```

在构造函数中，程序对公有变量$userName 和私有变量$userPwd 设置了初始值。可以在构造函数中使用参数，通常使用参数来设置成员变量（特别是私有变量）的值。

【例 7-6】　在 UserInfo 类中使用带参数的构造函数。

```
<?PHP
  class MyString {
        public $userName;
        private $userPwd;

        function __construct($name, $pwd) {
            $this->userName = $name;
            $this->userPwd = $pwd;
        }

        function output() {
            echo($this->userName);
        }
  }
?>
```

3. 析构函数

析构函数与构造函数正好相反，它是在类对象被释放时执行。析构函数同样有一个固定的名称，即__destruct()。通常在析构函数中释放类所占用的资源。

【例 7-7】 析构函数的一个实例。

```
<?PHP
  class MyString {
        public $userName;
        private $userPwd;
        //构造函数
        function __construct() {
            $this->userName = "Admin";
            $this->userPwd = "AdminPwd";
        }
        // 析构函数
        function __destruct() {
            echo("Exit!");
        }

        function output() {
            echo($this->userName);
        }
  }
?>
```

在例 7-7 中，析构函数只是简单地打印字符串 Exit。

7.2.2 定义类的对象

对象是类的实例。如果人是一个类的话，那么某个具体的人就是一个对象。只有定义了具体的对象，才能使用类。

可以使用 new 关键字来创建对象。例如，下面的代码定义了一个类 MyString 的对象$mystr：

```
$mystr = new MyString();
```

对象$mystr 实际相当于一个变量，可以使用它来访问类的公共变量和公共函数。如果类的构造函数中包含参数，则在创建对象时，也需要提供相应的参数值。

【例 7-8】 在定义对象时使用带参数的构造函数。

```
$mystr = new MyString('admin', 'pwd');
```

可以使用下面的方式来访问类的公共变量。

```
$mystr->userName;
```

可以使用下面的方式来访问类的公共函数。

```
$mystr->output();
```

但不能使用$mystr 访问私有变量，否则会在编译 PHP 文件时输出如下的错误信息：

```
PHP Fatal error:  Cannot access private property MyString::$userPwd in class1.php on line 22
```

【例 7-9】　下面是一个完整的定义和使用类的实例。

```
<?PHP
   class MyString {
        public $userName;
        private $userPwd;
        // 构造函数
        function __construct($name, $pwd) {
            $this->userName = $name;
            $this->userPwd = $pwd;
        }
        // 析构函数
        function __destruct() {
            echo($this->userName);
            echo("Exit!");
        }
        // 成员函数
        function output() {
            echo($this->userName);
        }
   }
    // 声明对象
    $mystr = new MyString('admin', 'pwd');
    // 访问公有变量
    echo($mystr->userName);
    // 访问成员函数
    $mystr->output();
?>
```

7.2.3　静态类成员

静态变量和静态函数是类的静态成员，它们与普通的成员变量和成员函数不同，静态类成员与具体的对象没有关系，而是只属于定义它们的类。

可以使用 static 关键字来声明静态变量和静态函数。例如，定义一个记录数量的静态变量$count，代码如下：

```
private static $count = 0;
```

因为静态变量不属于任何一个对象，因此在类中通常不使用$this->count 的方式访问静态变量，而是使用$self::$count 对其进行访问。

【例 7-10】　定义一个类 Users，使用静态变量$online_count 记录当前在线的用户数量，代码如下：

```
<?PHP
   class Users {
        public $userName;
```

```
        static private $online_count;

        function __construct($name="") {
            $this->userName = $name;
            $self::$online_count++;
        }

        function __destruct() {
            $self::$online_count--;
        }
    }
?>
```

在构造函数中，使用$self::$online_count++语句将计数器加 1；在析构函数中，使用$self::$online_count--语句将计数器函数减 1。因为静态变量$online_count 并不属于任何对象，所以当对象被释放后，$online_count 中的值仍然存在。

因为静态变量不属于任何一个对象，所以通常使用静态函数来访问静态变量。定义一个返回变量$online_count 值的静态函数 getCount()，代码如下：

```
static function getCount() {
    Return self::$online_count;
}
```

【例 7-11】 演示静态变量和静态函数的实例。

```
<?PHP
    class Users {
        public $userName;              // 用户名
        static private $online_count;  // 静态变量，记录当前在线的用户数量

        function __construct($name="") {
            $this->userName = $name;
            self::$online_count++;
        }

        function __destruct() {
            self::$online_count--;
        }

        static function getCount() {
            Return self::$online_count;
        }
    }

    $myUser_1 = new Users('admin');
    $myUser_2 = new Users('lee');
    $myUser_3 = new Users('zhang');
    echo(Users::getCount());
?>
```

程序定义了一个类 Users，其中包含了一个静态变量$online_count，用于记录当前在线的用户数量。静态函数 getCount()的功能是返回静态变量的值。类定义完成后，程序声明了 3 个 Users 对象，每声明一个 Users 对象，静态变量$online_count 的值都增加 1。最后调用静态函数 Users::getCount()，输出当前在线用户的数量。运行结果为 3。

7.2.4 instanceof 关键字

instanceof 关键字用来检测一个给定的对象是否属于（继承于）某个类，如果是则返回 True；

否则返回 False。其使用方法如下：

```
$对象名 instanceof 类名
```

【例 7-12】 演示 instanceof 关键字的实例。

```
<?PHP
   class Users {
        public $userName;               // 用户名
        static private $online_count;  // 静态变量, 记录当前在线的用户数量

        function __construct($name="") {
            $this->userName = $name;
            self::$online_count++;
        }

        function __destruct() {
            self::$online_count--;
        }

        static function getCount() {
            Return self::$online_count;
        }
   }

   $myUser_1 = new Users('admin');
   if($myUser_1 instanceof Users)
       echo("Yes");
?>
```

7.3　类的继承和多态

继承和多态是面向对象程序设计思想的重要机制。类可以继承其他类的内容，包括成员变量和成员函数。而从同一个类中继承得到的子类也具有多态性，即相同的函数名在不同子类中有不同的实现。就如同子女会从父母那里继承到人类共有的特性，而子女也具有自己的特性。本节将介绍 PHP 语言中继承和多态的机制。

7.3.1　继承

通过继承机制，用户可以很方便地继承其他类的工作成果。如果有一个设计完成的类 A，可以从其派生出一个子类 B，类 B 拥有类 A 的所有属性和函数，这个过程叫做继承。类 A 被称为类 B 的父类。

可以使用 extends 关键字定义派生类。例如，存在一个类 A，定义代码如下：

```
class A {
   var propertyA;  // 类 A 的成员变量
   function functionA;          // 类 A 的成员函数
}
```

从类 A 派生一个类 B，代码如下：

```
class B extends A {
   var propertyB;  // 类 B 的成员变量
```

```
    function functionB;          // 类 B 的成员函数
}
```

从类 B 中可以访问到类 A 中的成员变量和成员函数，例如：

```
objB = new B;                    // 定义一个类 B 的对象 objB
echo(objB->propertyA);           // 访问类 A 的成员变量
objB->functionA();               // 访问类 A 的成员函数
```

因为类 B 是从类 A 派生来的，所以它继承了类 A 的属性和方法。

【例 7-13】 一个关于类继承的实例。

```
<?PHP
    class Users {
        public $userName;

        function __construct($name="") {
            $this->userName = $name;
        }

        public function dispUserName() {
            echo($this->userName);
        }
    }

    class UserLogin extends Users {
        private $lastLoginTime;

        function __construct($name="") {
            $this->userName = $name;
            $cur_time = getdate();
            $this->lastLoginTime = $cur_time['year'] . "-" . $cur_time['mon'] . "-" .
$cur_time['mday']  . " " . $cur_time['hours'] . ":" . $cur_time['minutes'] . ":" .
$cur_time['seconds'] . "\n";

        }

        function dispLoginTime() {
            echo(" 登录时间为: " . $this->lastLoginTime);
        }
    }
    // 声明 3 个对象
    $myUser_1 = new UserLogin('admin');
    $myUser_2 = new UserLogin('lee');
    $myUser_3 = new UserLogin('zhang');
    // 分别调用父类和子类的函数
    $myUser_1->dispUserName();
    $myUser_1->dispLoginTime();
    $myUser_2->dispUserName();
    $myUser_2->dispLoginTime();
    $myUser_3->dispUserName();
    $myUser_3->dispLoginTime();

?>
```

在上面的 PHP 程序中，首先定义了一个类 Users，用于保存用户的基本信息。类 Users 包含一个成员变量$userName 和一个成员函数 dispUserName()。dispUserName()用于显示成员变量

$userName 的内容。

类 UserLogin 是类 Users 的子类，它包含一个私有变量$lastLoginTime，用于保存用户最后一次登录的日期和时间。在类 UserLogin 的构造函数中，程序调用 getdate()函数获取当前的系统时间，然后将其赋值到成员变量$lastLoginTime 中。类 UserLogin 还包含一个成员函数 dispLoginTime()，用于显示变量$lastLoginTime 的内容。

在两个类的定义代码后面，程序中声明了 3 个 UserLogin 对象。然后分别使用这 3 个对象调用类 Users 的 dispUserName()函数和类 UserLogin 的 dispLoginTime()函数。

7.3.2　抽象类和多态

使用面向对象程序设计思想可以通过对类的继承实现应用程序的层次化设计。类的继承关系是树状的，从一个根类中可以派生出多个子类，而子类还可以派生出其他子类，依此类推。每个子类都可以从父类中继承成员变量和成员函数，实际上相当于继承了一套程序设计框架。

PHP 支持抽象类的概念。抽象类是包含抽象函数的类，而抽象函数不包含任何实现的代码，只能在子类中实现抽象函数的代码。例如，在绘制各种图形时，都可以指定绘图使用的颜色（$Color 变量），也需要包含一个绘制动作（Draw 函数）。而在绘制不同图形时，还需要指定一些特殊的属性。例如，在画线时需要指定起点和终点的坐标，在画圆时需要指定圆心和半径等。可以定义一个抽象类 Shape，包含所有绘图类所包含的$Color 变量和 Draw 函数；分别定义画线类 MyLine 和画圆类 MyCircle，具体实现 Draw 函数。所谓多态，指抽象类中定义的一个函数，可以在其子类中重新实现，不同子类中的实现方法也不相同。

在 PHP 中，可以使用 abstract 关键字定义抽象类。在抽象类中，通常需要定义一些抽象函数。抽象函数同样需要使用 abstract 关键字来定义。语法如下：

```
abstract class 抽象类名称 {
    var 成员变量
    abstract function 抽象函数
}
```

【例 7-14】　下面通过一个实例来演示抽象类和多态。首先创建一个抽象类 Shape，它定义了一个画图类的基本框架，代码如下：

```
abstract class Shape {
     var $color;        // 指定画图用的颜色
     abstract function draw();
}
```

如果从抽象类中派生一个类，则必须给出抽象函数的具体实现，否则会提示错误信息。例如，创建类 Shape 的子类 circle，代码如下：

```
class circle extends Shape {
     var $x, $y, $radius;        // 定义圆心坐标和半径
}
```

编译 PHP 程序，会提示如下错误信息：

```
PHP Fatal error:  Class circle contains 1 abstract method and must therefore be declared
abstract or implement the remaining methods (Shape::draw) in C:\workspace\test\hello.php
on line 9
```

说明类 circle 中必须实现抽象类 Shape 中的抽象函数 draw()。在类 circle 中实现函数 draw()，代码如下：

```
class circle extends Shape {
```

```
    public $x, $y, $radius;        // 定义圆心坐标和半径

    function draw() {
        echo("Draw  Cicle:  Color   $this->color;  ($this->x,  $this->y);  Radius
$this->radius\n");
    }
}
```

再从类 Shape 中派生出画直线的类 line，代码如下：

```
class line extends Shape {
    public $x1, $y1, $x2, $y2;     // 起止坐标值

    function draw() {
        echo("Draw Line: Color  $this->color; ($this->x1, $this->y1) => ($this->x2,
$this->y2)\n");
    }
}
```

可以看到，在不同的子类中，抽象函数 draw()有不同的实现。

定义一个类 circle 的对象$mycircle，对类中的成员变量进行赋值，然后调用 draw()函数，代码如下：

```
$mycircle = new circle();
$mycircle->x = 100;
$mycircle->y = 100;
$mycircle->radius = 50;
$mycircle->color = "red";
$mycircle->draw();
```

输出结果如下：

```
Draw Cicle: Color  red; (100, 100); Radius 50
```

定义一个类 line 的对象$myline，对类中的成员变量进行赋值，然后调用 draw()函数，代码如下：

```
$myline = new line();
$myline->x1 = 100;
$myline->y1 = 100;
$myline->x2 = 200;
$myline->y2 = 200;
$myline->color = "blue";
$myline->draw();
```

输出结果如下：

```
Draw Line: Color  blue; (100, 100) => (200, 200)
```

7.4 复制对象

和普通变量一样，对象也可以通过赋值操作、传递函数参数等方式进行复制。

7.4.1 通过赋值复制对象

可以通过赋值操作复制对象，方法如下：

```
新对象名 = 原有对象名
```

【例 7-15】 在例 7-14 的基础上，定义一个类 circle 的对象$mycircle，对其设置成员变量的

值。然后再将其赋值到新的对象$newcircle 中，代码如下：

```
$mycircle = new circle();
$mycircle->x = 100;
$mycircle->y = 100;
$mycircle->radius = 50;
$mycircle->color = "red";
// 复制对象
$newcircle = $mycircle;
```

使用$newcircle 对象调用 draw()函数，输出结果如下：

```
Draw Cicle: Color  red; (100, 100); Radius 50
```

可见$newcircle 对象和$mycircle 对象的内容完全相同。

7.4.2 通过函数参数复制对象

可以在函数参数中使用对象，从而实现对象的复制。

【例 7-16】 在例 7-14 中，定义一个函数 drawCircle()，代码如下：

```
function drawCircle($circle) {
    if($circle instanceof circle) {
        $circle->draw();
    }

}
```

因为在参数列表中并没有指定参数$circle 的数据类型，为了防止在调用函数 draw()时出现错误，程序中使用 instanceof 关键字判断变量$circle 是否是类 circle 的实例。如果是，则调用$circle->draw()函数。

执行下面的代码：

```
$mycircle = new circle();
$mycircle->x = 100;
$mycircle->y = 100;
$mycircle->radius = 50;
$mycircle->color = "red";
drawCircle($mycircle);
```

结果如下：

```
Draw Cicle: Color  red; (100, 100); Radius 50
```

可以看到，对象$mycircle 的内容已经复制到参数$circle 中。

可以在参数列表中使用抽象类的对象，它可以接收所有从抽象类派生的子类对象。这样就不需要为每个子类都定义一个对应的函数了。

【例 7-17】 定义一个函数 drawShape()，代码如下：

```
function drawShape($shape) {
    if($shape instanceof Shape) {
        $shape->draw();
    }
}
```

需要使用类 Shape 的子类对象作为参数，调用 drawShape()函数。因为类 Shape 是抽象类，它的 draw()函数没有具体的实现代码。如果以 circle 对象或 line 对象作为参数，则可以执行 circle->draw()函数或 line->draw()函数。具体代码如下：

```
// 画圆
$mycircle = new circle();
$mycircle->x = 100;
```

```
$mycircle->y = 100;
$mycircle->radius = 50;
$mycircle->color = "red";
drawShape($mycircle);
// 画直线
$myline = new line();
$myline->x1 = 100;
$myline->y1 = 100;
$myline->x2 = 200;
$myline->y2 = 200;
$myline->color = "blue";
drawShape($myline);
```

运行结果如下：

```
Draw Cicle: Color  red; (100, 100); Radius 50
Draw Line: Color  blue; (100, 100) => (200, 200)
```

可以看到，$mycircle 对象和$myline 对象的内容都可以传递到参数$shape 中。

练 习 题

一、单项选择题

1. 构造函数是类的一个特殊函数，在 PHP 中，构造函数的名称为（　　）。

A. 与类同名　　B. _construct

C. _construct　　D. Construct

2. 在每个 PHP 类中，都包含一个特殊的变量（　　）。它表示当前类自身，可以使用它来引用类中的成员变量和成员函数。

A. $this　　B. $me

C. $_self　　D. 与类同名

3. 假定类中包含一个静态变量$count，在类中访问$count 的方式为（　　）$this->count 的，而是使用对其进行访问（　　）。

A. $this->count　　B. $this::count

C. $self::$count　　D. $self->$count

二、填空题

1. 类是面向对象程序设计思想的基础。类中可以定义对象的________和________。

2. 在 PHP 中，可以使用________关键字来声明一个类。

3. 类的成员变量可以分为两种情况，一种是公有变量，使用关键字________标识；另一种是私有变量，使用关键字________标识。

4. 可以使用________关键字来创建对象。

5. ________关键字用来检测一个给定的对象是否属于（继承于）某个类。

6. 对象也可以通过________、________等方式进行复制。

三、简答题

1. 试述静态类成员的概念。

2. 试述类的继承和多态的概念。

第 8 章 会话处理

在 Web 应用程序中，会话是客户端用户与服务器之间交换数据的过程。通过会话可以实现页面之间的参数传递。本章将介绍 PHP 会话处理中使用的 Cookie、URL 重写、Session 等技术。

8.1 什么是会话处理

本节介绍会话处理问题的提出、涉及的常用技术和会话处理的基本概念。

8.1.1 问题的提出

在第 1 章中已经介绍过超文本传输协议（HTTP），它定义了通过互联网传输数据的规则。HTTP 是一种无状态的协议，也就是每次请求都是独立的，和之前或之后的请求无关。这就意味着如果后续处理需要前面的信息，则必须重传数据，这样可能导致每次连接传送的数据量增大。

例如，在网上商城系统中，有一些页面（如发表评价页面、购买商品页面）需要用户登录后才能浏览。但在打开这些页面时系统并不知道访问者之前是否登录过，于是就可能出现要求用户重复登录的情况。具体过程如图 8-1 所示。

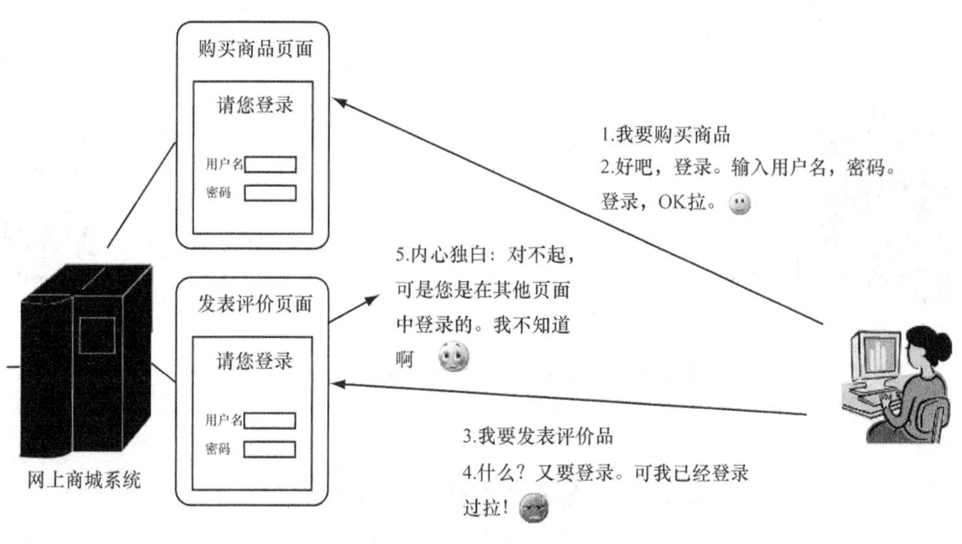

图 8-1　由于 HTTP 无状态而造成的问题

8.1.2 解决方案

对 8.1.1 小节所提到的问题的常用解决方案有下面两个。

1. Cookie

Cookie 有时也用其复数形式 Cookies，指存储在用户本地上的少量数据，最经典的 Cookie 应用就是记录登录用户名和密码，这样下次访问时就不需要输入自己的用户名和密码了。

也有一些高级的 Cookie 应用，如在网上商城查阅商品时，该商城应用程序就可以记录用户兴趣和浏览记录的 Cookies。在下次访问时，网站根据情况对显示的内容进行调整，将用户所感兴趣的内容放在前列。

Cookie 存在如下缺陷。

- Cookie 的数据大小是有限制的，大多数浏览器只支持最大为 4096 字节的 Cookie，有时不能满足需求。
- 客户端可以禁用或清空 Cookie，从而影响程序的功能。
- 当多人共用一台计算机时使用 Cookie 可能会泄露用户隐私，带来安全问题。

2. Session

Session（会话）可以保持网站服务器和网站访问者的交流，访问者可以将数据保存在网站服务器中。为了区分不同的访问者，网站服务器为每个网站访问者都分配一个会话编号 SID，一个访问者在 Session 中保存的所有数据都与他的 SID 相关联。在访问者打开的所有页面中，都可以通过 SID 设置和获取 Session 数据，因此通过 Session 可以实现多个页面间的数据共享。用户在任意一个页面登录后，都可以将登录标记和登录用户名保存在 Session 变量中。这样在其他页面中就可以获知用户已经登录了，从而避免重复登录。

使用 Cookie 和 Session 技术的解决方案如图 8-2 所示。

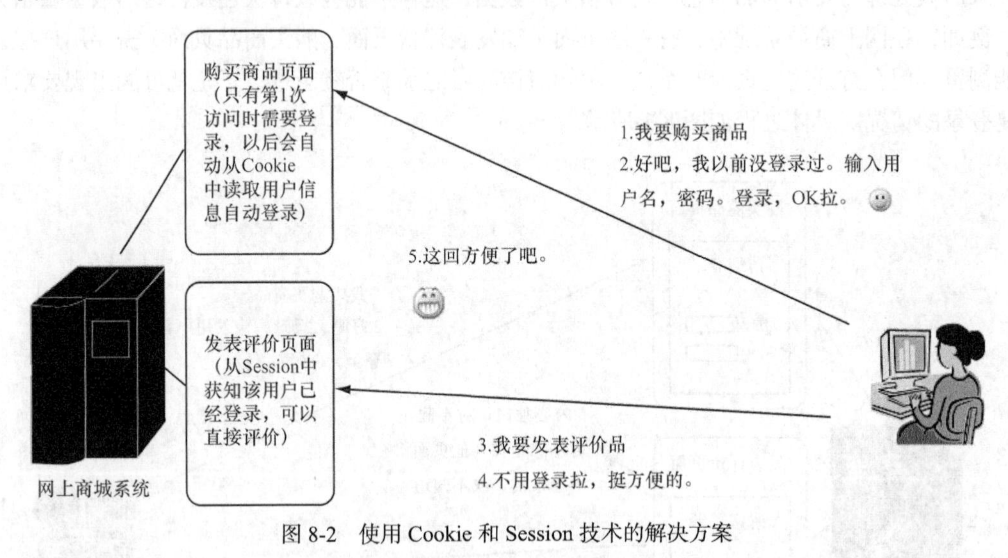

图 8-2 使用 Cookie 和 Session 技术的解决方案

8.2 Cookie 的应用

本节介绍 Cookie 的工作原理以及如何在 PHP 中实现 Cookie 编程。

8.2.1　Cookie 的工作原理

Cookie 是 Web 服务器存放在用户硬盘上的一段文本，其中存储着一些"键—值"对。每个 Web 站点都可以在用户的机器上存放 Cookie，并可以在需要时重新获取 Cookie 数据。通常 Web 站点都有一个 Cookie 文件。Cookie 的工作原理如图 8-3 所示。

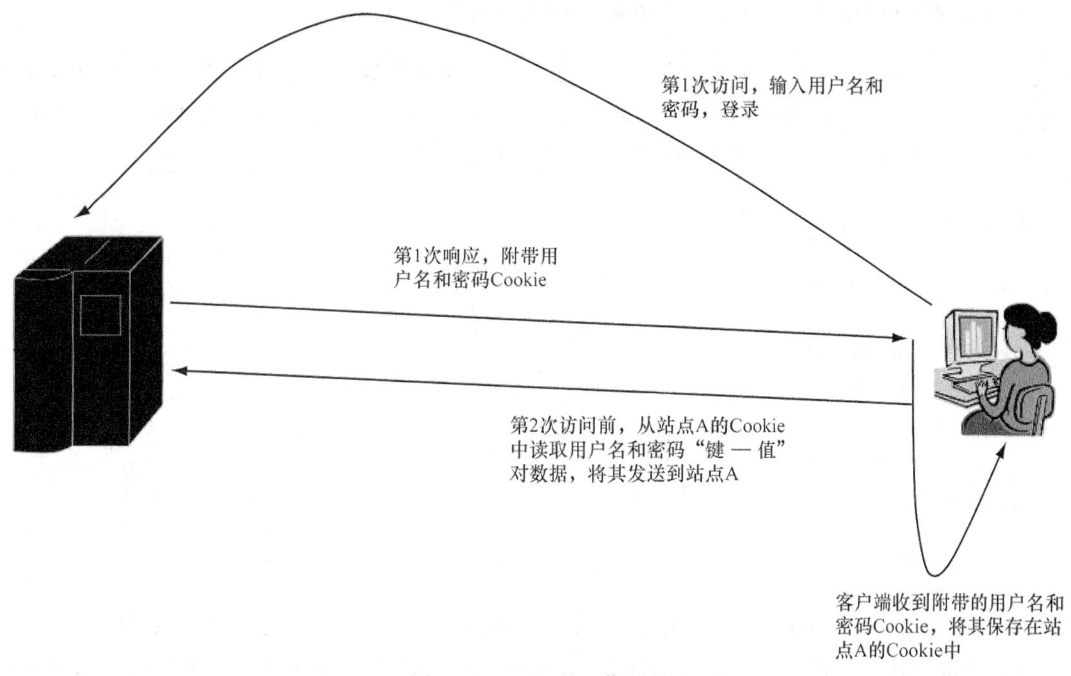

图 8-3　Cookie 的工作原理

用户每次访问站点 A 之前都会查找站点 A 的 Cookie 文件，如果存在，则从中读取用户名和密码"键—值"对数据。如果找到用户名和密码"键—值"对数据，则将其与访问请求一起发送到站点 A。站点 A 在收到访问请求时如果也收到了用户名和密码"键—值"对数据，则使用用户名和密码数据登录，这样用户就不需要输入用户名和密码了。如果没有收到用户名和密码"键—值"对数据，则说明该用户之前没有成功登录过，此时站点 A 返回登录页面给用户。

另外，每个 Cookie 都有一个有效期，过了有效期的 Cookie 就不能再使用了。

常用的 Cookie 操作是设置 Cookie 数据和读取 Cookie 数据。用户还可以删除指定的 Cookie 数据。稍后将介绍在 PHP 中执行这些操作的具体方法。

8.2.2　设置 Cookie 数据

可以使用 setcookie()函数设置 Cookie 数据，语法如下：

```
    bool setcookie ( string $name [, string $value [, int $expire =
0 [, string $path [, string $domain [, bool $secure =        false [, bool $httponly =
false ]]]]]] )
```

参数说明如下。

- name：Cookie 的名字。
- value：Cookie 的值。
- expire：Cookie 的有效期，单位为秒。

- path：Cookie 的服务器路径，此目录下的网页都能访问该 Cookie。
- domain：Cookie 的域名，此域名下的网页都能访问该 Cookie。
- secure：规定是否通过安全的 HTTPS 连接来传输 Cookie。
- httponly：如果设置为 TRUE，则只能通过 HTTP 访问 Cookie，不能使用脚本语言（如 JavaScript 访问 Cookie）；如果设置为 FALSE，则没有此限制。

如果设置 Cookie 数据成功，则函数返回 true，否则返回 false。

setcookie()函数会发送网页头信息给客户端浏览器，浏览器会根据这些信息设置本地 Cookie，而<html>标签是网页正文，因此必须在头信息发送完之后才能发送，也就是说 setcookie()函数必须在<html>之前才能正常工作。

【例 8-1】 setcookie()函数的示例。

```
<?php
$value = "my cookie value";

// 发送一个简单的 cookie
setcookie("TestCookie",$value,  time()+60*60*24*30);
?>

<html>
<body>
...
</body>
</html>
```

程序创建了一个 Cookie，名字为 TestCookie，值为“my cookie value”，有效期为 30 天。

time()函数用于返回当前的系统时间戳，time()+60（秒）*60(分)*24（小时）*30（天）表示有效期为当前的系统时间之后的 30 天。

8.2.3 读取 Cookie 数据

在 PHP 中，可以使用$_COOKIE 数组读取 Cookie 数据，方法如下：

```
Cookie 值 = $_COOKIE[Cookie 名]
```

也可以直接使用 print_r()函数打印$_COOKIE 数组的内容。

【例 8-2】 改进例 8-1，打印$_COOKIE 数组的内容，代码如下：

```
<?php
$value = "my cookie value";

// 发送一个简单的 cookie
setcookie("TestCookie",$value,  time()+60*60*24*30);
?>

<html>
<body>
<?php
if (isset($_COOKIE["TestCookie"]))
   echo($_COOKIE["TestCookie"] . "<BR>");
print_r($_COOKIE);
?>
```

```
</body>
</html>
```

isset()函数用来确认是否已设置了 Cookie。在浏览器中浏览此脚本，结果如图 8-4 所示。

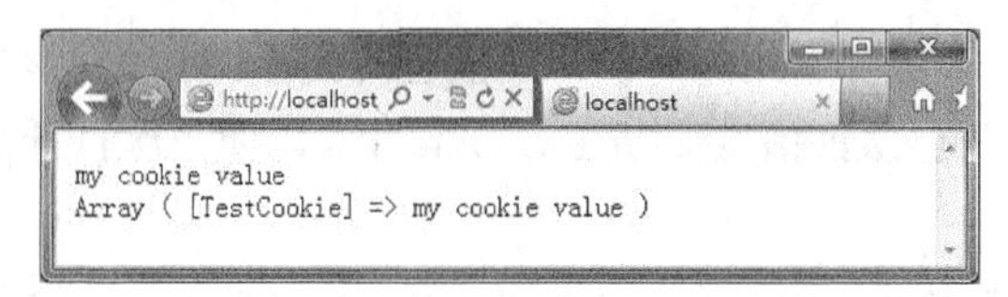

图 8-4 例 8-2 的运行结果

【例 8-3】 编写脚本 Count.php，用于记录用户访问当前网页的次数，代码如下：

```
<?php
if (isset($_COOKIE["num"]))
  $num = $_COOKIE["num"];
else
  $num = 0;
  $num = $num +1;
// 发送一个简单的 cookie
setcookie("num",$num,  time()+60*60*24*30);
?>

<html>
<body>
<?php
  if($num> 1)
    echo("您已是第" . $num . "次访问本站点了。");
  else
    echo("欢迎您首次访问本站。");
?>

<BR><BR>下面是网页的正文<BR>
</body>
</html>
```

第一次打开此网页时，将显示“欢迎您首次访问本站”。关闭浏览器后再重新打开此网页，将显示“您已是第 2 次访问本站点了”。关闭网页后，变量$num 将被释放，但是因为它的值已经保存在 Cookie 中，所以下次打开网页时会连续计数。

运行结果如图 8-5 所示。

图 8-5 使用 Cookies 记录用户访问网页的次数

8.2.4 删除 Cookie 数据

每个 Cookie 都有有效期，删除 Cookie 实际上就是将其有效期设置为过去的时间。

【例 8-4】 删除 TestCookie，代码如下：

```
setcookie("TestCookie", "",  time()-3600);
```

也就是将其有效期设置为 1 小时之前。

8.2.5 在用户身份验证时使用 Cookie

5.3.1 小节介绍了使用表单提交用户身份认证信息的例子，本节对该例进行完善。用户可以选择在登录成功后，将用户身份认证信息保存在 Cookie 里，以便下次打开登录页面时自动带入用户名和密码。

首先将 5.3.1 小节中的 login.html 改名为 login.php，因为要在其中添加 PHP 程序。在 login.php 的表单中添加一个复选框 checkboxCookie，其定义代码如下：

```
<input name="checkboxCookie" type="checkbox"  checked>
```

添加复选框后的登录页面如图 8-6 所示。

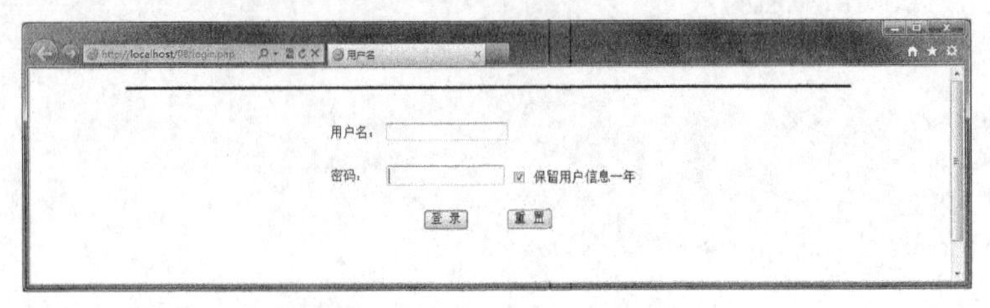

图 8-6 添加复选框后的登录页面

在用户名文本框的定义代码中增加从 Cookie 中读取用户名信息的功能，具体如下：

```
<input type="text" name="txtUserName" value="<?PHP echo($_COOKIE["username"]); ?>" size="20">
```

$_COOKIE["username"]中保存上次成功登录的用户名，保存方法将在稍后介绍。

在密码文本框的定义代码中增加从 Cookie 中读取密码信息的功能，具体如下：

```
<input type="password" name="txtPwd" value="<?PHP echo($_COOKIE["password"]); ?>" size="20">
```

$_COOKIE["password "]中保存上次成功登录的密码，保存方法将在稍后介绍。

处理提交的用户身份认证信息的脚本为 check.php。在 check.php 中，判断是否选中了复选框 checkboxCookie，如果选中且登录成功，则将用户信息保存在 Cookie 中。代码如下：

```
<?PHP
  //取输入的用户名和密码
  $UID=$_POST['txtUserName'];
  $PWD=$_POST['txtPwd'];

  // 验证用户名和密码
 if($UID == "admin" and $PWD == "pass")
 {
   echo("您已经登录成功，欢迎光临。");
   if($_POST['checkboxCookie']== "on")
   {
       setcookie("username",$UID,  time()+60*60*24*365);
       setcookie("password",$PWD,  time()+60*60*24*365);
   }
 }
 else
   echo("登录失败，请返回重新登录。");
?>
```

在浏览器中访问 login.php，登录成功，关闭浏览器。然后再次在浏览器中访问 login.php，确认可以自动加载用户名和密码，如图 8-7 所示。

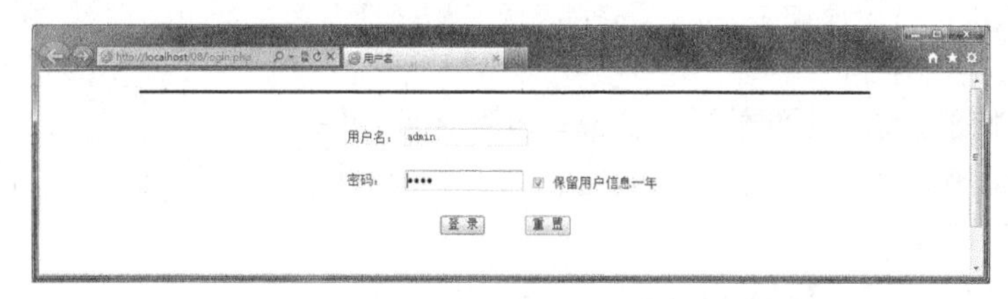

图 8-7 在登录页面中自动加载用户名和密码

8.3 Session 的应用

本节介绍 Session 的工作原理以及在 PHP 中实现 Session 编程。

8.3.1 Session 的工作原理

Session 可以实现客户端和 Web 服务器的会话，Session 数据也以“键—值”对的形式存储在文件中。与 Cookie 不同，Session 数据保存在服务器上。在会话存续期间，Web 服务器上的各页面都可以获取 Session 数据，从而了解与客户端沟通的历史记录，避免用户在浏览不同页面时重复输入数据（如重复登录）。

每个 Web 站点都同时与多个用户进行会话，那么 Web 站点又是如何区分与它会话的用户呢？它会给每个访问者分配一个会话 ID（SID，session_id）。用户第 1 次访问 Web 站点时会得到 Web 服务器分配的会话 ID，以后每次浏览器提交请求都会带上这个会话 ID，所有 Session 数据都与会话 ID 相关联。Session 的工作原理如图 8-8 所示。

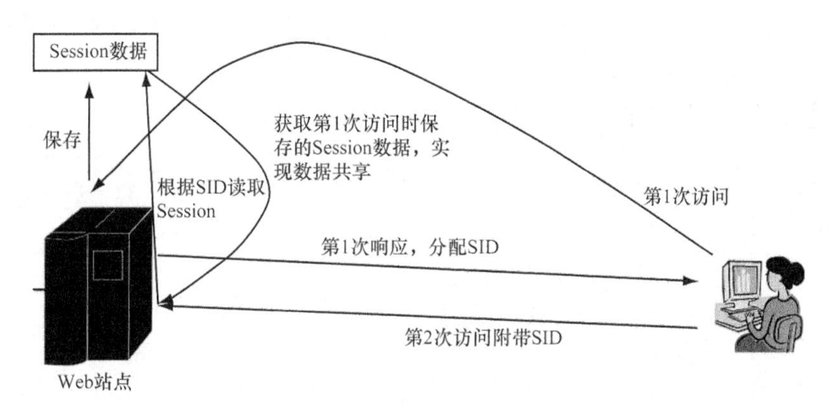

图 8-8 Session 的工作原理

Session 数据保存在服务器端，因此即使浏览器意外关闭，服务器端的 Session 数据也不会马上被释放。只要有 SID，就可以获取对应的 Session 数据。Session 数据也有一个有效期，一旦超过规定的时间没有客户端请求，这个 Session 数据就会被清除。

下面介绍 Session 编程的具体方法，图 8-8 演示的是在用户身份验证时使用 Session 技术的过程将在第 11 章结合二手交易市场系统介绍。

8.3.2 开始会话

在 PHP 脚本中，可以使用 session_start()函数开始会话，语法如下：

```
bool session_start(void)
```

如果成功开始了会话，则函数返回 True；否则返回 False。

session_start()函数会为该会话随机生成一个 Session ID。可以使用 session_id()函数获取或设置 Session ID，语法如下：

```
string session_id([string $id] )
```

如果使用参数$id，则将其设置为 Session ID；否则直接返回当前的 Session ID。Session ID 用于标识一个 Session。

除了 Session ID，Session 还有一个名字，可以使用 session_name()函数获取或设置 Session 的名字，语法如下：

```
string session_name([string $name] )
```

如果使用参数$name，则将其设置为 Session 的名字；否则直接返回当前的 Session 名。

【例 8-5】 开始会话并输出 Session ID 和 Session 的名字，代码如下：

```
<?php
   session_start();
   echo("session_id()=" . session_id());
   echo("<br>");
   echo("session_name()=" . session_name());
?>
```

输出结果如下：

```
session_id()=kofmo9l06ka2kuv5jpjth95797
session_name()=PHPSESSID
```

8.3.3 全局数组$_SESSION

可以使用全局数组$_SESSION 设置和获取 Session 数据，它的用法与普通数组相同，只是数组$_SESSION 由系统定义，可以在程序的任何位置访问它。在访问数组$_SESSION 之前，应该调用 session_start()函数开始会话。

【例 8-6】 使用全局数组$_SESSION 存取 Session 数据的例子。

```
<?php
  date_default_timezone_set('Asia/Chongqing'); //系统时间差 8 小时问题
  //开始会话
  session_start();

  if($_SESSION["last_visit"]) {
    echo "您上次访问的时间为：";
   echo date("Y-m-d , H:i:s", $_SESSION["last_visit"]);
    echo "<br>";
    echo "访问次数：".$_SESSION["num_visits"];
  }
  else
    echo "这是您的第 1 次访问。";

  $_SESSION["last_visit"] = time();
  $_SESSION["num_visits"]++;
?>
```

程序中定义了 2 个 Session 变量，$_SESSION["last_visit"]用于保存上次访问网页的时间，$_SESSION["num_visits"]用于保存访问网页的次数。

程序中调用 time()函数获取当前的系统时间戳，并保存为$_SESSION["last_visit"]。在获取时间戳之前需要调用 date_default_timezone_set()函数设置时区为“Asia/Chongqing”，否则获取的时间与实际时间会相差 8 小时。

date()函数用于格式化一个本地时间，即按指定格式返回时间字符串，其语法如下：

```
string date(string $format [, int $timestamp] )
```

函数会根据时间戳$timestamp 返回时间字符串。参数$format 指定返回时间字符串的格式，常用的格式字符如表 8-1 所示。

表 8-1　参数$format 中常用的格式字符

format 字符	具体描述	返回值例子
d	月份中的第几天，有前导零的 2 位数字	01 ~ 31
D	星期中的第几天，文本表示，3 个字母	Mon ~ Sun
j	月份中的第几天，没有前导零	1~31
l（“L”的小写字母）	星期几，完整的文本格式	Sunday~Saturday
N	ISO-8601 格式数字表示的星期中的第几天	1（表示星期一）~7（表示星期天）
S	每月天数后面的英文后缀，2 个字符	st，nd，rd 或者 th。可以和 j 一起用
w	星期中的第几天，数字表示	0（表示星期天）~6（表示星期六）
F	月份，完整的文本格式	January~December
m	数字表示的月份，有前导零	01 ~ 12
M	3 个字母缩写表示的月份	Jan ~ Dec
n	数字表示的月份，没有前导零	1~12
t	给定月份所应有的天数	28~31
L	是否为闰年	如果是闰年为 1，否则为 0
Y	4 位数字完整表示的年份	例如，1999 或 2012
y	2 位数字表示的年份	例如，99 或 12
a	小写的上午和下午值	am 或 pm
A	大写的上午和下午值	AM 或 PM
g	小时，12 小时格式，没有前导零	1~12
G	小时，24 小时格式，没有前导零	0~23
h	小时，12 小时格式，有前导零	01~12
H	小时，24 小时格式，有前导零	00~23
i	有前导零的分钟数	00~59
s	秒数，有前导零	00~59

每次访问网页时，程序都会获取 Session 数据并显示在网页中，最后为 Session 数据设置新值。第 1 次访问该网页时的界面如图 8-9 所示。

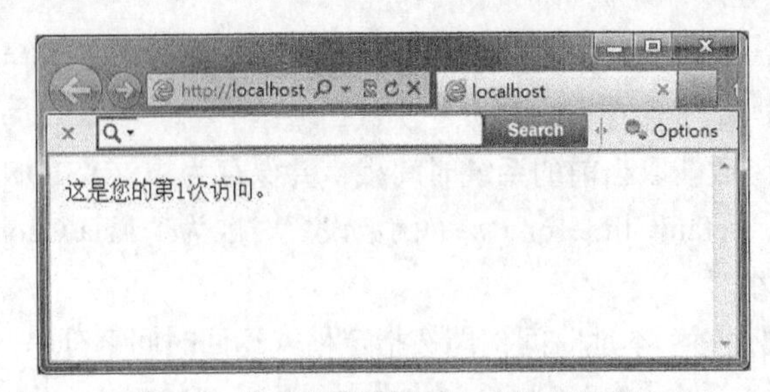

图 8-9　第 1 次访问例 8-6 网页时的界面

第 2 次及以后访问该网页时的界面大致如图 8-10 所示。

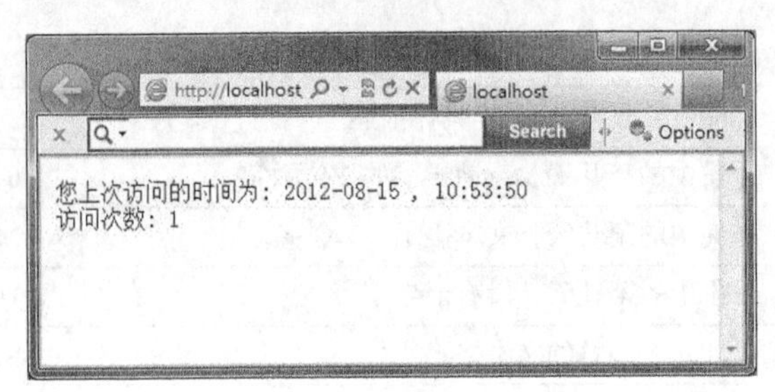

图 8-10　第 2 次访及以后访问例 8-6 网页时的界面

在不关闭浏览器的情况下，访问其他网站然后再返回，Session 数据会保留。而一旦关闭浏览器，Session 数据就丢失了。

8.3.4　删除会话变量

对于不需要保留的会话变量，可以调用 unset()函数将其删除，释放占用的内存空间。unset()函数的语法如下：

```
void unset( mixed $var [, mixed $var[, $... ]] )
```

可以看到，unset()函数可以同时释放多个变量。

unset()函数不仅可以释放会话变量，也可以用来释放普通变量。

【例 8-7】　使用 unset()函数释放普通变量的例子。

```
<?php
   $str = "欢迎使用 PHP! ";
   $a= 10;
   unset($str, $a);

   var_dump($str);
   var_dump($a);
?>
```

以脚本运行的结果如下：

```
PHP Notice:  Undefined variable: str in C:\workspace\test\hello.php on line 6
PHP Stack trace:
PHP   1. {main}() C:\workspace\test\hello.php:0
```

```
PHP Notice:  Undefined variable: a in C:\workspace\test\hello.php on line 7
PHP Stack trace:
PHP   1. {main}() C:\workspace\test\hello.php:0
NULL
NULL
```

结果中提示程序中使用了未定义变量（实际是已经释放），最后输出了 2 个 NULL。

【例 8-8】　使用 unset()函数释放会话变量的例子。

```
<?php
  //开始会话
  session_start();
  $_SESSION["num_visits"]++;

  unset($_SESSION["num_visits"]);
  echo($_SESSION["num_visits"]);
?>
```

以脚本运行的结果如下：

```
PHP Notice:  Undefined index: num_visits in C:\workspace\test\hello.php on line 7
PHP Stack trace:
PHP   1. {main}() C:\workspace\test\hello.php:0
```

8.3.5　销毁会话

尽管超过有效期的 Session 数据会被自动销毁，但也可以使用 PHP 提供的系统函数手动销毁会话。

1. session_unset()函数

session_unset()函数的功能是释放所有的 Session 变量，但不删除 session 文件以及不释放对应的 session ID，其语法如下：

```
void session_unset ( void)
```

【例 8-9】　使用 session_unset()函数销毁会话的例子。

```
<?php
  //开始会话
  session_start();

  $_SESSION['user'] = 'admin';
  session_unset();
  echo($_SESSION['user']);
  $_SESSION['user'] = 'admin';
?>
```

程序的运行结果如下：

```
用户名:
session_id: 7u2pv7m6jijlhi4smdte09q2f5
```

可见，调用 session_unset()函数后，Session 变量$_SESSION['user']被释放，但 session ID 并没有被释放。

2. session_destroy()函数

session_destroy()函数的功能是删除当前用户对应的 session 文件以及释放 sessionid，内存中的$_SESSION 变量内容依然保留，其语法如下：

```
bool session_destroy ( void)
```

【例 8-10】　使用 session_unset()函数销毁会话的例子。

```
<?php
  //开始会话
  session_start();
  $_SESSION['user'] = 'admin';
 session_destroy();
  echo("用户名: " . $_SESSION['user']);
  echo("<br> session_id: " . session_id());
?>
```

程序的运行结果如下：

```
用户名: admin
session_id:
```

8.3.6 配置 Session

在 php.ini 中有一组关于 Session 的配置项，它们在[session]分组下定义。本小节介绍常用 Session 配置项的具体含义。

1. session.save_handler

指定存储和检索与会话关联的数据的处理器名字，可选值如下。

- files：默认值，使用文件。
- mm：使用共享内存。
- sqlite：使用 SQLite 数据库。
- user：使用用户自定义的函数。

2. session.save_path

如果 session.save_handler 被设置为 files，则使用 session.save_path 设置存储 Session 文件的目录。

3. session.name

设置 Session 名，默认值为“PHPSESSID”。

4. session.auto_start

设置在客户访问任何页面时都自动初始化会话，On 为开启，Off 为禁止，默认为 Off。

5. session.gc_maxlifetime

超过此参数所指的秒数后，保存的 Session 数据将被视为垃圾数据并由垃圾回收程序清理。默认值为 1440，即 24 分钟。

6. session.cache_expire

指定会话页面在客户端缓存（cache）中的有效期限，单位为分钟，默认值为 180。

练 习 题

一、单项选择题

1. 可以使用的读取 Cookie 数据的方式为（　　）。

A. getcookie()函数　　B. $COOKIES 数组

C. $_COOKIE 数组　　D. getcookievalue()函数

2. 可以使用的删除 Cookie 数据的方式为（　　）。

A. setcookie()函数　　B. deletecookie()函数

C. $_COOKIE 数组　　D. removecookie()函数

3. 可以使用的读取 Session 数据的方式为（　　）。

A. getsesion()函数　　B. $SESSIONS 数组

C. $_SESSION 数组　　D. getsessionvalue()函数

4. 指定超过此参数所指的秒数后，保存的 Session 数据将被视为垃圾数据并由垃圾回收程序清理的 PHP 配置参数为（　　）。

A. session.gc_maxlifetime　　B. session.timeout

C. session.cache_expire　　D. session. maxlifetime

二、填空题

1. 可以使用________函数设置 Cookie 数据。

2. 可以使用________函数开始会话。

3. 用于设置存储 Session 文件的目录的 PHP 配置参数为________。

三、简答题

1. 试述使用 Cookie 技术存在的缺陷。

2. 试述 Session 的工作原理。

3. 试述 session_unset()函数和 session_destroy()函数的异同。

第 9 章 MySQL 数据库管理

在使用 PHP 开发的 Web 应用程序时，通常使用 MySQL 作为后台数据库。本章将介绍管理 MySQL 数据库的基本方法，使读者初步了解 MySQL 数据库，为开发数据库应用程序奠定基础。

9.1 数据库技术基础

数据库（DataBase，DB），从字面上讲就是存放数据的仓库。不过，数据库不是数据的简单堆积，而是以一定的方式保存在计算机存储设备上的相互关联的数据的集合。也就是说，数据库中的数据并不是相互孤立的，数据和数据之间是有关联的。

在介绍 MySQL 数据库之前，本节首先讲解数据库的基本概念和关系型数据库系统的工作原理。

9.1.1 数据库的概念

数据库的概念最早于 19 世纪 60 年代提出，为了解决在设计、构建和维护复杂信息系统时遇到的技术困难，信息系统要求支持很多用户，可以并发地访问大量的、不同类型、不同结构的数据。应用程序需要对数据进行分类、组织、编码、存储、检索、维护等。复杂而大量的数据处理需求使得数据管理技术越来越引人关注。数据管理技术的发展经历了人工管理、文件系统和数据库系统 3 个阶段。

1. 人工管理阶段

早期的数据处理都是通过手工进行的，那时的计算机多用于科学计算。每个应用程序根据需求组织数据，数据与程序一一对应，一个程序的数据一般不能被其他程序使用，如图 9-1 所示。

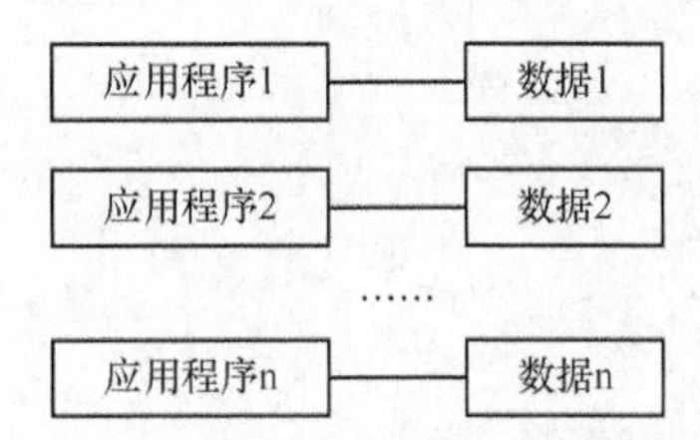

图 9-1 人工管理阶段程序和数据的关系

此阶段没有专门的数据管理软件，程序员既要考虑数据的逻辑结构，还要设计存储数据的物理结构及存取方法等。

2. 文件系统阶段

随着操作系统的诞生，文件系统也作为操作系统的一个子系统应运而生了。应用程序可以通过文件系统将数据组织成一个文件。文件系统提供对文件的访问和管理接口。文件系统阶段程序和数据的关系如图 9-2 所示。这种方式多用于早期的单机信息管理系统。

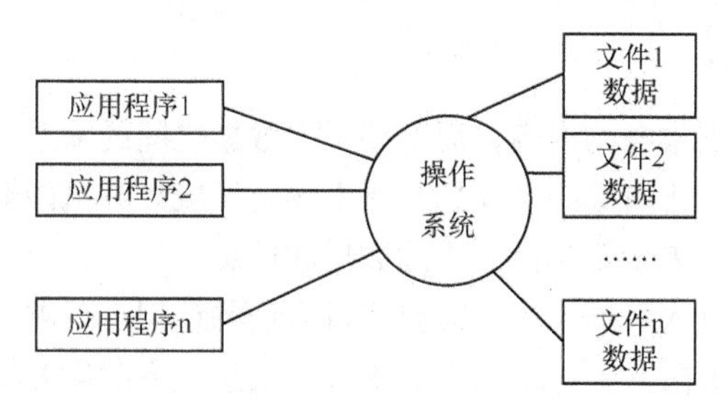

图 9-2　文件系统阶段程序和数据的关系

文件系统的最大特点是解决了应用程序与数据之间的公共接口问题，使应用程序可以通过统一的存取方法来操作数据。但通过文件系统管理数据也存在一些不足，主要有以下几方面。

- 文件系统虽然提供了统一的存取方法来操作数据，但保存数据的格式和结构却由应用程序自定义。从文件中读取数据后，需要自行解析数据。
- 数据量比较大时检索数据的效率通常很低。
- 数据冗余度大。相同的数据集合在不同应用程序中使用，经常需要重复定义、重复存储。例如，人事部的档案管理系统和财务部的工资管理系统用到的很多数据是重复的，它们各自使用自己的文件来存储数据。
- 数据不一致性。由于数据重复存储、单独管理，给数据维护带来难度，容易造成数据不一致。

3. 数据库系统阶段

数据库系统是由计算机软件和硬件资源组成的系统，它实现了有组织地、动态地存储大量关联数据，便于多用户访问。数据库系统与文件系统的重要区别是数据的充分共享、交叉访问，应用程序的高度独立性。文件系统阶段程序和数据的关系如图 9-3 所示。

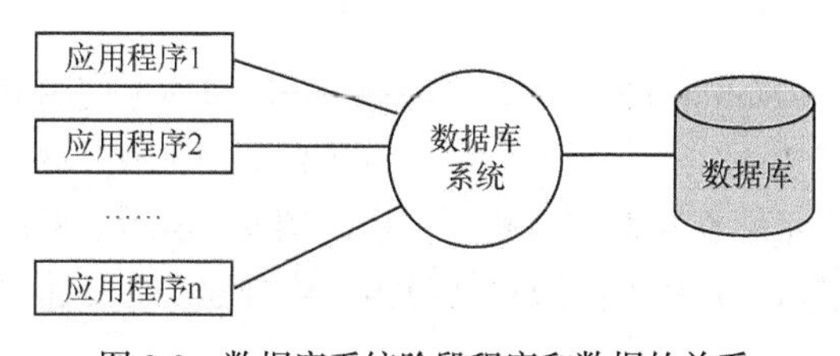

图 9-3　数据库系统阶段程序和数据的关系

数据库对数据的存储是按照同一结构进行的，不同应用程序都可以直接操作这些数据。数据库系统对数据的完整性、唯一性和安全性都提供有效的管理手段。数据库系统还提供管理和控制数据的简单操作命令。

9.1.2　关系型数据库管理系统

数据库管理系统（DBMS）是用来管理数据的计算机软件，它能使用户方便地定义和操纵数据、维护数据的安全性和完整性，以及进行多用户下的并发控制和恢复数据库。

关系型数据库管理系统（RDBMS）是应用最广泛的一种数据库管理系统，它以表、字段、记录等结构来组织数据。表用来保存数据，每个表由一组字段来定义其结构，记录则是表中的一条数据。本章介绍的 MySQL 就是一款常用的关系型数据库管理系统。

9.1.3 数据模型

数据库不仅要反映数据本身的内容，而且要反映数据之间的联系。由于计算机不可能直接处理现实世界中的具体事物，所以必须事先把具体事物转换成计算机能够处理的数据。在数据库技术中使用数据模型来抽象、表示现实世界中的数据和信息。

现实世界中的数据要进入数据库中，需要经过人们的认识、理解、整理、规范和加工。可以把这一过程划分成 3 个主要阶段，即现实世界阶段、信息世界阶段和机器世界阶段。现实世界中的数据经过人们的认识和抽象，形成信息世界；在信息世界中用概念模型来描述数据及其联系，概念模型按用户的观点对数据和信息进行建模，不依赖于具体的机器，独立于具体的数据库管理系统，是对现实世界的第一层抽象；根据所使用的具体机器和数据库管理系统，需要对概念模型进行进一步转换，形成在具体机器环境下可以实现的数据模型。这 3 个阶段的相互关系可以用图 9-4 来表示。

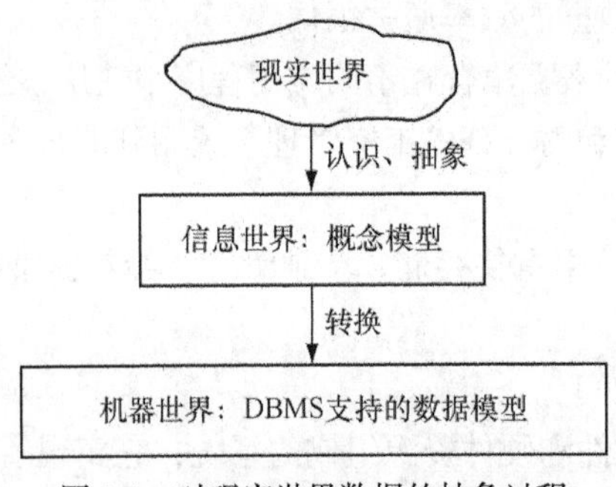

图 9-4 对现实世界数据的抽象过程

数据模型是数据特征的抽象，是数据库管理的教学形式框架。下面介绍关系型数据库系统常用的实体—联系模型。

实体—联系（Entity—Relationship）模型（简称 E—R 模型）使用 E—R 图来描述现实世界的概念模型，E—R 图提供了表示实体、属性和联系的方法，具体如下。

- 实体型：用矩形表示，在矩形内写明实体名。图 9-5 所示为商品实体和顾客实体。
- 属性：用椭圆形表示，并用无向边将其与实体连接起来。商品实体及其属性用 E—R 图表示如图 9-6 所示。

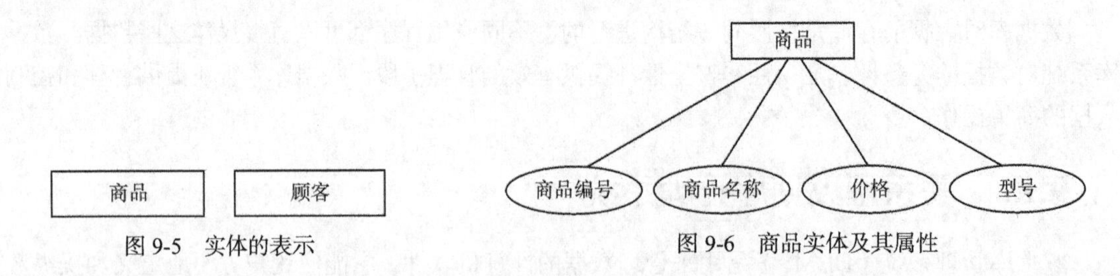

图 9-5 实体的表示　　图 9-6 商品实体及其属性

- 联系：用菱形表示，在菱形框内写明联系的名称，并用无向边将其与有关的实体连接起来，同时在无向边旁标上联系的类型。需要注意的是，联系本身也是一种实体型，也可以有属性。如果一个联系具有属性，则这些属性也要用无向边与该联系连接起来。例如，图 9-7 表示了顾客实体和商品实体之间的联系“购买”，每个顾客购买某一个商品会产生一个购买数量，因此，“购买”联系有一个属性“数量”，顾客和商品实体之间是多对多的联系。

用 E—R 图表示的概念模型独立于具体的 DBMS 所支持的数据模型，是各种数据模型的共同基础，因此比数据模型更一般、更抽象、更接近现实世界。

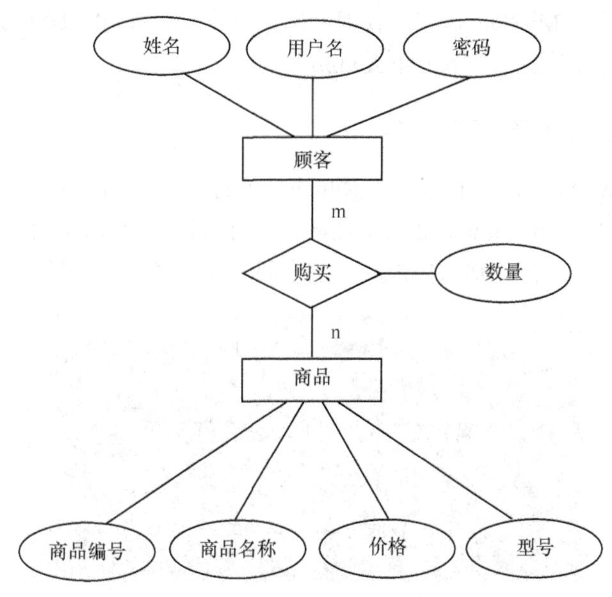

图 9-7　顾客实体和商品实体之间的联系

9.1.4　SQL 语言

SQL（Structured Query Language，结构化查询语言）是目前使用最为广泛的关系数据库语言，它简单易学，功能丰富，深受广大用户的欢迎，是用户与数据库沟通交流的重要渠道之一。SQL 是 20 世纪 70 年代由 IBM 公司开发出来的；1976 年，SQL 开始在商品化关系数据库系统中应用；1986 年，美国国家标准化组织（American National Standard Institude，ANSI）确认 SQL 为关系数据库语言的美国标准，1987 年该标准被 ISO 采纳为国际标准，称为 SQL-86；1989 年，ANSI 发布了 SQL-89 标准，后来被 ISO 采纳为国际标准；1992 年，ANSI/ISO 发布了 SQL-92 标准，习惯称为 SQL 2；1999 年，ANSI/ISO 发布了 SQL-99 标准，习惯称为 SQL 3。ANSI/ISO 于 2003 年 12 月又共同推出了 SQL 2003 标准。尽管 ANSI 和 ISO 针对 SQL 制定了一些标准，但各家厂商仍然针对其各自的数据库产品进行不同程度的扩充或修改。基本上，使用标准的 SQL 语句可以访问各种关系数据库，因此，SQL 是数据库领域的“世界语”。在本书介绍的 Web 应用程序中，都是使用 SQL 语句访问数据库的。

SQL 语言可以下面几种类型。

- 数据定义语言（Data Definition Language，DDL），包含用来定义和管理数据库及各种数据库对象的语句，如对数据库对象的创建、修改和删除语句，这些语句包括 CREATE、ALTER、DROP 等。
- 数据操纵语言（Data Manipulation Language，DML），包含用来查询、添加、修改和删除数据库中数据的语句，这些语句包括 SELECT、INSERT、UPDATE、DELETE 等。
- 数据控制语言（Data Control Language，DCL），包含用来设置、更改数据库用户或角色权限的语句，这些语句包括 GRANT、DENY、REVOKE 等。

9.2 MySQL 数据库管理工具

本节介绍两种常用的 MySQL 数据库管理工具，一种是 MySQL 提供的命令行管理工具，另一种是第 3 方的图形界面管理工具 phpMyAdmin。

9.2.1 MySQL 命令行工具

参照第 2 章安装 MySQL 后，在“开始”菜单中依次选择“所有程序”→“MySQL”→“MySQL Server 5.5” →“MySQL 5.5 Command Line Client”，可以打开 MySQL 命令行工具。首先要求用户输入管理员用户 root 的密码，输入完成后，按下回车键，将显示如图 9-8 所示。

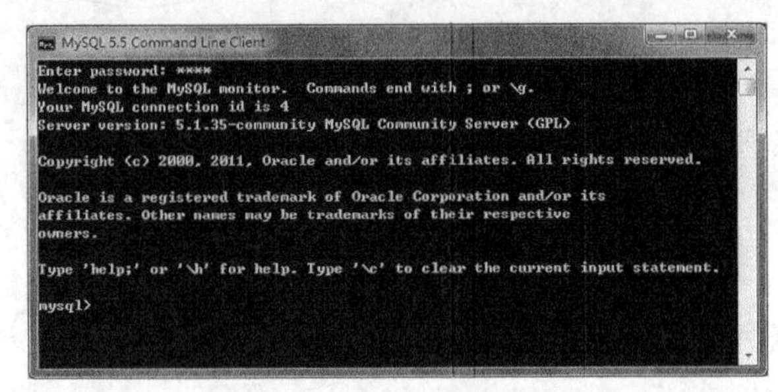

图 9-8 MySQL 命令行工具

在安装 MySQL 时，如果配置数据库不成功，则用户 root 的密码可能还是空。此时可以在输入密码时直接按回车键。

mysql>是 MySQL 命令行工具的提示符，可以在它的后面输入 MySQL 命令。

也可以在 Windows 的命令窗口中输入如下格式的命令打开 MySQL 命令行工具。

```
mysql -h host -u user -p
```

mysql 是扩展名为.exe 的可执行文件，保存在<mysql 安装目录>\bin 目录下。可以将<mysql 安装目录>\bin 添加到系统的 path 环境变量中。

在上面的命令中，-h 后面为 MySQL 数据库服务器，-u 后面为用户名，-p 用于指定用户名对应的密码。如果-p 后面没有输入密码，系统会提示用户输入。例如，要连接本地的 MySQL 数据库，可以使用下面的命令：

```
mysql -h localhost -u root -p
```

运行结果如图 9-9 所示。

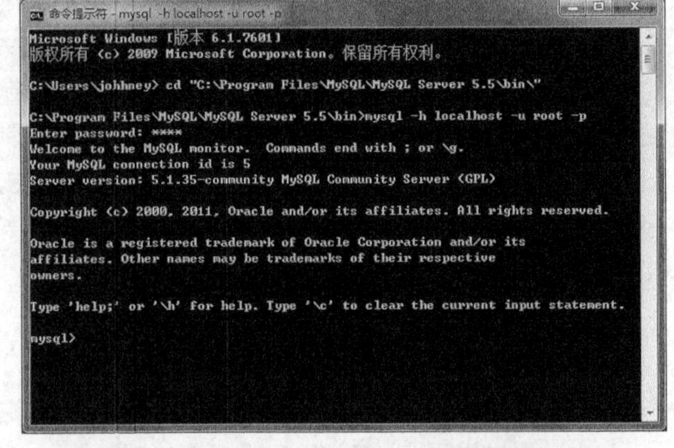

图 9-9 通过命令运行 MySQL 数据库管理工具

【例 9-1】 练习在 MySQL 5.5 Command Line Client 中输入一个简单的 MySQL 语句，查看 MySQL 数据库的版本信息。代码如下：

```
SELECT VERSION();
```

SELECT 是从数据库中查询数据的标准 SQL 语句；VERSION()是 MySQL 函数，用于返回 MySQL 数据库的版本信息。每行命令后面需要输入分号（;）后才能被执行。输入完成后，按下回车键，执行结果如下：

```
+-----------+
| VERSION() |
+-----------+
| 5.5.25a   |
+-----------+
1 row in set (0.02 sec)
```

可以看到，输出的结果由标题、查询结果和总结内容组成。在本例中，标题为 VERSION()，查询结果为 5.5.25a，总结内容为结果集中包含的行数和执行查询所使用的时间。

在 MySQL 中，语句的大小写是不敏感的。例如，上面的语句可以替换成如下格式：

```
select version();
```

MySQL 还提供其他的实用命令行工具，下面分别对这些工具进行简单的介绍。

可以在 MySQL 数据库管理工具中执行 SQL 语句，在语句的最后使用分号(;)表示提交执行。使用 USE 命令切换 SQL 语句作用的数据库，语法如下：

```
USE 数据库名
```

执行 USE 语句后，在执行其他 SQL 语句默认都作用于指定的数据库。

1. mysqlshow 命令

用于显示数据库的结构，其语法结构如下：

```
mysqlshow [OPTIONS] [database [table [column]]]
```

参数说明如下。

- [OPTIONS]：指定命令选项。常用命令选项的具体描述如表 9-1 所示。

表 9-1　　mysqlshow 命令的常用命令选项

命令选项	具 体 描 述
-?, --help	显示帮助信息，然后退出
--count	显示每个表中行的数量
-h, --host=name	指定连接的 MySQL 服务器名称或地址
-i, --status	显示每个表的更多信息
-u, --user=name	指定连接到 MySQL 数据库的用户名
-p, --password[=name]	指定用户名对应的密码
-V, --version	显示版本信息

- database：指定要查看的数据库名。
- table：指定要查看的表名。
- column：指定要查看的列名。

【例 9-2】　下面是显示 MySQL 数据库版本信息的命令：

```
mysqlshow -V
```

运行结果如下：

```
mysqlshow  Ver 9.10 Distrib 5.5.25a, for Win32 (x86)
```

上面的命令也可以替换为：

```
mysqlshow --version
```

【例 9-3】　可以使用下面的命令查看本地 MySQL 实例中包含的数据库信息。

```
mysqlshow -h localhost -u root --password=pass
```

其中，pass 表示用户 root 的密码，如果没有密码，则在=后面直接按回车键。运行结果如下：

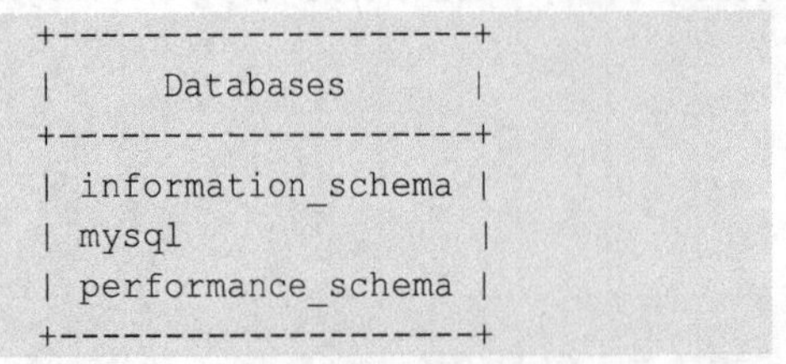

```
+--------------------+
|     Databases      |
+--------------------+
| information_schema |
| mysql              |
| performance_schema |
+--------------------+
```

【例 9-4】 可以使用下面的命令查看数据库 mysql 中表的情况。

```
mysqlshow -h localhost -u root --password=pass mysql
```

运行结果如图 9-10 所示。

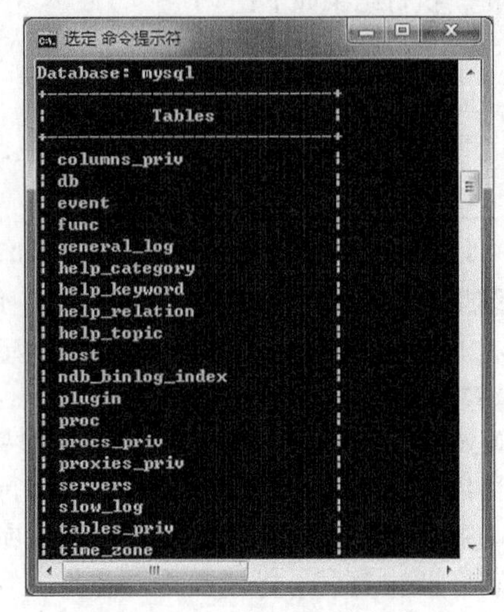

图 9-10 使用 mysqlshow 命令查看数据库 mysql 中的表

2. mysqladmin

执行管理操作的客户端命令，可以使用它来创建和删除数据库、重载授权表、将表保存到硬盘中等。mysqladmin 命令的语法结构如下：

```
mysqladmin [OPTIONS] command command...
```

参数[OPTIONS]与 mysqlshow 命令中的参数[OPTIONS]相同，请参照理解。参数 command 表示要执行的管理操作，具体情况如表 9-2 所示。

表 9-2 mysqladmin 命令中的 command 参数

命 令	具 体 描 述
create <数据库名>	创建数据库
debug	通知服务器向错误日志中写入调试信息
drop <数据库名>	删除数据库
extended-status	显示服务器的状态变量及其值
flush-hosts	刷新主机缓存中的所有信息
flush-logs	刷新所有的日志
flush-privileges	重新装入授权表
flush-status	清除状态变量
flush-tables	刷新所有的表
flush-threads	刷新线程缓存
kill id,id,...	结束服务器进程
old-password *new-password*	修改当前用户的密码为 new-password，并以旧的哈希格式保存密码
password *new-password*	修改当前用户的密码为 new-password
ping	检查服务器是否仍活动
processlist	显示活动服务器线程的列表
reload	重新装入授权表
refresh	刷新所有的表，关闭和打开日志
shutdown	关闭服务器
start-slave	开始从服务器上的复制

续表

命　令	具 体 描 述
status	显示服务器传送来的短消息状态
stop-slave	停止从服务器上的复制
variables	显示服务器系统变量及其值
version	显示服务器的版本信息

【例 9-5】　使用 mysqladmin 命令将 root 用户的密码修改为“pass”的命令如下：

```
mysqladmin -u root -p password pass
```

当提示“Enter password:”时输入 root 用户的原密码。如果 root 的原密码为空，则可以直接按回车键。

9.2.2　图形化 MySQL 数据库管理工具 phpMyAdmin

尽管 MySQL 也提供了图形化 MySQL 数据库管理工具 MySQL Workbench，但 MySQL Workbench 还存在一些不足和不完善的地方，例如：

- 目前 MySQL Workbench 尚未支持中文，英文操作界面对用户（特别是初学者）很不方便；
- MySQL Workbench 是一款专为 MySQL 设计的 ER/数据库建模工具，它使用一些专业图形表现数据库对象和它们的关系，界面的效果是非常专业的。不过在功能和易用性上略显不足。

本书推荐使用 phpMyAdmin 来管理 MySQL 数据库。phpMyAdmin 是非常流行的第 3 方图形化 MySQL 数据库管理工具，使用它可以更加直观方便地对 MySQL 数据库进行管理。

参照第 2 章安装和配置 phpMyAdmin，通过下面的地址访问 phpMyAdmin：

```
http://localhost/phpMyAdmin/index.php
```

登录后的 phpMyAdmin 主页面如图 9-11 所示。

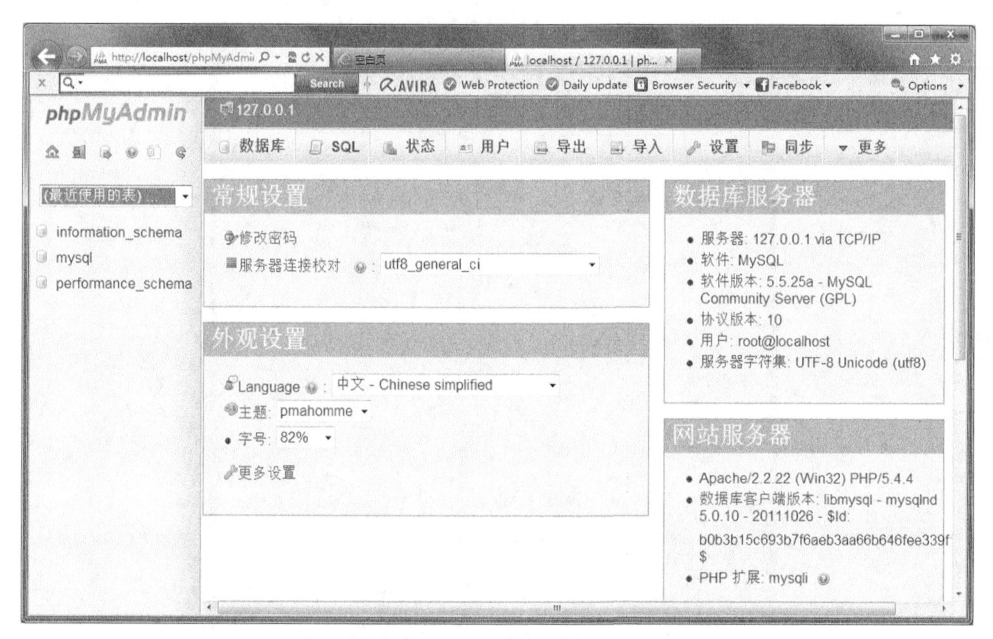

图 9-11　登录后的 phpMyAdmin 主页面

在主页面中可以查看到如下信息。

- MySQL 数据库服务器的基本信息，包括 MySQL 服务器版本、通信协议、服务器信息、用户信息、MySQL 字符集等。
- MySQL 数据库列表，默认有 3 个数据库，即 information_schema、mysql 和 performance_schema。
- phpMyAdmin 的基本信息。

单击一个数据库超链接，可以打开数据库管理页面，如图 9-12 所示。

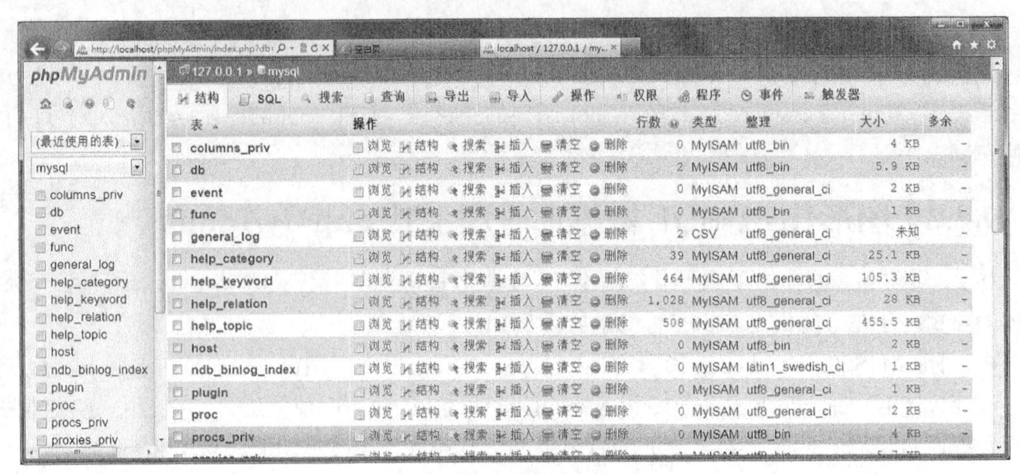

图 9-12　数据库管理页面

在数据库管理页面中，可以看到数据库中包含的表的信息，也可以对表进行管理。

单击左侧窗格上部的“查询窗口”图标，可以弹出一个执行 SQL 语句的窗口，如图 9-13 所示。在文本框中输入 SQL 语句，单击“执行”按钮即可执行 SQL 语句。

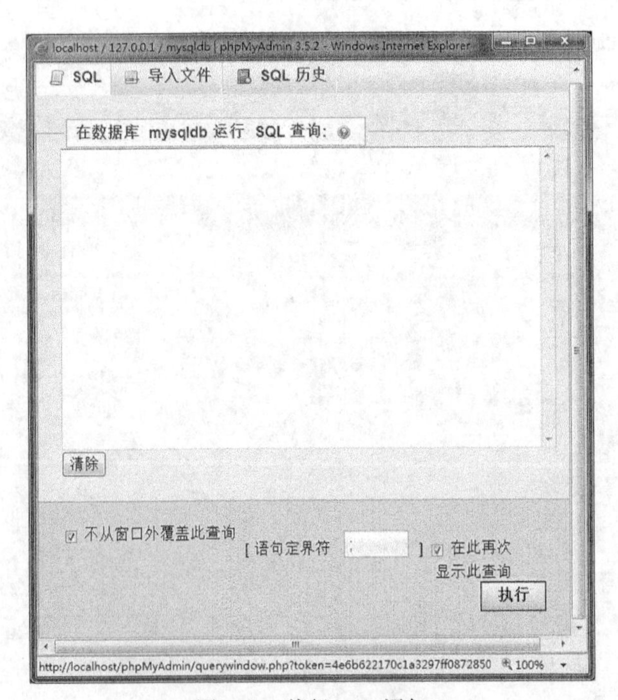

图 9-13　执行 SQL 语句

9.3 创建和维护数据库

本节将介绍如何创建、删除、备份和恢复 MySQL 数据库。

9.3.1 创建数据库

可以在 phpMyAdmin 中通过图形界面创建数据库，也可以使用 mysql、mysqladmin 等命令行工具创建数据库。

1. 在 phpMyAdmin 中创建数据库

在 phpMyAdmin 的主页中单击“数据库”栏目，打开“数据库管理”页面，如图 9-14 所示。

在“新建数据库”文本框中输入新数据库的名称，如 MySQLDB。在“整理”组合框中选择数据库使用的字符集，这里选择 gb2312_chinese_ci。

如果没有选择字符集或者选择了错误的字符集，则可能无法正确地向表中插入汉字。

单击“创建”按钮，开始创建数据库。创建完成后，可以在页面左侧看到新建的数据库链接。单击一个数据库链接，可以查看其内容，并对其进行管理。

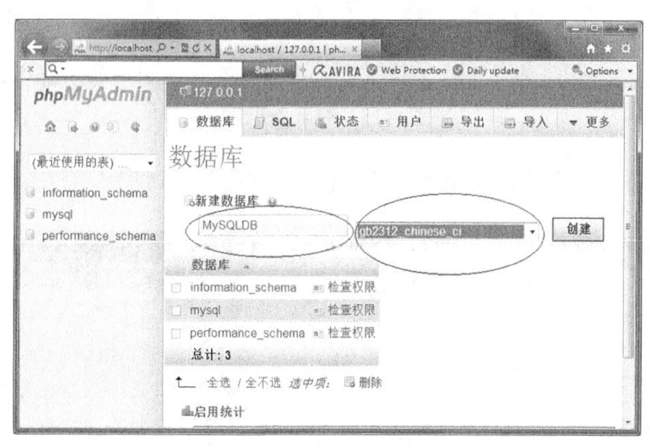

图 9-14 在 phpMyAdmin 中创建数据库

2. 使用 CREATE DATABASE 语句创建数据库

在 mysql 命令行工具中可以直接输入和执行 SQL 语句。可以使用 CREATE DATABASE 语句创建数据库，它的基本语法结构如下：

```
CREATE DATABASE  [IF NOT EXISTS] 数据库名
```

如果使用 IF NOT EXISTS 关键字，则当指定的数据库名存在时，不创建数据库。如果不使用 IF NOT EXISTS 关键字，当创建的数据库名存在时，将产生错误。

【例 9-6】 要创建数据库 MySQLDB，可以使用下面的语句：

```
CREATE DATABASE IF NOT EXISTS MySQLDB;
```

3. 使用 mysqladmin 工具创建数据库

可以在 mysqladmin 中使用 create 子句创建数据库。

【例 9-7】 要创建数据库 MySQLDB，可以使用下面的命令：

```
mysqladmin -h localhost -u root --password=pass create MySQLDB
```

其中，pass 表示 MySQL 数据库 root 用户的密码。

9.3.2 删除数据库

可以在 phpMyAdmin 中通过图形界面删除数据库，也可以使用 mysql、mysqladmin 等命令行工具删除数据库。

1. 在 phpMyAdmin 中删除数据库

在 phpMyAdmin 的数据库管理页面中，选中要删除的数据库，如图 9-15 所示。

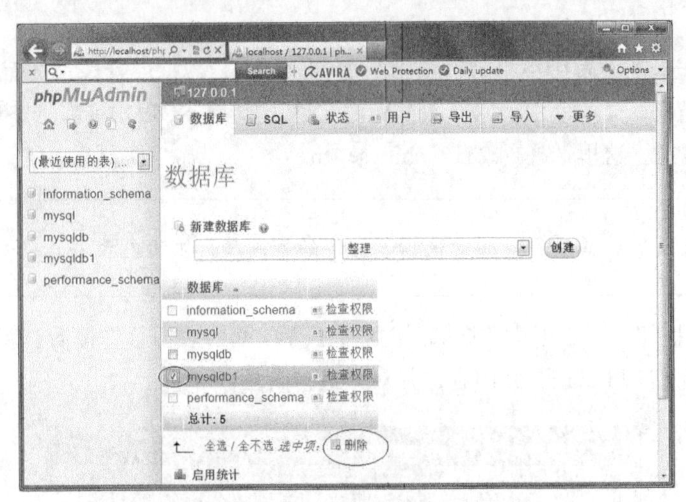

图 9-15 删除数据库

单击“删除”图标，打开确认删除数据库页面，如图 9-16 所示。

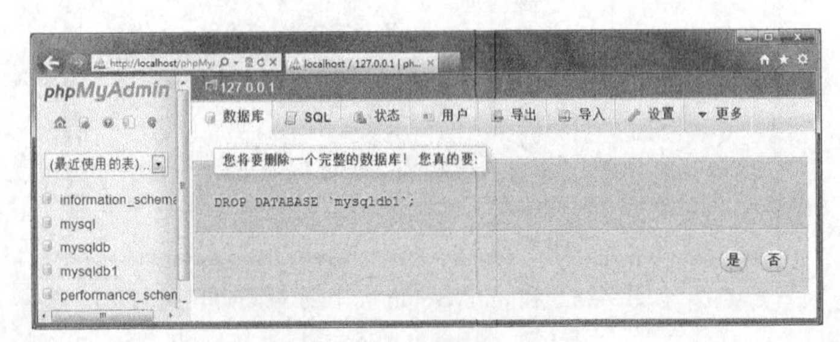

图 9-16 确认删除数据库页面

单击“是”按钮，可以删除数据库。

注意，不允许删除 information_schema、mysql 等系统数据库。

2. 使用 DROP DATABASE 删除数据库

DROP DATABASE 语句的语法如下：

```
DROP DATABASE 数据库名
```

【例 9-8】 可以在 MySQL 命令行工具中使用下面的语句删除数据库 MySQLDB：

```
DROP DATABASE MySQLDB;
```

3. 使用 mysqladmin 工具删除数据库

可以在 mysqladmin 命令中使用 drop 子句删除数据库。

【例 9-9】 可以在命令窗口中使用下面的命令删除数据库 MySQLDB：

```
mysqladmin -h localhost -u root --password=pass drop MySQLDB
```

执行此命令后，将显示如下信息，提示用户是否确定要删除数据库。

```
Dropping the database is potentially a very bad thing to do.
Any data stored in the database will be destroyed.

Do you really want to drop the 'mydatabase' database [y/N]
```

输入字母 y，然后按下回车键，即可删除数据库。

9.3.3 备份数据库

在数据库的使用过程中，难免会由于病毒、人为失误、机器故障等原因造成数据的丢失或损坏。数据对于数据库用户来说是非常重要的，一旦出现问题，造成的损失是巨大的。为了保证数据库的安全性，防止数据库中数据的意外丢失，应经常对数据库中的数据进行备份，以便在数据库出故障时进行及时有效的恢复。

1. 在 phpMyAdmin 中备份数据库

phpMyAdmin 可以通过导出数据的方法实现备份数据库的功能。在 phpMyAdmin 的主页中单击“导出”栏目，打开“导出数据库”页面，如图 9-17 所示。

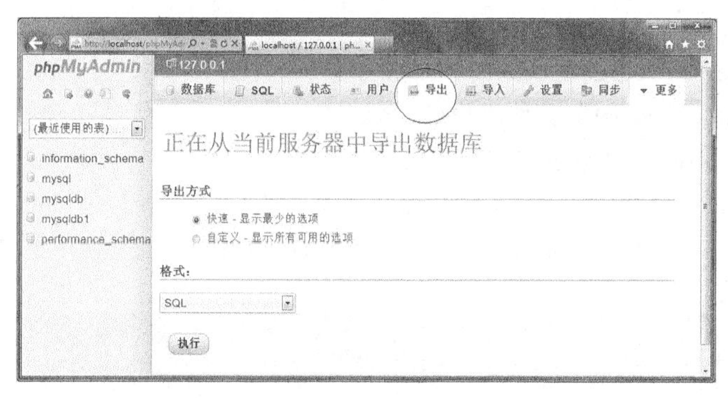

图 9-17　在 phpMyAdmin 中导出数据库

在指定数据库的管理页面中，单击“导出”超链接，可以导出指定数据库。

用户可以选择导出方式和导出格式，然后单击“执行”按钮开始导出并保存导出文件。

2. 使用 mysqldump 工具备份数据库

mysqldump 是 MySQL 提供的命令行工具，用于导出 MySQL 数据库。备份指定数据库时，mysqldump 的用法如下：

```
mysqldump [OPTIONS] database [tables]
```

database 指定要导出的数据库名，tables 指定要导出的表名，如果不指定表名，则导出整个数据库。

OPTIONS 是导出数据库的选项，常用的选项如下。

- --add-drop-table：在每个 create 语句之前增加一个 drop table 关键字。
- c,--complete-insert：使用完整的 insert 语句（用列名字）。
- -C,--compress：如果客户和服务器均支持压缩，压缩两者间所有的信息。
- --delayed：用 INSERT DELAYED 命令插入行。
- -d,--no-data：不写入表的任何行信息。如果只想得到一个表的结构的导出，可以使用此选项。
- h,--host=..：从命名的主机上的 MySQL 服务器导出数据。默认主机是 localhost。
- -pyour_pass,--password[=your_pass]：与服务器连接时使用的口令。如果不指定"=your_pass"部分，mysqldump 需要来自终端的口令。
- -u user_name,--user=user_name：与服务器连接时，MySQL 使用的用户名。默认值是 UNIX 登录名。

【例 9-10】 可以在命令窗口中使用下面的命令备份数据库 MySQLDB：

```
mysqldump -h localhost -u root --password=pass MySQLDB > c:\MySQLDB.sql
```

c:\MySQLDB.sql 为导出文件。

9.3.4 恢复数据库

数据库备份后，一旦系统发生崩溃或者执行了错误的数据库操作，就可以从备份文件中恢复（还原）数据库，让数据库回到备份时的状态。通常在以下情况下需要恢复数据库。

- 媒体故障。
- 用户操作错误。
- 服务器永久丢失。
- 将数据库从一台服务器复制到另一台服务器。

恢复数据库之前，需要限制其他用户访问数据库。

1. 在 phpMyAdmin 中恢复数据库

phpMyAdmin 可以通过导入数据的方法实现恢复数据库的功能。在 phpMyAdmin 的主页中单击"导入"栏目，打开"导入数据库"页面，如图 9-18 所示。

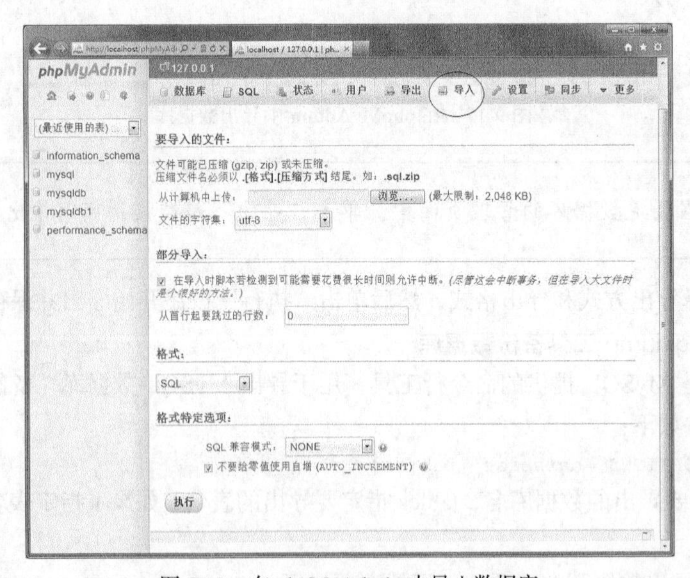

图 9-18 在 phpMyAdmin 中导入数据库

单击“浏览”按钮，选择要导入的文件，然后单击“执行”按钮开始导入。

2. 使用 mysql 工具恢复数据库

如果导入文件是.sql 文件，那么导入实际上就是执行其中的 SQL 语句。可以使用 mysql 命令执行.sql 文件，方法如下：

```
mysql-h 数据库服务器 -u 用户名 --password=密码 目标数据库 < sql 文件名
```

【例 9-11】 可以在命令窗口中使用下面的命令从 D:\MySQLDB.sql 中恢复数据库 MySQLDB：

```
mysql -h localhost -u root --password=pass MySQLDB < D:\MySQLDB.sql
```

c:\MySQLDB.sql 为导出文件。

本节所介绍的恢复数据库实际上就是导入数据库。因此，在执行操作之前，应确保数据库已经存在。如果不存在，可以参照 9.3.1 小节创建数据库。

9.4 表管理

表是数据库中最基本的逻辑单元，由行和列组成，用户保存在数据库中的基本数据库都由表的形式存储。本节将介绍如何管理 MySQL 的表。

9.4.1 表的概念

表是数据库中最重要的逻辑对象，是存储数据的主要对象。在设计数据库结构时，很重要的工作就是设计表的结构。例如，在设计二手交易市场系统数据库时，可以包含公告信息表、商品分类表、二手商品信息表、用户信息表等，而用户信息表可以包含用户名、用户密码、用户类型等列。

关系型数据库的表由行和列组成，其逻辑结构如图 9-19 所示。

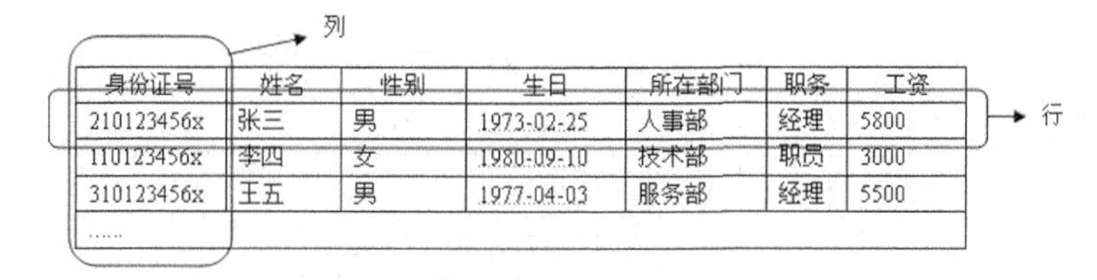

图 9-19　表的逻辑结构演示图

在表的逻辑结构中，每一行代表一条记录，而每一列代表表中的一个字段，也就是一项内容。列的定义决定了表的结构，行则是表中的数据。表和列的命名要遵守标识符的规定，列名在各自的表中必须是唯一的，而且必须为每列指定数据类型。

9.4.2 MySQL 数据类型

要定义表的结构，需要设计表由哪些列组成，指定列的名称和数据类型。MySQL 的数据类型包括数值类型、日期和时间类型、字符串类型等。

1. 数值数据类型

数值数据类型如表 9-3 所示。

表 9-3 数值数据类型

数据类型	描　述
BIT	位字段类型，取值范围是 1~64，默认为 1
TINYINT	很小的整数类型。带符号的范围是-128 ~ 127，无符号的范围是 0 ~ 255
BOOL，BOOLEAN	布尔类型，是 TINYINT(1)的同义词。zero 值被视为假，非 zero 值被视为真
SMALLINT	小的整数类型。带符号的范围是-32 768 ~ 32 767，无符号的范围是 0 ~ 65 535
MEDIUMINT	中等大小的整数类型。带符号的范围是-8 388 608 ~ 8 388 607，无符号的范围是 0 ~ 16 777 215
INT	普通大小的整数类型。带符号的范围是-2 147 483 648 ~ 2 147 483 647，无符号的范围是 0 ~ 4 294 967 295
INTEGER	与 INT 的含义相同
BIGINT	大整数类型。带符号的范围是-9 223 372 036 854 775 808 ~ 9 223 372 036 854 775 807，无符号的范围是 0 ~ 18 446 744 073 709 551 615
FLOAT	单精度浮点类型
DOUBLE	双精度浮点类型
DECIMAL	定点数类型
DEC	与 DECIMAL 的含义相同

可以看到，这些数据类型都是在其他数据库和程序设计语言中比较常见的数据类型。可以根据字段可能取值的具体情况来选择使用的数据类型。

对于 TINYINT、SMALLINT、MEDIUMINT、INT、INTEGER、BIGINT、FLOAT、DOUBLE、DECIMAL（DEC）等数值类型，如果在其后面指定 UNSIGNED，则不允许负值（即有符号）；否则，不运行负值（即无符号）。

2. 日期和时间数据类型

日期和时间数据类型如表 9-4 所示。

表 9-4 日期和时间数据类型

数据类型	描　述
DATE	日期类型，例如'2012-01-01'
DATETIME	日期和时间类型，例如'2012-01-01 12:00:00'
TIMESTAMP	时间戳类型，TIMESTAMP 列用于 INSERT 或 UPDATE 操作时记录日期和时间
TIME	时间类型
YEAR	2 位或 4 位的年份类型，默认为 4 位年份类型

3. 字符串数据类型

字符串数据类型如表 9-5 所示。

表 9-5 字符串数据类型

数据类型	描　述
CHAR(M)	固定长度字符串，M 为存储长度
VARCHAR(M)	可变长度的字符串，M 为最大存储长度，实际存储长度为输入字符的实际长度

续表

数据类型	描　　述
BINARY(M)	BINARY 类型类似于 CHAR 类型，但保存二进制字节字符串而不是非二进制字符串。M 为存储长度
VARBINARY(M)	VARBINARY 类型类似于 VARCHAR 类型，但保存二进制字节字符串而不是非二进制字符串。M 为存储长度
BLOB	二进制大对象，包括 TINYBLOB、BLOB、MEDIUMBLOB 和 LONGBLOB 4 种 BLOB 类型
TEXT	大文本类型，包括 TINYTEXT、TEXT、MEDIUMTEXT 和 LONGTEXT 4 种 TEXT 类型
ENUM	枚举类型
SET	集合类型

9.4.3　创建表

可以在 phpMyAdmin 中通过图形界面创建表，也可以使用 SQL 语句创建表。

1. 在 phpMyAdmin 中创建表

在 phpMyAdmin 中单击要创建表的数据库名，打开管理数据库页面，如图 9-20 所示。

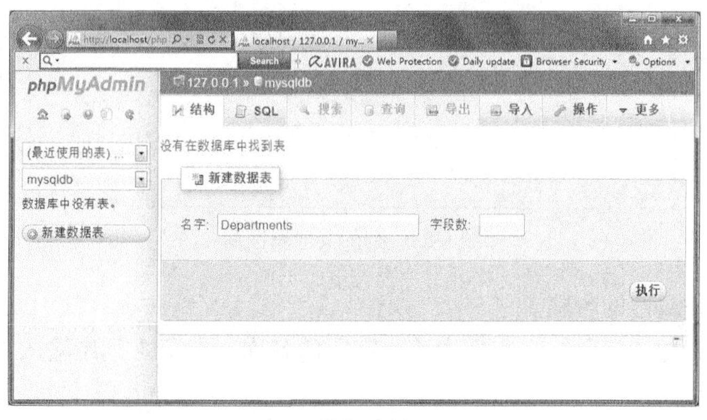

图 9-20　数据库管理页面

在“名字”文本框中输入要创建的表名（假定为 Departments），在“字段数”文本框中输入表中字段的数量（假定为 2），然后单击“执行”按钮，打开创建表页面，如图 9-21 所示。

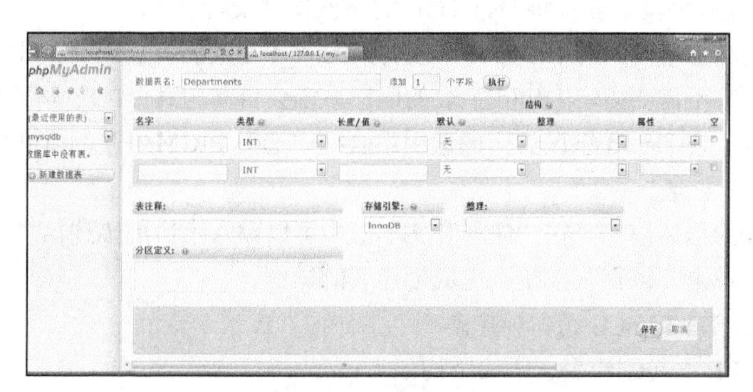

图 9-21　创建表页面

在创建表页面中，可以按照前面设置的字段数量自动生成编辑字段的表格。可以为每个字段输入字段名、字段的数据类型、长度、默认值、是否创建索引等属性。

【例 9-12】 在数据库 MySQLDB 中创建一个部门信息表 Departments，表结构如表 9-6 所示。

表 9-6　部门信息表 Departments

字段名	数据类型	描述
DepId	INT	部门编号，主键，自动增加
DepName	VARCHAR(50)	部门名称

主键是表中的一列或一组列，它们的值唯一地标识表中的每一行，也就是说在表的所有行中，此列的数据是唯一的。通常情况下，可以把编号列设置为唯一标识列，如表 Departments 中的部门编号 DepId。定义主键可以强制在指定列中不允许输入空值，如果要插入行的主键值已经存在，则此行不允许被插入。表只能有一个主键，在索引组合框中选择 PIMARY。

在创建表页面中，向右拉动滚动条，可以看到列的其他属性列，如图 9-22 所示。

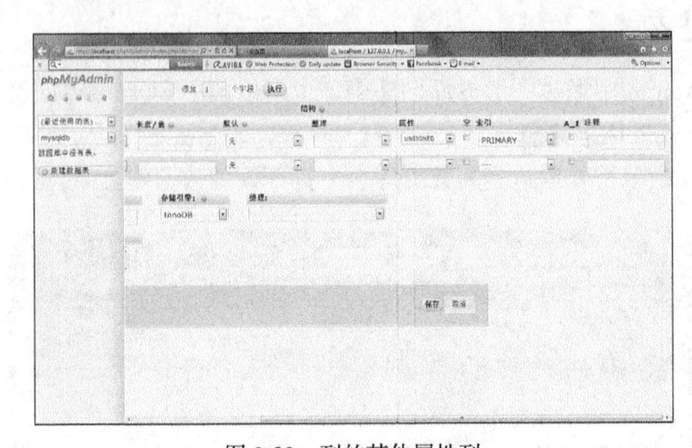

图 9-22　列的其他属性列

下面介绍设置列属性的步骤。

（1）输入列名。在“字段”文本框中输入字段的名称，在第 1 列中输入 DepId，在第 2 列中输入 DepName。

（2）选择数据类型。在“类型”组合框中选择字段的数据类型。将 DepId 字段的类型选择为 INT，将 DepName 字段的类型选择为 VARCHAR。

（3）输入字段长度。在“长度/值”文本框中输入字段的长度。因为 DepId 字段的数据类型是 INT，所以不需要输入字段长度；将 DepName 的字段长度设置为 50。

（4）设置自动增加字段。选中 DepId 字段后面的 A_I 复选框，实现 DepId 字段的自动增加功能。在插入数据时，不需要指定 DepId 字段的值，系统会自动为其分配一个字段值。

（5）设置主键。在 DepId 字段后面的索引组合框中选择 PRIMARY，即可将 DepId 字段设置为表 Departments 的主键。

（6）添加字段的描述信息。在“注释”文本框中可以输入字段的描述信息。

输入完成后，单击“保存”按钮，完成创建表的操作。

2. 使用 CREATE TABLE 语句创建表

CREATE TABLE 语句创建表，语法结构如下：

```
CREATE TABLE 表名
    ( 列名1        数据类型 字段属性,
```

```
    列名 2        数据类型 字段属性,
    ......
    列名 n        数据类型 字段属性
)
```

在“字段属性”中，可以使用下面的关键字来定义字段的属性。

- PRIMARY KEY：指定字段为主键。
- AUTO_INCREMENT：指定字段为自动增加字段。
- INDEX：为字段创建索引。
- NOT NULL：字段值不允许为空。
- NULL：字段值可以为空。
- COMMENT：设置字段的注释信息。
- DEFAULT：设置字段的默认值。

CREATE TABLE 的语法非常复杂，上面只给出了它的基本使用情况。表 9-7 所示为另外一个示例表 Employees 的结构。

表 9-7　　表 Employees 的结构

字段名	数据类型	描　述
EmpId	INT	员工编号，设置为主键和自动递增列
EmpName	VARCHAR(50)	员工姓名
DepId	INT	所属部门编号
Title	VARCHAR(50)	职务
Salary	INT	工资

【例 9-13】　使用 CREATE TABLE 语句创建表 Employees 的代码如下：

```
CREATE TABLE Employees (
    EmpId       INT            AUTO_INCREMENT  PRIMARY KEY,
    EmpName    VARCHAR(50)    NOT NULL,
    DepId          INT,
    Title         VARCHAR(50),
    Salary        INT
)
```

可以在 MySQL 命令行工具中执行此 SQL 语句，执行前使用 USE 命令将当前数据库切换为 MySQLDB。

9.4.4　编辑和查看表

在 phpMyAdmin 的数据库管理页面中，可以查看到数据库中包含表的信息，如图 9-23 所示。

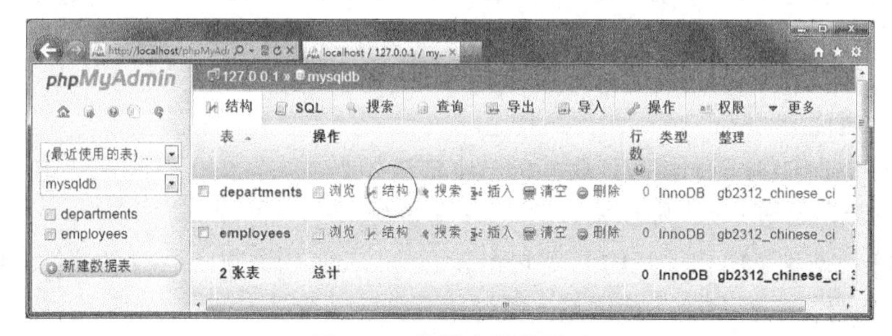

图 9-23　数据库管理页面

单击表后面的“结构”超链接，打开编辑表结构页面，如图 9-24 所示。

图 9-24　编辑表结构页面

在编辑表结构页面中，以表格的形式列出了字段名称、类型和其他属性。单击“修改”超链接，可以打开设置字段属性页面，如图 9-25 所示。

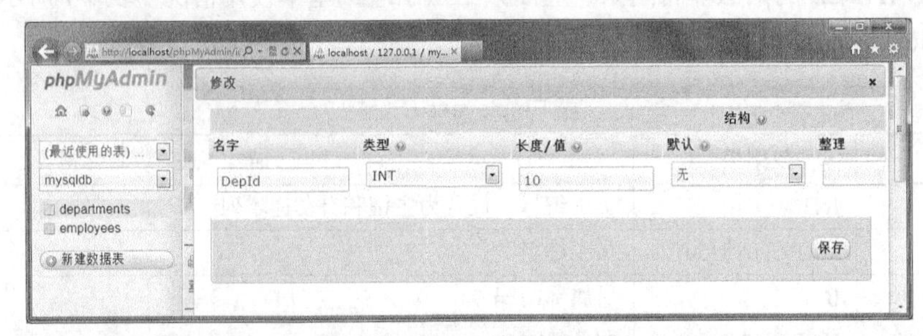

图 9-25　设置字段属性页面

在设置字段属性页面中，可以修改字段名称、字段类型、字段长度、默认值等属性。设置完成后，单击“保存”按钮，返回表管理页面。

在表管理页面中，单击字段后面的“删除”超链接，可以删除当前的字段。选中字段前面的复选框，然后单击后面的“主键”按钮，可以设置选中字段为主键。也可以选择多个字段前面的复选框，然后单击列表格下面的图标按钮批量设置列属性。

在表管理页面的字段表格下面，可以添加字段。输入要添加的字段数量，选择添加字段的位置，然后单击“执行”按钮，可以在指定的位置插入指定数量的新字段。

也可以使用 ALTER TABLE 语句修改表的结构，包括添加列、修改列属性、删除列等操作。

1. 向表中添加列

使用 ALTER TABLE 语句向表中添加列的基本语法如下：

```
ALTER TABLE 表名 ADD 列名 数据类型和长度 列属性
```

【例 9-14】　使用 ALTER TABLE 语句在表 Employees 中增加一列，列名为 Tele，数据类型为 varchar，长度为 50，列属性为允许空。具体语句如下：

```
ALTER TABLE Employees ADD Tele VARCHAR(50) NULL
```

2. 修改列属性

使用 ALTER TABLE 语句修改列属性的基本语法如下：

```
ALTER TABLE 表名 MODIFY 列名 新数据类型和长度 新列属性
```

【例 9-15】　使用 ALTER TABLE 语句在表 Employees 中修改 Tele 列的属性，修改数据类型为 CHAR，长度为 50，列属性为允许空。具体语句如下：

```
ALTER TABLE Employees MODIFY Tele CHAR(50) NULL
```

3. 删除列

使用 ALTER TABLE 语句删除列的基本语法如下：

```
ALTER TABLE 表名 DROP COLUMN 列名
```

【例 9-16】　使用 ALTER TABLE 语句在表 Employees 中删除 Tele 列。具体语句如下：

```
ALTER TABLE Employees DROP COLUMN Tele
```

9.4.5　删除表

在 phpMyAdmin 的数据库管理页面中，可以查看到数据库中包含表的信息。单击表后面的“删除”超链接，可以删除指定的表。

也可以使用 DROP TABLE 语句删除表，语法如下：

```
DROP TABLE 表名
```

9.5　管理和查询数据

在创建表时，定义了表的结构，但表中并没有数据。本节介绍如何插入数据、修改数据、删除数据和查询表中的数据。

9.5.1　插入数据

可以使用 phpMyAdmin 工具在图形界面中插入数据，也可以使用 INSERT 语句插入数据。

1. 使用 phpMyAdmin 工具插入数据

在 phpMyAdmin 的数据库管理页面中，单击要插入数据的表后面的“插入”超链接，打开插入数据页面，如图 9-26 所示。

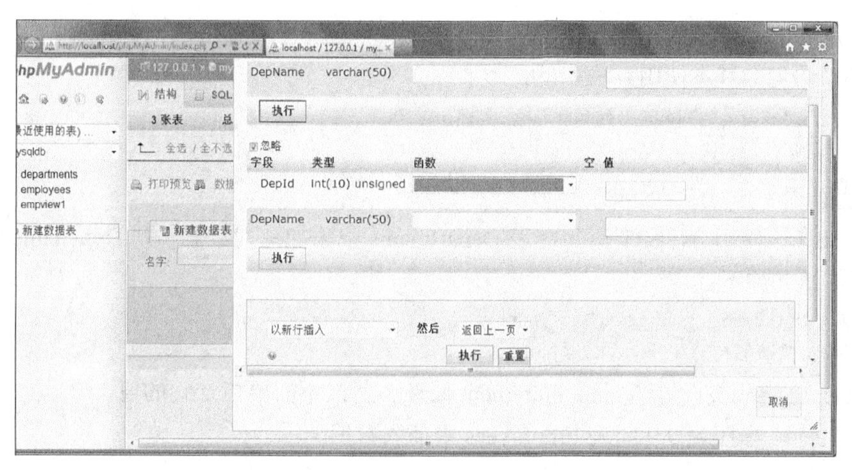

图 9-26　插入数据页面

在每个字段后面的“值”文本框中添加该字段的值，然后单击“执行”按钮，可以将输入的记录添加到表中。因为表 Departments 的 DepId 字段被设置了 auto_increment 属性，系统会自动为此分配值，所以在输入数据时只需要使用 DepName 字段的值即可。

【例 9-17】　向表 Departments 中插入如表 9-8 所示的数据。

表 9-8　　表 Departments 中的数据

Dep_id 字段的值	Dep_Name 字段的值
1	人事部
2	开发部
3	服务部
4	财务部

这些记录将在 9.5.4 小节中介绍查询数据时使用到。

插入完成后，在数据库管理页面中单击表 Departments 后面的“浏览”超链接，可以打开浏览表数据的页面，如图 9-27 所示。

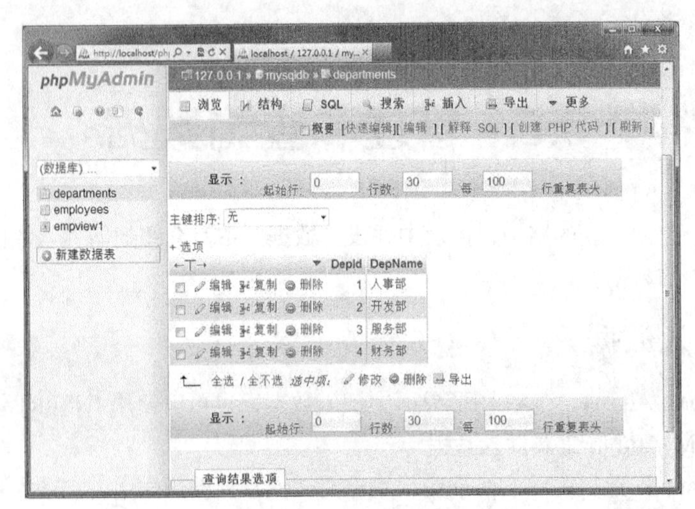

图 9-27　浏览表中的数据

2. 使用 INSERT 语句插入数据

INSERT 语句的基本使用方法如下：

```
INSERT INTO 表名 (列名1, 列名2, …, 列名n)
VALUES (值1, 值2, …, 值n);
```

列与值必须一一对应。

【例 9-18】　使用 INSERT 语句在表 Departments 中添加一列数据，列 Dep_name 的值为“人事部”，具体语句如下：

```
INSERT INTO Departments (Dep_name)
VALUES ('人事部')
```

因为 DepId 字段被设置了 auto_increment 属性，所以不需要指定它的值。

【例 9-19】　参照表 9-9 向表 Employees 中插入数据。

表 9-9　　表 Employees 中的数据

字段 EmpName 的值	字段 Title 的值	字段 Salary 的值	字段 DepId 的值
张三	部门经理	6000	1
李四	职员	3000	1
王五	职员	3500	1

续表

字段 EmpName 的值	字段 Title 的值	字段 Salary 的值	字段 DepId 的值
赵六	部门经理	6500	2
高七	职员	2500	2
马八	职员	3100	2
钱九	部门经理	5000	3
孙十	职员	2800	3

INSERT 语句如下：

```
INSERT INTO Employees (EmpName, DepId, Title, Salary) VALUES('张三', 1, '部门经理', 6000);
INSERT INTO Employees (EmpName, DepId, Title, Salary)  VALUES('李四', 1, '职员', 3000);
INSERT INTO Employees (EmpName, DepId, Title, Salary)  VALUES('王五', 1, '职员', 3500);
INSERT INTO Employees (EmpName, DepId, Title, Salary)  VALUES('赵六', 2, '部门经理',
6500);
INSERT INTO Employees (EmpName, DepId, Title, Salary)  VALUES('高七', 2, '职员', 2500);
INSERT INTO Employees (EmpName, DepId, Title, Salary)  VALUES('马八', 2, '职员', 3100);
INSERT INTO Employees (EmpName, DepId, Title, Salary)  VALUES('钱九', 3, '部门经理',
5000);
INSERT INTO Employees (EmpName, DepId, Title, Salary)  VALUES('孙十', 3, '职员', 2800);
```

这些记录将在 9.5.4 小节中介绍查询数据时使用到。可以在 MySQL 命令行工具中执行此 SQL 语句，执行前使用 USE 命令将当前数据库切换为 MySQLDB。

9.5.2　修改数据

在 phpMyAdmin 的数据库管理页面中，可以查看到数据库中包含表的基本信息。单击表后面的“浏览”超链接，可以查看表中的数据，如图 9-28 所示。

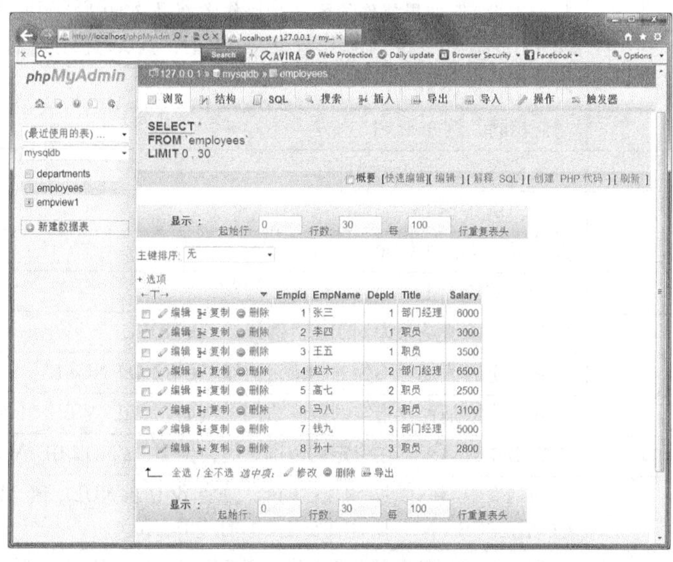

图 9-28　浏览表中的数据

单击每条记录前面的“编辑”超链接，可以打开修改记录的页面，如图 9-29 所示。

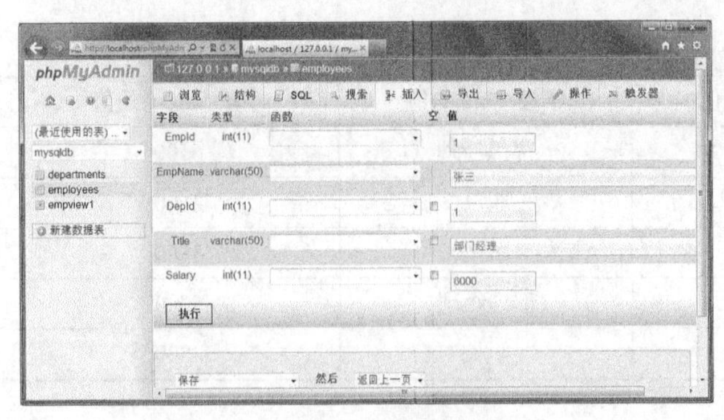

图 9-29　修改记录的页面

可以通过修改字段后面文本框中的内容来修改字段的值。修改完成后，单击“执行”按钮，返回浏览表数据的页面。

也可以使用 UPDATE 语句修改表中的数据。UPDATE 语句的基本使用方法如下：

```
UPDATE 表名 SET 列名1 = 值1, 列名2 = 值2, …, 列名n = 值n
WHERE  更新条件表达式
```

当执行 UPDATE 语句时，指定表中所有满足 WHERE 子句条件的行都将被更新，列 1 的值被设置为值 1，列 2 的值被设置为值 2，列 *n* 的值被设置为值 *n*。如果没有指定 WHERE 子句，则表中所有的行都将被更新。

更新条件表达式实际上是一个逻辑表达式，通常需要使用到关系运算符和逻辑运算符，返回 True 或者 False。

MySQL 的常用关系运算符和比较函数如表 9-10 所示。

表 9-10　　MySQL 的关系运算符和比较函数

关系运算符和比较函数	功能描述
=	等于，例如 a=1
<=>	与=相同，但如果操作符两边的操作数都是 NULL，则表达式返回 1，而不是 NULL；而当只有一个操作数为 NULL 时，其所得值为 0 而不为 NULL
!=	不等于，例如 a!=1
<>	与!=相同，例如 a<>1
<=	小于或等于，例如 a<=1
<	小于，例如 a<1
>=	大于或等于，例如 a>=1
>	大于，例如 a>1
IS NULL	判断指定的值是否为 NULL，例如，a IS NULL
IS NOT NULL	判断指定的值是否不为 NULL，例如，a IS NOT NULL
BETWEEN…AND	判断操作数是否在指定的范围之间，例如，a BETWEEN 1 AND 100
NOT BETWEEN…AND	判断操作数是否不在指定的范围之间，例如，a NOT BETWEEN 1 AND 100
COALESCE	返回列表中第一个非 NULL 的值，如果没有非 NULL 值，则返回 NULL。例如 COALESCE（NULL, NULL, 1, 2）的结果为 1
GREATEST	当参数列表中有两个或多个值，则返回其中最大的值。例如，GREATEST(1,2,3) 的结果为 3

续表

关系运算符和比较函数	功 能 描 述
IN	判断表达式是否为列表中的一个值，例如，a IN (1,2,3,4)，如果 a 为 1,2,3 或 4，则表达式返回 True，否则返回 False
NOT IN	判断表达式是否为列表中的一个值，例如，a NOT IN (1,2,3,4)，如果 a 为 1,2,3 或 4，则表达式返回 False，否则返回 True
ISNULL(expr)	判断指定的表达式是否为 NULL
LEAST	当参数列表中有两个或多个值，则返回其中最小的值。例如，LEAST (1,2,3)的结果为 1

MySQL 的逻辑运算符如表 9-11 所示。

表 9-11　　MySQL 的逻辑运算符

关系运算符	功 能 描 述
NOT	逻辑非。当操作数为 0 时结果为 1；当操作数为 1 时结果为 0
!	与 NOT 相同
AND	逻辑与。例如 a AND b，如果 a 和 b 都等于 True 时，则返回 True，否则返回 False
&&	与 AND 相同
OR	逻辑非。例如 a OR b，如果 a 和 b 中有一个等于 True 时，返回 True，否则返回 False
||	与 OR 相同
XOR	逻辑异或。例如 a XOR b 的计算等同于(a AND (NOT b)) OR ((NOT a) AND b)

【例 9-20】　在表 Employees 中，将张三的工资修改为 6500 元，可以使用下面的 SQL 语句：

```
UPDATE Employees SET Salary=6500 WHERE EmpName='张三'
```

也可以通过设置 WHERE 子句批量修改表中的数据。

【例 9-21】　对所有职务为部门经理的员工的工资增加 100 元，可以使用下面的 SQL 语句：

```
UPDATE Employees SET Salary=Salary+100 WHERE Title ='部门经理'
```

可以同时修改多个字段的值，字段使用逗号分隔。

【例 9-22】　将张三的职务修改为职员，将其工资修改为 3000 元，代码如下：

```
UPDATE Employees SET Title='职员', Salary=3000 WHERE EmpName='张三'
```

9.5.3　删除数据

在浏览表数据的页面中，单击记录前面的删除超链接可以删除指定的记录，如图 9-30 所示。

图 9-30　在浏览表数据的页面中删除记录

选择“删除”图标后，将弹出确认删除对话框，如图 9-31 所示。单击“确定”按钮，可以删除选择的记录。

图 9-31　确认是否删除数据

可以使用 DELETE 语句删除表中的数据，基本使用方法如下。

```
DELETE 表名 WHERE 删除条件表达式
```

当执行 DELETE 语句时，指定表中所有满足 WHERE 子句条件的行都将被删除。

【例 9-23】　删除表 Departments 中列 DepName 等于“abc”的数据，可以使用以下 SQL 语句：

```
DELETE FROM Departments WHERE Dep_Name = 'abc';
```

9.5.4　在 phpMyAdmin 中查询数据

前面已经介绍了在 phpMyAdmin 中浏览表中所有数据的方法。用户也可以通过本节介绍的方法，查询指定条件的记录。

在数据库管理页面中，单击“搜索”超链接，可以打开搜索数据页面，如图 9-32 所示。

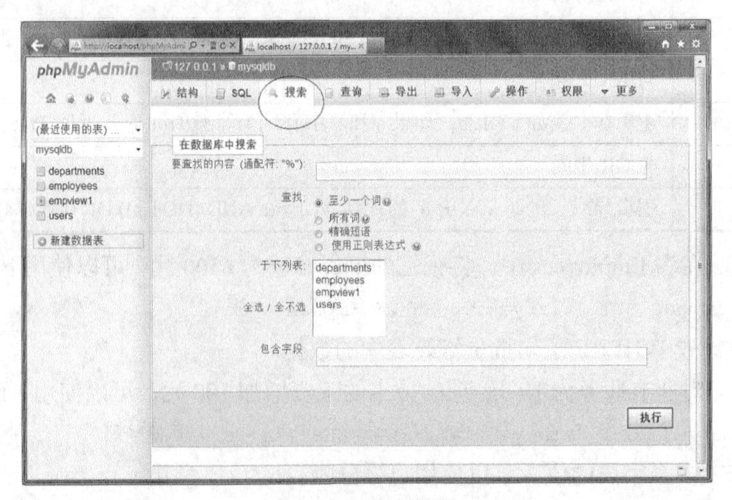

图 9-32　搜索数据

在搜索文本框中输入要搜索的文字，然后选择查找的方式和查找的表。例如，在表 employees 中查找包含张三的记录，单击“执行”按钮，查询结果如图 9-33 所示。

图 9-33　在 employees 表中查询张三的结果

在返回结果页面中提示用户找到了一个匹配项。单击后面的“浏览”超链接，可以查看搜索到的记录，如图 9-34 所示。

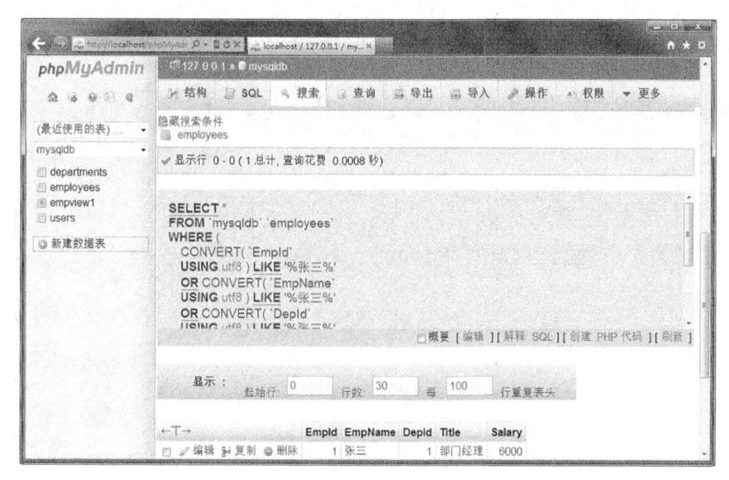

图 9-34　查看搜索到的记录

这只是简单的对字符串进行搜索，还可以设置更复杂的查询条件。

在数据库管理页面中，单击“搜索”超链接后面的“查询”超链接，打开设置查询条件的页面，如图 9-35 所示。

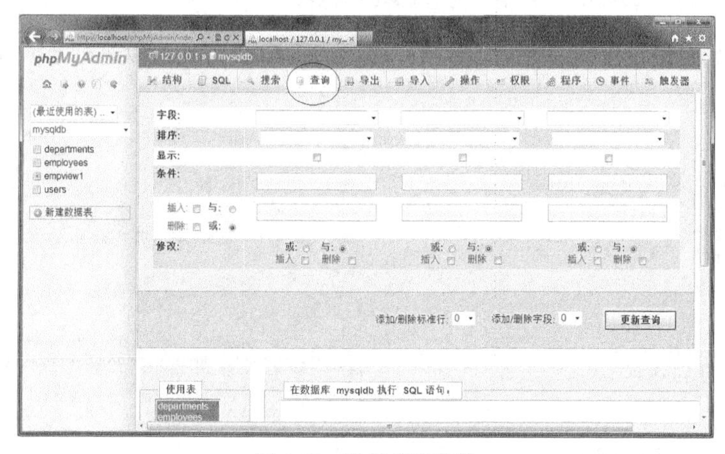

图 9-35　设置查询条件

在“字段”组合框中，可以选择指定表中的所有字段；在“排序”组合框中可以选择是否按此字段排序以及排序的类型；在“显示”行中，可以选择是否显示指定的字段；在“条件”行中，可以设置指定字段的查询条件。如果存在多个查询条件，可以使用查询条件之间的关系（包括与和或的关系），然后在下面的多行文本框中输入其他查询条件。

默认情况下，页面中只包含 3 个字段。如果需要更多或更少的字段，可以在“添加/删除字段”组合框中选择需要添加和删除字段的数量，然后单击后面的“更新查询”按钮，即可实现添加和删除字段的功能。

在本实例中，为了查询工资大于 3000 元的员工信息，选择了 3 个字段，即 Employees.EmpName、Employees.Title 和 Employees.Salary。为了实现按工资数额的降序排列，在 Employees.Salary 字段下面的“排序”组合框中选择“递减”。在所有字段下面的显示行中，选中对应的复选框。在 Employees.Salary 字段下面的“条件”文本框中，输入“>3000”。配置完成后，单击“更新查询”按钮，在页面左下角的 SQL 语句文本框中会生成对应的 SELECT 语句。单击页面右下部的“提交查询”按钮，打开显示查询结果的页面，如图 9-36 所示。

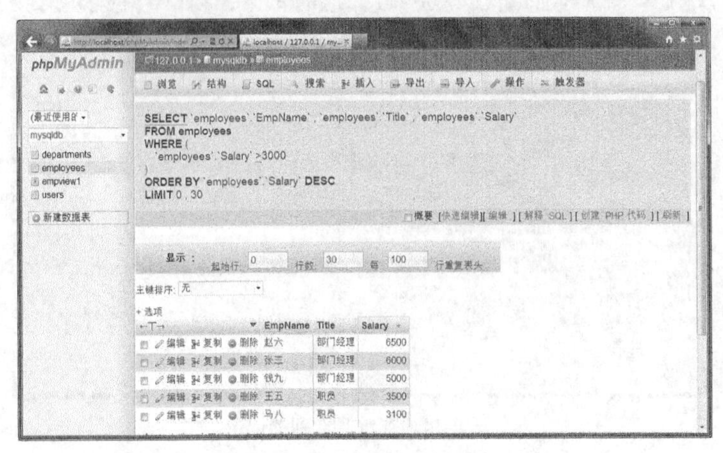

图 9-36　显示查询结果的页面

可以看到，在表格中显示了所有工资大于 3000 元的员工信息，记录按工资的降序排列。

9.5.5　使用 SELECT 语句查询数据

SELECT 语句是最常用的 SQL 语句之一。使用 SELECT 语句可以进行数据查询，它的基本使用方法如下：

```
SELECT 子句
[ INTO 子句 ]
FROM 子句
[ WHERE 子句 ]
[ GROUP BY 子句]
[ HAVING 子句 ]
[ ORDER BY 子句 ]
[UNION 运算符]
```

各子句的主要功能说明如下。

- SELECT 子句：指定查询结果集的列组成，列表中的列可以来自一个或多个表或视图。
- INTO 子句：将查询结果集中的数据保存到一个文件中。
- FROM 子句：指定要查询的一个或多个表或视图。
- WHERE 子句：指定查询的条件。
- GROUP BY 子句：对查询结果进行分组统计。
- HAVING 子句：指定分组或集合的查询条件。
- ORDER BY 子句：指定查询结果集的排列顺序。
- UNION 运算符：将多个 SELECT 语句连接在一起，得到的结果集是所有 SELECT 语句的结果集的并集。

【例 9-24】　下面是一个比较简单的 SELECT 语句，它的功能是查看表 Departments 中所有记录的部门名称。

```
SELECT DepName FROM Departments;
```

在 phpMyAdmin 中执行此脚本，查询结果如图 9-37 所示。

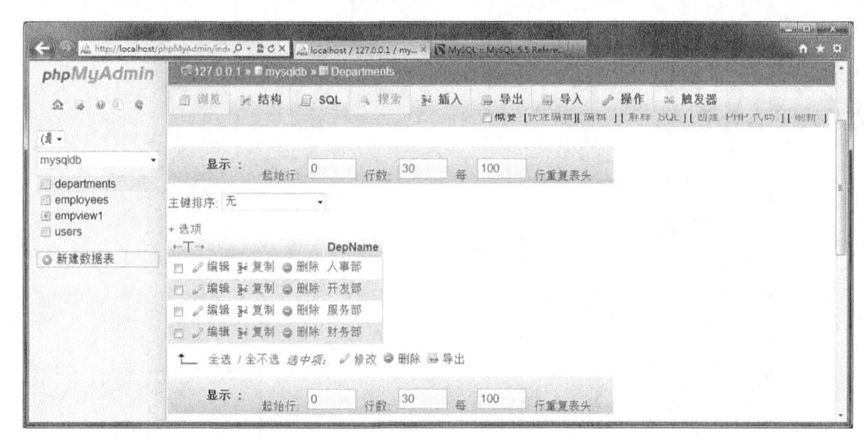

图 9-37　SELECT 语句的执行结果

1. 显示唯一数据

在 SELECT 子句中可以使用 DISTINCT 关键字指定不重复显示指定列值相同的行。

【例 9-25】　使用下面语句查看所有的员工职务情况。

```
SELECT Title FROM Employees;
```

运行结果如图 9-38 所示。

结果集中有很多重复数据。使用 DISTINCT 关键字过滤重复数据的 SELECT 语句如下：

```
SELECT DISTINCT Title FROM Employees;
```

运行结果如图 9-39 所示。

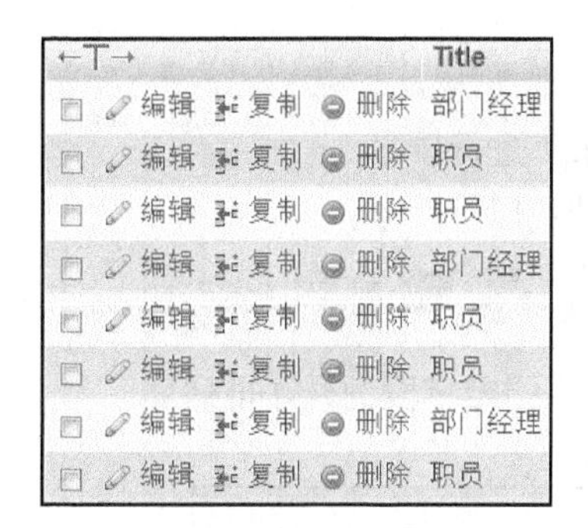

图 9-38　查询所有职务信息

图 9-39　使用 DISTINCT 过滤重复数据

可以看到，重复的数据已经被过滤掉。

2. 显示列标题

在上面的实例中，结果集中列的标题部分都是显示列名，可以使用 AS 子句，设置自己需要的显示标题。

【例 9-26】　查询员工姓名和职务，显示中文列名。

```
SELECT EmpName As 姓名, Title As 职务 FROM Employees;
```

运行结果如图 9-40 所示，这样的结果看起来更加直观。也可以省略掉 AS 关键字，代码如下：

```
SELECT EmpName 姓名, Title 职务 FROM Employees;
```

返回的结果是一样的。

3. 设置查询条件

可以在 WHERE 子句中指定返回结果集的查询条件。

【例 9-27】 要查询部门编号为 1 的员工信息，可以使用下面的 SELECT 语句。

```
SELECT EmpName As 姓名, Title As 职务 FROM Employees WHERE DepId = 1;
```

查询结果如图 9-41 所示。

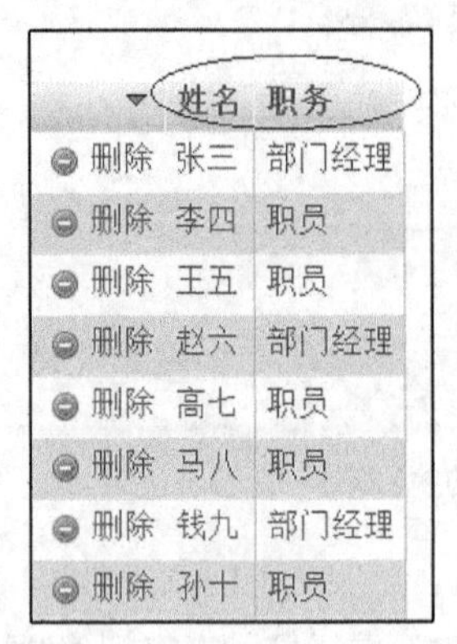

	姓名	职务
删除	张三	部门经理
删除	李四	职员
删除	王五	职员
删除	赵六	部门经理
删除	高七	职员
删除	马八	职员
删除	钱九	部门经理
删除	孙十	职员

图 9-40 设置查询结果的标题

姓名	职务
张三	部门经理
李四	职员
王五	职员

图 9-41 查询部门编号为 1 的员工记录

可以在 WHERE 子句中使用=、>、<等比较运算符，也可以使用 LIKE 关键字和通配符%。通配符%表示任意字符串。

【例 9-28】 要查询所有姓李的员工可以使用以下语句：

```
SELECT EmpName As 姓名, Title As 职务 FROM  Employees
WHERE EmpName LIKE '李%';
```

返回的结果如图 9-42 所示。

4. 对结果集进行排序

在 SELECT 语句中使用 ORDER BY 子句可以对结果集进行排序。

【例 9-29】 要按照工资升序显示员工信息，可以使用以下命令：

```
SELECT EmpName As 姓名, Title As 职务, Salary AS 工资 FROM Employees
ORDER BY Salary;
```

查询结果如图 9-43 所示。默认情况下，数据库会按照指定字段的升序排列。

姓名	职务
李四	职员

图 9-42 模糊查询的结果

姓名	职务	工资
高七	职员	2500
孙十	职员	2800
李四	职员	3000
马八	职员	3100
王五	职员	3500
钱九	部门经理	5000
张三	部门经理	6000
赵六	部门经理	6500

图 9-43 按工资的降序排列

如果需要按照降序显示，可以在 ORDER BY 子句中使用 DESC 关键字，例如：

```
    SELECT EmpName As 姓名, Title As 职务, Salary AS 工资 FROM
Employees ORDER BY Salary DESC;
```

查询结果如图 9-44 所示。

姓名	职务	工资
赵六	部门经理	6500
张三	部门经理	6000
钱九	部门经理	5000
王五	职员	3500
马八	职员	3100
李四	职员	3000
孙十	职员	2800
高七	职员	2500

图 9-44　按照降序排列

5. 使用统计函数

可以在 SELECT 语句中使用统计函数，对指定的列进行统计。常用的统计函数包括 COUNT、AVG、SUM、MAX、MIN 等。

（1）使用 COUNT()函数

COUNT()函数用于统计记录数量。

【例 9-30】　可以使用下面的 SELECT 语句统计所有员工的数量：

```
    SELECT COUNT(*) AS 员工数量 FROM Employees;
```

查询结果为 8。

（2）使用 AVG()函数

AVG()函数用于统计指定列的平均值。

【例 9-31】　可以使用下面的 SELECT 语句统计所有员工的平均工资：

```
    SELECT AVG(Salary) FROM Employees;
```

查询结果为 4050.0000。

（3）使用 SUM()函数

SUM()函数用于统计指定列的累加值。

【例 9-32】　可以使用下面的 SELECT 语句统计所有员工的工资之和：

```
    SELECT SUM(Salary) FROM Employees;
```

查询结果为 32400。

（4）使用 MAX()函数

MAX()函数用于统计指定列的最大值。

【例 9-33】　可以使用下面的 SELECT 语句统计所有员工中的最高工资的数额：

```
    SELECT MAX(Salary) FROM Employees;
```

查询结果为 6500。

（5）使用 MIN()函数

MIN()函数用于统计指定列的最小值。

【例 9-34】　可以使用下面的 SELECT 语句统计所有员工中的最低工资的数额：

```
    SELECT MIN(Salary) FROM Employees;
```

查询结果为 2500。

6. 分组统计

在对结果集进行统计时，有时需要将结果集分组，计算每组数据的统计信息。可以使用 GROUP BY 子句实现此功能。

【例 9-35】　要统计不同职务的平均工资，可以使用以下 SQL 语句：

```
    SELECT Title AS 职务, AVG(Salary) AS 平均工资 FROM
Employees
    GROUP BY Title;
```

运行结果如图 9-45 所示。GROUP BY 可以和 WHERE 子句结合使用。

职务	平均工资
部门经理	5833.3333
职员	2980.0000

图 9-45　统计不同职务的平均工资

【例 9-36】　要统计编号为 2 的部门中各职务的平均工资，可以使用下面的 SQL 语句。

```
    SELECT Title AS 职务, AVG(Salary) AS 平均工资 FROM Employees
    WHERE DepId = 2
    GROUP BY Title;
```

运行结果如图 9-46 所示。

职务	平均工资
部门经理	6500.0000
职员	2800.0000

图 9-46　在分组统计中使用 WHERE 子句

但是，WHERE 子句中不能包含聚合函数。例如，要统计平均工资大于 4000 元的职务类型，使用下面的 SELECT 语句：

```
    SELECT Title AS 职务, AVG(Salary) AS 平均工资 FROM
Employees
    WHERE AVG(Salary) > 4000
    GROUP BY Title;
```

运行上面的语句，会返回如下错误信息：

```
    #1064 - You have an error in your SQL syntax; check the manual that corresponds to your
MySQL server version for the right syntax to use near 'Employees WHERE AVG(Salary) > 4000
GROUP BY Title' at line 1
```

在这种情况下，可以使用 HAVING 子句指定搜索条件。上面的语句可以改写为：

```
    SELECT Title AS 职务, AVG(Salary) AS 平均工资 FROM  Employees
    GROUP BY Title
    HAVING AVG(Salary) > 4000;
```

执行结果如图 9-47 所示。

可以看到，只有部门经理的平均工资大于 4000 元，为 5833.3333。

职务	平均工资
部门经理	5833.3333

图 9-47　使用 HAVING 子句

7. 连接查询

如果 SELECT 语句需要从多个表中提取数据，则这种查询可以称为连接查询，因为在 WHERE 子句中需要设置每个表之间的连接关系。

【例 9-37】　在查询员工信息时显示所属部门的名称，可以使用下面的 SQL 语句：

```
    SELECT e.EmpName AS 姓名, e.Title AS 职务, d.DepName As 部
门
    FROM Employees e, Departments d
    WHERE e.DepId=d.DepId;
```

运行结果如图 9-48 所示。

姓名	职务	部门
张三	部门经理	人事部
李四	职员	人事部
王五	职员	人事部
赵六	部门经理	开发部
高七	职员	开发部
马八	职员	开发部
钱九	部门经理	服务部
孙十	职员	服务部

图 9-48　连接查询

在上面的 SELECT 语句中涉及两个表：表 Employees 和表 Departments。在 FROM 子句中，为每个表指定一个别名，表 Employees 的别名为 e，表 Departments 的别名为 d。在 SELECT 子句中，可以使用别名标记列所属的表。在 WHERE 子句中设置两个表的连接条件。

上面的 SELECT 语句也可以使用内连接的方法实现，代码如下：

```
    SELECT e.EmpName AS 姓名, e.Title AS 职务, d.DepName
    FROM Employees e INNER JOIN Departments d
    ON e.DepId=d.DepId;
```

INNER JOIN 关键字表示内连接，内连接指两个表中的数据平等的相互连接，连接的表之间没有主次之分。ON 关键字用来指示连接条件。

8. 子查询

所谓子查询就是在一个 SELECT 语句中又嵌套了一个 SELECT 语句。WHERE 子句和 HAVING

子句可以嵌套 SELECT 语句。

【例 9-38】 要显示人事部的所有员工，但是又不知道财务部的部门编号，可以使用以下命令：

```
SELECT EmpName FROM Employees WHERE DepId =
(SELECT DepId FROM Departments WHERE DepName = '人事部
')
```

运行结果如图 9-49 所示。

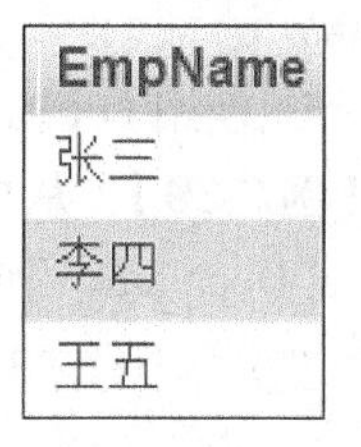

EmpName
张三
李四
王五

图 9-49　使用子查询的结果

9.6 视 图 管 理

视图是一个虚拟表，是保存在数据库中的查询，其内容由查询定义。因此，视图不是真实存在的基础表，而是从一个或者多个表（或其他视图）中导出的虚拟的表。同真实的表一样，视图包含一系列带有名称的列和行数据，但视图中的行和列数据来自由定义视图的查询所引用的表，并且在引用视图时动态生成。因此，视图所对应的数据并不实际地以视图结构存储在数据库中，而是存储在视图所引用的表中。

本节将介绍视图的基本概念，以及如何创建、修改和删除视图。

9.6.1　视图概述

视图看上去同表似乎一模一样，具有一组命名的字段和数据项，但它其实是一个虚拟的表，在物理上并不实际存在。视图是由查询数据库表产生的，它限制了用户能看到和修改的数据。

视图兼有表和查询的特点：与查询相似的是，视图可以用来从一个或多个相关联的表或视图中提取有用信息；与表相似的是，视图可以用来更新其中的信息，并将更新结果永久保存在磁盘上。

概括地说，视图具有以下特点。

- 视图可以使用户只关心他感兴趣的某些特定数据，不必要的数据可以不出现在视图中。例如，可以定义一个视图，只检索部门编号为 2 的员工数据，这样，部门编号为 2 的部门管理员就可以使用该视图，只操作其感兴趣的数据。
- 视图增强了数据的安全性。因为用户只能看到视图中所定义的数据，而不是基础表中的数据。
- 使用视图可以屏蔽数据的复杂性，用户不必了解数据库的全部结构，就可以方便地使用和管理他所感兴趣的那部分数据。
- 简化数据操作。视图可以简化用户操作数据的方式。可将经常使用的复杂条件查询定义为视图，这样，用户每次对特定的数据执行进一步操作时，不必指定所有条件和限定。例如，一个用于报表目的，并执行子查询、外联接及聚合以从一组表中检索数据的复合查询，就可以创建为一个视图。这样每次生成报表时无须编写或提交基础查询，而是查询视图。
- 视图可以让不同的用户以不同的方式看到不同或者相同的数据集。

例如，可以从员工表 Employees 中提取 EmpName、Title 和 Salary 组成一个员工简表视图。

9.6.2　创建视图

可以使用 CREATE VIEW 语句创建视图，其基本语法如下：

```
CREATE VIEW [OR REPLACE] 视图名
```

```
AS SELECT 语句
```

如果使用 OR REPLACE 关键字，则当存在指定的视图时，将替换此视图的定义。

【例 9-39】 从员工表 Employees 中提取 EmpName、Salary、Title 和表 Departments 中的部门名称表 DepName 组成一个视图 EmpView1，代码如下：

```
CREATE VIEW EmpView1
AS
SELECT e.EmpName, e. Salary, e.Title, d.DepName
FROM Employees e INNER JOIN Departments d
ON e.DepId = d.DepId
```

执行此脚本，可以在数据库管理页面中查看到新创建的视图，如图 9-50 所示。

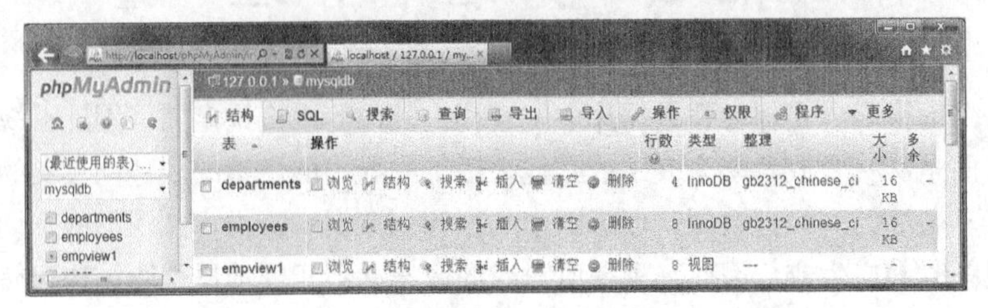

图 9-50 在数据库管理页面中查看到新创建的视图

单击视图后面的“结构”超链接，打开查看视图结构页面，如图 9-51 所示。

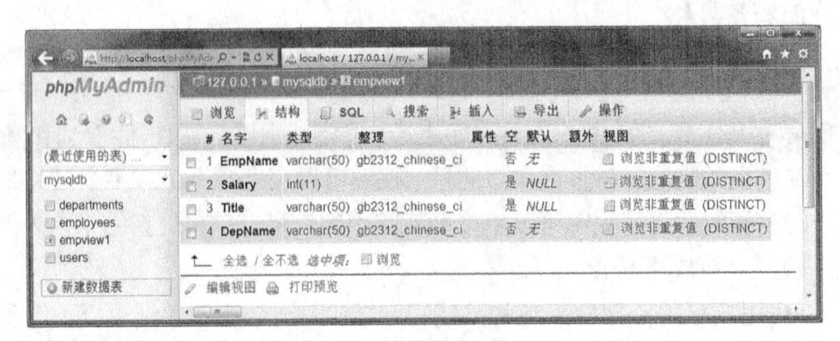

图 9-51 查看视图结构页面

9.6.3 修改视图

可以使用 ALTER VIEW 语句修改视图，其基本语法如下：

```
ALTER VIEW 视图名
AS SELECT 语句
```

可以看到，ALTER VIEW 语句的语法与 CREATE VIEW 语句相似。

【例 9-40】 使用 ALTER VIEW 命令修改视图 EmpView1，在视图中删除工资项，具体代码如下：

```
ALTER VIEW EmpView1
AS
SELECT e.EmpName, e.Title, d.DepName
FROM Employees e INNER JOIN Departments d
ON e.DepId= d.DepId
```

运行此语句后，在视图结构管理页面中，可以查看到 EmpView1 视图已经删除了 Salary 字段，如图 9-52 所示。

图 9-52　查看视图结构

9.6.4　删除视图

有相关权限的用户，可以将已经存在的视图删除。删除视图后，表和视图所基于的数据并不会受到影响。

在 phpMyAdmin 的数据库管理页面中，单击要删除的视图后面的“删除”超链接，在弹出对话框中单击“确定”按钮，即可删除指定的视图。

也可以使用 DROP VIEW 语句删除视图，其基本语法如下：

```
DROP VIEW 视图名
```

【例 9-41】　删除视图 EmpView1 的语如下：

```
DROP VIEW EmpView1
```

练　习　题

一、单项选择题

1. 执行（　　）命令可以运行 MySQL 命令行工具。

A. mysql　　　　B. mysqlshow

C. phpMyAdmin　　　　D. mysqladmin

2. 可以使用（　　）语句创建数据库。

A. NEW DATABASE　　　　B. CREATE DA

C. CREATE DATABASE　　　　D. NEW

3. 可以使用（　　）语句删除数据库。

A. DELETE DATABASE　　　　B. DROP DATABASE

C. REMOVE DATABASE　　　　D. DELETE

4. 用于导出 MySQL 数据库的命令行工具是（　　）。

A. mysqldump　　　　B. mysqlshow

C. phpMyAdmin　　　　D. mysqladmin

5. 可以使用下面（　　）语句向表中添加列。

A. ALTER TABLE 表名 APPEND 列名 数据类型和长度 列属性

B. ALTER TABLE 表名 INSERT 列名 数据类型和长度 列属性

C. ALTER TABLE 表名 ADD 列名 数据类型和长度 列属性

D. ALTER TABLE 表名 ADD COLUMN 列名 数据类型和长度 列属性

6. 可以使用下面（　　）语句向表中删除列。

A. ALTER TABLE 表名 DROP 列名 数据类型和长度 列属性

B. ALTER TABLE 表名 DELETE 列名 数据类型和长度 列属性

C. ALTER TABLE 表名 REMOVE 列名 数据类型和长度 列属性

D. ALTER TABLE 表名 DROP COLUMN 列名 数据类型和长度 列属性

7. 在 SELECT 语句中使用（　　）子句可以对结果集进行排序。

A. SORT BY　　B. GROUP BY

C. WHERE　　D. ORDER BY

二、填空题

1. 数据管理技术的发展经历了________、________和________3 个阶段。

2. 实体—联系模型简称________模型。

3. 关系型数据库管理系统以________来保存数据。

4. 关系型数据库的表由________和________组成。

5. 可以使用________语句删除表。

6. 在使用 SELECT 语句对结果集进行统计时，有时需要将结果集分组，计算每组数据的统计信息。可以使用________子句实现此功能。。

三、简答题

1. 试述通过文件系统管理数据存在的不足。

2. 试述 SQL 语言的分类情况。

3. 试述视图的特点。

第 10 章 在 PHP 中访问 MySQL 数据库

要开发数据库应用程序，首先需要了解访问数据库的方法。PHP 提供了很多专门针对 MySQL 数据库的函数，可以非常方便地使用 SQL 语句访问 MySQL 数据库。

10.1 MySQL 数据库访问函数

PHP5 提供了一组 MySQLi 函数，可以实现连接 MySQL 数据库、执行 SQL 语句、返回查询结果集等操作。

要在 PHP 使用 MySQLi 函数，需要打开 php.ini 进行配置。找到下面的配置项：

```
;extension=php_mysqli.dll
```

去掉前面的注释符号（;），然后保存 php.ini。将 php.ini 复制到 Windows 目录下，然后重新启动 Apache 服务，就可以在 PHP 中使用 MySQLi 函数了。

10.1.1 连接到 MySQL 数据库

在访问数据库时，首先需要创建一个到数据库服务器的 MySQLi 对象，通过它建立到数据库的连接。在 PHP5 中，可以通过多种方式创建到数据库的连接。

1. 使用 mysqli_connect()函数

使用 mysqli_connect()函数创建到 MySQL 数据库的连接对象的方法如下：

```
$mysqli = mysqli_connect(数据库服务器, 用户名, 密码, 数据库名)
```

创建 Connection 对象后，还需要设置具体的属性，连接到指定的数据库。例如，要访问本地的数据库 MySQLDB，用户名为 root，密码为 pass，代码如下：

```
$conn = mysqli_connect("localhost", "root", "pass", "MySQLDB");
```

2. 声明 mysqli 对象

可以使用声明 mysqli 对象的方法来创建连接对象，方法如下：

```
$mysqli = mysqli (数据库服务器, 用户名, 密码, 数据库名)
```

3. 使用 mysqli_init()函数

使用 mysqli_init()函数也可以连接到数据库，具体方法如下：

```
$mysqli = mysqli_init();
```

通过 MySQLi 对象的 options()函数可以设置连接选项，语法如下：

```
bool mysqli::options ( int $option , mixed $value )
```

参数$option用于指定连接选项。常用的连接选项常量如表 10-1 所示。

表 10-1　　常用的连接选项常量

常量	具体描述
MYSQLI_OPT_CONNECT_TIMEOUT	指定连接超时的时间，单位是秒
MYSQLI_OPT_LOCAL_INFILE	允许或禁止使用 LOAD_LOCAL INFILE 命令
MYSQLI_INIT_COMMAND	指定建立连接后必须执行的命令
MYSQLI_READ_DEFAULT_FILE	指定默认的配置选项文件

例如，将超时时间设置为 5s，代码如下：

```
$mysqli->options(MYSQLI_OPT_CONNECT_TIMEOUT, 5);
```

使用$mysqli->real_connect()函数可以建立到数据库的连接，基本语法如下：

```
$mysqli->real_connect(数据库服务器，用户名，密码，数据库名);
```

如果连接出现错误，可以使用 mysqli_connect_errno()函数获取错误编码，也可以使用 mysqli_connect_error()函数获取错误的描述信息。

使用 mysqli_get_host_info($conn)函数可以获取连接对象$conn 中包含的数据库服务器信息。在使用数据库连接完成后，可以调用 mysqli_close()函数关闭到数据库的连接。

【例 10-1】　连接 MySQL 数据库的示例程序。

```
<?php
   $conn = mysqli_connect("localhost", "root", "1234", "MySQLDB");
   if (empty($conn)) {
      die("mysqli_connect failed: " . mysqli_connect_error());
   }
   echo("connected to " . mysqli_get_host_info($conn));
   mysqli_close($conn);
?>
```

die()函数等同于 exit()函数，功能是输出一个消息并且退出当前脚本。

如果使用正确的数据库参数，即 MySQLDB 数据库存在，用户 root 的密码为 pass，则上面代码的输出结果如下：

```
connected to localhost via TCP/IP
```

如果使用错误的用户名或密码，则输出结果如下：

```
mysqli_connect failed: Access denied for user 'root'@'localhost' (using password: YES)
```

如果连接到不存在的数据库，则输出结果如下：

```
mysqli_connect failed: Unknown database 'mysqldb'
```

10.1.2　执行 SQL 语句

可以使用 mysqli_query()函数或连接对象的 query()函数来执行 SQL 语句，既可以执行 INSERT、DELETE、UPDATE 等更新数据库的语句，也可以执行查询数据的 SELECT 语句。

mysqli_query()函数的基本语法如下：

```
返回结果集 mysqli_query(连接对象, SQL 语句);
```

连接对象的 query()函数的基本语法如下：

```
返回结果集 query(SQL 语句);
```

1. 执行非查询语句

当执行的 SQL 语句为 INSERT、DELETE、UPDATE 等非查询语句时，无须考虑返回结果集。

【例 10-2】　在数据库 MySQLDB 中创建一个用户信息表 Users，用来保存系统用户信息。表 Users 的结构如表 10-2 所示。

表 10-2　　表 Users 的结构

编号	字段名称	数据结构	说 明
1	UserName	VARCHAR(50)	用户名，主键
2	UserPwd	VARCHAR(50)	密码
3	ShowName	VARCHAR(50)	显示名称

可以使用下面的程序来创建表 Users：

```
<?PHP
    $conn = mysqli_connect("localhost", "root", "pass", "MySQLDB");
    if (empty($conn)) {
        die("mysqli_connect failed: " . mysqli_connect_error());
    }
     //执行 CREATE TABLE 语句
     $sql = "CREATE TABLE IF NOT EXISTS Users (UserName VARCHAR(50) PRIMARY KEY, UserPwd VARCHAR(50), ShowName VARCHAR(50))";
    $conn->query($sql);
    // 关闭连接
     mysqli_close($conn);
?>
```

假定此脚本保存为 CreateTable.php。在浏览器中查看此脚本，然后打开 phpMyAdmin，可以发现在 MySQLDB 数据库中，已经存在了表 Users，其结构如图 10-1 所示。

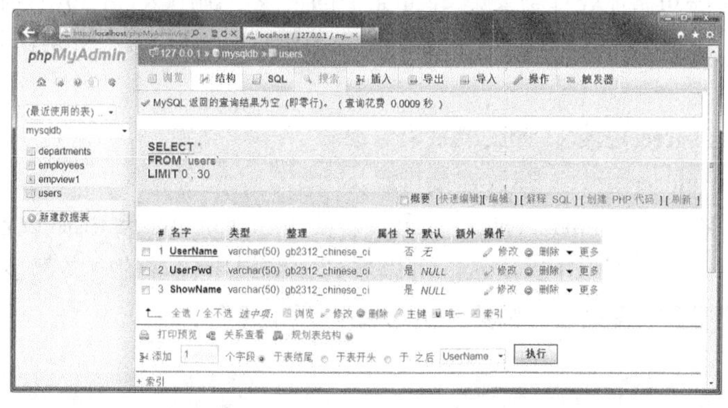

图 10-1　查看表 Users 的结构

2. 执行查询语句

可以使用$conn->query()函数执行一个 SELECT 语句，并返回一个结果集，例如：

```
$results = $conn->query("SELECT * FROM Employees");
```

使用$results->fetch_row()函数可以获取结果集中的第一行记录，返回结果是一个数组，例如：

```
$row = $results->fetch_row();
```

通过使用 while 语句遍历$results 中的所有记录，代码如下：

```
while($row = $results->fetch_row()) {
    print_r($row);
}
```

【例 10-3】　下面是使用 mysqli 函数遍历表 Employees 中记录的实例。

```
<?PHP
   $conn = mysqli_connect("localhost", "root", "pass", "MySQLDB");
   if (empty($conn)) {
      die("mysqli_connect failed: " . mysqli_connect_error());
   }
    mysqli_query($conn, "SET NAMES gb2312");
    // 查询 Employees 中的员工数据
    $sql = "SELECT EmpName, Title, Salary FROM Employees";
    $results = $conn->query($sql);
    // 循环处理结果集中的记录
    while($row = $results->fetch_row())  {
       print($row[0] . "  " . $row[1] . "  " . $row[2] . "<BR>");
    }
    $results->free();
   // 关闭连接
    mysqli_close($conn);
?>
```

程序的运行过程如下。

- 首先调用 mysqli_connect()函数，创建到 MySQLDB 数据库的连接对象$conn。
- 如果$conn 为空，则调用 mysqli_connect_error()函数，输出错误信息。
- 调用 mysqli_query()函数，设置$conn 连接的字符集为 gb2312。注意，这条语句很重要，如果不使用此语句，则在显示中文时会出现乱码。
- 调用$conn->query()函数执行 SELECT 语句，从表 Employees 中读取字段信息，并将结果返回到$results 中。
- 使用 while 语句循环处理结果集$results 中的记录，调用 fetch_row()函数可以获取一条记录，结果保存在数组变量$row 中。在 while 语句中使用 print 语句，打开数组变量$row 中的 3 个数组元素。
- 调用$results->free()函数，释放结果集对象。
- 调用 mysqli_close()函数，释放连接对象。

假定此段代码保存为 FetchData.php。如果没有使用 mysqli_query()函数设置$conn 连接的字符集，则浏览脚本的结果如图 10-2 所示。可以看到，结果中包含的中文都显示为??。正确使用 mysqli_query()函数配置字符集后，浏览脚本的结果如图 10-3 所示。

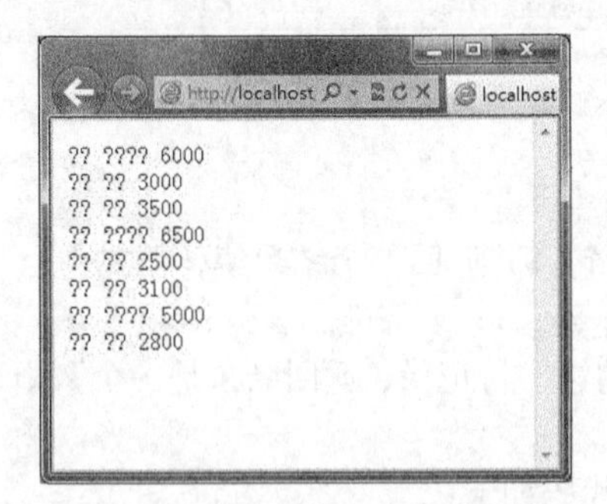

图 10-2 显示中文时出现乱码

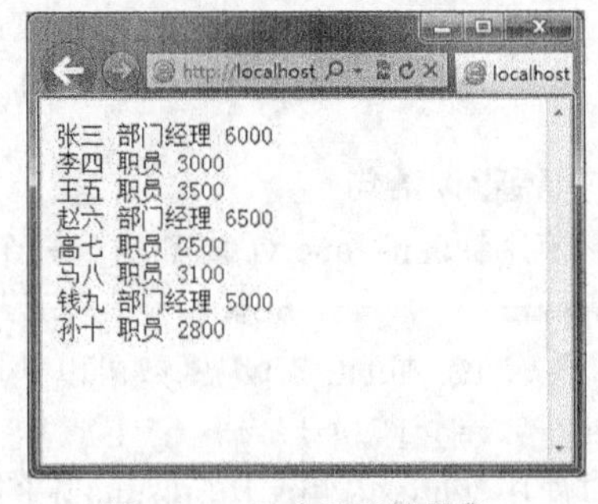

图 10-3 正确显示结果集

3. 同时执行多个查询语句

使用 mysqli_multi_query()函数或$conn->multi_query()函数可以一次执行多个 SQL 语句。调用

$conn->store_result()函数可以获取到一个 SELECT 语句的结果集，使用$conn->next_result()函数可以获取到下一个结果集。在执行多个查询语句时，处理结果集需要使用两个循环语句，一个用于处理不同的结果集，另一个用于处理指定结果集中的记录。

【例 10-4】　一个使用$conn->multi_query()函数同时执行两个 SELECT 语句，分别查询员工姓名和部门名称的示例程序。

```
<?php
    $conn = mysqli_connect("localhost", "root", "pass", "MySQLDB");
    if (empty($conn)) {
        die("mysqli_connect failed: " . mysqli_connect_error());
    }
    mysqli_query($conn, "SET NAMES gb2312");
    $query = "SELECT EmpName FROM Employees;";
    $query .= " SELECT DepName FROM Departments;";
    if ($conn->multi_query($query)) {
        do {
            if ($result = $conn->store_result()) {
                while ($row = $result->fetch_row()) {
                    echo($row[0] . "<br>");
                }
                $result->close();
            }
        } while ($conn->next_result());
    }
    $conn->close();
?>
```

程序的运行过程如下。

- 首先调用 mysqli_connect()函数，创建到 MySQLDB 数据库的连接对象$conn。
- 如果$conn 为空，则调用 mysqli_connect_error()函数，输出错误信息。
- 调用 mysqli_query()函数，设置$conn 连接的字符集为 utf8。注意，这条语句很重要，如果不使用此语句，则在显示中文时会出现乱码。
- 设置变量$query 的值为两个 SELECT 语句，分别从表 Employees 和表 Departments 中获取数据。
- 调用$conn->multi_query()函数，执行变量$query 中保存的两个 SELECT 语句。
- 使用 while 语句处理不同的结果集，调用$conn->store_result()函数获取当前的结果集，调用$conn->next_result()函数移动至下一个结果集。
- 使用 while 语句循环处理结果集$results 中的记录，调用 fetch_row()函数可以获取一条记录，结果保存在数组变量$row 中。在 while 语句中使用 echo()函数显示数组变量$row 中的元素。
- 调用$results->free()函数，释放结果集对象。
- 调用 mysqli_close()函数，释放连接对象。

假定此段代码保存为 multi-query.php，浏览脚本的结果如图 10-4 所示。

可以看到，在页面中显示了所有员工姓名和部门名称。

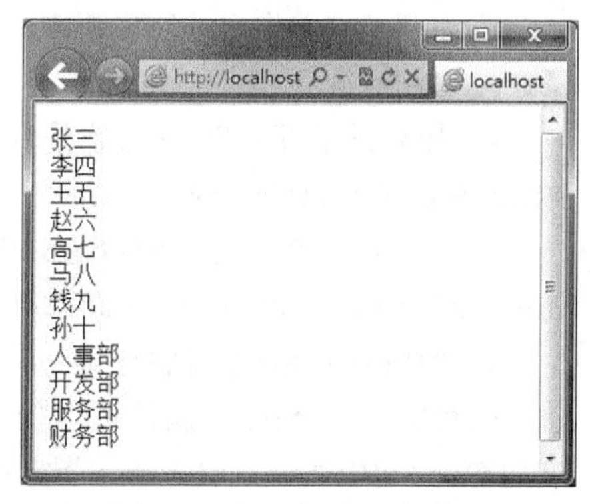

图 10-4　例 10-4 的运行结果

10.1.3 分页显示结果集

如果在网页中显示的数据量过大，会导致网页结构变形，所以绝大多数网页都采用分页显示模式。分页显示就是指定每页可以显示的记录数量，并通过单击“第一页”按钮、“上一页”按钮、“下一页”按钮和“最后一页”按钮等翻页链接打开其他页面。

要实现分页显示，需要解决下面的问题。

1. 获取结果集中的记录数

可以在 SELECT 语句中使用 COUNT()函数获取结果集中的记录数量，代码如下：

```
SELECT COUNT(1) FROM 表名
```

假定获取记录数量保存在变量$RecordCount 中。

2. 设置每页显示记录的数量

假定使用变量$PageSize 来保存每页显示记录的数量，它的值由用户根据需要自行设置，可以直接通过赋值语句来实现。例如，设置每页显示 20 条记录，可以使用下面的语句：

```
$PageSize = 20;
```

3. 获取总页面数量

可以通过$RecordCount 和$PageSize 两个数据计算得到总页面数量$PageCount，方法如下：

```
if( $RecordCount ){
    //如果记录总数量小于每页显示的记录数量，则只有一页
    if( $RecordCount < $PageSize ){
        $PageCount = 1;
    }
  //取记录总数量不能整除每页显示记录的数量，则页数等于总记录数量除以每页显示记录数量的结果取整再加 1
    if( $RecordCount % $PageSize ){
        $PageCount = (int)($RecordCount / $PageSize) + 1;
    }
    else {    //如果没有余数，则页数等于总记录数量除以每页显示记录的数量
        $PageCount = $RecordCount / $PageSize;
    }
}
else{  // 如果结果集中没有记录，则页数为 0
    $PageCount = 0;
}
```

计算方法描述如下。

- 如果结果集中没有记录，则$PageCount 等于 0。
- 如果结果集中记录的数量$RecordCount 小于页面中显示的记录数量$PageSize，则页面数量$PageCount 等于 1。
- 如果结果集中记录的数量$RecordCount 是$PageSize 的整数倍，则$PageCount 等于$RecordCount 除以$PageSize 的结果。
- 如果结果集中记录的数量$RecordCount 不是$PageSize 的整数倍，则$PageCount 等于$RecordCount 除以$PageSize 的结果取整后加 1。

4. 如何显示第 *n* 页中的记录

虽然使用 PageSize 属性可以控制每页显示的记录数，但是要显示那些记录呢？可以在 SELECT 语句中使用 LIMIT 子句指定查询记录的范围，其使用方法如下：

```
SELECT * FROM 表名 LIMIT 起始位置, 显示记录数量
```

例如，要获取第$Page 页中的记录，可以使用下面的语句：

```
SELECT * FROM 表名 LIMIT ($Page-1) * $PageSize, $PageSize
```

5. 如何通知脚本要显示的页码

可以通过传递参数的方式通知脚本程序显示的页码。假定分页显示记录的脚本为 viewPage.php，传递参数的链接如下：

```
http://localhost/viewPage.php?page=2
```

参数 page 用来指定当前的页码。在 viewPage.php 中，使用下面的语句读取参数：

```
$page = $_GET['page'];
if($page <= 0)
   $page = 1;
```

变量$page 中就保存了当前的页码。使用变量$page 还可以定义翻页链接。“第一页”链接的代码如下：

```
echo(" <a href=viewPage.php?page=1>第一页</a> ");
```

“上一页”链接的代码如下：

```
echo(" <a href=viewPage.php?page=" . ($page-1) . ">上一页</a> ");
```

“下一页”链接的代码如下：

```
        echo(" <a href=viewPage.php?page=" . ($page+1) . ">下一页</a> ");
```

“最后一页”链接的代码如下：

```
echo(" <a href=viewPage.php?page=" . $PageCount . ">最后一页</a> ")
```

比较完美的网页程序中，还需要根据当前的页码对翻页链接进行控制。如果当前页码是 1，则取消“第一页”和“上一页”的链接；如果当前页码是最后一页，则取消“下一页”和“最后一页”的链接。

【例 10-5】 下面是演示分页显示记录的完整代码：

```
<HTML>
<HEAD><TITLE>分页显示记录</TITLE>
<meta http-equiv="Content-Type" content="text/html; charset=utf-8" />
</HEAD>
<BODY>
<?PHP
    // 获取当前页码
     $page = $_GET['page'];
     if($page == 0)
         $page = 1;

     $PageSize = 3;          // 为了演示分页效果
     // 连接到数据库
     $conn = mysqli_connect("localhost", "root", "pass", "MySQLDB");
    if (empty($conn)) {
       die("mysqli_connect failed: " . mysqli_connect_error());
    }
     //执行 SELECT 语句，获取表 Employees 的记录总数
     $sql = "SELECT COUNT(1) FROM Employees";
    $results = $conn->query($sql);
     $row = $results->fetch_row();
     $RecordCount = $row[0];
     //////////////
```

```
        // 计算总页数//
        /////////////
        if( $RecordCount ){
            //如果记录总数量小于每页显示的记录数量，则只有一页
            if( $RecordCount < $PageSize ){
                $PageCount = 1;
            }
            //取记录总数量不能整除每页显示记录的数量，则页数等于总记录数量除以每页显示记录数量的结果取
整再加 1
            if( $RecordCount % $PageSize ){
                $PageCount = (int)($RecordCount / $PageSize) + 1;
            }
            else {     //如果没有余数，则页数等于总记录数量除以每页显示记录的数量
                $PageCount = $RecordCount / $PageSize;
            }
        }
        else{  // 如果结果集中没有记录，则页数为 0
            $PageCount = 0;
        }
        // 设置中文字符集
        mysqli_query($conn, "SET NAMES gb2312");
        echo("<BR>当前页码 :" . $page . "/" . $PageCount);

    ?>
    <table width="449" border="1">
      <tr>
        <td>员工姓名</td>
        <td>职务</td>
        <td>工资</td>
      </tr>
    <?PHP
        // 循环显示当前页的记录
        $sql = "SELECT EmpName, Title, Salary FROM Employees LIMIT " . ($page-1) * $PageSize .
"," . $PageSize;
        $results = $conn->query($sql);
        while($row = $results->fetch_row())  {
            echo("<tr>");
            echo("<td>" . $row[0] . " </td>");
            echo("<td>" . $row[1] . " </td>");
            echo("<td>" . $row[2] . " </td>");
            echo("</tr>");
        }
        // 关闭连接
        mysqli_close($conn);
        // 显示分页链接
        if($page == 1)
            echo("第一页 ");
        else
            echo(" <a href=viewPage.php?page=1>第一页</a> ");
        // 设置“上一页”链接
        if($page == 1)
```

```
        echo(" 上一页 ");
    else
        echo(" <a href=viewPage.php?page=" . ($page-1) . ">上一页</a> ");
    // 设置“下一页”链接
    if($page == $PageCount)
        echo(" 下一页 ");
    else
        echo(" <a href=viewPage.php?page=" . ($page+1) . ">下一页</a> ");
    //设置“最后一页”链接
    if($page == $PageCount)
        echo(" 最后一页 ");
    else
        echo(" <a href=viewPage.php?page=" . $PageCount . ">最后一页</a> ")
?>
</table>
</BODY>
</HTML>
```

程序中添加了比较详细的注释，请读者参照理解。假定这段代码保存为 viewPage.php，查看第一页记录的界面如图 10-5 所示。

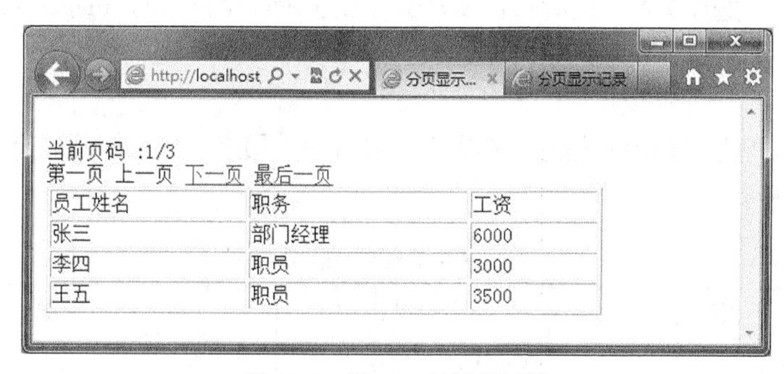

图 10-5　例 10-5 的运行结果

10.2　设计“网络留言板”实例

很多网站都拥有自己的留言板，用于实现访问者与管理者之间的交流和沟通。简单的留言板可以通过文件存储的方式实现，而复杂的留言板则需要有后台数据库的支持。本节介绍一个由 PHP + MySQL 开发的网络留言板，本实例保存在下载源代码的“10\book”目录下。

10.2.1　系统功能分析及数据库设计

网络留言板需要有一个系统管理员用户，负责维护和管理留言板的内容，回复访问者提出的问题。本实例假定系统管理员用户为 Admin，默认密码为 pass。

访问者无须登录就可以通过本系统留言，而且可以查看所有公开的留言内容（只给管理员查看的信息除外）。

Admin 用户可以对留言信息进行管理，包括删帖、发布公告等。公告信息始终显示在留言板的最上方，即通常所说的置顶信息。

本实例使用的数据库为 book。数据库中包含以下两个表。

1. 表 Content

表 Content 用来保存留言的标题和内容，表结构如表 10-3 所示。

表 10-3 表 Content 的结构

编号	字段名称	数据结构	说 明
1	ContId	INT	留言 ID 号，主键
2	Subject	VARCHAR(200)	留言标题
3	Words	VARCHAR(1000)	留言内容
4	UserName	VARCHAR(50)	留言人姓名
5	Face	VARCHAR(50)	脸谱图标文件名
6	Email	VARCHAR(50)	电子邮件
7	Homepage	VARCHAR(50)	主页
8	CreateTime	DATETIME	创建日期和时间
9	UpperId	INT	上级留言 ID，如果不是回帖，则 UpperId = 0

本实例支持用户选择头像，所有头像图片保存在应用程序目录的 images 目录下，Logo 字段中只保存文件名，不必包含路径信息。

2. 表 Users

表 Users 用来保存系统用户信息，本实例中只有一个用户，即系统管理员 Admin。表 Users 的结构如表 10-4 所示。

表 10-4 表 Users 的结构

编号	字段名称	数据结构	说 明
1	UserName	VARCHAR(50)	用户名
2	UserPwd	VARCHAR(50)	密码
3	ShowName	VARCHAR(50)	显示名称

创建数据库的脚本如下：

```
CREATE DATABASE IF NOT EXISTS book
COLLATE 'gb2312_chinese_ci';

USE book;
CREATE TABLE IF NOT EXISTS Users (
UserName VARCHAR(50) PRIMARY KEY,
UserPwd VARCHAR(50),
ShowName VARCHAR(50));

CREATE TABLE IF NOT EXISTS  Content (
ContId  INT  AUTO_INCREMENT  PRIMARY KEY,
Subject VARCHAR(200)  NOT NULL,
Words  VARCHAR(1000) NOT NULL,
UserName  VARCHAR(50)  NOT NULL,
Face  VARCHAR(50),
Email  VARCHAR(50),
Homepage  VARCHAR(50),
```

```
CreateTime  DATETIME,
UpperId  INT
);
INSERT INTO Users VALUES('admin', 'pass', 'admin');
```

此段脚本保存为下载源代码的 10\book\book.sql。默认的管理员用户为 admin，密码为 pass。

10.2.2 定义数据库访问类

为了体现出面向对象的程序设计思路，本书实例中将每个表的数据库操作都封装到类中，类与表同名。

本实例中包含两个表，即表 Users 和表 Content。因此创建 Users 和 Content 两个类，它们保存在下载源代码的“10\book\Class”目录下。

类 Users 的成员函数如表 10-5 所示。

表 10-5　　类 Users 的成员函数

函数名	说明
__construct	连接到数据库 book，连接对象为$conn
__destruct	关闭$conn 中保存的数据库连接
exists($user)	判断指定的用户名是否存在，参数$user 表示用户名
verify($user, $pwd)	判断指定的用户名和密码是否存在，参数$user 表示用户名，参数$pwd 表示密码
insert	将当前对象的成员变量数据保存到表 Users 中
updateShowName()	更新 ShowName 字段
updatePassword()	更新密码字段
delete()	删除用户记录

类 Content 的成员函数如表 10-6 所示。

表 10-6　　类 Content 的成员函数

函数名	说明
__construct	连接到数据库 book，连接对象为$conn
__destruct	关闭$conn 中保存的数据库连接
GetInfo	获取留言的内容，参数$Id 表示留言记录编号
GetRecordCount	返回表 Content 中的记录总数量
insert	插入新记录
delete	删除留言记录，参数$Id 表示留言记录编号
load_content_byUpperid	获取指定留言的回复留言记录，参数$uid 表示指定留言记录的编号
load_content_byPage	获取指定页码中的留言记录，参数$pageNo 表示指定的页码，参数$pageSize 表示页面中显示留言记录的数量

本章稍后将结合具体的使用来介绍这些代码。

10.2.3 设计留言板的主页

留言板的主页为 index.PHP。普通用户和管理员的权限不同，普通用户不需要登录，即可以查看所有留言，或使用本系统留言。留言板主页的界面如图 10-6 所示。

图 10-6　留言板首页

主页最基本的功能显示所有的留言信息，首先需要准备要显示的留言记录集，主要代码如下：

```
<?PHP
    $UserName = $_POST['UserName'];
    if($UserName != "")
        include('ChkPwd.php');  // 检查用户名和密码
    include('Show.php');   // 引用显示留言内容的函数
    include('Class\Content.php');  // 引用 Content 类的定义
    $objContent = new Content();   // 定义 Content 对象，用于访问表 Content
    $pageSize = 5; // 设置每页显示留言记录的数量
    $pageNo = (int)$_GET['Page']; // 获取当前显示的页码
    $recordCount = $objContent->GetRecordCount();
    // 处理不合法的页码
    if($pageNo < 1)
        $pageNo = 1;
    // 计算总页数
    if( $recordCount ){
        //如果记录总数量小于每页显示的记录数量，则只有一页
        if( $recordCount < $pageSize ){
            $pageCount = 1;
        }
        //取记录总数量不能整除每页显示记录的数量，则页数等于总记录数量除以每页显示记录数量的结果取整再加 1
        if( $recordCount % $pageSize ){
            $pageCount = (int)($recordCount / $pageSize) + 1;
        }
        else {    //如果没有余数，则页数等于总记录数量除以每页显示记录的数量
            $pageCount = $recordCount / $pageSize;
```

```
            }
        }
        else{  // 如果结果集中没有记录，则页数为 0
            $pageCount = 0;
        }

        if($pageNo > $pageCount)
            $pageNo = $pageCount;
    ?>
```

程序的主要执行过程如下。

（1）设置每页显示留言记录的数量$pageSize，默认数值为 5。

（2）从参数 Page 中获取当前的页码，保存在变量$pageNo 中。如果没有参数，则页码为 1。

（3）定义 Content 对象 objContent，调用 objContent-> GetRecordCount()获取所有留言记录的总数，保存在变量$pageCount 中。

（4）计算总页数$pageCount，计算方法已经在 10.1.3 小节中介绍，请读者参照理解。

为了让网页中的文字格式统一，这里定义了样式 main，代码如下：

```
<!--
.main       { font-size: 10pt }
-->
```

样式 main 的字体大小为 10pt。在文字上套用样式的代码如下：

```
class = "main"
```

在 index.php 中，显示留言内容和页码控制链接的代码如下：

```
<tr> <td height="161" class="main"> <?PHP ShowList($pageNo, $pageSize); ?> </td></tr>
<tr> <td height="15"> </td></tr>
<tr>
    <td     height="13"     class="main"     background="images/b3.gif">     <?PHP
ShowPage($pageCount, $pageNo); ?></td>
</tr>
```

在上面的程序中，<tr>…</tr>和<td>…</td>用于构造一个表格，并在表格中调用 ShowList()函数显示留言内容，调用 ShowPage()函数显示页码控制链接。关于如何显示留言内容的代码将在 10.2.4 小节介绍。

在主页中，管理员可以输入用户名和密码进行登录，相关表单的定义代码如下：

```
<?PHP
        if(!$_SESSION['Passed'])  {
?>
    <form method="POST" action="<?PHP $_SERVER['PHP_SELF'] ?>" name="myform">
     <font  size="2"> 用 户 名 :  </font><input  type="text"  name="UserName"
size="12">  
    密 码 : <input  type="password"  name="UserPwd"  size="12"> <input  type="submit"
value="登录" name="B1"> 
     <?PHP
        }
        else {
            echo("<b>欢迎管理员光临!</b>");
        }
     ?>
```

表单的处理脚本为$_SERVER['PHP_SELF']，即当前脚本自身 index.php。当$_SESSION['Passed']等于 False 时才输出上面的表单，否则输出“欢迎管理员光临!”。

在 index.php 中，程序首先获取表单域 UserName 的值，如果 UserName 有值，则使用 include() 函数包含 ChkPwd.php 进行身份认证。ChkPwd.php 的代码如下：

```
<?PHP
    include('class\Users.php');        // 包含 Users 类
    $user = new Users();
    session_start();
   //如果尚未定义 Passed 对象，则将其定义为 False，表示没有通过身份认证
   if(!isset($_SESSION['Passed'])) {
        $_SESSION['Passed'] = False;
    }
    // 如果$_SESSION['Passed']=False，则表示没有通过身份验证
    if($_SESSION['Passed']==False) {
        // 读取从表单传递过来的身份数据
    $UserName = $_POST['UserName'];
    $UserPwd = $_POST['UserPwd'];
    if($UserName == "")
            $Errmsg = "请输入用户名和密码";
        else  {
            // 验证用户名和密码
            if(!$user->verify($UserName, $UserPwd))  {
?>

        <script language="javascript">
            alert("用户名或密码不正确!");
        </script>";
        <?PHP
            }
            else  { // 登录成功 ?>
                    <script language="javascript">
            alert("登录成功!");
        </script>
        <?PHP
                $_SESSION['Passed'] = True;
                $_SESSION['UserName'] = $UserName;
                $_SESSION['ShowName'] = $user->ShowName;
                //$_SESSION['ShowName'] = $row[2];
            }
        }
    }
    // 经过登录不成功，则画出登录表单 MyForm
    if(!$_SESSION['Passed'])  {
?>
        <script language="javascript">
          history.go(-1);
        </script>
<?PHP    }  ?>
```

程序调用$user->verify()函数验证用户名和密码，如果通过验证，则将$_SESSION['Passed'] 设置为 True，并将用户名和显示名保存在 Session 变量中。

10.2.4 显示主题留言

本留言板中的留言可以分为两种类型，一种是主题留言，另一种是回复留言。在首页按主题

留言的发表时间显示，而回复留言则在主题留言的内容部分显示。

为了更方便地显示主题留言，本实例在 Show.PHP 中定义了两个函数，即 ShowPage()和 ShowList()。

ShowPage()函数的功能是显示页码信息。因为论坛使用分页显示的方法显示主题留言，所以需要在留言列表的上面显示页码及翻页链接，包括下面的功能：

- 通过下拉菜单使用户可以直接跳转到指定页码的页面；
- 通过“第一页”、“上一页”、“下一页”和“最后一页”超级链接，使用户跳转到指定的页面；
- 显示论坛的当前页码和总页数。

ShowPage()的代码如下：

```
<?PHP
// $recordCount 表示返回结果集中的总页数，$pageNo 表示当前页码
function ShowPage( $pageCount, $pageNo )  {
    echo("<table width=738> <tr> <td align=right class=main>");

    // 显示第一页，如果当前页就是第一页，则不生成链接
    if($pageNo>1)
        echo("<A HREF=index.php?Page=1>第一页</A>  ");
    else
        echo("第一页  ");
    // 显示上一页，如果不存在上一页，则不生成链接
    if($pageNo>1)
        echo("<A HREF=index.php?Page=" . ($pageNo-1) . ">上一页</A>  ");
    else
        echo("上一页  ");
    // 显示下一页，如果不存在下一页，则不生成链接
    if($pageNo<>$pageCount)
       echo("<A HREF=index.php?Page=" . ($pageNo+1) . ">下一页</A>  ");
    else
        echo("下一页  ");
    // 显示最后一页，如果当前页就是最后一页，则不生成链接
    if($pageNo <> $pageCount)
       echo("<A HREF=index.php?Page=" . $pageCount . ">最后一页</A>  ");
    else
        echo("最后一页  ");

    // 输出页码
    echo($pageNo . "/" . $pageCount . "</td></tr></table>");
}
```

ShowPage()有两个参数，$pageCount 表示总页数，$pageNo 表示当前的页码。在显示“第一页”、“上一页”、“下一页”和“最后一页”超级链接时，需要根据$pageNo 的值决定是否显示超级链接。如果当前页是第一页，则“第一页”和“上一页”不显示超级链接；如果当前页是最后一页，则“下一页”和“最后一页”不显示超级链接。这些超级链接都转向到 index.php，并将指定的页码作为参数传递到 Page。

ShowList()函数的功能是以表格的形式主题留言，包括下面的功能：

- 显示主题、作者、创建日期和时间、最后回复日期和时间、人气等信息；
- 优先显示“置顶”的帖子；

- 留言按最后回复日期和时间降序排列，这样最后回复的帖子将出现在最上面。

ShowList()的代码如下：

```
<?PHP
function ShowList( $pageNo, $pageSize )  {
  ?>
<div align="center">
  <center>
  <table border="1" width="738" bordercolor="#3399FF" cellspacing="0" cellpadding="0"
height="46" bordercolorlight="#FFCCFF" bordercolordark="#CCCCFF">

<?PHP
     $existRecord = False;
     $objContent = new Content();
     $results = $objContent->load_content_byPage($pageNo, $pageSize);
     // 使用 while 语句显示所有$results 中的留言数据
     while($row = $results->fetch_row())  {
         $existRecord = True;
?>   <tr>
      <td width="148" height="16" class="main" align=center>  <br>
         <img border="0" src="images/<?PHP echo($row[4]); /* 输出 Face 字段的内容，即头
像文件*/ ?>.gif" width="100" height="100"><br>
       <?PHP echo($row[3]); /* 输出 UserName 字段的值 */?><br><br>
         <a href="<?PHP echo($row[6]); /* 输出 Homepage 字段的值 */?>" target=_blank>
         <img border="0" src="images/homepage.gif" width="16" height="16"></a>
         <a href="mailto:<?PHP echo($row[5]); /* 输出 Email 字段的值 */ ?>">
         <img border="0" src="images/email.gif" width="16" height="16"></a><br>

         <?PHP if($_SESSION["UserName"] <> "")  {?>
             <a    href=newRec.php?UpperId=<?PHP    echo($row[0]);    /*ContId*/    ?>
target=_blank onclick="return newwin(this.href)">回复</a>
             <a   href=deleteRec.php?ContId=<?PHP   echo($row[0]);   /*ContId*/   ?>
target=_blank onclick="return newwin(this.href)">删除</a>
          <?PHP } /* end of if */ ?>
       </td>
      <td width="584" height="16" class="main" align="left" valign="top">
      <br><b>标题:<?PHP echo($row[1]); /* Subject */ ?>     时间: <?PHP
echo($row[7]); /* CreateTime */ ?></b><hr><br>
      <?PHP
             echo($row[2]); /* Words */
             // 下面用于显示所有回复留言
             $content = new Content(); // 定义 Content 对象
             $sub_results = $content->load_content_byUpperid($row[0]);
             while($subrow = $sub_results->fetch_row())  {
                 echo("<BR><BR><BR>"); ?>   
         <img  border="0"  src="images/<?PHP  echo($subrow[4]);  /*  Face  */  ?>.gif"
width="50" height="50">
         <?PHP echo($subrow[3]); /* UserName") */ ?>
         <a href="<?PHP echo($subrow[6]); /*homepage*/ ?>" target=_blank>
           <img border="0" src="images/homepage.gif" width="16" height="16"></a>
           <a href="mailto:<?PHP echo($subrow[5]); /* email */ ?>">
           <img border="0" src="images/email.gif" width="16" height="16"></a> 
  
           <b>     标 题 :<?PHP  echo($subrow[1]);  /*Subject  */?>
```

```
    时间: <?PHP echo($subrow[7]); /* CreateTime */ ?></b><hr><br>
                 <?PHP echo($subrow[2]); /* Words */ ?>

        <?PHP
                } // end of while
         ?>
        </td>
      </tr>
    <?PHP
        } // end of while
        if(!$existRecord)   {
    ?>
      <tr>
        <td width="148" height="16" align=center class="main">没有留言数据</td>
      </tr>
    <?PHP
        }  // end of if
      echo("</table></center></div>");
      } // end of function
    ?>
```

ShowList()函数也有两个参数，$pageSize 表示每页中允许显示的留言记录数量，$pageNo 表示当前的页码。程序定义 Content 类对象 objContent，并调用$objContent->load_content_byPage()函数获取当前页面中包含的留言记录，然后使用 while 语句依次处理并显示每条留言记录。留言记录的显示被分为两个区域，左侧单元格中显示用户头像、姓名、邮箱和主页地址，右侧单元格显示留言主题、留言时间、留言内容和回复留言信息。只有管理员才能回复留言。

objContent->load_content_byPage()函数的代码如下：

```
function load_content_byPage($pageNo, $pageSize)
{
    $sql = "SELECT * FROM Content WHERE UpperId=0 ORDER BY CreateTime DESC LIMIT ".
($pageNo-1) * $pageSize . "," . $pageSize;
    $result = $this->conn->query($sql);
    Return $result;
}
```

程序在 SELECT 语句中使用 LIMIT 关键字指定查询的范围。关于分页显示的具体实现方法可以参照 10.1.3 小节理解。objContent->load_content_byPage()函数值加载非回复的留言（即 UpperId=0），回复留言在显示留言时通过调用$content->load_content_byUpperid()函数加载后显示。

10.2.5　添加新留言

在首页中单击“我要留言”超级链接，可以打开“添加新留言”窗口，如图 10-7 所示。

“我要留言”超级链接的定义代码如下：

```
<a target="_blank" href="newRec.php"  onclick="return newwin(this.href)">我要留言</a>
```

在 index.PHP 中，定义了 JavaScript 函数 newwin()，用于定义新窗口的模式，代码如下：

```
<script language="JavaScript">
function newwin(url) {
  var
newwin=window.open(url,"newwin","toolbar=no,location=no,directories=no,status=no,menub
ar=no,scrollbars=yes,resizable=yes,width=400,height=380");
  newwin.focus();
  return false;
```

```
    }
    </script>
```

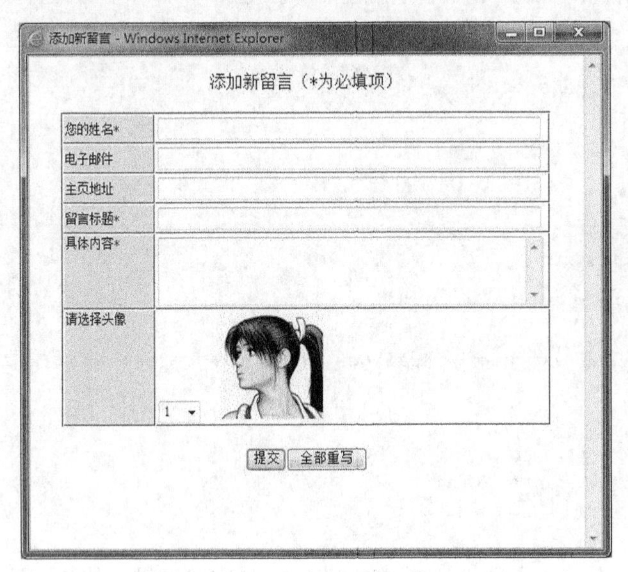

图 10-7 “添加新留言”窗口

从“我要留言”超级链接的定义中可以看到，添加留言的脚本是 newRec.php。在 newRec.php 中，使用表单 formadd 接受用户留言，定义代码如下：

```
    <form   method="POST"   action="recSave.php?UpperId=<%=UpperId%>"   name="formadd"
onsubmit = "return ChkFields()">
```

当用户单击“提交”按钮时，将首先调用 ChkFields()方法进行有效性检查，然后执行 recSave.php?UpperId=<%=UpperId%>存储信息。UpperId 表明当前留言是否是回复留言，如果 UpperId=0，则表示当前留言为新留言，否则 UpperId 为回复留言的编号。

在“添加新留言”窗口中，用户可以使用下拉列表框选择自己的头像，代码如下：

```
    <select size="1" name="logo" onChange="showlogo()">
             <option selected value="1">1</option>
             <option value="2">2</option>
             <option value="3">3</option>
             <option value="4">4</option>
             <option value="5">5</option>
             <option value="6">6</option>
             <option value="7">7</option>
             <option value="8">8</option>
             <option value="9">9</option>
             <option value="10">10</option>
             <option value="11">11</option>
             <option value="12">12</option>
             <option value="13">13</option>
             <option value="14">14</option>
             <option value="15">15</option>
           </select>   <img src="images/1.gif" name="img">
```

下拉列表框的名称为 logo，当用户选择下拉列表框的内容时，触发 JavaScript 函数 showlogo()，改变用户头像。代码如下：

```
    <script language="javascript">
      function showlogo(){
```

```
    document.images.img.src = "images/" + document.formadd.logo.options[document.
formadd.logo.selectedIndex].value + ".gif";
  }
  </script>
```

document 是 JavaScript 对象，表示当前的页面。Document.images.img 表示当前页面中名为 img 的图片组件，src 表示图片的源地址。

document.myform.logo 表示当前页面中表单 myform 的 logo 组件（下拉框），options 表示 logo 的选项，selectedIndex 表示 logo 的当前被选索引，value 表示下拉框的值。

onChange 事件也可以应用于其他组件，如文本框。当用户输入数据时，可以通过程序控制执行相应的操作，如执行某种运算并显示结果，这样可以使网页的功能更强大。

recSave.php 的主要代码如下：

```
<html>
<head>
<title>保存留言信息</title>
</head>
<body>
<?PHP
date_default_timezone_set('Asia/Chongqing'); //系统时间差 8 小时问题
include('Class\Content.php');
    $objContent = new Content();
    // 从参数或表单中接收数据到变量中
    $objContent->UserName = $_POST["name"];
    $objContent->Subject = $_POST["Subject"];
    $objContent->Words = $_POST["Words"];
    $objContent->Email = $_POST["email"];
    $objContent->Homepage = $_POST["homepage"];
    $objContent->Face = $_POST["logo"];
    $objContent->UpperId = $_POST["UpperId"];
    if($objContent->UpperId == "")
        $objContent->UpperId = 0;
    // 获取当前当前时间
    $now = getdate();
    $objContent->CreateTime = $now['year'] . "-" . $now['mon'] . "-" . $now['mday']
        . " " . $now['hours'] . ":" . $now['minutes'] . ":" . $now['seconds'];

    $objContent->insert();
    echo("<h2>信息已成功保存! </h2>");
?>
</body>
<Script language="javascript">
  //打开此脚本的网页将被刷新
  opener.location.reload();
  //停留 800 毫秒后关闭窗口
  setTimeout("window.close()",2800);
</Script>
</html>
```

程序的运行步骤如下。

（1）定义 Content 类对象，用于操作表 Content。

（2）读取表单域到 Content 对象对应的成员变量中。

（3）调用$objContent->insert()函数，保存留言记录。

（4）执行 JavaScript 脚本，刷新打开此窗口的网页（即 index.php），然后关闭此窗口。具体说明如下：

- opener 是 JavaScript 对象，表示打开当前页面的页面；location.reload()函数用于刷新页面；
- setTimeout()是 JavaScript 函数，语法如下：

```
setTimeout (表达式,延时时间)
```

- setTimeout()函数的功能是等候延时时间后，执行表达式；
- window.close()函数指定关闭当前窗口。

10.2.6 回复和删除留言

如果当前用户是管理员，则在主页中显示回复和删除超级链接，如图 10-8 所示。

回复和删除超级链接在 Show.php 中定义，其中“回复”超级链接的定义代码如下：

```
<a href=newRec.php?UpperId=<?PHP echo($row[0]); /*ContId*/ ?> target=_blank
onclick="return newwin(this.href)">回复</a>
```

填写回复留言的脚本也是 newRec.php，UpperId 为当前留言的记录编号。回复留言和添加留言的方法完全相同，读者可以参照 10.2.5 小节理解。

“删除”超级链接的定义代码如下：

```
<a href=deleteRec.php?ContId=<?PHP echo($row[0]); /*ContId*/ ?> target=_blank
onclick="return newwin(this.href)">删除</a>
```

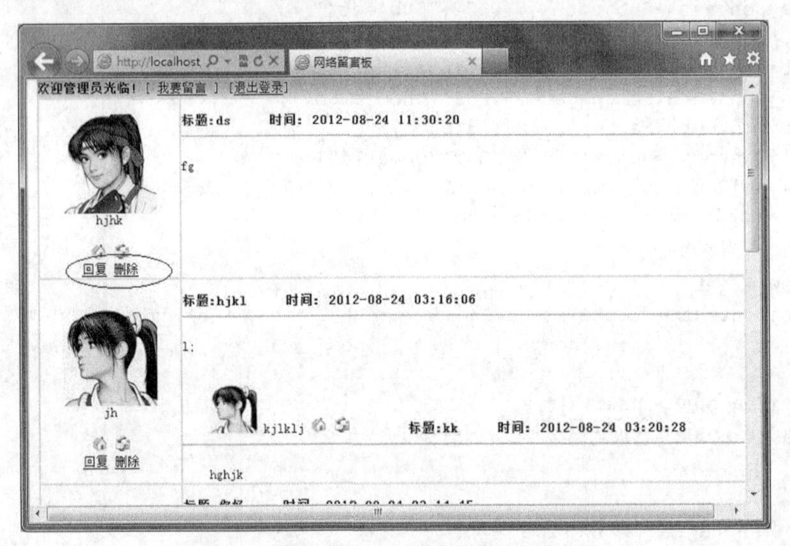

图 10-8 管理员拥有回复和删除留言的权限

删除留言的脚本为 deleteRec.php，主要代码如下：

```
<?PHP
    include('ChkPwd.php');
    include('Class\Content.php');
    $ContId = $_GET["ContId"];              // 获取要删除的留言记录编号
    $objContent = new Content();
    $objContent->delete($ContId);           // 删除留言记录
    echo("已成功删除留言。");
?>
```

```
<Script Language="JavaScript">
  //打开此脚本的网页将被刷新
  opener.location.reload();
  //停留 800ms 后关闭窗口
  setTimeout("window.close()",800);
</Script>
```

这段程序的功能比较简单，即使用参数 ContId 调用$objContent->delete()函数删除指定的留言记录和回复记录。$objContent->delete()函数的代码如下：

```
// 删除指定的留言记录
function delete($Id)
{
     $sql = "DELETE FROM Content WHERE ContId=" . $Id . " OR UpperId=" . $Id;
     $this->conn->query($sql);
}
```

10.3　设计“网络投票系统”实例

投票系统也是比较流行的一种常用 Web 应用系统，通常可以用来统计网友对网站设计或时事新闻的态度。本节介绍一个简单的网络投票系统的设计过程。

10.3.1　系统功能分析及数据库设计

网络投票系统模块的关系如图 10-9 所示。“系统管理员”用户 Admin 可以创建、修改和删除投票项目；普通用户则只能修改自己的用户名和密码。用户只有登录后，才能够实现管理投票项目的功能。由于篇幅所限，本实例不设计用户管理模块，读者可以参照 10.2 小节中的用户管理和登录模块理解。

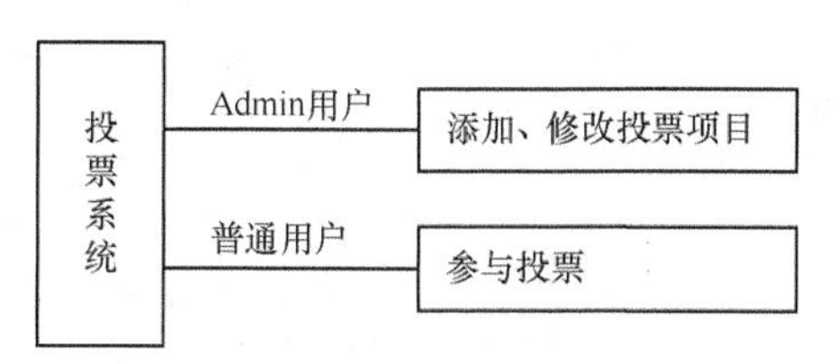

图 10-9　网络投票系统的模块关系图

在设计数据库表结构之前，首先要创建一个数据库。本系统使用的数据库为 Vote。在数据库 Vote 中创建两个表，即表 VoteItem 和表 VoteIP。

表 VoteItem 用来保存需要投票的项目信息，结构如表 10-7 所示。

表 10-7　　表 VoteItem 的结构

编号	字段名称	数据结构	说明
1	Id	INT	项目 ID 号，主键，自动编号
2	Item	VARCHAR(50)	项目名称
3	VoteCount	INT	投票数量，缺省为 0

表 VoteIP 用来保存已经投票的 IP 地址，结构如表 10-8 所示。

表 10-8　　表 VoteIP 的结构

编号	字段名称	数据结构	说 明
1	IP	VARCHAR(50)	IP 地址

创建数据库的脚本如下：

```
CREATE DATABASE IF NOT EXISTS Vote
COLLATE 'gb2312_chinese_ci';

USE Vote;
CREATE TABLE IF NOT EXISTS Users (
    Id  INT  AUTO_INCREMENT  PRIMARY KEY,
    Item VARCHAR(50),
    VoteCount INT
    );

CREATE TABLE IF NOT EXISTS  VoteIP (
    IP  VARCHAR(50)  PRIMARY KEY
);
```

此段脚本保存为下载源代码的 10\Vote\vote.sql。

10.3.2　设计投票项目管理模块

系统管理员可以添加、修改和删除投票项目。设计投票项目管理的文件为 AddItem.PHP，界面如图 10-10 所示。

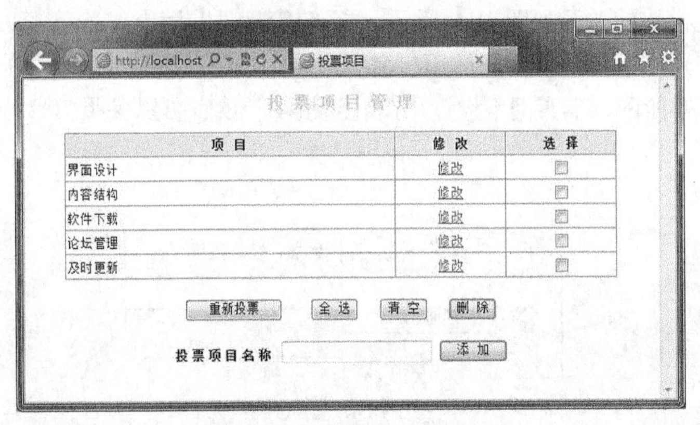

图 10-10　投票项目管理界面

下面对 AddItem.PHP 中的代码进行分析。

1．显示项目

从数据库表 VoteItem 中提取并显示投票项目信息的代码如下：

```
  <table   border="1"   cellspacing="0"   width="90%"      bordercolorlight="#4DA6FF"
bordercolordark="#ECF5FF" style="FONT-SIZE: 9pt">
    <tr>
      <td width="60%" align="center" bgcolor="#FEEC85"><strong>项 目</strong></td>
      <td width="20%" align="center" bgcolor="#FEEC85"><strong>修 改</strong></td>
      <td width="20%" align="center" bgcolor="#FEEC85"><strong>选 择</strong></td>
    </tr>
  <?PHP
```

```
        $hasData = false;      // 记录$results 中是否存在记录
        $results = $obj->load_VoteItem();
        while($row = $results->fetch_row()) {
            $hasData = true;
    ?>
            <tr><td> <?PHP echo($row[1]);?> </td>
            <td        align="center"><a        href="AddItem.php?Oper=update&id=<?PHP
echo($row[0]);?>&name=<?PHP echo($row[1]); ?>">修改</a></td>
            <td   align="center"><input   type="checkbox"   name="voteitem"   id=<?PHP
echo($row[0]); ?>></td> </tr>
    <?PHP
        }
        if(!$hasData) {
    ?>
            <tr><td colspan=3 align=center><font style="COLOR:Red">目前还没有投票项目。
</font></td></tr></table>
    <?PHP } ?>
    </table>
```

程序调用$obj->load_VoteItem()函数获取所有项目，结果集保存在$results 中。然后使用 while 循环语句将$results 中的记录输出到表格中。

2. 读取参数值

url 中参数 oper 表示要执行的操作，参数 id 表示操作的项目编号。获取 url 中参数的代码如下：

```
$Soperate = $_GET["Oper"];  // 操作标记
$Operid = $_GET["id"];    // 项目编号
```

参数 oper 表示的操作如表 10-9 所示。

表 10-9　　参数 oper 表示的操作

参数 Soperate 的值	说明
null	无操作
add	添加记录（单击“添加”按钮时产生）
update	修改记录（单击记录后面的“修改”链接时产生）
edit	修改记录（单击“修改”按钮时产生）
delete	删除记录（单击“删除”按钮时产生）

请结合下面的代码理解这些参数的使用方法。

```
    if($Soperate=="add") {     // 添加项目
        $newTitle = $_POST["txttitle"];
        echo($newTitle);
        // 判断数据库中是否存在此类别
        if($obj->exists($newTitle))
            echo("已经存在此投票项目,添加失败!");
        else {
            $obj->Item = $newTitle;
            $obj->insert();
            echo("投票项目已经成功添加!");
        }
    }
    elseif($Soperate == "edit")  { // 修改项目
```

```
        $newTitle = $_POST["txttitle"];
        $orgTitle = $_POST["sOrgTitle"];
        echo("newTitle : " . $newTitle . " orgTitle: " . $orgTitle);
        // 如果新类别名称和旧的不同则执行
        if($newTitle<>$orgTitle)  {
            // 判断数据库中是否存在此类别
            if($obj->exists($newTitle))
                echo("已经存在此投票项目,添加失败!");
            else {
                $obj->updateItem($newTitle, $Operid);
                echo("投票项目已经成功修改!");
            }
        }
    }
    elseif($Soperate=="delete")  {      // 删除项目
        $obj->delete($Operid);
        echo("投票项目已经成功删除!");
    }
```

3. 添加项目

单击“添加”按钮，可以添加新的投票项目，并且提交表单。表单提交代码如下：

```
<form name="AForm" method="post" action="AddItem.PHP?Oper=add">
```

可以看到，提交数据后的处理脚本还是 AddItem.PHP，参数 Oper 等于 add 表示添加数据，对应的处理代码如下：

```
    if($Soperate=="add") {     // 添加项目
        $newTitle = $_POST["txttitle"];
        echo($newTitle);
        // 判断数据库中是否存在此类别
        if($obj->exists($newTitle))
            echo("已经存在此投票项目,添加失败!");
        else {
            $obj->Item = $newTitle;
            $obj->insert();
            echo("投票项目已经成功添加!");
        }
    }
```

4. 修改项目

单击“修改”按钮，可以修改指定的投票项目，并且提交表单。表单提交代码如下：

```
<form name="UFrom" method="post" action="AddItem.php?id=<?PHP echo($Operid); ?>&Oper=
edit">
```

可以看到，提交数据后的处理脚本还是 AddItem.PHP，参数 Oper 等于 edit 表示修改数据，对应的处理代码如下：

```
    if($Soperate=="add") {     // 添加项目
        ......
    }
    elseif($Soperate == "edit")   { // 修改项目
        $newTitle = $_POST["txttitle"];
        $orgTitle = $_POST["sOrgTitle"];
        echo("newTitle : " . $newTitle . " orgTitle: " . $orgTitle);
        // 如果新类别名称和旧的不同则执行
```

```
            if($newTitle<>$orgTitle)  {
                // 判断数据库中是否存在此类别
                if($obj->exists($newTitle))
                    echo("已经存在此投票项目,添加失败!");
                else {
                    $obj->updateItem($newTitle, $Operid);
                    echo("投票项目已经成功修改!");
                }
            }
        }
```

5. 删除项目

按钮“全选”和按钮“清空”代码如下：

```
<input type="button" value="全 选" onclick="sltAll()">
<input type="button" value="清 空" onclick="sltNull()">
```

JavaScript 函数 sltAll()和 sltNull()代码如下：

```
// 全部选择
function sltAll() {
  var nn = self.document.all.item("voteitem");
  for(j=0;j<nn.length;j++) {
    self.document.all.item("voteitem",j).checked = true;
  }
}
// 全部清空
function sltNull() {
  var nn = self.document.all.item("voteitem");
  for(j=0;j<nn.length;j++) {
    self.document.all.item("voteitem",j).checked = false;
  }
}
```

删除项目是通过选中复选框，单击“删除”按钮完成的。代码如下：

```
<input type="submit" value="删 除" name="tijiao" onclick="SelectChk()">
```

SelectChk()是 JavaScript 函数，功能是得到要删除的项目的编号，然后删除项目。代码如下：

```
// 选择要删除的项目后，提交表单
function SelectChk(){
  var s=false;
  var voteitemid,n=0;
  var strid,strurl;
  var nn = self.document.all.item("voteitem");
  for (j=0;j<nn.length-1;j++) {
    if (self.document.all.item("voteitem",j).checked){
      n = n + 1;
      s=true;
      voteitemid = self.document.all.item("voteitem",j).id+"";
      if(n==1)
        strid = voteitemid;
      else
        strid = strid + "," + voteitemid;
    }
  }
  strurl = "AddItem.PHP?Oper=delete&id=" + strid;
  if(!s) {
```

```
        alert("请选择要删除的投票项目！");
        return false;
      }
      if ( confirm("你确定要删除这些投票项目吗？")) {
        form1.action = strurl;
        form1.submit();
      }
    }
```

可以看到，提交数据后的处理脚本还是 AddItem.PHP，参数 Oper 等于 delete 表示删除数据，对应的处理代码如下：

```
        if($Soperate=="add") {     // 添加项目
            ……
         }
         elseif($Soperate == "edit")   { // 修改项目
            ……
         }
         elseif($Soperate=="delete")  {      // 删除项目
             $obj->delete($Operid);
             echo("投票项目已经成功删除!");
         }
```

6. 重新投票

单击“重新投票”按钮，程序将清空投票数据。“重新投票”按钮的定义代码如下：

```
    <input  type="button"  name="revote"  value="  重 新 投 票   "  onclick="return
newwin('ReVote.php')">
```

重新投票的页面为 ReVote.PHP。重新投票就是把所有的投票项目的投票数量改为 0，而且删除所有投过票的 IP 地址。代码如下：

```
    <?PHP
        include('Class\VoteItem.php');
        $objItem = new VoteItem();
        $objItem->clearCount();          // 清空计数
        include('Class\VoteIP.php');
        $objIP = new VoteIP();
        $objIP->deleteAll();                    // 删除投票的 IP
      echo("系统重新投票！");
    ?>
```

$objItem.ClearCount()函数的代码如下：

```
    function clearCount() {
        $sql = "UPDATE VoteItem Set VoteCount=0 WHERE Id>0";
        $this->conn->query($sql);
    }
```

函数中执行 UPDATE 语句，将 VoteCount 字段的值设置为 0。

$objIP->deleteAll()函数的代码如下：

```
    // 删除所有的投票 IP
    function deleteAll() {
        $sql = "DELETE FROM VoteIP";
        $this->conn->query($sql);
    }
```

函数中执行 DELETE 语句，删除 VoteIP 表中的所有数据。

10.3.3　投票界面设计

投票界面为 index.php 文件，如图 10-11 所示。

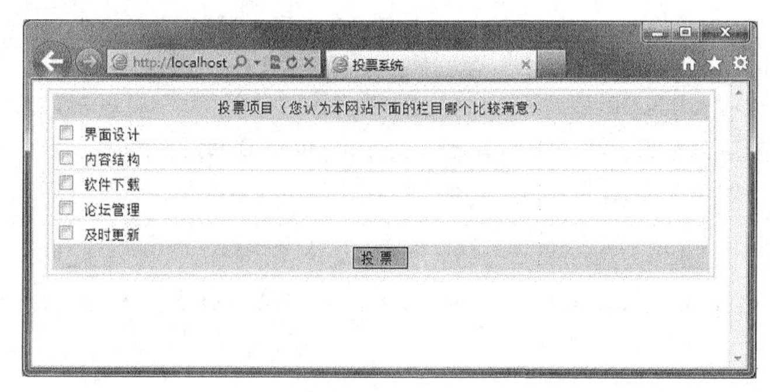

图 10-11　index.php 的运行页面

首先判断是否存在投票项目，如果存在就加载项目。代码如下：

```
<?PHP
    $isvoted = 0;

    include('Class\VoteIP.php');
    include('Class\VoteItem.php');
    $objItem = new VoteItem();
    $ItemCount = $objItem->getItemCount();
    if($ItemCount == 0)
        echo("现在没有投票项目");
    else {
        $results = $objItem->load_VoteItem();
        ……
?>
```

程序调用$objItem->getItemCount()函数返回表 VoteItem 中的项目数量。如果项目数量等于 0，则输出“现在没有投票项目”，否则执行下面的内容。

程序会判断当前 IP 地址是否已经投过票，如果没有投过票，则使用 while 语句显示所有项目和用于投票的复选框。代码如下：

```
<?PHP
    //取得当前投票人的 ip 地址，判断是否已经投票完毕
    $ip = $_SERVER["REMOTE_ADDR"];
    $objIP = new VoteIP();
    if($objIP->exists($ip))
        $isvoted = 1;

    while($row = $results->fetch_row())  {
?>
    <tr><td bgcolor="#FFFFFF">
    <?PHP if($isvoted==0) { // 如果没有投过票，则显示复选框 ?>
    <input type="checkbox" name="poster" id="<?PHP echo($row[0]); ?>">
    <?PHP
        } // end of if
      echo($row[1]); ?></td>
   </tr>
<?PHP
```

```
        } // end of while
    ?>
```

如果已经投票（变量$isvoted 为 1），则显示“查看投票结果”超链接；否则显示投票按钮。代码如下：

```
    <?PHP
            // 判断是否已经投票完毕
            if($isvoted==1)  {  ?>
                您已经投过票了  <a href=default.php onclick="return newwin(this.
href)"><font color=blue>查看投票结果</font></a>
        <?php   }
            else {
            ?>  <input class=submit type=submit value="投 票 " name=submit onclick="return
SelectChk();">
        <?php   }
         ?>
```

这是一个可以选择多项的投票系统，在 JavaScript 函数 SelectChk()中取得被投票项目信息并提交。代码如下：

```
    //取得被投票项目的编号，打开新窗口，查看投票结果
    function SelectChk(){
      var s=false;
      var voteitemid,n=0;
      var strid,strurl;
      var nn = self.document.all.item("poster");
      var j;
      for (j=0;j<nn.length;j++) {
        if (self.document.all.item("poster",j).checked) {
          n = n + 1;
          s=true;
          voteitemid = self.document.all.item("poster",j).id+"";
          if(n==1)
            strid = voteitemid;
          else
            strid = strid + "," + voteitemid;
        }
      }
      strurl = "postvote.php?cid=" + strid;
      if(!s) {
        alert("请选择投票项目!");
        return false;
      }

window.open(strurl,"newwin","toolbar=no,location=no,directories=no,status=no,menubar=n
o,scrollbars=yes, resizable=yes,width=400,height=300");
      return false;
    }
```

投票提交给 postvote.php 文件，postvote.php 会重新取得投票人的 IP 地址，并判断表 VoteIP 中是否存在此 IP 地址，如果没有，则插入此 IP 地址，并给被投票的项目数值分别加 1。代码如下：

```
    <?PHP
       $ip = $_SERVER["REMOTE_ADDR"];  //取得投票人的 IP 地址
       include('Class\VoteIP.php');
       $objIP = new VoteIP();
```

```
        // 如果表中没有投过票，则插入记录
        if($objIP->exists($ip))  {
            echo("你已经投过票了，不得重复投票！");
        }
        else {
            $objIP->IP = $ip;
            $objIP->insert();
            // 投票项目数量加 1
            $ids = $_GET["cid"];
            include('Class\VoteItem.php');
            $objItem = new VoteItem();
            $objItem->updateCount($ids);
            echo("已成功投票");
        }
?>
```

$objIP->exists()函数用于判断指定 IP 地址是否已经参与投票，代码如下：

```
// 判断指定 IP 是否存在
function exists($_ip)
{
    $result = $this->conn->query("SELECT * FROM VoteIP WHERE IP='" . $_ip . "'");
    if($row = $result->fetch_row())
        return true;
    else
        return false;
}
```

$objItem-> updateCount()函数用于将指定编号的项目投票数量加 1，代码如下：

```
function updateCount($Ids) {
    $sql = "UPDATE VoteItem SET VoteCount=VoteCount+1 WHERE Id IN (" . $Ids . ")";
    $this->conn->query($sql);
}
```

投过票后再回到 index.php，看到的页面如图 10-12 所示。

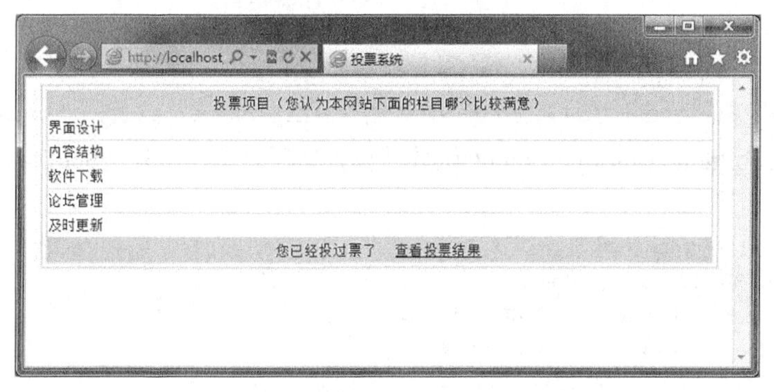

图 10-12　投票后的 index.PHP 界面

投票后的可以查看投票结果，链接的代码如下：

```
<a href=default.php  onclick=""return newwin(this.href)"">查看投票结果</a>
```

newwin()是一个打开新窗口的函数，就是打开 default.PHP 页面。代码如下：

```
function newwin(url) {
  var oth="toolbar=no,location=no,directories=no,status=no,menubar=no,"
  oth = oth + "scrollbars=yes,resizable=yes,left=200,top=200";
```

```
    oth = oth + ",width=400,height=300";
    var newwin=window.open(url,"newwin",oth);
    newwin.focus();
    return false;
}
```

default.PHP 页面用于显示投票结果，可以查看投票结果和投票比率，如图 10-13 所示。

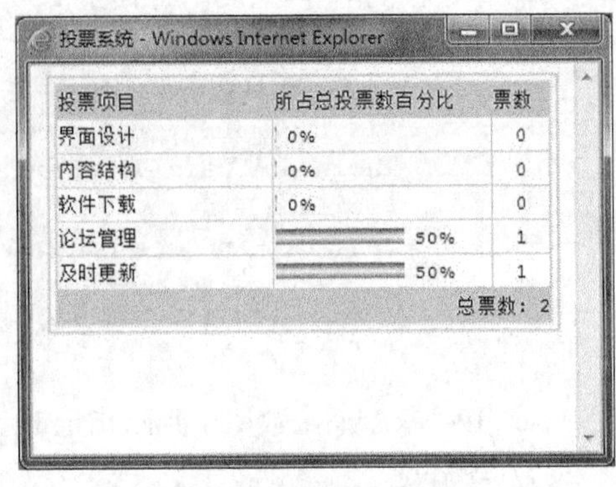

图 10-13　查看投票结果

投票数百分比的计算代码如下：

```
<?PHP
     // 取得这批投票总数
     include('Class\VoteItem.php');
     $objItem = new VoteItem();
     $total = $objItem->SumItemCount();

     // 取得每个投票项目信息
     $results = $objItem->load_VoteItem();
     while($row = $results->fetch_row())  {
          if($total == 0)
               $itotal = 1;
          else
               $itotal = $total;

          // 计算每个投票项目百分比图片长度
          $imgvote = (int)$row[2] * 170 / $itotal;
?>

     <tr><td bgcolor="#FFFFFF"><?PHP echo($row[1]);?></td>
     <td colspan="2" bgcolor="#FFFFFF">
        <img  src=images/bar1.gif  width=<?PHP  echo($imgvote);  ?>  height=10><font
style="font:7pt" face="Verdana">
        <?PHP echo((int)$row[2]*100/$itotal); ?>%</font></td>
    <td bgcolor="#FFFFFF" align="center"><?PHP echo($row[2]); ?></td>
    </tr>
<?PHP } // end of while ?>
     <tr> <td colspan="2" align="left"></td>
      <td colspan="2" align="right">总票数: <?PHP echo($total); ?></td>
```

程序中调用$objItem->SumItemCount()函数计算投票项目的总数量，SumItemCount()函数的代码如下：

```
function SumItemCount() {
     $sql = "SELECT Sum(VoteCount) FROM VoteItem";
     $results = $this->conn->query($sql);
     if($row = $results->fetch_row())
          Return (int)$row[0];
     else
          Return 0;
}
```

变量$imgvote 用于标识进度图片的宽度，其计算公式如下：

```
$imgvote = (int)$row[2] * 170 / $itotal;
```

这里指定图片的总长度为 170，$row[2]是表 VoteItem 的第 3 个元素（第 1 个元素为$row[0]），即 VoteCount 的值，变量$itotal 表示记录得到的总投票数量。

10.4 设计“网站流量统计系统”实例

网站流量是网站管理员最关心的问题之一，包括网站访问数量、访问者来自何方、哪段时间访问网站的客户多一些。网站流量统计系统可以帮助网站管理员解答这些问题。

10.4.1 系统功能分析及数据库设计

网站流量统计系统包含以下主要模块。

- 访问者基本信息。
- 网站综合信息。
- 最近 20 名访问者信息。
- 按月访问量统计。
- 按年访问量统计。

本系统只对运行的网站进行流量统计，网站的基本信息在系统初始化时，被直接写入到数据库中，没有编辑网站基本信息的网页。

本系统使用的数据库为 FluxStat，在数据库 FluxStat 中需要创建 3 个表，即表 WebInfo、表 Visitors 和表 FluxStat。

1. 表 WebInfo

表 WebInfo 用来保存进行流量统计的网站的基本信息，其结构如表 10-10 所示。

表 10-10　　表 WebInfo 的结构

编号	字段名称	数据结构	说 明
1	Id	INT	网站 ID 号，主键，自动增加 1
2	WebName	VARCHAR(50)	网站名称
3	WebURL	VARCHAR(200)	网址
4	StartTime	DATETIME	开始统计时间
5	nTotalNum	INT	总访问量
6	nDayMax	INT	最高日访问量

2. 表 Visitors

表 Visitors 用来保存网站最近的 20 位访问者信息，其结构如表 10-11 所示。

表 10-11　　表 Visitors 的结构

编号	字段名称	数据结构	说 明
1	Id	INT	访问者编号，主键，自动增加 1
2	vTime	DATETIME	访问时间
3	vIP	VARCHAR(50)	IP 地址
4	vOS	VARCHAR(50)	操作系统
5	vExp	VARCHAR(50)	浏览器
6	vRef	VARCHAR(50)	来源

3. 表 FluxStat

表 FluxStat 用来保存网站每天的访问数量，其结构如表 10-12 所示。

表 10-12　　表 FluxStat 的结构

编　号	字段名称	数据结构	说　明
1	Id	VARCHAR(50)	年月编号
2	D1	INT	每月第 1 日访问量
3	D2	INT	每月第 2 日访问量
4	D3	INT	每月第 3 日访问量
5	D4	INT	每月第 4 日访问量
6	D5	INT	每月第 5 日访问量
7	D6	INT	每月第 6 日访问量
8	D7	INT	每月第 7 日访问量
9	D8	INT	每月第 8 日访问量
10	D9	INT	每月第 9 日访问量
11	D10	INT	每月第 10 日访问量
12	D11	INT	每月第 11 日访问量
13	D12	INT	每月第 12 日访问量
14	D13	INT	每月第 13 日访问量
15	D14	INT	每月第 14 日访问量
16	D15	INT	每月第 15 日访问量
17	D16	INT	每月第 16 日访问量
18	D17	INT	每月第 17 日访问量
19	D18	INT	每月第 18 日访问量
20	D19	INT	每月第 19 日访问量
21	D20	INT	每月第 20 日访问量
22	D21	INT	每月第 21 日访问量
23	D22	INT	每月第 22 日访问量
24	D23	INT	每月第 23 日访问量
25	D24	INT	每月第 24 日访问量
26	D25	INT	每月第 25 日访问量
27	D26	INT	每月第 26 日访问量
28	D27	INT	每月第 27 日访问量
29	D28	INT	每月第 28 日访问量
30	D29	INT	每月第 29 日访问量
31	D30	INT	每月第 30 日访问量
32	D31	INT	每月第 31 日访问量
33	MTotalNum	INT	每月总访问量

创建数据库和表的脚本为下载源代码的 10\FluxStat\FluxStat.sql，可以在 phpMyAdmin 中执行此脚本。

10.4.2　定义数据库访问类

为了体现出面向对象的程序设计思路，本书实例中将每个表的数据库操作都封装到类中，类与表同名。

本实例中包含 3 个表，即表 WebInfo、表 Visitors 和表 FluxStat。因此创建 WebInfo、Visitors 和 FluxStat 3 个类，它们保存在下载源代码的 10\FluxStat\Class 目录下。

类 WebInfo 的成员函数如表 10-13 所示。

表 10-13　　类 WebInfo 的成员函数

函 数 名	说　　明
__construct	连接到数据库 book，连接对象为$conn
__destruct	关闭$conn 中保存的数据库连接
insert	插入新记录
delete	删除记录，参数$Id 表示记录编号
GetDayMax	获取日最高访问量
updateDayMax	更新日最高访问量
increaseTotalNum	将总访问量增加 1
getWebInfo	获取网站的基本信息
datediff	计算并返回两个日期之差，单位为天

类 Visitors 的成员函数如表 10-14 所示。

表 10-14　　类 Visitors 的成员函数

函 数 名	说　　明
__construct	连接到数据库 book，连接对象为$conn
__destruct	关闭$conn 中保存的数据库连接
insert	插入新记录
GetRecordCount	获取表中的记录数量
deleteMinRecord	删除编号最小的记录数量
get_latest20	获取最近的 20 个访问者记录，返回结果集

类 FluxStat 的成员函数如表 10-15 所示。

表 10-15　　类 FluxStat 的成员函数

函 数 名	说　　明
__construct	连接到数据库 book，连接对象为$conn
__destruct	关闭$conn 中保存的数据库连接
insert	插入新记录
updateCount	将指定列的值增加 1。参数$col 表示指定的列名，参数$id 表示指定的记录编号

续表

函 数 名	说　明
exists	判断指定记录编号是否存在
GetDn	获取某天的访问量。参数$col 表示指定的列名，参数$id 表示指定的记录编号
GetYears	获取表 FluxStat 中保存的年份列表
load_FluxStat	装入指定月份的统计数据
load_FluxStat_byYear	装入指定年份的统计数据

本章稍后将结合具体的使用来介绍这些代码。

10.4.3 设计函数库

在函数库文件 Function.php 中包含了本实例程序中经常使用的功能函数，下面对它们进行介绍。

1. GetCurrentTime()

以 yyyy-mm-dd hh:MM:ss 返回当前的系统时间，代码如下：

```
function GetCurrentTime()  {
    $cur_time = getdate();
    return $cur_time['year'] . "-" . $cur_time['mon'] . "-" . $cur_time['mday']  . "
" . $cur_time['hours'] . ":" . $cur_time['minutes'] . ":" . $cur_time['seconds'];
}
```

程序调用 getdate()函数获取当前的系统时间，结果保存在$cur_time 数组中。然后将$cur_time 数组中的元素构建成指定格式的字符串，作为函数的返回值。

2. GetExplore()

返回客户端用户使用的浏览器，代码如下：

```
function GetExplore()  {
    $explore = "";
    $Agent = $_SERVER["HTTP_USER_AGENT"];
    // 找到第 1 个;的位置
    $pos = strpos($Agent, ';');
    if($pos < 0)
        return "";

    $explore = substr($Agent, $pos+1, strlen($Agent)-$pos);  // 截取第 1 个分号后面的字
符串
    // 找到第 2 个;的位置
    $pos = strpos($explore, ';');
    // 第 1 个分号和第 2 个分号之间是浏览器信息
    $explore = substr($explore, 0, $pos);
    return $explore;
}
```

使用$_SERVER["HTTP_USER_AGENT"]可以返回访问当前网页的客户端信息。例如，客户端使用的操作系统为 Windows 7，使用的浏览器为 IE 9.0，则$_SERVER["HTTP_USER_AGENT"]的返回值如下：

```
Mozilla/5.0 (compatible; MSIE 9.0; Windows NT 6.1; Trident/5.0)
```

可以看到，字符串的各个部分被分号分隔开。在第 2 个分号和第 3 个分号之间的字符串是浏览器信息。函数 GetExplore()正是获取此字符串，并将其返回。

3. GetOSInfo()

获取操作系统信息，代码如下：

```
function GetOSInfo()  {
    // 在获取客户端的浏览器信息时,包含操作系统信息
    $os="";
    $Agent = $_SERVER["HTTP_USER_AGENT"];
    if (eregi('win',$Agent) && strpos($Agent, '95')) {
        $os="Windows 95";
    }
    elseif (eregi('win 9x',$Agent) && strpos($Agent, '4.90')) {
        $os="Windows ME";
    }
    elseif (eregi('win',$Agent) && ereg('98',$Agent)) {
        $os="Windows 98";
    }
    elseif (eregi('win',$Agent) && eregi('nt 5\.0',$Agent)) {
        $os="Windows 2000";
    }
    elseif (eregi('win',$Agent) && eregi('nt 5\.2',$Agent)) {
        $os="Windows 2003";
    }
    elseif (eregi('win',$Agent) && eregi('nt 5\.1',$Agent)) {
        $os="Windows XP";
    }
    elseif (eregi('win',$Agent) && eregi('nt 6\.1',$Agent)) {
        $os="Windows 7";
    }
    elseif (eregi('win',$Agent) && eregi('32',$Agent)) {
        $os="Windows 32";
    }
    elseif (eregi('win',$Agent) && eregi('nt',$Agent)) {
        $os="Windows NT";
    }
    elseif (eregi('linux',$Agent)) {
        $os="Linux";
    }
    elseif (eregi('unix',$Agent)) {
        $os="Unix";
    }
    elseif (eregi('sun',$Agent) && eregi('os',$Agent)) {
        $os="SunOS";
    }
    elseif (eregi('ibm',$Agent) && eregi('os',$Agent)) {
        $os="IBM OS/2";
    }
    elseif (eregi('Mac',$Agent) && eregi('PC',$Agent)) {
        $os="Macintosh";
    }
    elseif (eregi('PowerPC',$Agent)) {
        $os="PowerPC";
    }
    elseif (eregi('AIX',$Agent)) {
        $os="AIX";
```

```
    }
    elseif (eregi('HPUX',$Agent)) {
        $os="HPUX";
    }
    elseif (eregi('NetBSD',$Agent)) {
        $os="NetBSD";
    }
    elseif (eregi('BSD',$Agent)) {
        $os="BSD";
    }
    elseif (ereg('OSF1',$Agent)) {
        $os="OSF1";
    }
    elseif (ereg('IRIX',$Agent)) {
        $os="IRIX";
    }
    elseif (eregi('FreeBSD',$Agent)) {
        $os="FreeBSD";
    }
    if ($os=='')
        $os = "Unknown";
    return $os;
}
```

eregi()函数用于实现不区分大小写的正则表达式匹配，语法如下：

```
int eregi ( string $pattern , string $string [, array &$regs ] )
```

本函数以$pattern 的规则来解析比对字符串$string。比对结果返回的值放在数组参数 regs 之中，regs[0]内容就是原字符串$string、regs[1]为第一个合乎规则的字符串、regs[2]就是第二个合乎规则的字符串，依此类推。若省略参数 regs，则只是单纯地比对，找到则返回值为 true。

程序同样使用$_SERVER["HTTP_USER_AGENT"]返回访问当前网页的客户端信息，解析其中的操作系统字符串，并将其转换为需要的格式。

在页面中引用此文件作为头文件就可以调用里面的函数，代码如下：

```
Include('Function.php');
```

10.4.4 设计访问者界面

显示访问者信息的界面文件为 Index.php，只要访问者访问此页面，系统就会显示访问者相关的信息，如图 10-14 所示。

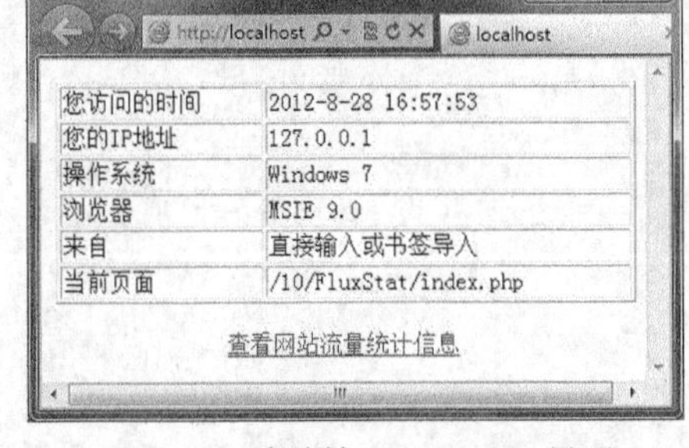

图 10-14 直接输入 Index.php 界面

在“来自”栏中可以看到访问当前网页的来源不同。

获取客户端信息的代码如下：

```
<?PHP
    include('function.php');
    include('Class\Visitors.php');
    $objVisitor = new Visitors();
    // 收集需要统计的信息
   $theurl = $_SERVER['PHP_SELF'];        // 当前
的URL
    $objVisitor->vIP = $_SERVER['REMOTE_ADDR'];       // IP 地址
```

```
    $objVisitor->vOS = GetOSInfo();             // 自定义函数,获取客户端的操作系统
    // 获取浏览器信息
    $objVisitor->vExp = GetExplore();//$arr->parent;
    $objVisitor->vRef = $_SERVER['HTTP_REFERER'];   // 访问前的网址
    if($objVisitor->vRef == "")
      $objVisitor->vRef = "直接输入或书签导入";
    //echo($_SERVER["HTTP_USER_AGENT"]);
    // 获取当前时间
    $objVisitor->vTime = GetCurrentTime();
?>
```

可以使用$_SERVER['PHP_SELF']语句获取当前访问的网页，使用$_SERVER['REMOTE_ADDR']获取客户端的 IP 地址，使用$_SERVER['HTTP_REFERER']获取访问此网页之前的页面。获取浏览器和操作系统的函数已经在 Function.php 中实现。

每次访问者进入 Index.php 界面，系统都要做一次记录，并将记录数据传递给数据库。需要处理的记录包括以下几方面。

1. 添加访问者信息到表 Visitors 中

由于表 Visitors 中只保存 20 条最新记录，所以每次记录访问者信息前需要判断是否为 20 条记录。如果记录总数小于 20，则直接插入数据，否则删除编号最小的记录，然后再插入新记录。代码如下：

```
<?PHP
    $nCount = $objVisitor->GetRecordCount();
    // 保存数据到数据库，数据库中只保存最近访问的 20 条信息
    if($nCount >= 20)
        $objVisitor->deleteMinRecord();     // 如果记录数大于 20,则删除最小的值
    // 保存数据
    $objVisitor->insert();
?>
Visitors->deleteMinRecord()用于删除编号最小的记录，代码如下：
// 删除编号最小的记录
function deleteMinRecord()
{
    $sql = "DELETE FROM Visitors WHERE ID IN (SELECT Max(ID) FROM Visitors)";
    $this->conn->query($sql);
}
```

2. 更新当天访问量和当月访问量

更新数据库表 FluxStat 中当天和当月的访问数量。如果数据库中没有当月信息，则创建新记录。代码如下：

```
<?PHP
    //-----------------------------------
     date_default_timezone_set('Asia/Chongqing'); //系统时间差 8 小时问题
    //更新当天访问量和当月访问量
    $cur_time = getdate();
    $id = $cur_time['year'] . $cur_time['mon']; // 表 FluxStat 中的 Id 字段值
    $col = "D" . $cur_time['mday'];
    // 判断当前月的记录是否存在
```

```
        include('Class\FluxStat.php');
        $objFlux = new FluxStat();
        if(!$objFlux->exists($id))  {
            // 没有则插入记录
            $objFlux->Id = $id;
            $objFlux->insert();
        }
        else {
            $objFlux->updateCount($col, $id);
        }
    ?>
```

变量$id 表示当前年份和月份组成的记录编号，变量$col 表示当前系统时间中的日期数字。程序首先调用$objFlux->exists($id)函数，判断当前月份的流量记录是否存在，如果不存在，则插入记录，否则调用$objFlux->updateCount()函数更新当前的流量数据。

$objFlux->updateCount()的代码如下：

```
    // 将指定列的值加 1,
    function updateCount($col, $id)
    {
        $sql = "UPDATE FluxStat SET " . $col . "=" . $col . "+1, MTotalNum=MTotalNum+1 WHERE
Id='" . $id . "'";
        $this->conn->query($sql);
    }
```

程序使用 UPDATE 语句，将指定日期对应的列$col 的值增加 1，然后将总访问量 MTotalNum 的值增加 1。每当用户访问 index.php 时，会调用此函数记录访问数量。

3. 比较和更新日访问量

表 WebInfo 中保存着网站日访问量最大值，每次增加日访问量时需要比较当日访问量和日访问量最大值。代码如下：

```
    <?PHP
        // ---------------------------------
        // 比较日访问量最大值
        $nToday = $objFlux->GetDn($col, $id);
        include('Class\WebInfo.php');
        $objWeb = new WebInfo();
        $nDayMaxNum = $objWeb->GetDayMax();            // 获取 WebInfo 中的日访问量最大值
        // 如果当日访问量大于日访问量，则更新记录
        if($nToday > $nDayMaxNum)
            $objWeb->updateDayMax($nToday, 1);
        //---------------------------------
        // 更新总访问量
        $objWeb->increaseTotalNum();
    ?>
```

程序首先调用$objFlux->GetDn()函数，获取当前日期的访问量，然后调用$objWeb->GetDayMax()函数获取日访问量的最大值。如果当日访问量大于最大日访问量，则调用$objWeb->updateDayMax()函数，将最大日访问量更新为当日访问量。最后调用$objWeb->increaseTotalNum()函数更新总访问量。

10.4.5 网站信息界面设计

显示网站信息的界面为 main.php 文件，如图 10-15 所示。

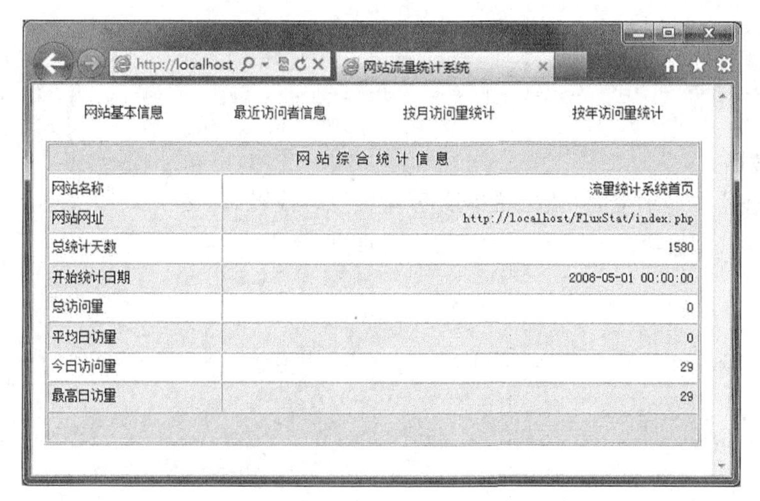

图 10-15　网站信息界面

下面介绍 main.php 中的主要代码。

1. **获取数据**

表 WebInfo 中保存着网站的基本信息，这些信息是在创建数据库时插入的，每次显示时都要重新计算访问天数和日平均访问量，并显示当天访问量。代码如下：

```
<?PHP
  date_default_timezone_set('Asia/Chongqing'); //系统时间差 8 小时问题
  $date = getdate();
  $now = $date['year'] . "-" . $date['mon'] . "-" . $date['mday'];
// 获取当前系统时间
  $nTotalNum = 0;
  $nDayMaxNum = 0;
  $sWebURL = "";
  $sWebName = "";
  include('Class\WebInfo.php');
  $objWebinfo = new WebInfo();
  $objWebinfo->getWebInfo();   // 获取网站信息
  if($objWebinfo->Id == 0)
     exit("请在数据库中输入网站基本信息");
  // 统计天数 = 目前时间-统计开始时间
  $nStatDays = $objWebinfo->datediff($now, $objWebinfo->StartTime);   //计算时间差
  if($nStatDays==0)
    $nStatDayNum = 1;
  // 平均日访问量 = 总访问量/访问天数
  if($nStatDays<=0)
    $nDayAve = $nTotalNum;
  else
    $nDayAve = (int)($nTotalNum/$nStatDays);
  // 得到当天访问量
  $nToDayNum=0;
  $sYear = $date['year'];
  $sMonth = $date['mon'];
  $sId = $sYear . $sMonth;
  $sDay = $date['mday'];
  $sCol = "D" . $sDay;      // 获取今天对应 FluxStat 表中的字段名
```

```
    include('Class\FluxStat.php');
    $objFlux = new FluxStat();
    $nToDayNum = $objFlux->GetDn($sCol, $sId);
  ?>
```

2. 显示数据

程序将在表格中显示上面获取到的网站基本信息，代码如下：

```
  <table width="100%" border=1  cellpadding=0 cellspacing=0>
    <tbody>
      <tr>
        <td>
          <table border=1 cellpadding=3 cellspacing=0 width="100%" bgcolor="#FFFF99"
height="266">
            <tbody>
            <tr>
              <td colspan=4 align="center" bgcolor="#C4E2F0" height="16">
              网 站 综 合 统 计 信 息
                </td>
            </tr>
            <tr bgcolor="#FFFFFF">
              <td align=left colspan=2 height="16">网站名称</td>
              <td align=right colspan=2 height="16"><?PHP echo($objWebinfo->WebName); ?>
</td>
            </tr>
            <tr bgcolor="#E4E4E4">
              <td align=left colspan=2 height="16" >网站网址</td>
              <td align=right colspan=2 height="16"><a href="<%=sWebURL%>" target="_blank">
<?PHP echo($objWebinfo->WebURL); ?></a></td>
            </tr>
            <tr bgcolor="#FFFFFF">
              <td align=left colspan=2 height="16">总统计天数</td>
              <td align=right colspan=2 height="16"><?PHP echo($nStatDays); ?></td>
            </tr>
            <tr bgcolor="#E4E4E4">
              <td align=left colspan=2 height="16">开始统计日期</td>
              <td align=right colspan=2 height="16"><?PHP echo($objWebinfo->StartTime); ?>
</td>
            </tr>
            <tr bgcolor="#FFFFFF">
              <td align=left colspan=2 height="16">总访问量</td>
              <td align=right colspan=2 height="16"><?PHP echo($nTotalNum); ?></td>
            </tr>
            <tr bgcolor="#E4E4E4">
              <td align=left colspan=2 height="16">平均日访量</td>
              <td align=right colspan=2 height="16"><?PHP echo($nDayAve); ?></td>
            </tr>
            <tr bgcolor="#FFFFFF">
              <td align=left colspan=2 height="15">今日访问量</td>
              <td align=right colspan=2 height="15"><?PHP echo($nToDayNum); ?></td>
            </tr>
           <tr bgcolor="#E4E4E4">
              <td align=left colspan=2 height="16">最高日访量</td>
              <td align=right colspan=2 height="16"><?PHP echo($objWebinfo->nDayMax); ?>
</td>
```

```
        </tr>
        <tr align="right">
          <td colspan=4 bgcolor="#C4E2F0" height="19">
            <p>  </p>
          </td>
        </tr>
        </tbody>
      </table>
    </td>
  </tr>
  </tbody>
</table>
```

10.4.6　最近访问者界面设计

Visitors.php 文件用于显示网站最近 20 位访问者的信息，运行界面如图 10-16 所示。

因为本页面的主要功能就是在表格中显示表 Visitors 的内容，所以这里不对其代码进行具体的分析了。如果链接页面不是“直接输入或书签导入”，则可以进入来源页面。代码如下：

```
<?PHP
     if($sReferer=="直接输入或书签导入")
       echo($sReferer);
     else {
       echo("<a href='" . $sReferer . "' title=" . $sReferer . " target='_blank'>" .
substr($sReferer,0, 36) . "</a>");
     }
?>
```

时间	IP地址	操作系统	浏览器	链接页面
2012-08-29 10:42:25	127.0.0.1	Windows 7	MSIE 9.0	直接输入或书签导入
2012-08-28 16:58:46	127.0.0.1	Windows 7	MSIE 9.0	直接输入或书签导入
2012-08-28 16:57:53	127.0.0.1	Windows 7	MSIE 9.0	直接输入或书签导入
2012-08-28 16:42:37	127.0.0.1	Windows 7	MSIE 9.0	直接输入或书签导入
2012-08-28 16:42:28	127.0.0.1	Windows 7	MSIE 9.0	直接输入或书签导入
2012-08-28 16:40:57	127.0.0.1	Windows 7	MSIE 9.0	直接输入或书签导入
2012-08-28 16:40:32	127.0.0.1	Windows 7	MSIE 9.0	直接输入或书签导入
2012-08-28 16:40:02	127.0.0.1	Windows 7	MSIE 9.0	直接输入或书签导入
2012-08-28 16:39:37	127.0.0.1	Windows 7	MSIE 9.0	直接输入或书签导入
2012-08-28 16:39:12	127.0.0.1	Windows 7	MSIE 9.0	直接输入或书签导入
2012-08-28 16:38:36	127.0.0.1	Windows 7	MSIE 9.0	直接输入或书签导入
2012-08-28 16:38:04	127.0.0.1	Windows 7	MSIE 9.0	直接输入或书签导入
2012-08-28 16:37:14	127.0.0.1	Windows 7	MSIE 9.0	直接输入或书签导入
2012-08-28 16:37:07	127.0.0.1	Windows 7	MSIE 9.0	直接输入或书签导入
2012-08-28 16:35:51	127.0.0.1			直接输入或书签导入
2012-08-28 16:35:22	127.0.0.1		MSIE 9.0	直接输入或书签导入
2012-08-28 16:35:05	127.0.0.1		MSIE 9.0	直接输入或书签导入
2012-08-28 16:33:50	127.0.0.1	Unknown	MSIE 9.0	直接输入或书签导入
2012-08-28 16:33:22	127.0.0.1	Windows 7	MSIE 9.0	直接输入或书签导入
2012-08-28 16:30:31	127.0.0.1	Windows 7	MSIE 9.0	直接输入或书签导入

图 10-16　最近 20 位访问者界面

10.4.7　按月统计界面设计

FluxMonth.php 页面显示月访问量的人数和百分比图例，如图 10-17 所示。

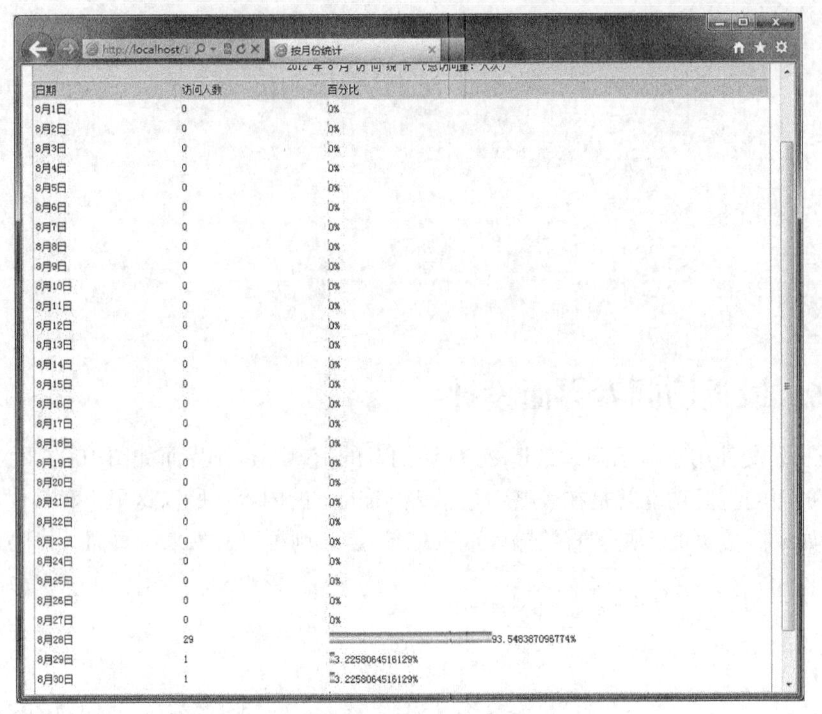

图 10-17　按月访问量统计

默认统计当前月份的流量信息，显示当前年份和月份的代码如下：

```
<?PHP
    // 取得统计月份
    $sYear = $_GET["year"];
    $sMonth = $_GET["month"];
    $date = getdate();
    if($sYear=="")
      $sYear = $date['year'];
    if($sMonth=="")
      $sMonth= $date['mon'];
    $sId = $sYear . $sMonth;
……
    // 定义数组值为 0，nDArr(30)表示每天访问量
    // nPArr(30)表示每天的百分比,nBArr(30)表示图形的长度
    for($i=0; $i<=30; $i++)  {
        $nDArr[$i] = 0;
        $nPArr[$i] = 0;
        $nBArr[$i] = 0;
    }
    // 取得此月份的访问量信息
    $results = $objFlux->load_FluxStat($sId);
    $i=0;
    if($row = $results->fetch_row())  {
        for($i=0; $i<=30; $i++) {
            $nDArr[$i] = $row[$i+1];
            $nMonthTotalNum = (int)$row[32];
        }
    }
```

```
        if($nMonthTotalNum>0) {
            for($i=0; $i<=30; $i++)  {
                $nPArr[$i] = ($nDArr[$i]/$nMonthTotalNum*10000)/100 . "%";
                $nBArr[$i] = $nDArr[$i]/$nMonthTotalNum*200;
            }
        }
                for($i=0; $i<=30; $i++) { ?>
            <tr bgcolor="#FFFFFF">
              <td align=left><?PHP echo($sMonth); ?>月<?PHP echo($i+1); ?>日</td>
              <td align=left><?PHP echo($nDArr[$i]); ?></td>
              <td align=left><img src="images/bar.gif" width="<?PHP echo($nBArr[$i]); ?>
"height="12"><?PHP echo($nPArr[$i]); ?></td>
            </tr>
            <?PHP } /* end of for */ ?>
            </tbody>
          </table>
        </td>
      </tr>
```

程序首先获取当前系统日期中的年份和月份，构成变量$sId；然后调用 load_FluxStat($sId)函数获取指定月份的流量记录，并在表格中显示。定义 3 个数组分别记录每天的访问量、每天访问量占当月总访问量的百分比以及图形的长度。图形的长度定义代码如下：

```
    <img  src="images/bar.gif"  width="<?PHP  echo($nBArr[$i]);  ?>  "height="12"><?PHP
echo($nPArr[$i]); ?>
```

请读者参照注释理解。

在 FluxMonth.php 中，使用表单 form1 处理用户显示统计数据，定义代码如下：

```
    <form name="form1" action="FluxMonth.php" method="post">
```

当表单提交时，将执行 FluxMonth.php，重新显示。

在表单 form1 中，并没有提交按钮，那么如何提交表单数据呢？这里的设计思想是每次选择不同的月份时提交表单。为了实现这一功能，在 FluxMonth.php 中设计了 JavaScript 函数 MonthSubmit()，代码如下：

```
    <Script Language="JavaScript">
      function MonthSubmit() {
        var sYear,strURL,sMonth;
        sYear = document.form1.year.value;
        sMonth= document.form1.mn.value;
        strURL = "FluxMonth.asp?year=" + sYear + "&month=" + sMonth;
        form1.action = strURL;
        form1.submit();
      }
    </Script>
```

year 表示当前的年份，month 表示当前的月份，使用它们作为参数访问 FluxMonth.asp，就可以显示指定月份的统计数据了。

为了使用户改变月份时，程序自动执行 MonthSubmit()函数，可以使用下面的语句定义下拉菜单：

```
    <select name="mn" onChange="MonthSubmit()">
```

10.4.8　按年统计界面设计

FluxYear.php 页面显示年访问量的人数和百分比图例，如图 10-18 所示。

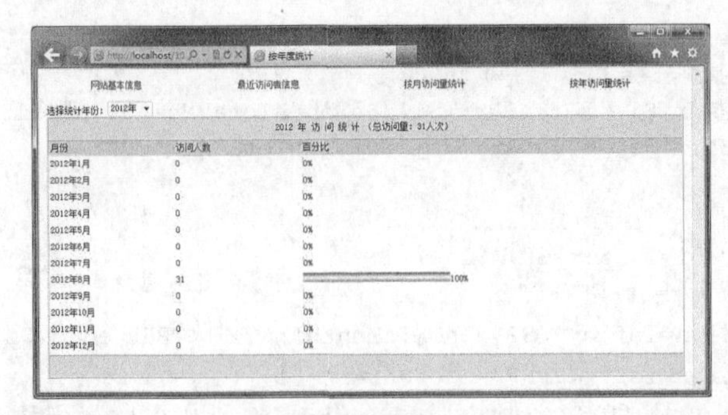

图 10-18　按年度统计界面

通过选择年份的下拉框更改统计的年份来提交表单，年份的下拉框的定义代码如下：

```
<select name="year" onChange="YearSubmit()">
```

YearSubmit()函数的功能是提交表单，代码如下：

```
<Script Language="JavaScript">
  function YearSubmit() {
    var sYear,strURL;
    sYear = document.form1.year.value;
    strURL = "FluxYear.asp?year=" + sYear;
    form1.action = strURL;
    form1.submit();
  }
</Script>
```

按年统计访问量的设计思路与按月统计访问量的思路相似，读者可以参照源代码及注释理解。

练 习 题

一、单项选择题

1. 使用（　　）函数可以创建到 MySQL 数据库的连接对象。

A. mysqli_connect()　　B. connect()

C. mysql _connect()　　D. 以上都不是

2. 可以使用（　　）函数来访问 MySQL 执行 SQL 语句。

A. mysqli_excute()　　B. mysqli_excutesql()

C. excute()　　D. mysqli_query()

二、填空题

1. PHP 5 提供了一组________函数，可以实现连接 MySQL 数据库、执行 SQL 语句、返回查询结果集等操作。

2. 调用________函数可以一次执行多个 SQL 语句。

3. 可以在 SELECT 语句中使用________子句指定查询记录的范围（通过指定起始位置和显示记录数量）。

三、操作题

1. 参照 10.2 小节设计留言板实例。

2. 参照 10.3 小节设计网络投票系统。

3. 参照 10.4 小节设计网络流量统计系统。

第 11 章 设计“二手交易市场系统”实例

二手交易市场系统是一种具有交互功能的专业商品交易平台，是在网络上建立一个虚拟的二手商场。本章将介绍通用二手交易市场系统的设计和实现过程。

11.1 需求分析与总体设计

要开发一个网站系统，首先需要进行需求分析和总体设计，分析系统的使用对象和用户需求，设计系统的体系结构和数据库结构。在实际的项目开发过程中，这些工作是非常重要的。

11.1.1 系统总体设计

二手交易市场系统分为前台管理（即普通用户）和后台管理（即管理员用户）2 个部分。前台管理包括浏览公告、商品查询、发布求购信息、发布转让信息、查看商品信息、发表评论、查看卖家信息等功能。后台管理包括商品分类管理、公告管理、商品信息管理、用户管理等模块。

本系统只实现一个地域或区域内的二手交易市场，因此没有实现地域管理的功能。

后台管理的具体功能描述如下。

1. 系统设置

- 添加、修改和删除商品分类信息。
- 添加、修改和删除公告信息，包括公告标题、创建时间、公告内容等信息。

2. 商品信息管理

- 查看和删除求购商品信息。
- 查看和删除转让商品信息。

3. 注册用户管理

- 查看、添加、修改和删除用户信息。
- 修改系统管理员的密码信息。

前台用户的具体功能描述如下。

1. 用户管理

- 申请注册用户。
- 修改用户密码。

2. 查看和发布信息

- 查看公告信息。

- 查看和发布求购商品信息。
- 查看和发布转让商品信息。
- 查看其他用户信息。

系统的功能模块示意图如图 11-1 所示。

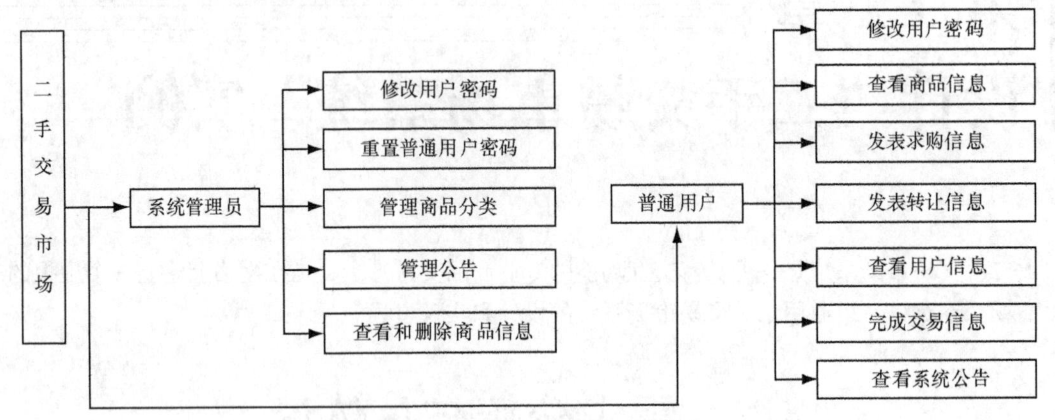

图 11-1　二手交易市场系统功能模块

11.1.2　数据库结构设计与实现

本小节将介绍系统的数据库表结构。在设计数据库表结构之前，首先要创建一个数据库。本系统使用的数据库为 2shou，创建数据库和表的脚本保存为下载源代码的"11\2shou.sql"，读者可以在 phpMyAdmin 中执行此脚本。

本系统定义的数据库中包含以下 4 张表：公告信息表 Bulletin、商品分类表 GoodsType、二手商品信息表 Goods 和用户信息表 Users。

下面分别介绍这些表的结构。

1. 公告信息表 Bulletin

公告信息表 Bulletin 用来保存网站公告信息，其结构如表 11-1 所示。

表 11-1　表 Bulletin 的结构

编　号	字段名称	数据结构	说　明
1	Id	int	公告编号
2	Title	varchar(50)	公告题目
3	Content	varchar(1000)	公告内容
4	PostTime	datetime	提交时间
5	Poster	varchar(50)	提交人

2. 商品分类表 GoodsType

表 GoodsType 用来保存端口分类信息，其结构如表 11-2 所示。

表 11-2　表 GoodsType 的结构

编号	字段名称	数据结构	说　明
1	TypeId	int	商品类型编号，主键
2	TypeName	varchar(100)	商品类型名称

3. 二手商品信息表 Goods

二手商品信息表 Goods 用来二手交易商品的基本信息，其结构如表 11-3 所示。

表 11-3　　　　　　　　　　　　表 Goods 的结构

编　　号	字段名称	数据结构	说　　明
1	GoodsId	int	商品编号，主键
2	TypeId	int	商品分类编号
3	SaleOrBuy	tinyint	交易类型，1 表示转让，2 表示求购
4	GoodsName	varchar(50)	商品名称
5	GoodsDetail	varchar(1000)	商品说明
6	ImageURL	varchar(100)	图片链接地址
7	Price	varchar(50)	转让价格
8	StartTime	datetime	开始时间
9	OldNew	varchar(50)	新旧程度
10	Invoice	varchar(50)	是否有发票
11	Repaired	varchar(50)	是否保修
12	Carriage	varchar(50)	运费
13	PayMode	varchar(50)	支付方式
14	DeliverMode	varchar(50)	送货方式
15	IsOver	tinyint	是否结束
16	OwnerId	varchar(50)	卖家用户名
17	ClickTimes	int	点击次数

4. 用户信息表 Users

用户信息表 Users 用来保存注册用户的基本信息，其结构如表 11-4 所示。

表 11-4　　　　　　　　　　　　表 Users 的结构

编　　号	字段名称	数据结构	说　　明
1	UserId	varchar(50)	用户名
2	UserPwd	varchar(50)	用户密码
3	Name	varchar(50)	用户姓名
4	Sex	tinyint	性别
5	Address	varchar(500)	地址
6	Postcode	varchar(50)	邮编
7	E-mail	varchar(50)	电子邮件地址
8	Telephone	varchar(100)	固定电话
9	Mobile	varchar(50)	移动电话
10	UserType	tinyint	用户类型，0 表示普通用户，1 表示管理员

在创建数据库时，表 Users 中包含一条默认的系统管理员记录，用户名为 Admin，用户密码

为 111111，对应的语句如下：

```
INSERT INTO Users VALUES('Admin', '111111', 'Admin', 1, '', '', '', '', '', 1);
```

11.2 目录结构与通用模块

本节将介绍实例的目录结构与通用模块。

11.2.1 目录结构

可以从人民邮电出版社的网站下载本实例的源代码，实例的源代码保存在 2shou 目录下，包含下面的子目录。

- class：用于保存数据库访问类。
- admin：用于存储系统管理员的后台操作脚本，包括公告管理、用户信息管理、商品分类管理、商品管理等功能。
- images：用于存储网页中的图片文件。
- user：用于存储注册用户的前台操作脚本，包括查看公告、查看商品信息、发布商品信息、修改用户信息等。
- user\images：用于保存上传的商品照片。

其他 PHP 文件都保存在本实例的根目录下。在开发比较大的 Web 应用系统时，建议将不同功能的脚本文件存放在不同的目录下，这样可以使系统条理清晰，便于管理。

将 2shou 目录复制到 EclipsePHP 的工作空间目录（例如 C:\workspace）下，在 EclipsePHP Studio 中创建工程 2shou，工程目录为 C:\workspace\2shou，即可在 EclipsePHP Studio 中查看和调试本实例的代码。

11.2.2 设计数据库访问类

为了使 PHP 程序条理更加清晰，本实例将对数据库表的访问操作封闭为一个类，每个类对应一个 PHP 文件，文件名与对应的数据库表名相同。例如，表 Bulletin 对应的类文件为 Bulletin.php，代码如下：

```
<?PHP
//本类用于保存对表 Bulletin 的数据库访问操作
//表的每个字段对应类的一个成员变量
Class Bulletin
{
  public $Id;              // 记录编号
  public $Title;           // 公告标题
  public $Content;         // 公告内容
  public $PostTime;        // 发布日期
  public $Poster;          // 发布人
  var $conn;

  function __construct() {
    // 连接数据库，假定 root 用户的密码为 pass
```

```
        $this->conn = mysqli_connect("localhost", "root", "pass", "2shou");
        mysqli_query($this->conn, "SET NAMES gbk");// 设置编码格式，防止乱码
    }

    function __destruct() {
        // 关闭连接
        mysqli_close($this->conn);
    }

    // 获取公告信息
    function GetBulletinInfo($bid)  {
        //设置查询的 SELECT 语句
        $sql = "SELECT * FROM Bulletin WHERE Id='" . $bid . "'";
        // 打开记录集
      $results = $this->conn->query($sql);
        // 读取公告数据
        if($row = $results->fetch_row())  {
          $this->Id = $bid;
          $this->Title = $row[1];
          $this->Content = $row[2];
          $this->PostTime = $row[3];
         $this->Poster = $row[4];
        }
        else {
          $this->Id=0;
        }
    }

    // 获取所有公告信息，返回结果集
    function GetBulletinlist()  {
        //设置查询的 SELECT 语句
        $sql = "SELECT * FROM Bulletin ORDER BY PostTime DESC";
      $results = $this->conn->query($sql);
      return $results;
    }

    // 获取所有公告信息，返回结果集
    function GetRecentBulletinlist()  {
        //设置查询的 SELECT 语句
        $sql = "SELECT * FROM Bulletin WHERE DateDiff(day, getdate(), Posttime)<=7";
      $results = $this->conn->query($sql);
      return $results;
    }

    // 添加公告信息
    function insert()  {
      $sql = "INSERT INTO Bulletin (Title, Content, PostTime, Poster) VALUES ('" .
$this->Title . "','" . $this->Content . "','" . $this->PostTime . "','" . $this->Poster .
"')";
        // 执行 SQL 语句
        $this->conn->query($sql);
    }
```

```
    // 修改公告信息
    function update($bid)  {
      $sql = "UPDATE Bulletin SET Title='" . $this->Title . "', Content='" . $this->Content . "', PostTime='" . $this->PostTime . "', Poster='" . $this->Poster . "' WHERE Id=" . $bid;
      // 执行 SQL 语句
       $this->conn->query($sql);
    }

    // 批量删除公告信息
    function delete($bid)  {
      $sql = "DELETE FROM Bulletin WHERE Id IN (" . $bid . ")";
      // 执行 SQL 语句
       $this->conn->query($sql);
    }
  }
  ?>
```

在类 Bulletin 中为表 Bulletin 的每个字段定义了一个同名的成员变量，变量$conn 是连接对象，用于连接数据库，执行 SQL 语句。

所有数据库操作类都保存在 class 目录下，请参照源代码和注释理解。下面介绍这些类中定义的成员函数。

1. Bulletin 类

Bulletin 类用来管理表 Bulletin 的数据库操作，类的成员函数如表 11-5 所示。

表 11-5　　Bulletin 类的成员函数

函数名	具体说明
GetBulletinInfo($bid)	读取指定的公告记录。参数$bid 表示要读取的公告记录编号
GetBulletinlist	返回所有公告记录信息
GetRecentBulletinlist	获取最近 7 天发布的公告信息
delete($bid)	批量删除指定的公告记录。参数$bid 表示要删除的记录编号列表
insert	插入新的公告记录
update($bid)	修改指定的公告记录。参数$bid 表示要修改的记录编号

2. GoodsType 类

GoodsType 类用来管理表 GoodsType 的数据库操作，类的成员函数如表 11-6 所示。

表 11-6　　GoodsType 类的成员函数

函数名	具体说明
GetGoodsTypeInfo($id)	读取指定的商品类别记录。参数$id 表示要读取记录的编号
GetGoodsTypelist	返回所有商品类别记录信息
HaveGoodsType($name)	判断指定的商品类别名称是否存在，参数 name 表示商品类别名称
delete($id)	删除指定的商品分类记录。参数$id 表示要删除的记录编号
insert	插入新的商品分类记录
update($id)	修改指定的商品分类记录。参数$id 表示要修改的记录编号

3. Goods 类

Goods 类用来管理表 Goods 的数据库操作，类的成员函数如表 11-7 所示。

表 11-7　　Goods 类的成员函数

函数名	具体说明
Add_ClickTimes	将商品点击数加 1
GetGoodsInfo($id)	读取指定的商品记录。参数$id 表示要读取商品记录的编号
GetGoodslist($cond)	返回指定查询条件的所有商品记录信息，参数$cond 表示查询条件对应的 WHERE 子句
GetTopnNewGoods($n)	获取前 *n* 名最新添加的商品记录
GetTopnMaxClick($n)	获取前 *n* 名最受关注的商品记录
HaveGoodsType($tid)	判断指定的商品类型中是否包含商品信息，参数$tid 表示商品类型编号
delete($id)	删除指定的商品记录。参数$id 表示要删除的商品记录编号
insert	插入新的商品记录
SetOver($id)	将商品的交易状态设置为已结束
update($id)	修改指定的商品记录。参数$id 表示要修改的商品记录编号

4. Users 类

Users 类用来管理表 Users 的数据库操作，类的成员函数如表 11-8 所示。

表 11-8　　Users 类的成员函数

函数名	具体说明
GetUsersInfo(uid)	读取指定的用户记录。参数$uid 表示用户名
GetUserslist	返回所有用户记录信息
GetTopnActiveUser($n)	获取最活跃的前$n 个用户记录
CheckUser	判断指定用户名和密码是否存在，如果存在，则返回 True；否则返回 False
HaveUsers($uid)	判断指定用户是否存在，如果存在，则返回 True；否则返回 False。参数$uid 表示用户名
delete($uid)	删除指定的用户记录。参数$uid 表示要删除的用户名
insert	插入新的用户记录
setpwd($uid)	修改指定用户的密码，参数$uid 表示用户名
update($uid)	修改指定的用户记录。参数$uid 表示要修改的用户名

11.3　管理主界面与登录程序设计

本实例可以分为前台系统和后台系统两个部分。前台系统为普通注册用户提供使用系统的页面，而后台系统则为管理用户提供对系统进行管理和维护的页面。

所有管理部分的文件都保存在 admin 目录下。

11.3.1　管理用户登录程序设计

网站管理页面只有管理用户才能进入，因此在这些管理页面中都包含了 IsAdmin.php，以进行身份认证。代码如下：

```
<?PHP include('isAdmin.php'); ?>
```

isAdmin.php 也保存在 admin 目录下，它的功能是从 Session 变量中读取注册用户信息，并判断当前用户是否已登录且用户类型为管理员（UserType 等于 1），如果不是，则跳转到登录界面（Login.php），要求用户登录；如果是，则不执行任何操作，直接进入包含它的网页。

IsAdmin.php 的代码如下：

```
<?
  session_start();
  if ($_SESSION["UserType"]!=1)
  {
    header("Location: "."login.php");
  }
?>
```

登录界面（Login.php）也保存在 admin 目录下，其中定义表单的代码如下：

```
<form name="myform" action="putSession.php" method="Post">
 ......
</form>
```

当数据提交后，将执行 putSession.php，代码如下：

```
<?
  session_start();
  // 取输入的用户名和密码以及用户类别
  $UID=$_POST["loginname"];
  $PSWD=$_POST["password"];
  include('..\Class\Users.php');
  $objUser = new Users();
  $objUser->UserId=$UID;
  $objUser->UserPwd=$PSWD;
  // 判断用户名密码是否正确
  if($objUser->CheckUser())
  {
    // 把用户名和密码放入 Session
    $objUser->GetUsersInfo($UID);
    $_SESSION["UserName"]=$UID;
    $_SESSION["UserPwd"]=$PSWD;
    $_SESSION["UserType"]=$objUser->UserType;
    header("Location: "."index.php");
  }
  else
  {
    header("Location: "."login.php");
  }
?>
```

程序调用 Users 类的 CheckUser()函数，判断用户身份验证是否成功。如果通过身份验证，则程序把用户信息保存在 Sesstion 变量中，然后把网页转向到 admin\index.php 中；否则将页面转向 login.php。

提示

为了在系统运行过程中掌握当前登录用户的信息，通常需要把用户信息保存在 Session 变量中。

管理员登录页面如图 11-2 所示。

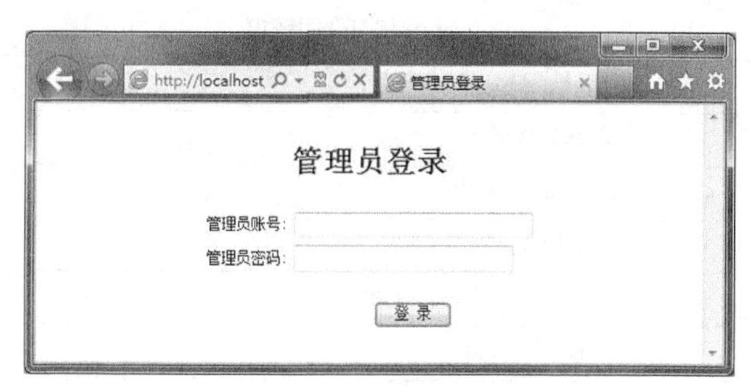

图 11-2 管理员登录页面

11.3.2 设计管理主界面

本实例的管理主界面为 admin\Index.php，它的功能是显示二手交易市场的管理链接、公告等信息。AdminIndex.php 的界面如图 11-3 所示。

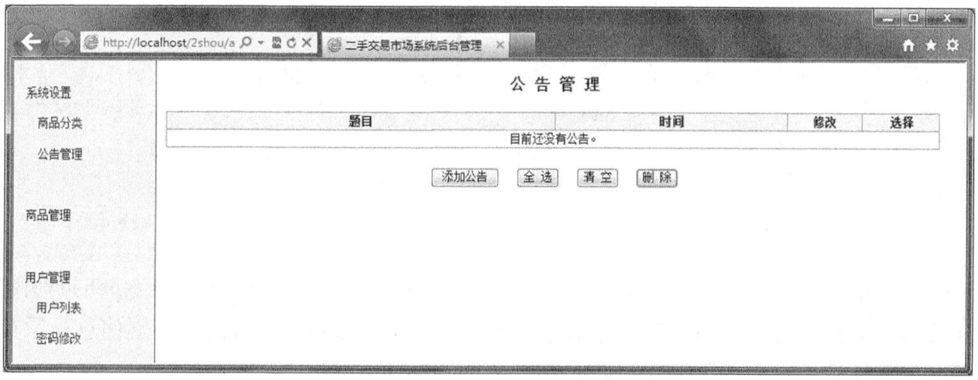

图 11-3 admin\index.php 的运行界面

在 AdminIndex.php 中，使用了框架将网页分成左右两个部分，其定义代码如下：

```
<frameset framespacing="1" border="1" bordercolor= #333399 frameborder="yes">
    <frameset cols="150,*">
        <frame name="contents" target="main" src="left.php" scrolling="auto" frameborder=0>
        <frame name="main" src="BulletinList.php" scrolling="auto" noresize frameborder=0>
    </frameset>
    <noframes>
    <body>
    <p>此网页使用了框架，但您的浏览器不支持框架。</p>
    </body>
    </noframes>
</frameset>
```

在 admin\Index.php 中，包含了两个文件 Left.php 和 BulletinList.php，分别用来处理左侧和右侧的显示内容。

11.3.3 设计 admin\Left.php

Left.php 文件用于显示管理界面的左侧部分，它定义了一组管理链接，如表 11-9 所示。

表 11-9　　Left.php 中的管理链接

管理项目	链　接
商品分类	TypeList.php
公告管理	BulletinList.php
用户列表	UserList.php
密码修改	AdminPwdChange.php
退出登录	LoginExit.php

本章将在稍后介绍这些功能的具体实现方法。

在 Left.php 中，将显示所有商品类别的超链接，以便对各类别的商品进行管理。代码如下：

```
<?PHP
  include('..\Class\GoodsType.php');
  $objType = new GoodsType();
  $results = $objType->GetGoodsTypelist();
  while($row = $results->fetch_row())  {
?>
  <tr>
    <td width="100%"  height="6"> <font color="#0000FF">
      <a  href="GoodsList.php?type=<?PHP  echo($row[0]);  ?>"  target="main"><?PHP
echo($row[1]); ?></a></font></td>
  </tr>
<?PHP
    }
?>
```

程序首先定义一个 GoodsType 对象 objType，再通过调用 objType.GetGoodsTypelist()函数获取所有商品类别信息到结果集$results 中，最后使用 while 循环语句将所有商品类别信息显示在网页中。可以看到，显示指定商品信息的脚本为 GoodsList.php。

11.4　公告信息管理模块设计

公告信息管理模块可以实现以下功能。

- 在表格中浏览公告信息。
- 添加新的公告记录。
- 修改公告记录。
- 删除公告记录。

只有管理用户才有权限进入公告信息管理模块。

11.4.1　设计公告管理页面

公告管理页面为 BulletinList.php，在此页面中可以对网站的公告信息进行添加、修改、删除等操作，如图 11-4 所示。

下面将介绍 BulletinList.php 中与界面显示相关的部分代码。

1. 显示公告信息

为了便于用户管理公告信息，BulletinList.php 以表格的形式显示公告名称，并在后面显示修

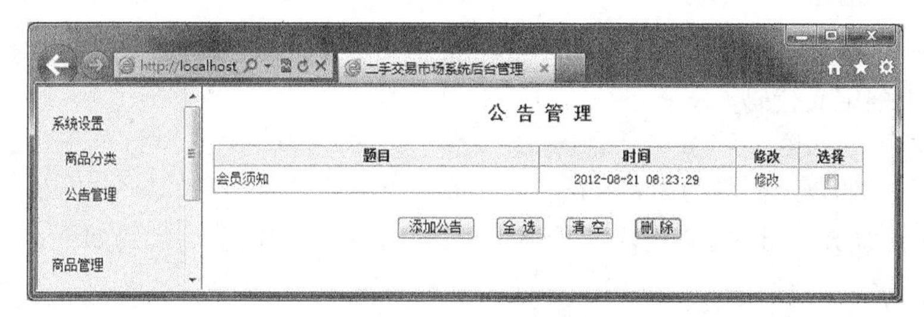

图 11-4　公告管理页面

改链接和删除复选框。代码如下：

```
    <?PHP
      include('..\Class\Bulletin.php');
      //查询表 Bulletin 中的公告信息
      $obj = new Bulletin();
      $results = $obj->GetBulletinlist();
      $exist = false;
    ?>
    <p align=center><font style='FONT-SIZE:12pt' color="#000080"><b>公告管理</b></font>
</p>
    <table      align=center      border="1"      cellspacing="0"      width="100%"
bordercolorlight="#4DA6FF" bordercolordark="#ECF5FF" style='FONT-SIZE: 9pt'>
      <tr>
       <td width="50%" align="center" bgcolor="#eeeeee"><strong>题目</strong></td>
       <td width="30%" align="center" bgcolor="#eeeeee"><strong>时间</strong></td>
       <td width="10%" align="center"  bgcolor="#eeeeee"><strong>修改</strong></td>
       <td width="10%" align="center"  bgcolor="#eeeeee"><strong>选择</strong></td>
      </tr>
    <?PHP
      //依次显示公告信息
      while($row = $results->fetch_row())
      {
        $exist = true;
    ?>
      <tr>
        <td><a  href="../BulletinView.php?id=<?PHP  echo($row[0]);  ?>"  onClick="return
BulletinWin(this.href)"><?PHP echo($row[1]); ?></a></td>
         <td align="center"><?PHP echo($row[3]); ?></td>
        <td   align="center"><a   href="BulletinEdit.php?id=<?PHP   echo($row[0]);   ?>"
onClick="return BulletinWin(this.href)">修改</a></td>
        <td    align="center"><input    type="checkbox"    name="Bulletin"    id="<?PHP
echo($row[0]); ?>" style="font-size: 9pt"></td>
      </tr>
    <?PHP
      }
      if (!$exist)
      {
        print "<tr><td colspan=5 align=center>目前还没有公告。</td></tr></table>";
      }
    ?>
```

其中，“修改”超链接的定义代码如下：

```
    <a          href="BulletinEdit.php?id=<%=obj.rs("Id")%>"          onClick="return
BulletinWin(this.href)">修改</a>
```

可以看到，修改公告的页面是 BulletinEdit.php，参数 id 的值为要修改的公告编号。

删除复选框的定义代码如下：

```
<input type="checkbox" name="Bulletin" id="<%=obj.rs("Id")%>" style="font-size: 9pt">
```

公告信息后面的复选框名为 Bulletin，它的 id 值与对应公告信息的编号相同。

JavaScript 函数 BulletinWin()的功能是弹出窗口，显示公告信息。代码如下：

```
<script language="javascript">
function BulletinWin(url) {
  var
oth="toolbar=no,location=no,directories=no,status=no,menubar=no,scrollbars=yes,resizab
le=yes,left=200,top=200";
  oth = oth+",width=400,height=300";
  var BulletinWin = window.open(url,"BulletinWin",oth);
  BulletinWin.focus();
  return false;
}
```

2. 显示功能按钮

如果存在公告记录，则在表格下面显示“添加公告”、“全选”、“清空”和“删除”按钮，代码如下：

```
<input  type="button"  value=" 添 加 公 告 "  onclick="BulletinWin('BulletinAdd.php)"
name=add>
   <input type="button" value="全 选" onclick="sltAll()" name=button1>
   <input type="button" value="清 空" onclick="sltNull()" name=button2>
   <input type="submit" value="删 除" name="tijiao" onclick="SelectChk()">
```

这些按钮对应的代码将在后面结合具体功能介绍。

11.4.2 添加公告信息

在 BulletinList 页面中，单击“添加公告”按钮，将调用 BulletinWin()函数，在新窗口中打开 BulletinAdd.php，添加公告信息，如图 11-5 所示。

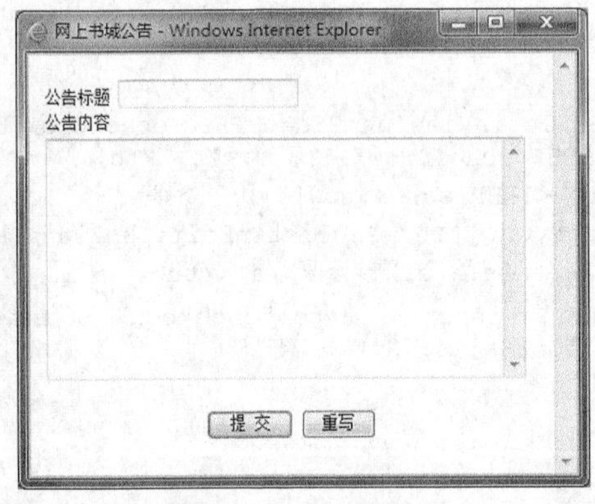

图 11-5 添加公告

定义表单 myform 的代码如下：

```
<form name="myform" method="POST" action="BulletinSave.php?action=add"
```

提交前需要对表单进行域校验，checkFields 函数的功能就是这样的。代码如下：

```
<script language="javascript">
  function checkFields()
```

```
  {
    if (myform.title.value=="") {
      alert("公告题目不能为空");
      myform.title.onfocus();
      return false;
    }
    if (myform.content.value=="") {
      alert("公告内容不能为空");
      myform.content.onfocus();
      return false;
    }
    return true;
  }
</script>
```

它的主要功能是判断“公告标题”和“公告内容”是否为空，如果为空，则返回 false，不允许表单数据提交。

表单数据提交后，将执行 BulletinSave.php 保存数据，参数 action 表示当前的动作，action=add 表示添加记录。BulletinSave.php 也可以用来处理修改公告信息的数据。

BulletinSave.php 的主要代码如下：

```
<?PHP
  include('..\Class\Users.php');
  include('..\Class\Bulletin.php');
  session_start();
  //得到动作参数，如果为 add 则表示创建公告，如果为 update 则表示更改公告
  $StrAction=$_GET["action"];
  // 读取当前用户信息
  $objUser = new Users();
  $objUser->GetUsersInfo($_SESSION["UserName"]);
  // 设置公告信息
  $objBul = new Bulletin();
  //取得公告题目和内容和提交人用户名
  $objBul->Title=$_POST["title"];
  $objBul->Content=$_POST["content"];
  $objBul->Poster=$objUser->Name;
  $objBul->PostTime=strftime("%Y-%m-%d %H:%M:%S");

  if ($StrAction=="add")
  {
    //在数据库表 Board 中插入新公告信息
    $objBul->insert();
  }
  else
  {
    //更改此公告信息
    $id=$_GET["id"];
    $objBul->update($id);
  }
  print "<h3>公告成功保存</h3>";
?>
</body>
<script language="javascript">
```

```
    // 刷新父级窗口，延迟此关闭
    opener.location.reload();
    setTimeout("window.close()",600);
  </script>
```

11.4.3 修改公告信息

修改公告是单击每个公告的“修改”链接，将弹出新窗口，打开 BulletinEdit.php 页面。BulletinEdit.php 的功能是从数据库中取出指定公告的信息，用户可以对它们进行更改，然后提交数据。BulletinEdit.php 中表单 myform 的定义代码如下：

```
    <form name="myform" method="POST" action="BulletinSave.php?action=update&id=<%=id%>"
OnSubmit="return checkFields()">
```

与添加公告相同的是，提交表单前同样需要进行域校验，由 checkFields() 函数完成此功能。

在 BulletinEdit.php 中，参数 id 表示要修改的公告编号，action=update 用于通知 BulletinSave.php 要执行更新数据的操作，BulletinSave.php 可以处理添加数据和更新数据，而添加数据和更新数据对应的 SQL 语句不同。因此，提交数据时需要指定是添加数据还是更新数据。

从数据库中读取并显示公告信息的代码如下：

```
  <?PHP
    //从数据库中取得此公告信息
    //读取参数 id
    $id=$_GET["id"];
    //根据参数 id 读取指定的公告信息
    include('..\Class\Bulletin.php');
    $obj = new Bulletin();
    $obj->GetBulletinInfo($id);
    //如果记录集为空，则显示没有此公告
    if($obj->Id==0)
    {
      exit("没有此公告");
    }
    else
    {
    //下面内容是在表格中显示公告内容
  ?>
  <form  name="myform"  method="POST"  action="BulletinSave.php?action=update&id=<?
echo($id); ?>" OnSubmit="return checkFields()">
          <table border="0" width="100%" cellspacing="1">
            <tr>
              <td width="100%" bgcolor="#FFFFFF"><span class="STYLE1">公告标题
              <input      type="text"      name="title"      size="20"      value="<?
echo($obj->Title); ?>">
              </span></td>
            </tr>
            <tr>
              <td  width="100%"  bgcolor="#FFFFFF"><span  class="STYLE1"> 公 告 内 容
</span></td>
            </tr>
            <tr>
              <td  width="100%"  bgcolor="#FFFFFF"><textarea  rows="12"  name="content"
cols="55"><?PHP echo($obj->Content); ?></textarea></td>
            </tr>
```

```
</table>
    <p align="center"><input type="submit" value=" 提 交 " name="B1">
    <input type="reset" value=" 重写 " name="B2"></p>
<?
}
?>
```

表单数据提交后，将执行 BulletinSave.php 保存数据。BulletinSave.php 的内容请参见 11.4.2 小节。

11.4.4　删除公告信息

在删除公告之前，需要选中相应的复选框。下面介绍几个与选择复选框相关的 JavaScript 函数。

1. 选择全部复选框

在 BulletinList.php 中，定义“全选”按钮的代码如下：

```
<input type="button" value="全 选" onclick="sltAll()" name=button1>
```

当单击“全选”按钮时，将执行 sltAll()函数，代码如下：

```
function sltAll()
{
  var nn = self.document.all.item("Bulletin");
  for(j=0;j<nn.length;j++) {
    self.document.all.item("Bulletin",j).checked = true;
  }
}
```

self 对象指当前页面，self.document.all.item("Bulletin")返回当前页面中 Bulletin 复选框的数量。程序通过 for 循环语句将所有的 Bulletin 复选框值设置为 true。

2. 全部清除选择

在 BulletinList.php 中，定义“清空”按钮的代码如下：

```
<input type="button" value="清 空" onclick="sltNull()" name=button2>
```

当单击“清空”按钮时，将执行 sltNull()函数，代码如下：

```
function sltNull()
{
  var nn = self.document.all.item("Bulletin");
  for(j=0;j<nn.length;j++)  {
    self.document.all.item("Bulletin",j).checked = false;
  }
}
```

3. 生成并提交删除编号列表

在 BulletinList.php 中，定义“删除”按钮的代码如下：

```
<input type="submit" value="删 除" name="tijiao" onclick="SelectChk()">
```

当单击“删除”按钮时，将执行 SelectChk()函数，代码如下：

```
function SelectChk()
{
  var s = false; //用来记录是否存在被选中的复选框
  var Bulletinid, n=0;
  var strid, strurl;
  var nn = self.document.all.item("Bulletin"); //返回复选框 Bulletin 的数量
```

```
    for (j=0; j<nn.length; j++) {
      if (self.document.all.item("Bulletin",j).checked) {
        n = n + 1;
        s = true;
        Bulletinid = self.document.all.item("Bulletin",j).id+"";  //转换为字符串
        //生成要删除公告编号的列表
        if(n==1) {
          strid = Bulletinid;
        }
        else {
          strid = strid + "," + Bulletinid;
        }
      }
    }
    strurl = "BulletinDelt.php?id=" + strid;
    if(!s) {
      alert("请选择要删除的公告!");
      return false;
    }
    if (confirm("你确定要删除这些公告吗? ")) {
      form1.action = strurl;
      form1.submit();
    }
  }
```

程序对每个复选框进行判断，如果复选框被选中，则将复选框的 id 值转换为字符串，并追加到变量 strid 中。因为复选框的 id 值与对应的公告编号相同，所以最后 strid 中保存的是以逗号分隔的待删除的公告编号。

以 strid 的值为参数执行 BulletinDelt.php，就可以删除选中的记录了。相关的代码如下：

```
<?PHP
  //从数据库中批量删除公告信息
  //读取要删除的公告编号
  $id=$_GET["id"];

  include('..\Class\Bulletin.php');
  $obj = new Bulletin();
  $obj->delete($id);
?>
```

删除后将提示成功删除信息。

11.4.5 查看公告信息

单击公告超级链接，将在新窗口中执行 BulletinView.php，查看公告信息，如图 11-6 所示。

BulletinView.php 保存在 2shou 目录下（因为普通用户也需要使用它浏览公告，所以没有保存在 admin 目录下），显示公告的代码如下：

```
<?PHP
  include('Class\Bulletin.php');
  //从数据库中取得此公告信息
  //读取参数 id
  $id=$_GET["id"];
  //根据参数 id 读取指定的公告信息
```

```
    $obj = new Bulletin();
    $results = $obj->GetBulletinInfo($id);
    //如果记录集为空，则显示没有此公告
    if($obj->Id==0)
    {
      exit("没有此公告");
    }
    else
    {
      // 下面的代码用于显示公告内容
?>
```

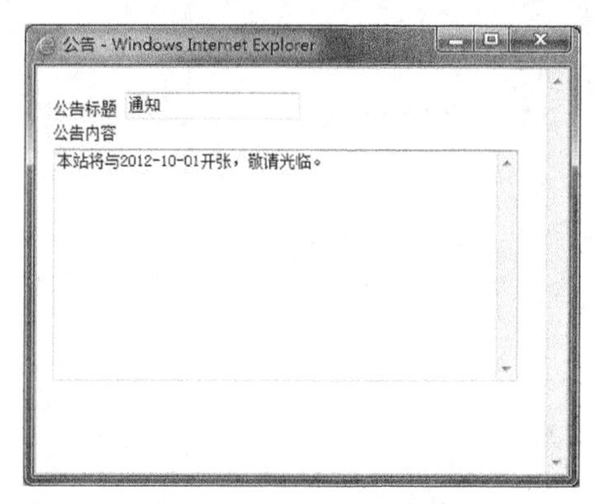

图 11-6　查看公告信息

11.5　商品分类管理模块设计

商品分类管理模块可以添加、修改和删除商品分类记录。

只有管理用户才有权限进入商品分类管理模块。在 Admin\Index.php 中，单击“商品分类”超链接，可以打开分类管理页面 TypeList.php。

11.5.1　商品分类管理页面

打开商品分类管理界面，如图 11-7 所示。

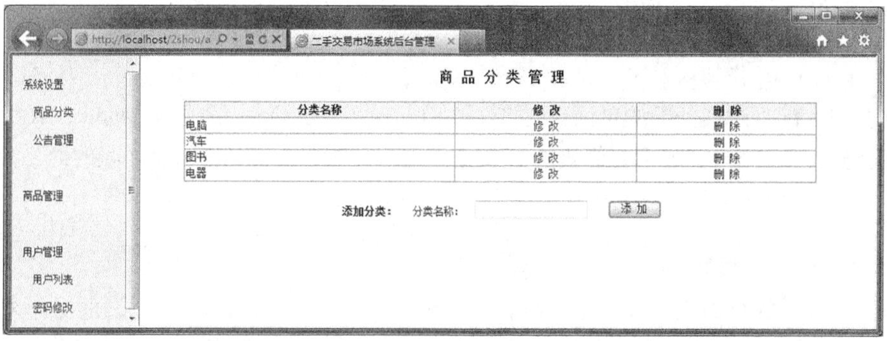

图 11-7　商品分类管理

下面将介绍 TypeList.php 中与界面显示相关的部分代码。

1. 显示商品分类信息

为了便于管理商品分类，TypeList.php 以表格的形式显示商品分类名称，并在后面显示修改和删除超链接。代码如下：

```
<table border="1" cellspacing="0" width="90%" bordercolorlight="#4DA6FF" bordercolordark="#ECF5FF">
  <tr>
    <td width="30%" align="center" bgcolor="#eeeeee"><strong>分类名称</strong></td>
    <td width="20%" align="center" bgcolor="#eeeeee"><strong>修 改</strong></td>
    <td width="20%" align="center" bgcolor="#eeeeee"><strong>删 除</strong></td>
  </tr>
<?PHP
  //读取分类数据
  $results = $objType->GetGoodsTypelist();
  $exist = false;
  //在表格中显示分类名称
  while($row = $results->fetch_row())
  {
      $exist = true;
?>
  <tr>
    <td><? echo($row[1]); ?></td>
    <td align="center"><a href="TypeList.php?Oper=update&tid=<?PHP echo($row[0]); ?>&name=<?PHP echo($row[1]); ?>">修 改</a></td>
    <td align="center"><a href="TypeList.php?Oper=delete&tid=<?PHP echo($row[0]); ?>&name=<?PHP echo($row[1]); ?>">删 除</a></td>
  </tr>
<?PHP } ?>
</table>
          <p align="center">
<?PHP
  if(!$exist) //如果记录集为空，则显示“目前还没有记录”
  {
    echo("<tr><td colspan=4 align=center><font style='COLOR:Red'>目前还没有记录。</font></td></tr></table>");
  }
?>
</form>
```

“修改”超链接的定义代码如下：

```
<a href="TypeList.php?Oper=update&tid=<?PHP echo($row[0]); ?>&name=<?PHP echo($row[1]); ?>">修 改</a>
```

可以看到，修改商品分类的页面也是 TypeList.php。参数 Oper 的值为 update，表示当前操作为修改商品分类；参数 tid 表示要修改的商品分类编号；参数 name 表示要修改的商品分类名称。

“删除”超链接的定义代码如下：

```
<a href="TypeList.php?Oper=delete&tid=<?PHP echo($row[0]); ?>&name=<?PHP echo($row[1]); ?>">删 除</a>
```

删除商品分类的页面也是 TypeList.php。参数 Oper 的值为 delete，表示当前操作为删除商品分类；参数 tid 表示要删除的商品分类编号；参数 name 表示要删除的商品分类名称。

2. 添加或修改商品分类的表单

在商品分类表格的下面，将显示添加或修改商品分类的表单，包括一个文本框和一个按钮。

当 flag = update 时，将显示修改商品分类的表单；否则显示添加商品分类的表单，如图 11-8 所示。

分类名称：　　　　　添 加

图 11-8　修改商品分类的表单

表单的代码如下：

```
<?PHP
  //如果当前状态为修改，则显示修改的表单，否则显示添加的表单
  if($Soperate=="update")
  {
    $sTitle=$_GET["name"];
?>
    <form name="UFrom" method="post" action="TypeList.php?tid=<?PHP echo($Operid);
?>&Oper=edit">
       <div align="center">
          <input type="hidden" name="sOrgTitle" value="<?  echo($sTitle); ?>">
          <font color="#FFFFFF"><b><font color="#000000">分类名称</font></b></font>
          <input type="text" name="txttitle" size="20" value="<?PHP echo($sTitle); ?>">
          <input type="submit" name="Submit" value=" 修 改 ">
          </div>
     </form>
<?PHP }
  else
  {
?>
<form name="AForm" method="post" action="TypeList.php?Oper=add">
  <p align="center">
     <font color="#FFFFFF"><b><font color="#000000">添加分类：</font></b></font>
       分类名称：  <input type="text" name="txttitle" size="20">
     <input type="hidden" name="sUpperId" value="0">  
     <input type="submit" name="Submit" value=" 添 加 " onclick="return form_onsubmit1
(this.form)">
  </p>
</form>
<? } ?>
```

添加和修改商品分类的脚本都是 TypeList.php，只是参数不同。当参数 Oper 等于 edit 时，程序将处理修改的商品分类数据；当参数 Oper 等于 add 时，程序将处理添加的商品分类数据。

11.5.2　添加商品分类

在执行 TypeList.php 时，如果参数 Oper 不等于 update，页面的下方将显示添加数据的表单 Aform。在文本域 txttitle 中输入商品分类的名称，然后单击“添加”按钮，将调用 TypeList.php，参数 Oper 等于 add，表示插入新记录。下面将介绍相关的代码。

在打开 TypeList.php 页面时，可以在 url 中包含参数，程序将根据参数 Oper 的值决定进行的操作。与添加数据相关的代码如下：

```
<?PHP
  include('..\Class\GoodsType.php');
  include('..\Class\Goods.php');
```

```
    $objType = new GoodsType();
    $objGoods = new Goods();
    //处理添加、修改和删除操作
    $Soperate=$_GET["Oper"];
    $Operid=$_GET["tid"];
    //删除
    if($Soperate=="delete")
    {
      ……
    }
    elseif ($Soperate=="add")   //添加
    {
      $Name=$_POST["txttitle"];
      //判断是否已经存在此分类名称
      if($objType->HaveGoodsType($Name))
      {
        echo("已经存在此分类名称！");
      }
      else
      {
        $objType->TypeName=$Name;
        $objType->insert();
      }
    }
    elseif ($Soperate=="edit")
    {
      ……
    }
?>
```

在插入商品分类之前，应该调用$objType->HaveGoodsType()函数判断此商品分类是否已经存在。这样可以避免出现重复的商品分类。

11.5.3 修改商品分类

在 TypeList.php 中，单击商品分类后面的“修改”超链接，将再次执行 TypeList.php，参数 Oper 等于 update。此时，页面的下方将显示修改数据的表单 Uform。在文本域 txttitle 中输入商品分类的名称，然后单击“修改”按钮，将调用 TypeList.php，参数 Oper 等于 edit，表示修改记录。

下面将介绍相关的代码。

在打开 TypeList.php 时，可以在 url 中包含参数，程序将根据参数 Oper 的值决定进行的操作。与修改数据相关的代码如下：

```
<?
  include('..\Class\GoodsType.php');
  include('..\Class\Goods.php');
  $objType = new GoodsType();
  $objGoods = new Goods();
  //处理添加、修改和删除操作
  $Soperate=$_GET["Oper"];
  $Operid=$_GET["tid"];
  //删除
```

```
    if($Soperate=="delete")
    {
      ......
    }
    elseif ($Soperate=="add")   //添加
    {
      ......
    }
    elseif ($Soperate=="edit")
    {
      $Name=$_POST["txttitle"];
      //判断是否已经存在此分类名称
      if ($objType->HaveGoodsType($Name))
      {
        echo("已经存在此分类名称！");
      }
      else
      {
        $objType->TypeName=$Name;
        $objType->update($Operid);
      }
    }
?>
```

在修改商品分类之前，应该判断新的商品分类是否已经存在，这样可以避免出现重复的商品分类。

11.5.4　删除商品分类

在 TypeList.php 中，“删除”超链接的定义代码如下：

```
<a href="TypeList.php?Oper=delete&tid=<?PHP echo($row[0]); ?>&name=<?
echo($row[1]); ?>">删 除</a>
```

删除商品分类的页面也是 TypeList.php。参数 Oper 的值为 delete，表示当前操作为删除商品分类；参数 tid 表示要删除的商品分类编号；参数 name 表示要删除的商品分类名称。

与删除操作相关的代码如下：

```
    //删除
    if($Soperate=="delete")
    {
      //判断商品表中是否存在此分类
      if ($objGoods->HaveGoodsType($Operid))
      {
        exit("此分类包含商品信息，不能删除！");
      }
      $objType->delete($Operid);
      exit("分类已经成功删除！");
    }
    elseif ($Soperate=="add")   //添加
    {
      ......
    }
```

```
    elseif ($Soperate=="edit")
    {
      ……
    }
  ?>
```

程序首先调用$objGoods->HaveGoodsType($Operid)函数判断要删除的商品分类中是否包含商品信息，如果包含，则不允许删除；然后调用$objType->delete($Operid)函数删除指定的商品分类信息。

11.6 二手商品后台管理

管理员可以对发布的二手商品信息进行管理，包括查看商品列表、删除商品信息等。本节将介绍二手商品后台管理的实现。

11.6.1 商品信息管理页面

在 admin\index.php 中，单击“商品管理”下面的“商品分类”超链接，将执行 admin\GoodsList.php，显示选择分类中的商品列表，如图 11-9 所示。

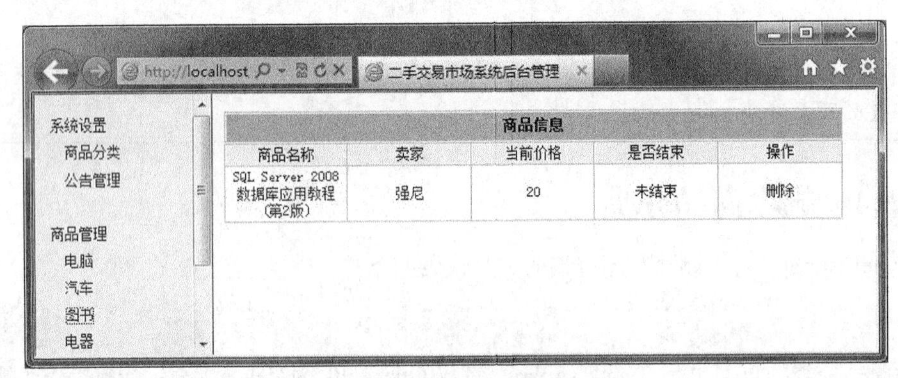

图 11-9 指定分类的商品列表

在访问 GoodsList.php 时，使用参数 type 来区分选择的商品分类。获取和显示商品信息代码如下：

```
  <?
    $itype=$_GET["type"];
    include('..\Class\Goods.php');
    $obj = new Goods();
    $results = $obj->GetGoodslist(" WHERE TypeId=" . $itype);
    include('..\Class\Users.php');
    while($row = $results->fetch_row())
    {
      $m=$m+1;
      $objUser = new Users();
      $objUser->GetUsersInfo($row[15]);
  ?><tr>
    <td   align=center><a   href="../GoodsView.php?gid=<?        echo($row[0]);   ?>"
target=_blank><?  echo($row[3]); ?></a></td>
    <td   align=center><a   href="../UserView.php?uid=<?        echo($row[15]);   ?>"
```

```
target=_blank><?  echo($objUser->Name); ?></a></td>
      <td align=center><?  echo($row[6]); ?></td>
      <td align=center><?  if ($row[14]==1)
      {
    ?>已结束<?  }
        else
      {
    ?>未结束<?  } ?></td>
      <td   align=center><a   href="GoodsDelt.php?gid=<?        echo($row[0]);   ?>"
onClick="if(confirm('确定删除商品?')){return this.href;}return false;" target=_blank>删除
</a></td>
      </tr>
    <?
    }
    if ($m==0)
    {
      print "<tr><td align=center colspan=5>没有商品</td></tr>";
    }
    ?>
```

11.6.2　删除商品信息

如果系统管理员认为用户在售的商品存在问题，可以不经过用户同意，从数据库中强制删除该商品。在商品页面中，单击“删除”超链接，将执行 admin\ GoodsDelt.php，从表 Goods 中删除指定商品。其主要代码如下：

```
<?PHP
  //只有管理员有强制删除商品的权限
  include('..\class\Goods.php');
  $gid=$_GET["gid"];
  $obj = new Goods();
  $obj->delete($gid);
  print("<h3>拍卖商品信息成功删除</h3>");
?>
```

11.7　管理员用户管理

系统管理员可以对其他用户信息进行管理，也可以修改自己的用户密码。本节介绍管理员用户管理功能的实现。

11.7.1　设计用户管理页面

在 admin\index.php 中，单击“用户管理\用户列表”超链接，执行 admin\UserList.php，显示系统用户列表，如图 11-10 所示。

显示用户列表的代码如下：

```
<?PHP
  include('..\Class\Users.php');
  $obj = new Users();
  $results = $obj->GetUserslist();
  $rCount=0;
```

```
  //循环显示所有的用户数据，同时画出表格
  while($row = $results->fetch_row())
  {
    $rCount++;
?>
<tr>
<td align=center><?PHP  echo($row[0]);  /*用户名*/ ?></td>
<td align=center><?PHP  echo($row[2]); /*用户姓名*/?></td>
<td align=center><?PHP  echo($row[4]); /*地址*/?> </td>
<td align=center><?PHP  echo($row[6]); /*Email*/?> </td>
<td align=center><?PHP  echo($row[8]); /*手机*/?> </td>
<td align="center">
<?PHP  if($row[0]!="Admin")
  {
?>
<a href=UserDelt.php?userid=<?PHP   echo($row[0]); ?>  onClick="if(confirm('确定删除此用户?')){return newwin(this.href);}return false;">删除</a>
<?PHP  } ?> 
```

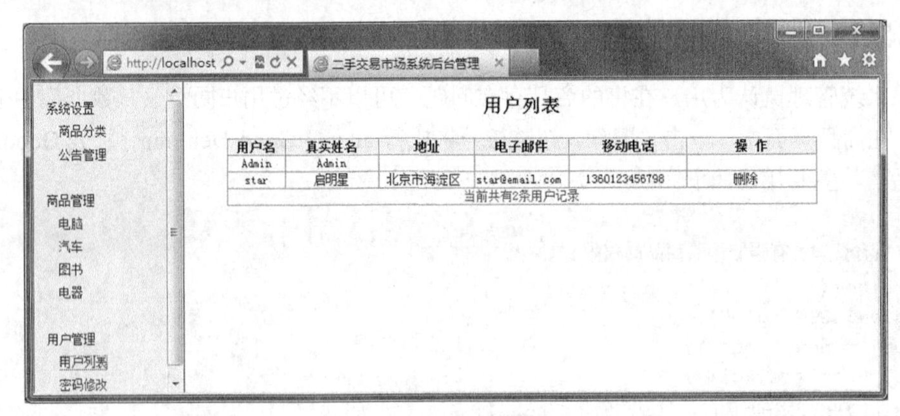

图 11-10　用户管理页面

程序首先定义一个 Users 对象 obj，然后再调用 obj->GetUserslist()函数获取所有用户信息到结果集$results 中，最后使用 while 循环语句显示结果集中的所有记录信息。

11.7.2　删除用户信息

在每条用户信息的后面都定义了一个“删除”超链接，定义代码如下：

```
<a href=UserDelt.php?userid=<?   echo($row[0]); ?>  onClick="if(confirm('确定删除此用户?')){return newwin(this.href);}return false;">删除</a>
```

在超链接的 onClick 事件中，使用 JavaScript 语句 confirm()定义了一个确认删除的对话框，如图 11-11 所示。

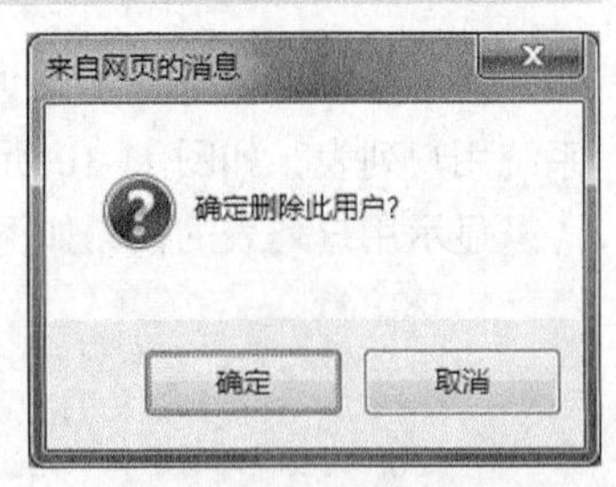

图 11-11　确认删除对话框

当用户单击“确定”按钮时，confirm()函数返回 true。此时，程序调用 newwin(this.href)函数，打开一个新窗口运行 UserDelt.php。newwin()函数是一个 JavaScript 函数，其代码如下：

```
<script language="JavaScript">
function newwin(url) {
  var
```

```
newwin=window.open(url,"newwin","toolbar=no,location=no,directories=no,status=no,menubar=no, scrollbars=yes,resizable=yes,width=400,height=380");
      newwin.focus();
      return false;
    }
    </script>
```

程序调用 JavaScript 函数 window.open()，打开参数中指定的 url 网址。函数的参数定义了窗口的样式，如 toolbar=no 表示没有工具栏，location=no 表示没有地址栏等。

UserDelt.php 的功能是删除用户信息，参数 userid 表示要删除的用户名。UserDelt.php 的主要代码如下：

```
<?PHP
  //只有管理员有强制删除商品的权限
  include('..\class\Users.php');
  $UserId=$_GET["userid"];
  $obj = new Users();
  $obj->delete($UserId);
  print("<h3>用户信息成功删除</h3>");
?>
```

程序调用 Users->delete()函数删除指定的用户信息。

11.7.3　设计密码修改页面

在 admin\index.php 中，单击“用户管理\密码修改”超链接，执行 admin\AdminPwdChange.php，允许系统管理员修改登录密码，如图 11-12 所示。

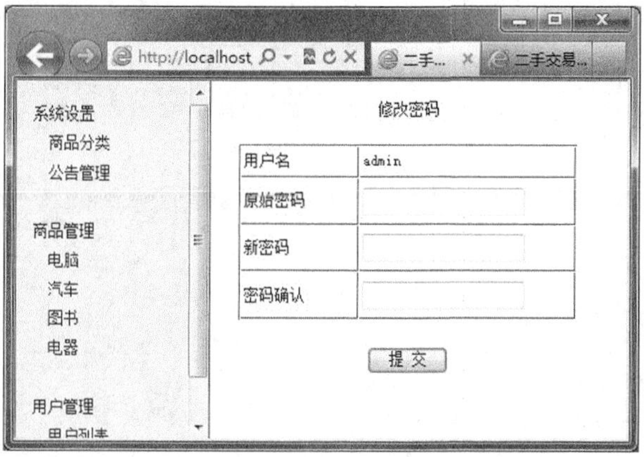

图 11-12　密码修改页面

当管理员单击“提交”按钮时，将提交页面。代码如下：

```
<form method="POST" action="AdminSavePwd.php?aid=<?PHP echo($uid); ?>" name="myform" onsubmit="return ChkFields()">
```

函数 ChkFields 的功能是对输入的新密码进行校验，代码如下：

```
<Script Language="JavaScript">
function ChkFields() {
  if (document.myform.OriPwd.value=='') {
    alert("请输入原始密码！")
    return false
  }
  if (document.myform.Pwd.value.length<6) {
```

```
      alert("新密码长度大于等于 6! ")
      return false
    }
    if (document.myform.Pwd.value!=document.myform.Pwd1.value) {
      alert("两次输入的新密码必须相同! ")
      return false
    }
    return true
  }
  </Script>
```

程序将检查新密码是否输入、新密码长度是否大于等于 6 位和两次输入的新密码是否相同，只有满足以上条件，才执行 AdminSavePwd.php 文件。

AdminSavePwd.php 页面中，程序调用 Users->CheckUser()函数判断表 Users 中是否存在该用户，旧密码是否正确，如果都满足以上要求，则调用 Users->setpwd()函数更改密码。代码如下：

```
<?PHP
  session_start();
  $OriPwd=$_POST["OriPwd"];
  $Pwd=$_POST["Pwd"];
  //判断是否存在此用户
  include('..\Class\Users.php');
  $obj = new Users();
  $obj->UserId=$_SESSION["UserName"];
  $obj->UserPwd=$OriPwd;
  if($obj->CheckUser()==false)
  {
    print("不存在此用户名或密码错误! ");
?>
     <Script Language="JavaScript">
      setTimeout("history.go(-1)",1600);
     </Script>
<?PHP
  }
  else
  {
    $obj->UserPwd=$Pwd;
    $obj->setpwd($obj->UserId);
    print("<h2>更改密码成功! </h2>");
    $_SESSION["UserPwd"]=trim($Pwd);
  }
?>
```

11.8 系统主界面与登录程序设计

除了管理员用户外，注册用户要通过系统主页面登录，才能完成自己的特定功能。本节将介绍系统主页面和用户登录程序的设计过程。

11.8.1 设计主界面

本实例的主界面为 index.php，它的功能是显示系统的给定信息，包括站内公告、用户登录、最新商品、最被关注商品、最活跃卖家等信息，如图 11-13 所示。

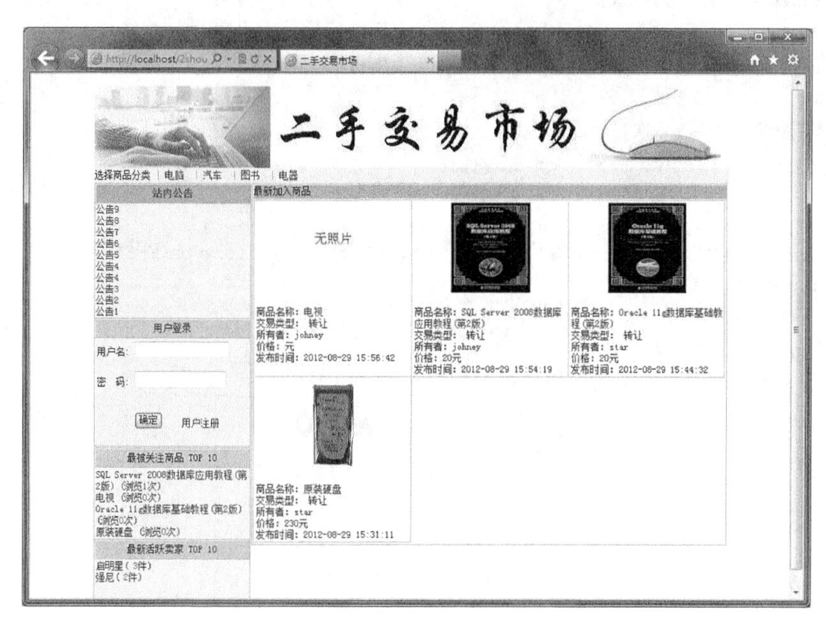

图 11-13　index.php 的运行界面

下面介绍 index.php 的主要代码。

1. 显示所有商品分类

在 index.php 的上方，显示所有商品分类的链接信息。用户通过单击商品分类名称查看指定分类名称下所有的商品列表。代码如下：

```
<?PHP
  //从表 GoodsType 中读取商品类别数据
  include('Class\GoodsType.php');
  $gtype = new GoodsType();
  $results = $gtype->GetGoodsTypelist();
  //使用循环语句，依次显示分类信息
  while($row = $results->fetch_row())
  {
?>
      <font color="#FF9933"">|</font> <a href="List.php?tid=<? echo($row[0]); ?>"
target="_blank"><? echo($row[1]); ?></a> 
<?
  }
?>
```

从超链接的定义代码可以看到，显示指定分类商品信息的脚本为 List.php。本书将在 11.9.1 小节介绍 List.php 的实现过程。

2. 显示左侧功能列表

在主界面的左侧，显示系统公告、用户登录、最被关注商品、最新活跃卖家等信息。这些信息在 Left.php 中定义，而在 index.php 中则在指定位置引用 Left.php。代码如下：

```
<td width="25%" valign="top" align="left"><?PHP include("left.php"); ?></td>
```

3. 显示最新商品信息

在 index.php 的中央，将显示最新 12 个未结束商品的信息，代码如下：

```
<?PHP
```

```
    include('Class\Goods.php');
    $objGoods = new Goods();
    $results = $objGoods->GetTopnNewGoods(12);
    //如果没有找到商品，则显示提示信息
    $i=0;
    //否则使用循环语句，依次显示商品信息
    while($row = $results->fetch_row())
    {
   ?>
      <td valign="top" width="33.33%" align="left" bgcolor="#FFFFFF">
      <p align="center">
   <?
   //显示商品图片
    if (!isset($row[5]) || trim($row[5])=="")
    {
   ?>
        <img border="0" src="images/noImg.jpg" height="110">
   <?
    }
    else
    {
   ?>
        <a href="GoodsView.php?gid=<?    echo($row[0]); ?>" target=_blank>
        <img   border="0"   src="user/images/<?     echo($row[5]);   ?>"   width="100"
height="110"></a>
   <?
    }
   ?>
   </center>
      <br>商品名称：<a href="GoodsView.PHP?gid=<?   echo($row[0]); ?>" target=_blank><?
echo($row[3]); ?></a>
      <br>交易类型：
      <?  if($row[2]==1)
    {
   ?>
        转让
      <?  }
      else
      {
   ?>
         求购
      <?  } ?>
      <br>所有者：<?    echo($row[15]); ?>
      <br>价格：<?   echo($row[6]); ?>元
      <br>发布时间：<?   echo($row[7]); ?>
   </td>
   <center>
   <?
    if ($i%3==2)
    {
   ?>
       </tr><tr>
   <?  }
```

```
    $i++;
  }
    if ($i==0)
    {
  ?>
     <td width="100%" valign="top" align="left" bgcolor="#FFFFFF">暂且没有商品</td>
  <?
  }
  ?>
```

下面分别介绍代码的主要功能。

（1）首先定义 Goods 对象$objGoods，并调用$objGoods->GetTopnNewGoods(12)函数获取最新加入的 12 个商品信息到结果集$results 中。$objGoods->GetTopnNewGoods()函数在 Goods.php 中定义，请参照源代码理解。

（2）如果不存在商品信息（$i 等于 0），则显示“暂且没有商品”。

（3）如果存在商品信息，则使用 while 循环语句从$results 中依次获取所有商品信息，并以表格的形式显示。

（4）本实例约定每行显示 3 个商品信息，所以如果当前记录编号 i % 3 = 2，则输出表格换行符号</tr>，并开始新的一行表格（输出<tr>）。

当用户单击商品图片或商品名称时，在新窗口中打开 GoodsView.php 文件，查看商品的详细资料，相关内容将在 11.9.4 小节中介绍。

11.8.2 设计 Left.php

Left.php 文件用于显示主界面的左侧部分，包括站内公告、用户登录信息、最被关注商品、最新活跃卖家等信息。本节将介绍 Left.php 的部分代码。

1. 显示站内公告

程序在首页左侧的上部显示数据库中最新的 10 条公告信息，程序如下：

```
<?PHP
  session_start();
  include('Class\Bulletin.php');
  $obj = new Bulletin();
  $results = $obj->GetBulletinlist();
  //显示新闻信息
?>
      <tr>
        <td width="100%" bgcolor="#E1F5FF" height="70" valign="top">
<?PHP
  $exist = false;
  //按时间显示最新的 10 条新闻信息
  for ($i=1; $i<=10; $i++)
  {
     $exist = true;
    if($row = $results->fetch_row())
    {
      $title=$row[1];
      //显示新闻标题以及网页链接
      if(strlen($title)>11)
      {
```

```
        $title=substr($title,0,11);
    ?><a href="BulletinView.php?id=<?PHP        echo($row[0]); ?>" target=_blank><?PHP
echo $title; ?>……</a>
          <?PHP    }
        else
        {
    ?>
          <a   href="BulletinView.php?id=<?PHP                        echo($row[0]);   ?>"
target=_blank><?PHP       echo($title); ?></a>
          <?PHP    } // end of else ?><br>
          <?PHP   }  //else of if  ?>
      <?PHP   }   // else of for  ?>
          </td>
        </tr>
      <?PHP
        if(!$exist)
        {
    ?>
        <tr>
          <td width="100%" height="70" bgcolor="#E1F5FF">暂且没有公告 </td>
        </tr>
    <?PHP }
```

单击任何一个公告链接，都会弹出一个新窗口，执行 BulletinView.php 文件，按照给定的公告编号显示公告信息。BulletinView.php 的代码已经在 11.4.5 小节介绍过了，请读者参照理解。

2. 显示登录信息

程序将从 Session 变量中获取登录用户名和密码，并进行验证。如果用户没有注册或者登录，则显示登录页面和注册链接；如果已经登录到系统，则显示用户信息。代码如下：

```
    include('Class\Users.php');
    //从 Session 变量中读取注册用户信息，并连接到数据库验证
    $objUser = new Users();
    $UserId=trim($_SESSION["user_id"]);
    $Pwd=trim($_SESSION["user_pwd"]);
    //连接数据库，进行身份验证
    $objUser->GetUsersInfo($UserId);
    $_SESSION["user_name"]=$objUser->Name;
    if($UserId!="" && $objUser->UserPwd==$Pwd)
    {
   ?>
        <tr>
        <td width="100%" bgcolor="#97DDFF" height="18" align="center">用户信息</td>
         </tr>
         <tr>
          <td width="100%" height="18" bgcolor="#E1F5FF">
            <table border="0" cellspacing="1" width="100%">
              <tr>
                <td width="100%" bgcolor="#E1F5FF">用户名:<?PHP echo($objUser->UserId);
?><br>地址:
                <?PHP   echo($objUser->Address); ?><br>
                E-mail: <?PHP echo($objUser->Email); ?><Br>电话: <?PHP echo($objUser->
Telephone); ?>
                      </td>
               </tr>
```

```
            <tr>
              <td width="100%" align="center" bgcolor="#E1F5FF">
              <a href='user\UserView.php?uid=<?PHP echo($objUser->UserId); ?>' target=
"_blank">我的商品</a>
                     <a href="LoginExit.php" onclick="return newswin(this.
href)">退出登录</a></td>
```

如果用户已经登录，则显示用户信息，登录后的界面如图 11-14 所示。

如果没有登录，则显示登录的表单，具体情况请参见 11.8.3 小节。

用户信息
用户名:lee
地址： 北京市
E-mail：xxx@xxx.com
电话：12345680
我的商品 退出登录

图 11-14 用户登录后部分页面

3. 显示最被关注商品信息

当用户单击商品链接或商品图片时，将弹出新的窗口显示商品的详细信息。每次查看商品信息时，该商品的点击次数字段 ClickTimes 都会增加 1。所谓最被关注商品即为点击次数字段最多的商品。在类 Goods 中，定义了 GetTopnMaxClick()函数，用于获取最被关注的商品信息。代码如下：

```
    // 获取前 n 名最受关注的商品
    function GetTopnMaxClick($n)  {
       // 设置查询的 SELECT 语句
       $sql = "SELECT * FROM Goods WHERE IsOver=0 ORDER BY ClickTimes DESC, StartTime DESC
LIMIT 0," . $n;
       //打开记录集
       $results = $this->conn->query($sql);
       return $results;
    }
```

在 Left.php 中，显示最被关注的前 10 个商品信息的代码如下：

```
  <?PHP
    include('Class\Goods.php');
    $objGoods = new Goods();
    //查询前 10 个点击次数(ClickTimes)最多的\未结束的商品信息
    $results = $objGoods->GetTopnMaxClick(10);
    $exist = false;
    //如果结果集为空,则显示提示信息

  //依次显示结果集中的商品信息
    while($row = $results->fetch_row())
    {
      $exist = true;
  ?>
              <a  href="GoodsView.php?gid=<?PHP           echo($row[0]);   ?>"
target="_blank"><?PHP       echo($row[3]);  ?></a>  ( 浏 览 <font  color="red"><?PHP
echo($row[16]); ?></font>次)<br />
              <?PHP
    }
    if (!$exist)
    {
      print "暂且没有商品";
    }
  ?>
```

4. 显示最活跃卖家信息

所谓最活跃卖家即为发表商品信息最多的用户。在类 Users 中，定义了 GetTopnActiveUser() 函数，用于获取最活跃卖家的信息。代码如下：

```
    function GetTopnActiveUser($n)
    {
       //设置查询的 SELECT 语句
       $sql="SELECT u.UserId, u.Name, Count(g.GoodsId) AS cc "
      ." FROM Users u INNER JOIN Goods g ON u.UserId=g.OwnerId "
      ." GROUP BY u.UserId, u.Name "
      ." ORDER BY Count(g.GoodsId) DESC LIMIT 0," . $n;
      //打开记录集
      $results = $this->conn->query($sql);
      return $results;
    }
```

在 Left.php 中，显示最活跃卖家的前 10 个商品信息的代码如下：

```
   <?PHP
    //获取发布商品最多的用户
    $objUser = new Users();
    $results = $objUser->GetTopnActiveUser(10);
    $exist = false;
    //使用循环语句,依次显示分类信息
    while($row = $results->fetch_row())
    {
      $exist = true;
   ?>
        <a  href="user\UserView.php?uid=<?PHP  echo($row[0]);  ?>"  target=_blank><?PHP
echo($row[1]); ?></a>(<font color=red>
         <?PHP echo($row[2]); ?>
   </font>件)<br>
   <?PHP
    }
    //如果结果集为空,则显示提示信息
    if(!$exist)
    {
      print "暂且没有用户信息";
    }
   ?>
```

11.8.3 注册用户登录程序设计

在 left.php 中包含一个登录表单，如图 11-15 所示。用户可以输入自己的用户名和密码登录到系统，登录后，才能实现发布商品等功能。如果用户没有成功登录，则显示登录表单，代码如下：

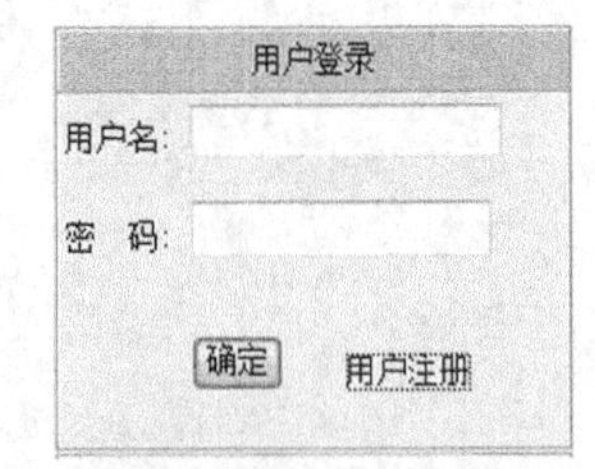

图 11-15 登录表单

```
   <form method="POST" action="putSession.php">
   用 户 名 :  <input  type="text"  name="loginname"  size="18"
value="">
   <br> 密   码  <input  type="password"  name="password"
size="18" value="">
   <br><br>        <input        type="submit"
value="确定" name="B1">
```

```
    <a href="user/UserAdd.php"  target=_blank>用户注册</a>
</form>
```

可以看到，当数据提交后，将执行 putSesstion.php，代码如下：

```
<?PHP
  session_start();
  //取输入的用户名和密码
  $UID=$_POST["loginname"];
  $PSWD=$_POST["password"];
  // 把用户名和密码放入 session
  $_SESSION["user_id"]=$UID;
  $_SESSION["user_pwd"]=$PSWD;
  header("Location: index.php");
?>
```

以"Location: xxx"为参数调用 header()函数可以将网页转向到转向的网页。

程序将用户信息保存在 Sesstion 变量中，然后把网页转向到 index.php 中在 left.php 中将进行用户身份验证，具体情况可以参照 11.8.2 小节理解。注册新用户的脚本为 UserAdd.php，本章将在 11.10 小节介绍用户管理的内容。

11.9　商品信息管理

普通用户可以查看和发布商品信息，本节介绍商品信息管理模块的实现过程。

11.9.1　分类查看商品信息

在系统首页的上方，有一个链接条，包括商品分类信息等链接。用户可以单击任意分类的超链接，进入按分类显示商品列表的页面，如图 11-16 所示。

查看商品信息的脚本是 List.php，下面介绍 List.php 的主要代码。

1．显示转让和求购超链接

网站内的商品可以分为转让商品和求购商品两种情况。在 List.php 中，按转让商品和求购商品分别显示当前分类的商品信息。在页面的上方，显示转让和求购超链接。页面参数 flag 是转让和求购的标识，当 flag=0 时，当前页面显示转让商品信息；否则显示求购商品信息。页面参数 tid 表示页面显示的商品分类编号。

图 11-16　按分类查看商品信息

显示转让和求购超链接的代码如下：

```
<?PHP
  //读取参数，tid 表示商品类型编号，flag 表示转让或求购类型
  $tid=intval($_GET["tid"]);
  $flag=intval($_GET["flag"]);
  if($flag==0)
  {
?>
   <B>转让信息</B>  <a href="list.php?flag=1&tid=<?PHP echo($tid); ?>">求购信息</a>
  <?PHP }
  else
 {
?>
   <a href="list.php?flag=0&tid=<?PHP  echo($tid); ?>">转让信息</a>  <B>求购信息</B>
  <?PHP } ?>
```

2. 显示商品信息

在 List.php 页面中，程序将根据变量 tid 和 flag 的值从表 Goods 和表 GoodsType 中读取指定类别下所有的商品信息。代码如下：

```
<?PHP
  //设置转让或求购的查询条件
  if($flag==0)
  {
   $cond=" WHERE SaleOrBuy=1";
  }
  else
  {
   $cond=" WHERE SaleOrBuy=2";
  }

  //设置商品分类查询条件
  if ($tid>0)
  {
   $cond=$cond." AND TypeId=".$tid;
  }
  // 只查看未结束的商品
  $cond=$cond." AND IsOver=0";
  //创建 Goods 对象，读取满足条件的记录
  include('Class\Goods.php');
  $obj = new Goods();
  $results = $obj->GetGoodslist($cond);
  $m=0;
  while($row = $results->fetch_row())
  {
?>
  <tr><td align=center bgcolor="#FFFFFF"><?PHP  if ($row[5]=="")
  {
?><img src="images/noImg.jpg" height=50 border=0>
<?PHP  }
   else
  {
```

```
    ?><img src="user/images/<?PHP    echo($row[5]); ?>" height=50 border=0>
    <?PHP   } ?></td>
      <td      align=center      bgcolor="#FFFFFF"><a      href="GoodsView.php?gid=<?PHP
echo($row[0]); ?>" target=_blank><?PHP   echo($row[3]); ?></a></td>
      <td align=center bgcolor="#FFFFFF"><?PHP   echo($row[6]); ?></td>
      <td align=center bgcolor="#FFFFFF"><?PHP   echo($row[8]); ?> </td>
      <td     align=center     bgcolor="#FFFFFF"><a     href="user/UserView.php?uid=<?PHP
echo($row[15]); ?>" target=_blank><?PHP   echo($row[15]); ?></a></td>
      <td bgcolor="#FFFFFF" align="center"><?PHP   echo($row[7]); ?></td>
      </tr>
    <?PHP   $m=$m+1;
      }
      if ($m==0)
      {
       print "<tr><td bgcolor=#FFFFFF align=center colspan=6>暂无商品信息</td></tr>";
      }
    ?>
```

11.9.2 添加商品信息

在分类查看商品信息页面中，登录用户单击“我要转让”或“我要求购”超链接，打开 user/GoodsAdd.php，可以添加商品信息，如图 11-17 所示。

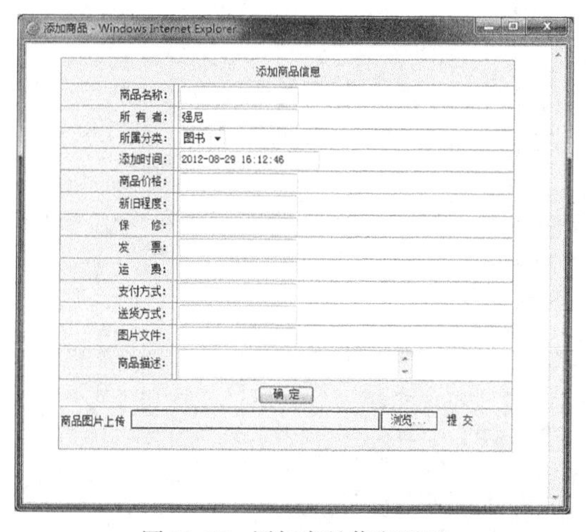

图 11-17 添加商品信息页面

添加转让商品和求购商品都使用 GoodsAdd.php，通过参数 flag 来区分它们。flag=0 表示转让商品，flag=1 表示求购商品。

下面将介绍 GoodsAdd.php 页面中的部分代码。

1. 显示商品分类信息

当页面载入时，在下拉列表 typeid 中装载商品的分类名称，代码如下：

```
<select size="1" name="typeid">
<?PHP
 include('..\Class\GoodsType.php');
 $tid=intval($_GET["tid"]);
 $obj = new GoodsType();
 $results = $obj->GetGoodsTypelist();
 while($row = $results->fetch_row())
 {
```

```
?><option value="<?PHP  echo($row[0]); ?>" <?PHP  if ($row[0]==$tid)
  {
?> selected <?PHP  } ?>><?PHP  echo($row[1]); ?></option>
  <?  } ?>
</select>
```

2. **提交表单**

用户输入商品信息后，单击“确定”按钮，提交拍卖商品信息表单，代码如下：

```
<form action="GoodsSave.php?flag=<? echo($_GET["flag"]); ?>" method=post name=form1
onsubmit="return CheckFlds()">
```

可以看到，表单名为 form1，表单提交后，将由 GoodsSave.php 处理表单数据。在提交表单数据之前，程序将执行 CheckFlds()函数，对用户输入数据的有效性进行检查，只有当 CheckFlds()函数返回 True 时，才执行提交操作。

CheckFlds()函数的代码如下：

```
function CheckFlds(){
  if (document.form1.aname.value==""){
   alert("请输入商品名称！");
   form1.aname.focus;
   return false;
  }
  return true;
}
</Script>
```

下面介绍 GoodsSave.php 的部分代码。下面的程序将接收从 GoodsAdd.php 传递来的数据，并将它们转换为能够保存到数据库中的格式，代码如下：

```
<?PHP
  //得到动作参数，如果为 add 则表示添加操作，如果为 edit 则表示更改操作
  $StrAction=$_GET["action"];
  // 定义 Goods 对象，保存商品数据
  include('..\Class\Goods.php');
  $obj = new Goods();
  $obj->GoodsName=$_POST["aname"];
  $obj->TypeId=$_POST["typeid"];
  $obj->SaleOrBuy=intval($_POST["flag"])+1;
  $obj->GoodsDetail=$_POST["adetail"];
  $obj->Price=$_POST["sprice"];
  $obj->StartTime=$_POST["stime"];
  $obj->OldNew=$_POST["oldnew"];
  $obj->Invoice=$_POST["invoice"];
  $obj->Repaired=$_POST["repaired"];
  $obj->Carriage=$_POST["carriage"];
  $obj->PayMode=$_POST["pmode"];
  $obj->DeliverMode=$_POST["dmode"];
  $obj->OwnerId=$_SESSION["user_id"];
  if ($StrAction=="edit")
  {
    $gid=$_GET["gid"];
    $obj->update($gid);
  }
  else
  {
    $obj->ImageUrl=$_POST["goodsimage"];
```

```
    $obj->insert();
  }
  print "<h3>商品信息成功保存</h3>";
?>
```

GoodsSave.php 也可以用来处理修改拍卖商品信息的数据。在商品中插入图片的方法请参照 11.9.3 小节理解。

11.9.3　商品图片上传

本节介绍添加商品图片的方法。在 Web 应用程序中，通常采用两种方法处理图片。一种方法是将图片文件上传到服务器的指定目录下，需要时直接在网页中显示图片；另一种方法是将图片数据保存在数据库的 image 字段中，需要将其导出到一个图片文件中，然后才能在网页中显示。本实例选择第一种方法，因为这种方法处理起来比较简单，

在 GoodsAdd.php 中，定义文件上传框架的代码如下：

```
<iframe frameborder="0" height="40" width="100%" scrolling="no" src="upload.php"
></iframe>
```

可以看到，文件上传的界面由 upload.php 实现。在 upload.php 中，定义上传表单的代码如下：

```
<form name="form1" method="post" action="upfile.php" enctype="multipart/form-data" >
```

可以看到，上传文件的数据由 upfile.php 处理。

关于上传文件的方法，请读者参照 5.4 小节和源代码理解。上传完成后，需要将上传的文件名显示在上面的“图片文件”文本框 goodsimage 中，代码如下：

```
echo("<SCRIPT>parent.document.form1.goodsimage.value='".$newfilename."'</SCRIPT>");
```

当 GoodsAdd.php 提交数据时，goodsimage 将会被传递到 GoodsSave.php 中，然后被保存到表 Goods 的 ImageURL 字段中。

11.9.4　查看商品信息

在主页面或查看商品列表页面中，单击商品名称超链接，将执行 GoodsView.php 文件，从表 Goods 中读取商品信息。文件 GoodsView.php 保存在系统根目录下，运行界面如图 11-18 所示。

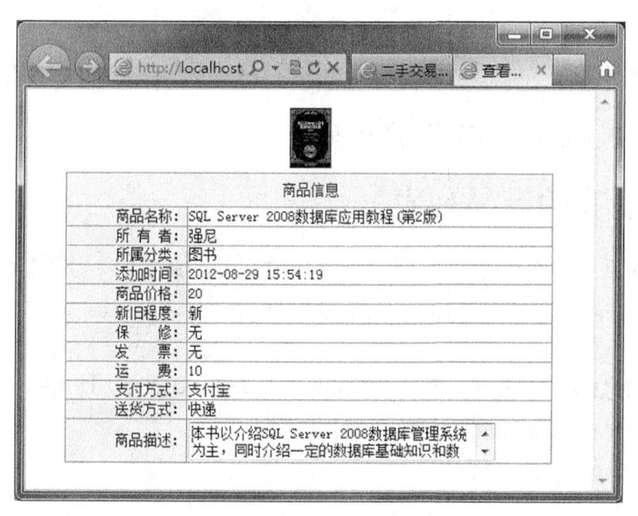

图 11-18　查看商品信息

下面介绍 GoodsView.php 页面中部分代码。

1. 读取商品信息

商品信息数据来源于表 Goods，代码如下：

```
<?
  include('Class\Goods.php');
  $gid=$_GET["gid"];
  $obj = new Goods();
  $obj->GetGoodsInfo($gid);  // 获取商品信息
```

2. 增加浏览次数

当查看商品时，系统将为商品的浏览次数加 1，代码如下：

```
  $obj->Add_ClickTimes($gid);  // 增加点击次数
```

3. 读取卖家信息

根据商品表 Goods 中的卖家用户名读取用户的所有信息，代码如下：

```
  include('Class\Users.php');
  //读取卖家信息
  $objUser = new Users();
  $objUser->GetUsersInfo($obj->OwnerId);
```

4. 读取商品类型信息

根据商品表 Goods 中的商品类型编号读取商品类型信息，代码如下：

```
  //读取商品类型
  include('Class\GoodsType.php');
  $objType = new GoodsType();
  $objType->GetGoodsTypeInfo($obj->TypeId);
```

5. 显示商品图片

可以通过<img …>来显示商品的图片信息。如果商品没有图片信息，则显示 images/noImg.jpg，代码如下：

```
<?PHP if($obj->ImageURL=="")
{
?><img src="images/noImg.jpg" height=50 border=0>
<? }
  else
{
?><img src="user/images/<?PHP  echo($obj->ImageURL); ?>" height=50 border=0>
<? } ?>
```

请参照源代码理解显示其他商品信息的代码。

10.9.5 查看我的商品列表

用户登录后，在系统主页面中会出现一个“我的商品”超链接，其定义代码如下：

```
<a href='user\UserView.php?uid=<?  echo($objUser->UserId); ?>' target="_blank">我的
商品</a>
```

查看用户商品信息的页面为 user\UserView.php，参数 uid 表示用户名。

查看用户商品信息的页面如图 11-19 所示。

下面介绍 UserView.php 的主要代码。

1. 设置查询条件

UserView.php 中的查询条件比较复杂，需要根据转让或求购、商品类型、发布用户等信息设置查询条件，从表 Goods 中获取满足条件的商品记录。代码如下：

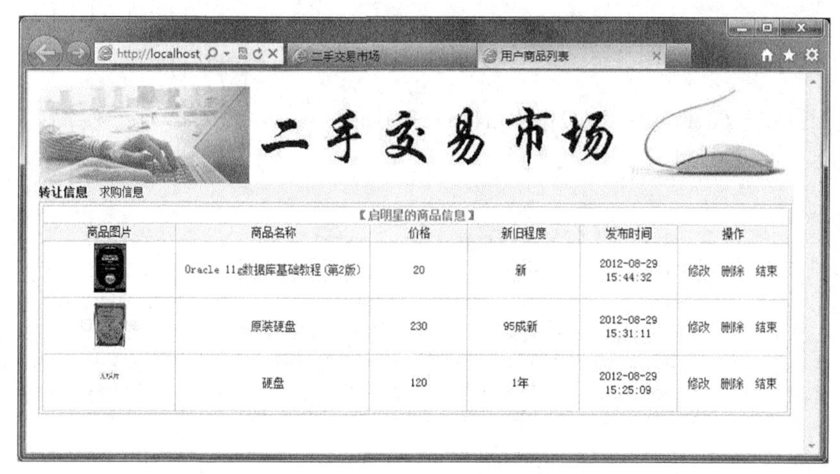

图 11-19　查看用户发布的商品信息

```
<?php
  session_start();
  //读取参数，flag 表示转让或求购类型
  $flag=intval($_GET["flag"]);
  //设置转让或求购的查询条件
  if ($flag==0)
  {
    $cond=" WHERE SaleOrBuy=1";
  }
  else
  {
    $cond=" WHERE SaleOrBuy=2";
  }
  //设置商品分类查询条件
  if ($tid>0)
  {
    $cond=$cond." AND TypeId=".$tid;
  }
  // 只查看未结束的商品
  $uid=$_GET["uid"];
  $cond=$cond." AND OwnerId='".$uid."'";
  // 获取用户信息
  include('..\Class\Users.php');
  $objUser = new Users();
  $objUser->GetUsersInfo($uid);
  //创建 Goods 对象，读取满足条件的记录
  include('..\Class\Goods.php');
  $obj = new Goods();
  $results = $obj->GetGoodslist($cond);
```

2. 显示商品信息

查询得到的结果集为$results，程序将显示其中的商品信息，代码如下：

```
<?php
  $m=0;
  while($row = $results->fetch_row())
```

```
    {
?>
  <tr><td align=center bgcolor="#FFFFFF"><?php  if ($row[5]=="")
  {
?><img src="../images/noImg.jpg" height=50 border=0>
<?php  }
  else
  {
?><img src="images/<?php   echo($row[5]); ?>" height=50 border=0>
<?php  } ?></td>
  <td   align=center   bgcolor="#FFFFFF"><a   href="../GoodsView.php?gid=<?php
echo($row[0]); ?>" target=_blank><?php  echo($row[3]); ?></a></td>
  <td align=center bgcolor="#FFFFFF"><?php  echo($row[6]); ?></td>
  <td align=center bgcolor="#FFFFFF"><?php  echo($row[8]); ?> </td>
  <td bgcolor="#FFFFFF" align="center"><?php  echo($row[7]); ?></td>
  <td align=center bgcolor="#FFFFFF">
  <?php  if ($row[14]==1)
  {
?>
    已结束
  <?php  }
    else
  {
?>
  <?php if ($row[15]==$_SESSION["user_id"])
     {
?>
  <a href="GoodsEdit.php?gid=<?php echo($row[0]); ?>" target=_blank>修改</a> 
  <a href="GoodsDelt.php?gid=<?php echo($row[0]); ?>" target=_blank>删除</a> 
  <a href="GoodsOver.php?gid=<?PHP echo($row[0]); ?>" target=_blank>结束</a>
  <?php    } ?>
  <?php  } ?></td>
  </tr>
<?php  $m=$m+1;
  }
  if ($m==0)
  {
    echo("<tr><td bgcolor=#FFFFFF align=center colspan=6>暂无商品信息</td></tr>");
  }
?>
```

在每个商品的后面都可能显示“修改”、“删除”和“结束”3 个超链接，用于对商品进行管理。因为用户只能对自己发布的商品信息进行管理，所以在显示此超链接时，需要满足如下条件：

```
if ($row[15]==$_SESSION["user_id"])
```

表 Goods 的第 16 个元素为 OwnerId，即当前商品的发布者。上面的 if 语句表示商品的发布者等于当前用户。

11.9.6 修改商品信息

在 11.9.5 小节介绍的查看用户商品列表页面中，单击商品信息后面的“修改”超链接，可以打开修改商品信息的页面，如图 11-20 所示。

修改商品信息的页面与添加商品信息相似，请读者参照 11.9.2 小节和源代码理解。

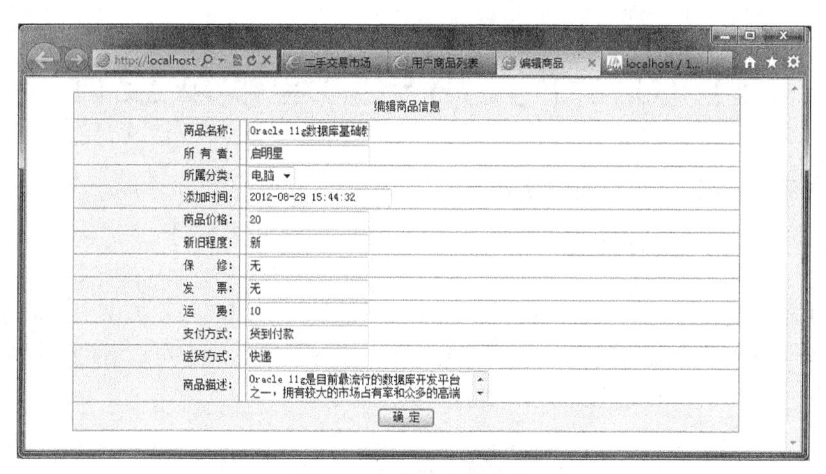

图 11-20　修改商品信息

11.9.7　删除商品信息

在 11.9.5 小节介绍的查看用户商品列表页面中，单击商品信息后面的“删除”超链接，可以删除商品信息。删除商品信息的脚本为 GoodsDelt.php，参数 gid 表示要删除的商品编号。

GoodsDelt.php 的主要代码如下：

```
<?
  //从数据库中批量删除信息
  //读取要删除的编号
  include('..\Class\Goods.php');
  $gid=$_GET["gid"];
  $obj = new Goods();
  $obj->delete($gid);
  print "删除成功!";
?>
```

程序调用 Goods->delete()函数删除指定的商品信息。

11.9.8　结束商品信息

在 11.9.5 小节介绍的查看用户商品列表页面中，单击商品信息后面的“结束”超链接，可以结束商品信息。被结束的商品将不会出现在网站的交易商品列表中。结束商品信息的脚本为 GoodsOver.php，参数 gid 表示要结束的商品编号。

GoodsOver.php 的主要代码如下：

```
<?PHP
  //从数据库中批量删除公告信息
  //读取要删除的公告编号
  include('..\Class\Goods.php');
  $gid=$_GET["gid"];
  $obj = new Goods();
  $obj->SetOver($gid);
  print("商品交易已结束!");
?>
```

程序调用 Goods->SetOver()函数结束指定的商品信息，即将表 Goods 中的 IsOver 字段设置为 1。

11.10 个人用户管理模块设计

本节将介绍个人用户管理功能的实现过程。

11.10.1 注册新用户

为了保护二手交易买卖双方的利益，在二手交易系统中，用户必须提供个人信息。每个浏览本系统的游客都可以注册成为用户。在系统主页中，没有登录的用户可以看到“用户注册”超链接。单击此链接，将执行 UserAdd.php，如图 11-21 所示。

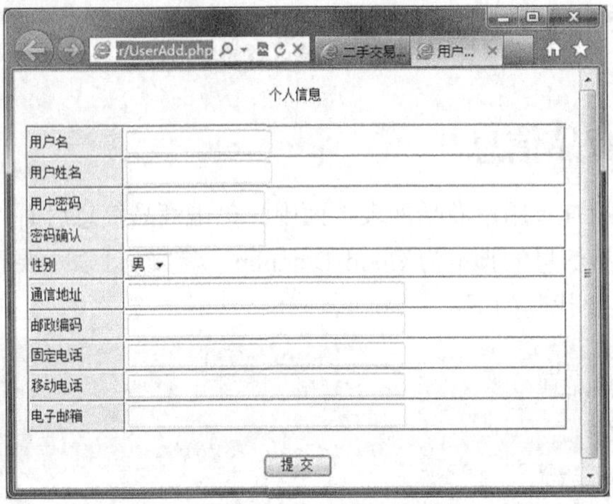

图 11-21 用户注册

定义表单的代码如下：

```
<form method="POST" action="UserSave.php" name="myform" onSubmit="return
ChkFields()">
```

当提交数据时，将执行 CheckFlds()函数，对用户输入的数据进行检查。用户名、密码、真实姓名和邮政编码是必须输入的。通过检查后，将执行 UserSave.php，保存个人信息。参数 action 表示当前的操作状态，action=add 表示添加记录。UserSave.php 也可以用来保存修改的个人信息。

UserSave.php 的主要代码如下：

```
<?PHP
  include('..\Class\Users.php');
  $objUser = new Users(); //创建 User 对象，用于访问个人信息表
  $uid=$_POST["userid"]; // 用户名
  $objUser->UserId=$uid; // 用户名
  $objUser->UserPwd=$_POST["pwd"]; // 密码
  $objUser->Name=$_POST["username"]; // 姓名
  $objUser->Sex=intval($_POST["sex"]); // 性别
  $objUser->Address=$_POST["address"]; // 地址
  $objUser->Postcode=$_POST["telephone"]; // 邮编
  $objUser->Email=$_POST["email"]; // 电子邮件
  $objUser->Telephone=$_POST["telephone"]; // 电话
```

```
  $objUser->Mobile=$_POST["mobile"]; // 手机
  if ($_POST["isadd"]=="new")
  {
    //判断此用户是否存在
    if($objUser->HaveUsers($uid))
    {
?>
              <script language="javascript">
                  alert("已经存在此用户名! ");
                  history.go(-1);
              </script>
<?PHP
    }
    else
    {
      $objUser->UserType=0; // 用户类型
      $objUser->insert();
    }
  }
  else
  {
    //更新用户信息
    $objUser->update($objUser->UserId);
  }
  print "<h2>用户信息已成功保存! </h2>";
?>
```

11.10.2　退出登录

普通用户登录后，可以看到“退出登录”超链接，其定义代码如下：

```
<a href="LoginExit.php" onclick="return newswin(this.href)">退出登录</a>
```

当用户单击“退出登录”超链接时，执行 LoginExit.php 脚本，代码如下：

```
<?PHP
  session_start();
  $_SESSION["user_id"]="";
  $_SESSION["user_pwd"]="";
  header("Location: "."index.php");
?>
```

程序将 SESSION 变量 user_id 和 user_pwd 设置为空，然后将页面转向 index.php，从而实现退出登录的功能。

附录A 实验

实验1 搭建PHP服务器

目的和要求

（1）了解本书使用的软件多数是跨平台（支持UNIX、Linux、Windows等平台）的开源软件，且可以从其官网上免费下载。

（2）了解Web应用程序的工作原理。

（3）了解Web应用程序的组成及各部分的主要功能。

（4）练习安装与配置Apache HTTP Server。

（5）练习安装与配置PHP。

（6）练习安装MySQL数据库。

（7）练习安装和配置phpMyAdmin。

实验准备

要了解Apache HTTP Server是Apache软件基金会提供的一个开源Web服务器项目，它具有扩展性强、开放源代码、跨平台、可以免费下载等优势。

PHP是服务器端、跨平台、HTML嵌入式的脚本语言。

MySQL是非常流行的开源数据库管理系统，它由瑞典的MySQL AB公司（后来被Sun公司收购了，而Sun公司也已被Oracle公司收购）开发，开发语言是C和C++。它具有非常好的可移植性，可以在AIX、UNIX、Linux、Max OS X、Solaris、Windows等多种操作系统下运行。如果选择使用PHP开发Web应用程序，通常会选择MySQL作为后台数据库。

首先需要准备一台安装了Windows操作系统的计算机作为Web服务器。

实验内容

本实验主要包含以下内容。

（1）练习安装Apache HTTP Server。

（2）练习管理Apache服务。

（3）练习安装PHP。

（4）测试PHP是否配置成功。

（5）安装MySQL数据库。

（6）安装和配置phpMyAdmin。

1. 安装Apache HTTP Server

按以下步骤安装与配置Apache HTTP Server。

（1）参照附录C下载Apache HTTP Server 2.2.22的Windows安装包。

（2）参照2.1.1小节安装Apache HTTP Server。

2. 管理Apache服务

参照如下步骤练习通过任务栏右下角的Apache图标来管理Apache服务。

（1）单击任务栏右下角的Apache图标，在弹出菜单中选择“Apache2.2”。

（2）选择Stop菜单项，停止Apache服务。

（3）右键单击任务栏右下角的Apache图标，选择Open Apache Monitor菜单项，可以打开Apache服务监视窗口。确认Apache服务已经停止。单击Start按钮，启动Apache服务。

（4）打开浏览器，在地址栏中输入下面的网址：

```
http://localhost
```

如果Apache HTTP Server工作正常，则可以看到网页中显示“It Works!”。

3. 安装PHP

参照如下步骤练习安装PHP。

（1）参照附录C下载PHP压缩包。

（2）将下载得到的压缩包php-5.4.4-nts-Win32-VC9-x86.zip解压到C:\php。

（3）在C:\php目录下找到php.ini- production文件，将其改名为php.ini，这是PHP的配置文件。

（4）对php.ini作如下修改。

- extension_dir

此配置项指定PHP用来寻找动态连接扩展库的目录，将其修改为如下内容：

```
extension_dir = "C:\php\ext\"
```

- 支持mbstring库

在php.ini中查找到如下代码：

```
;extension=php_mbstring.dll
```

去掉前面的注释符号（;），修改后的内容如下：

```
extension=php_mbstring.dll
```

- 支持mysql库

在php.ini中查找到如下代码：

```
;extension=php_mysql.dll
```

去掉前面的注释符号（;），修改后的内容如下：

```
extension=php_mysql.dll
```

（5）修改Apache配置文件。

- 添加php5apache2.dll

在 httpd.conf 中，找到 LoadModule 模块，在其后面添加如下代码：

```
LoadModule php5_module C:/php/php5apache2_2.dll
```

装载此模块，可以使 Apache 服务器提供对 PHP5 的支持。

- 指定 PHP 配置文件的目录

为了让 Apache HTTP Server 了解 PHP 配置文件的位置，可以在 LoadModule 指令的下面添加如下代码：

```
PHPIniDir "C:/php"
```

- 设置目录索引

修改 DirectoryIndex 指令，增加对 PHP 文件的支持，代码如下：

```
DirectoryIndex index.php index.html index.html.var
```

- 添加可以执行 PHP 代码的文件类型

找到 AddType application/x-gzip .gz .tgz，在它的下面添加如下语句:

```
AddType application/x-httpd-php .php
```

修改完成后，保存配置文件，并重启 Apache 服务。

4. 测试 PHP 是否配置成功

按照下面的步骤测试 PHP 是否配置成功。

（1）参照例 2-1 编写 test.php。

（2）将 test.php 复制到 Apache HTTP Server 的网站根目录（默认为 C:\Program Files\Apache Software Foundation\Apache2.2\htdocs）下。

（3）在浏览器中访问如下 URL：

```
http://localhost/test.php
```

确认可以看到 PHP 的工作环境和基本信息，说明 PHP 已经安装和配置成功。

5. 安装 MySQL 数据库

（1）参照附录 C 下载 MySQL 安装包。

（2）参照 2.3.1 小节安装 MySQL 数据库。

6. 安装和配置 phpMyAdmin

按照如下步骤安装和配置 phpMyAdmin。

（1）参照附录 C 下载 phpMyAdmin 压缩包。

（2）将下载得到的 zip 文件解压缩到 Apache HTTP Server 的网站根目录（C:\Program Files\Apache Software Foundation\Apache2.2\htdocs）下的 phpMyAdmin 目录。

（3）将 phpMyAdmin 目录下的 config.sample.inc.php 复制为 config.inc.php。

（4）编辑 php.ini，找到

```
;extension=php_mysqli.dll
```

去掉注释符;，改为

```
extension=php_mysqli.dll
```

并确认 C:\PHP\ext 目录下存在 php_mysqli.dll。

（5）保存 php.ini，并将其复制到 Windows 目录下。重启 Apache 服务。

（6）通过下面的地址访问 phpMyAdmin：

```
http://localhost/phpMyAdmin/index.php
```

确认可以看到 phpMyAdmin 的登录界面。

实验 2　PHP 语言基础

目的和要求

（1）了解 PHP 语言的基本语法和使用方法。
（2）了解 PHP 注释的使用方法。
（3）了解 PHP 的数据类型。
（4）了解 PHP 的运算符和表达式。
（5）学习 PHP 常量和变量的使用。
（6）学习使用 PHP 的常用语句。
（7）学习 PHP 字符串处理的方法。
（8）学习在 PHP 脚本中使用 JavaScript 编程。

实验准备

（1）了解 Oracle 数据库用户可以分为 6 种类型，即数据库管理员、安全官员、网络管理员、应用程序开发员、应用程序管理员和数据库用户。
（2）了解角色是对用户的一种分类管理办法，不同权限的用户可以分为不同的角色。
（3）了解使用 CREATE ROLE 语句创建角色的方法。
（4）了解使用 DROP ROLE 语句删除角色的方法。
（5）了解使用 GRANT 语句指定用户角色的方法。
（6）了解使用 CREATE USER 语句创建用户的方法。
（7）了解使用 DROP USER 语句删除用户的方法。

实验内容

本实验主要包含以下内容。
（1）练习编写一个简单的 PHP 程序。
（2）练习使用 SQL 语句为数据库角色授予权限。
（3）练习使用常量。
（4）练习使用变量。
（5）练习使用条件分支语句。
（6）练习使用循环语句。
（7）练习字符串处理编程。
（8）练习在 PHP 脚本中使用 JavaScript 编程。

1．编写一个简单的 PHP 程序

参照下面的步骤练习编写一个简单的 PHP 程序。
（1）参照**例 3-1** 编写 hello.php。
（2）将 hello.php 复制到 Apache HTTP Server 的网站根目录下。
（3）打开浏览器，访问如下 URL：

```
http://localhost/hello.php
```

确认可以在网页中看到“欢迎使用 PHP!”。

2. 使用 PHP 支持的 3 种类型注释字符

参照下面的步骤练习使用 PHP 支持的 3 种类型注释字符。

（1）编辑前面的脚本 hello.php，使用注释符//添加注释。

（2）打开浏览器，访问如下 URL：

```
http://localhost/hello.php
```

确认添加注释后不影响输出结果。

（3）编辑前面的脚本 hello.php，使用注释符#添加注释。

（4）打开浏览器，访问如下 URL：

```
http://localhost/hello.php
```

确认添加注释后不影响输出结果。

（5）编辑前面的脚本 hello.php，使用注释符/* ... */添加注释。

（6）打开浏览器，访问如下 URL：

```
http://localhost/hello.php
```

确认添加注释后不影响输出结果。

3. 使用常量

参照下面的步骤练习使用常量。

（1）参照**例 3-8** 编写 const.php。

（2）将 const.php 复制到 Apache HTTP Server 的网站根目录下。

（3）打开浏览器，访问如下 URL：

```
http://localhost/const.php
```

通过练习，了解常量的使用方法。

（4）参照**例 3-9** 编写 const2.php。

（5）将 const2.php 复制到 Apache HTTP Server 的网站根目录下。

（6）打开浏览器，访问如下 URL：

```
http://localhost/const2.php
```

确认程序中不能修改常量的值。

4. 使用变量

参照下面的步骤练习使用变量。

（1）参照**例 3-10** 编写 var.php。

（2）将 var.php 复制到 Apache HTTP Server 的网站根目录下。

（3）打开浏览器，访问如下 URL：

```
http://localhost/var.php
```

通过练习，了解变量的使用方法。

（4）参照**例 3-11** 编写 var2.php。

（5）将 var2.php 复制到 Apache HTTP Server 的网站根目录下。

（6）打开浏览器，访问如下 URL：

```
http://localhost/var2.php
```

通过练习，了解变量值的传递过程。

（7）参照**例 3-12** 编写 var3.php。

（8）将 var3.php 复制到 Apache HTTP Server 的网站根目录下。

（9）打开浏览器，访问如下 URL：

```
http://localhost/var3.php
```

通过练习，了解变量地址传递的原理。

（10）参照**例** 3-13 编写 var4.php。

（11）将 var4.php 复制到 Apache HTTP Server 的网站根目录下。

（12）打开浏览器，访问如下 URL：

```
http://localhost/var4.php
```

通过练习，了解使用 var_dump()函数输出变量明细信息的方法。

5. 使用条件分支语句

参照下面的步骤练习使用条件分支语句。

（1）参照**例** 3-21 练习 if 语句的使用方法。

（2）参照**例** 3-22 练习嵌套 if 语句的使用。

（3）参照**例** 3-23 练习 if...else...语句的使用。

（4）参照**例** 3-24 编写练习 if...elseif...else...语句的使用。

（5）参照**例** 3-25 练习 switch 语句的使用。

6. 使用循环语句

参照下面的步骤练习使用循环语句。

（1）参照**例** 3-26 练习 while 语句的使用方法。

（2）参照**例** 3-27 练习 do…while 语句的使用。

（3）参照**例** 3-28 练习 for 语句的使用。

（4）参照**例** 3-29 练习 continue 语句的使用。

（5）参照**例** 3-30 练习 break 语句的使用。

7. 字符串处理编程

参照下面的步骤练习字符串处理编程。

（1）参照**例** 3-31 练习、了解单引号字符串和双引号字符串中对变量的不同处理方式。

（2）参照**例** 3-32 练习、了解转义字符（\）的使用方法。

（3）参照**例** 3-34、**例** 3-35 和**例** 3-36 练习获取字符串长度的方法。

（4）参照**例** 3-37、**例** 3-38、**例** 3-39 和**例** 3-40 练习比较字符串的方法。

（5）参照**例** 3-41、**例** 3-42 和**例** 3-43 练习将字符串转换到 HTML 格式的方法。

（6）参照**例** 3-44 和**例** 3-45 练习替换字符串的方法。

（7）参照**例** 3-46、**例** 3-47 和**例** 3-48 练习 URL 处理函数的使用方法。

8. 在 PHP 脚本中使用 JavaScript 编程

参照下面的步骤练习在 PHP 脚本中使用 JavaScript 编程。

（1）参照**例** 3-49 编写 js.php。

（2）将 js.php 复制到 Apache HTTP Server 的网站根目录下。

（3）打开浏览器，访问如下 URL：

```
http://localhost/js.php
```

通过练习，学习在 PHP 脚本中使用 JavaScript 脚本输出字符串的方法。

（4）参照**例** 3-50 编写 js2.php。

（5）将 js2.php 复制到 Apache HTTP Server 的网站根目录下。

（6）打开浏览器，访问如下 URL：

```
http://localhost/js2.php
```

通过练习，学习使用 JavaScript 弹出警告对话框的方法。

（7）参照**例 3-51** 编写 js3.php。

（8）将 js3.php 复制到 Apache HTTP Server 的网站根目录下。

（9）打开浏览器，访问如下 URL：

```
http://localhost/js3.php
```

通过练习，学习使用 JavaScript 弹出确认对话框的方法。

（10）参照**例 3-52** 编写 js4.php。

（11）js3.php 复制到 Apache HTTP Server 的网站根目录下。

（12）打开浏览器，访问如下 URL：

```
http://localhost/js4.php
```

通过练习，学习使用 JavaScript document 对象的方法。

实验 3　使用 Dreamweaver 设计网页

目的和要求

（1）了解 Web 应用程序的基本开发流程。

（2）练习安装 Dreamweaver 8。

（3）学习使用 Dreamweaver 设计网页的方法。

实验准备

（1）了解 PHP 代码是嵌入在网页中的，单纯的编辑工具都无法很友好地设计漂亮的网页。因此，应选择一个专业设计网页的工具，Dreamweaver 是目前比较流行的网页设计工具。

（2）准备好 Dreamweaver 8 的安装程序。

实验内容

本实验主要包含以下内容。

（1）练习安装 Dreamweaver 8。

（2）练习设置网页背景和颜色。

（3）练习添加和设置字体属性。

（4）练习添加和设置超链接。

（5）练习在网页中添加图像。

（6）练习在网页中添加表格。

1. 安装 Dreamweaver 8

参照 3.7.1 小节安装 Dreamweaver 8，确认安装后可以运行 Dreamweaver 8。

2. 设置网页背景和颜色

参照下面的步骤练习设置网页背景和颜色。

（1）运行 Dreamweaver 8。

（2）在弹出的向导对话框中，单击“创建新项目”栏目中的 HTML 项，创建一个 HTML 文件。

（3）切换到设计模式，右键单击网页，在弹出菜单中选择“页面属性”，打开“页面属性”对话框。在“分类”列表框中选择“外观”，可以在右侧设置页面的背景颜色为黄色，保存网页。

（4）在浏览器中浏览前面设计的网页，确认页面的背景颜色为黄色。

（5）切换到设计模式，右键单击网页，在弹出菜单中选择“页面属性”，打开“页面属性”对话框。在“分类”列表框中选择“外观”，可以在右侧设置页面的背景图像，保存网页。

（6）在浏览器中浏览前面设计的网页，确认页面的背景图像已经是上一步中设置的图像。

3. 练习设置字体属性

参照下面的步骤练习设置字体属性。

（1）运行 Dreamweaver 8。

（2）在弹出的向导对话框中，单击“创建新项目”栏目中的 HTML 项，创建一个 HTML 文件。

（3）切换到设计模式，在页面中添加几个文字。

（4）选中第（3）步中添加的文字，在菜单中选择“文本”→“样式”，选择文本的样式为加粗、倾斜和下画线，在属性窗口中设置字体为黑体。保存网页。

（5）在浏览器中浏览前面设计的网页，确认页面中的字体与设置的完全相同。

4. 练习添加和设置超链接

参照下面的步骤练习在网页中添加和设置超链接。

（1）运行 Dreamweaver 8。

（2）在弹出的向导对话框中，单击“创建新项目”栏目中的 HTML 项，创建一个 HTML 文件。

（3）切换到设计模式，在菜单中选择“插入”→“超级链接”，打开“超级链接”对话框。在“文本”文本框中输入“新浪”，然后在下面输入网址 http://www.sina.com.cn/。保存网页。

（4）在浏览器中浏览前面设计的网页，确认页面中的有一个“新浪”超链接。单击此超链接，可以打开新浪首页。

5. 练习在网页中添加图像

参照下面的步骤练习在网页中添加图像。

（1）运行 Dreamweaver 8。

（2）在弹出的向导对话框中，单击“创建新项目”栏目中的 HTML 项，创建一个 HTML 文件。

（3）切换到设计模式，在菜单中选择“插入记录”→“图像”，打开选择图像文件对话框，选择在网页中插入一个图像文件。保存网页。

（4）在浏览器中浏览前面设计的网页，确认页面中存在第（3）步中插入的图像。

6. 练习在网页中添加表格

参照下面的步骤练习在网页中添加表格。

（1）运行 Dreamweaver 8。

（2）在弹出的向导对话框中，单击“创建新项目”栏目中的 HTML 项，创建一个 HTML 文件。

（3）切换到设计模式，在菜单中选择“插入”→“表格”，打开“插入表格”对话框，在网页中插入一个 3 行 3 列的表格，并在表格的单元格中适当添加文字。保存网页。

（4）在浏览器中浏览前面设计的网页，确认页面中存在第（3）步中插入的表格。

实验 4　安装和使用 EclipsePHP Studio

目的和要求

（1）学习安装和配置 EclipsePHP Studio 环境。

（2）学习使用 EclipsePHP Studio 开发 PHP 程序。

实验准备

（1）了解 EclipsePHP Studio 是开放源码的可扩展开发平台，是经典的 PHP IDE 开发软件。

（2）参照附录 C 下载 EclipsePHP Studio 3。

实验内容

本实验主要包含以下内容。

（1）练习安装 EclipsePHP Studio 3。

（2）练习在 EclipsePHP Studio 中创建 PHP 工程。

（3）练习在 EclipsePHP Studio 中创建和编辑 PHP 文件。

（4）练习在 EclipsePHP Studio 中运行 PHP 程序。

（5）练习在 EclipsePHP Studio 中调试 PHP 程序。

1. 安装 EclipsePHP Studio 3

参照下面的步骤练习安装 EclipsePHP Studio 3。

（1）参照 3.7.3 小节安装 EclipsePHP Studio 3。

（2）运行桌面上的 EclipsePHP Studio 3 快捷方式，确认可以打开 EclipsePHP Studio 3 开发平台。

2. 在 EclipsePHP Studio 中创建 PHP 工程

参照下面的步骤练习安装在 EclipsePHP Studio 中创建 PHP 工程。

（1）启动 EclipsePHP Studio，在弹出的“选择工作空间目录”对话框中设置工作空间目录为 C:\workspace。

（2）单击工具栏最左侧的 New 按钮，打开“新建”对话框。在类型列表中展开 PHP 目录，选中 PHP Project，然后单击 Next 按钮，打开 New PHP Project 对话框。

（3）输入工程名 test，单击 Finish 按钮完成创建。创建完成后，确认在左侧的 Project Explore 窗口中，可以看到新建的工程 test。

3. 在 EclipsePHP Studio 中创建和编辑 PHP 文件

参照下面的步骤练习在 EclipsePHP Studio 中创建和编辑 PHP 文件。

（1）启动 EclipsePHP Studio 3，确认可以自动加载之前创建的工程 test。

（2）在左侧的 Project Explore 窗口中选中工程 test，然后单击工具栏最左侧的 New 按钮，打开“新建”对话框。在类型列表中展开 PHP 目录，选中 PHP File，然后单击“Next”按钮，打开 New PHP File 对话框。

（3）输入文件名 hello.php，单击 Finish 按钮完成创建。创建完成后，在左侧的 Project Explore 窗口中展开工程 test，可以看到新建的 PHP 文件 hello.php。

（4）在编辑窗口中输入如下代码：

```
<?php
   echo(,"欢迎使用 PHP! ");
?>
```

（5）按 Ctrl+S 组合键保存程序。确认在该行代码的前面会出现一个红叉（⊗）图标，在代码中的逗号下面出现红色波浪线。将鼠标停留在红色波浪线上，会出现错误提示。

4. 在 EclipsePHP Studio 中运行 PHP 程序

参照下面的步骤练习在 EclipsePHP Studio 中运行 PHP 程序。

（1）启动 EclipsePHP Studio，确认可以自动加载之前创建的工程 test。

（2）选择“窗口”→“首选项”菜单项，打开配置选项窗口。在左侧列表中选择 PHP→PHP executables。单击右侧的 Add 按钮，打开 Add New PHP executables 对话框。在 Name 文本框中输入 PHP5，选择 PHP 可执行文件（例如，C:\PHP\php.exe），选择 PHP 配置文件（例如，C:\PHP\php.ini），设置 SAPI Type 为 CLI，设置 PHP debugger 为 XDubug，然后单击“完成”按钮保存。

（3）选择“运行”→“运行配置”菜单项，打开运行配置窗口。在左侧列表中右击 PHP Script，在快捷菜单中选择“新建”，新建一个运行配置。首先设置 PHP 调试器（PHP debugger）、PHP 运行文件（PHP executables）和要运行的 PHP 文件，然后输入配置名 myRunConf。

（4）配置完成后单击“应用”按钮保存配置。单击“运行”按钮，可以直接运行程序。

（5）单击工具栏上“运行”按钮后面的下拉箭头，在下拉菜单中选择前面创建的运行配置 myRunConf，即可运行当前的 PHP 程序。

（6）在 EclipsePHP Studio 中选择“运行”→“运行配置”菜单项，打开运行配置窗口。在左侧列表中右击 PHP Web Page，在快捷菜单中选择“新建”，新建一个运行配置。首先选择服务器调试器（Server debugger）、PHP Server 和要运行的 PHP 文件，然后输入配置名 RunWebpage。

（7）单击工具栏上“运行”按钮后面的下拉箭头，在下拉菜单中选择前面创建的运行配置 RunWebpage，即可运行当前的 PHP 程序。在 Eclipse 的下部有一个“内部 Web 浏览器”窗口，用于显示 PHP 程序的输出。

5. 在 EclipsePHP Studio 中调试 PHP 程序

参照下面的步骤练习在 EclipsePHP Studio 中调试 PHP 程序。

（1）启动 EclipsePHP Studio，确认可以自动加载之前创建的工程 test。

（2）参照 3.7.3 小节安装 xdebug 插件。

（3）单击工具栏上“调试”按钮后面的下拉箭头，在下拉菜单中选择前面创建的运行配置 myRunConf，即可调试当前的 PHP 程序。EclipsePHP 会自动切换到调试视图，并且暂停在第 1 行代码处。

（4）单击调试工具栏上的“终止”按钮，可以终止运行程序。结束调试后，可以选择“窗口”→“打开透视图”→“PHP”菜单项，切换回编辑 PHP 程序的 PHP 视图。

（5）参照 3.7.3 小节练习设置断点。调试 PHP 程序时，确认程序会在断点处中断。参照 3.7.3 小节练习查看变量值。

（6）参照 3.7.3 小节练习单步运行程序。

实验 5　使用数组

目的和要求

（1）了解数组的概念。
（2）了解定义一维数组和二维数组的方法。
（3）学习对数组元素的访问和操作。
（4）学习数组排序的方法。
（5）学习填充数组的方法。
（6）学习合并数组的方法。
（7）学习数组统计的方法。

实验准备

首先要了解数组（array）是内存中一段连续的存储空间，用于保存一组相同数据类型的数据。数组是在内存中保存一组数据的数据结构，它具有如下特性。

- 和变量一样，每个数组都有一个唯一标识它的名称。
- 同一数组的数组元素应具有相同的数据类型。
- 每个数组元素都有键（key）和值（value）两个属性，键用于定义和标识数组元素，它可以整数或字符串；值就是数组元素对应的值。因此，数组元素就是一个“键—值”对。
- 一个数组可以有一个或多个键，键的数量也称为数组的维度。拥有一个键的数组就是一维数组，拥有 2 个键的数组就是二维数组，依此类推。

实验内容

本实验主要包含以下内容。
（1）练习定义数组。
（2）练习对数组元素的访问和操作。
（3）练习定位数组元素。
（4）练习遍历数组元素。
（5）练习确定唯一的数组元素
（6）练习数组排序。
（7）练习填充数组。
（8）练习合并和拆分数组。
（9）练习数组统计。

1. 定义数组

参照下面的步骤练习定义数组。
（1）参照例 4-1、例 4-2、例 4-3 和例 4-4 练习定义和打印一维数组。
（2）参照例 4-5、例 4-6、例 4-7 和例 4-8 练习定义和打印二维数组。

2. 对数组元素的访问和操作

参照下面的步骤练习对数组元素的访问和操作。

（1）参照**例 4-9** 练习访问一维数组元素。

（2）参照**例 4-10** 练习使用 array_unshift()函数添加数组元素。

（3）参照**例 4-11** 练习使用 array_push()函数添加数组元素。

（4）参照**例 4-12** 练习使用 array_shift()函数删除数组元素。

（5）参照**例 4-13** 练习使用 array_pop()函数删除数组元素。

3. 定位数组元素

参照下面的步骤练习定位数组元素。

（1）参照**例 4-14** 练习使用 in_array()函数搜索数组。

（2）参照**例 4-15** 练习使用 array_search()函数搜索数组。

（3）参照**例 4-16** 练习使用 array_key_exists()函数检查数组中是否存在某个键。

（4）参照**例 4-17** 练习使用 array_keys()函数返回数组中的所有键。

（5）参照**例 4-18** 练习使用 array_values()函数返回数组中的所有值。

4. 遍历数组元素

参照下面的步骤练习遍历数组元素。

（1）参照**例 4-19** 练习使用 next()函数和 current()函数移动数组指针遍历数组元素。

（2）参照**例 4-20** 练习使用 end()函数和 prev()函数移动数组指针倒序遍历数组元素。

（3）参照**例 4-22** 练习使用 foreach 语句遍历数组元素。

5. 确定唯一的数组元素

参照**例 4-23** 和**例 4-24** 练习使用 array_unique()函数过滤掉数组中的重复元素。

6. 数组排序

参照下面的步骤练习数组排序。

（1）参照**例 4-25** 练习使用 asort()函数对数组进行升序排列。

（2）参照**例 4-26** 练习使用 arsort()函数对数组进行降序排列。

（3）参照**例 4-27** 练习使用 array_reverse ()函数对数组进行反序排列。

7. 填充数组

参照**例 4-28** 练习使用 array_fill()函数可以指定的值填充所有的数组元素。

8. 合并和拆分数组

参照**例 4-29** 练习使用 array_merge()函数将多个数组合并为一个数组。

参照**例 4-30** 练习使用 array_ chunk()函数拆分数组。

9. 数组统计

参照下面的步骤练习数组统计。

（1）参照**例 4-31** 练习使用 array_count_values()函数统计数组中所有值出现的次数。

（2）参照**例 4-32** 练习使用 array_sum()函数对数组中元素的值进行求和操作。

实验 6　创建和编辑表单

目的和要求

（1）了解表单的概念。

（2）学习创建和编辑表单的方法。

（3）学习在 PHP 中接收和处理表单数据的方法。

（4）学习在 PHP 中上传文件的方法。

实验准备

首先要了解表单是网页中的常用组件，用户可以通过表单向服务器提交数据。表单中可以包括标签（静态文本）、单行文本框、滚动文本框、复选框、单选按钮、下拉菜单（组合框）、按钮等元素。

了解使用 Dreamweaver 设计网页的基本方法。

安装 Dreamweaver 8。

实验内容

本实验主要包含以下内容。

（1）练习在 Dreamweaver 中创建表单的方法。

（2）练习在 PHP 中接收和处理表单数据。

（3）练习实现用户身份认证的方法。

（4）练习在 PHP 中上传文件的方法。

1. 在 Dreamweaver 中创建表单

参照下面的步骤练习在 Dreamweaver 中创建表单。

（1）运行 Dreamweaver 8。

（2）在弹出的向导对话框中，单击“创建新项目”栏目中的 HTML 项，创建一个 HTML 文件。

（3）切换到设计模式，将光标移至要插入表单的位置，然后依次选择“插入记录”→“表单”→“表单”菜单项，确认在网页中出现代表表单的红色虚线，设置表单提交的数据由 ShowInfo.php 处理，方法为 POST。

（4）参照图 A1 向表单中添加控件，控件的名称和属性请参照 5.1 小节。

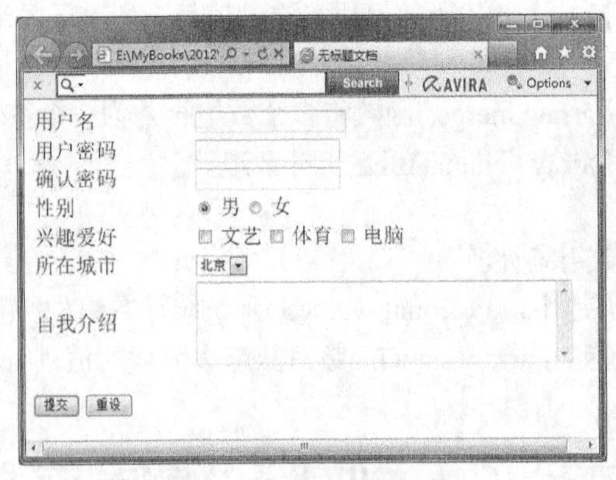

图 A1　向表单中添加控件

（5）将网页保存为 input.html。

2. 在 PHP 中接收和处理表单数据

参照下面的步骤练习在 PHP 中接收和处理表单数据。

（1）将 input.html 中表单的提交方式设置为 GET。

（2）参照例 5-2 设计 ShowInfo.php 的代码。

（3）将 input.html 和 ShowInfo.php 复制到 Apache 服务器的根目录下，在浏览器中查看 http://localhost/input.html。

（4）输入数据，然后单击“提交”按钮，确认服务器可以接收表单中的数据并显示在页面中。

（5）将 input.html 中表单的提交方式设置为 POST。

（6）参照**例 5-3** 设计 ShowInfo.php 的代码。

（7）将 input.html 和 ShowInfo.php 复制到 Apache 服务器的根目录下，在浏览器中查看 http://localhost/input.html。

（8）输入数据，然后单击“提交”按钮，确认服务器可以接收表单中的数据并显示在页面中。

（9）参照**例 5-4** 在 input.html 中增加验证表单输入功能。完成后不输入用户名就提交数据，确认会弹出警告消息框，且表单数据不会被提交。

3. 实现用户身份认证

参照下面的步骤练习实现用户身份认证。

（1）参照 5.3.1 小节设计登录页面 login.php。

（2）参照 5.3.1 小节设计 check.php。

（3）将 login.php 和 check.php 复制到 Apache 服务器的根目录下，在浏览器中查看 http://localhost/login.php。

（4）输入用户名 admin 和密码 pass，然后单击“提交” 按钮，确认可以显示“您已经登录成功，欢迎光临。”。

（5）输入其他用户名和密码，然后单击“提交” 按钮，确认可以显示“登录失败，请返回重新登录”。

4. 在 PHP 中上传文件

参照下面的步骤练习在 PHP 中上传文件。

（1）设计上传文件网页 upload.html，上传文件表单的定义代码如下：

```
<form name="form1" method="post" action="upfile.php" enctype="multipart/form-data" >
  ……
<input type="file" name="file1" style="width:80%" value="">
<input type="submit" name="Submit" value=" 上 传 ">
</form>
```

（2）参照**例 5-6** 设计在 upload .html 中指定的上传文件处理脚本 upfile.php。

（3）将 upload.html 和 upfile.php 复制到 Apache 服务器的根目录下，在浏览器中查看 http://localhost/upload.html。

（4）选择上传的.jpeg 文件，然后单击“提交”按钮，确认在 Apache 服务器的根目录下有一个新建的 images 目录，其中包含上传的图片文件，并且可以显示在页面中。

实验 7　使用自定义函数

目的和要求

（1）了解函数的概念。

（2）学习创建和调用函数的方法。

（3）学习自定义函数中参数和返回值的使用方法。

（4）学习在 PHP 中定义和引用函数库的方法。

实验准备

首先要了解函数（function）由若干条语句组成，用于实现特定的功能。函数包含函数名、若干参数和返回值。一旦定义了函数，就可以在程序中需要实现该功能的位置调用该函数。

了解可以使用 function 关键字来创建 PHP 自定义函数。

实验内容

本实验主要包含以下内容。

（1）练习创建和调用函数。

（2）练习在函数中使用参数和返回值。

（3）练习在 PHP 中定义和引用函数库。

1. 创建和调用函数

参照下面的步骤练习创建和调用函数。

（1）参照例 6-4、例 6-5 和例 6-6 练习创建和调用函数。

（2）通过实现例 6-7 和例 6-8，了解变量的作用域以及全局变量和局部变量的概念。

（3）通过实现例 6-9 了解静态变量的概念。

（4）通过实现例 6-10 了解变量函数的概念。

2. 在函数中使用参数和返回值

参照下面的步骤练习在函数中使用参数和返回值。

（1）通过实现例 6-11，了解引用传递参数的概念和工作原理。

（2）通过实现例 6-12，了解设置参数默认值的方法。

（3）通过实现例 6-13 和例 6-14，了解可变长参数的概念和使用方法。

（4）通过实现例 6-15 和例 6-16，了解函数返回值的概念和使用方法。

3. 定义和引用函数库

参照下面的步骤练习在 PHP 中定义和引用函数库。

（1）参照例 6-17 创建一个函数库 mylib.php（将其保存在保存在 inc 目录下），其中包含 2 个函数 PrintString()和 sum()。

（2）参照例 6-18 实现对函数库 mylib.php 的引用。

（3）运行例 6-18，确认可以引用函数库 mylib.php 中的函数。

实验 8　面向对象程序设计

目的和要求

（1）了解面向对象程序设计思想。

（2）学习定义和使用类的方法。

（3）学习类的继承和多态的实现方法。

（4）学习复制对象的方法。

实验准备

首先要了解面向对象编程是PHP采用的基本编程思想，它可以将属性和代码集成在一起，定义为类，从而使程序设计更加简单、规范、有条理。

了解继承和多态是面向对象程序设计思想的重要机制。类可以继承其他类的内容，包括成员变量和成员函数。而从同一个类中继承得到的子类也具有多态性，即相同的函数名在不同子类中有不同的实现。

实验内容

本实验主要包含以下内容。

（1）练习定义和使用类。

（2）练习类的继承和多态的实现方法。

（3）练习复制对象。

1. 定义和使用类

参照下面的步骤练习定义和使用类。

（1）通过实现**例7-7**了解定义类的方法，注意构造函数和析构函数的使用。

（2）通过实现**例7-9**了解声明类对象和访问类成员的方法。

（3）参照**例7-11**练习在类中定义、使用静态变量和静态函数的方法。

（4）参照**例7-12**练习instanceof关键字的使用方法。

2. 类的继承和多态的实现方法

参照下面的步骤练习类的继承和多态的实现方法。

（1）通过实现**例7-13**了解类继承的概念和功能。

（2）通过实现**例7-14**了解抽象类和多态的概念。

3. 复制对象

参照下面的步骤练习复制对象。

（1）参照**例7-15**练习通过赋值复制对象的方法。

（2）参照**例7-16**和**例7-17**练习通过函数参数复制对象的方法。

实验9 会话处理

目的和要求

（1）了解会话处理技术产生的背景。

（2）了解Cookie的工作原理。

（3）了解Session的工作原理。

（4）学习设置、读取和删除Cookie数据的方法。

（5）学习设置和获取Session数据的方法。

实验准备

首先要了解由于 HTTP 无状态而造成的问题及其常用解决方案，包括使用 Cookie 和使用 Session 两种。

了解 Cookie 是 Web 服务器存放在用户硬盘的一段文本，其中存储着一些“键—值”对。每个 Web 站点都可以在用户的机器上存放 Cookie，并可以在需要时重新获取 Cookie 数据。

了解 Session 可以实现客户端和 Web 服务器的会话，Session 数据也以“键—值”对的形式存储在文件中。与 Cookie 不同，Session 数据保存在服务器上。在会话存续期间，Web 服务器上的各页面都可以获取 Session 数据，从而了解与客户端沟通的历史记录，避免用户在浏览不同页面时重复输入数据（例如重复登录）。

实验内容

本实验主要包含以下内容。

（1）练习 Cookie 编程。

（2）练习 Session 编程。

1. Cookie 编程

参照下面的步骤练习 Cookie 编程。

（1）参照**例 8-1** 练习使用 setcookie()函数设置 Cookie 数据的方法。

（2）参照**例 8-2** 和**例 8-3** 练习读取 Cookie 数据的方法。

（3）参照**例 8-4** 练习删除 Cookie 数据的方法。

（4）参照 8.2.5 小节练习在用户身份验证时使用 Cookie 的方法。登录成功后，关闭浏览器，然后再次在浏览器中访问 login.php，确认可以自动加载用户名和密码。

2. Session 编程

参照下面的步骤练习 Session 编程。

（1）参照**例 8-5** 练习开始会话并输出 Session ID 和 Session 名字的方法。

（2）通过实现**例 8-6** 练习使用全局数组$_SESSION 存取 Session 数据的方法。

（3）参照**例 8-8** 练习用 unset()函数释放会话变量的方法。

（4）参照**例 8-9** 和**例 8-10** 练习销毁会话的方法。

实验 10　MySQL 数据库管理

目的和要求

（1）了解数据库的概念。

（2）了解关系型数据库管理系统（RDBMS）的概念。

（3）理解 SQL 语言的基本情况。

（4）学习使用 MySQL 数据库管理工具。

（5）学习创建和维护 MySQL 数据库。

（6）学习管理表和视图。

实验准备

首先要了解数据管理技术的发展经历了人工管理、文件系统和数据库系统3个阶段。

了解关系型数据库管理系统（RDBMS）是应用最广泛的一种数据库管理系统，它以表、字段、记录等结构来组织数据。表用来保存数据，每个表由一组字段来定义其结构，记录则是表中的一条数据。

了解SQL语言包括数据定义语言（Data Definition Language，DDL）、数据操纵语言（Data Manipulation Language，DML）和数据控制语言（Data Control Language，DCL）。

参照附录C下载MySQL，并参照第2章安装MySQL。

参照附录C下载phpMyAdmin，并参照第2章安装和配置phpMyAdmin。

实验内容

本实验主要包含以下内容。

（1）练习使用MySQL数据库管理工具。

（2）练习创建数据库。

（3）练习删除数据库。

（4）练习备份数据库。

（5）练习恢复数据库。

（6）练习创建表。

（7）练习编辑和查看表。

（8）练习删除表。

（9）练习向表中插入数据。

（10）练习修改表中数据。

（11）练习删除表中数据。

（12）练习查询数据。

（13）练习视图管理。

1. 使用MySQL数据库管理工具

参照下面的步骤练习使用MySQL数据库管理工具。

（1）在“开始”菜单中依次选择“所有程序”→“MySQL”→“MySQL Server 5.5”→“MySQL 5.5 Command Line Client”，可以打开MySQL命令行工具。

（2）输入管理员用户root的密码后，按下回车键，确认可以看到mysql>提示符。

（3）输入SELECT VERSION();命令，按下回车键，确认可以查看MySQL数据库的版本信息。

（4）打开Windows命令窗口，切换到MySQL安装目录下的bin目录。

（5）执行mysqlshow –V命令，确认可以查看MySQL数据库版本信息。

（6）在Windows命令窗口中，切换到MySQL安装目录下的bin目录，并执行下面的命令：

```
mysqlshow -h localhost -u root --password=pass
```

将pass替换为用户root的密码，如果没有密码，则在“=”后面直接按回车键，确认可以查看本地MySQL实例中包含的数据库信息。

（7）在 Windows 命令窗口中，切换到 MySQL 安装目录下的 bin 目录，并执行下面的命令：

```
mysqladmin -u root -p password pass
```

然后执行 mysql 命令，确认可以使用用户 root 和密码 pass 登录 MySQL 数据库。

（8）打开浏览器，通过下面的地址访问 phpMyAdmin：

```
http://localhost/phpMyAdmin/index.php
```

（9）单击一个数据库超链接，确认可以打开数据库管理页面。

（10）单击左侧窗格上部的“查询窗口”图标，确认可以弹出一个执行 SQL 语句的窗口。

2. 创建数据库

参照下面的步骤练习创建数据库。

（1）在 phpMyAdmin 的主页中单击“数据库”栏目，打开“数据库管理”页面。

（2）在“新建数据库”文本框中输入新数据库的名称 MySQLDB。在“整理”组合框中选择 gb2312_chinese_ci 字符集。

（3）单击“创建”按钮，开始创建数据库。创建完成后，确认可以在页面左侧看到新建的数据库链接。

（4）参照例 9-6 练习使用 CREATE DATABASE 语句创建数据库的方法。

（5）参照例 9-7 练习使用 mysqladmin 工具创建数据库的方法。

3. 删除数据库

参照下面的步骤练习删除数据库。

（1）在 phpMyAdmin 的数据库管理页面中，选中要删除的数据库。单击“删除”图标，打开确认删除数据库页面。单击“是”按钮，可以删除数据库。

（2）参照例 9-8 练习使用 DROP DATABASE 语句删除数据库的方法。

（3）参照例 9-9 练习使用 mysqladmin 工具删除数据库的方法。

4. 备份数据库

参照下面的步骤练习备份数据库。

（1）在 phpMyAdmin 的主页中单击“导出”栏目，打开“导出数据库”页面。

（2）选择导出方式为快速和导出格式为 SQL，然后单击“执行”按钮开始导出并保存导出文件。

（3）打开 MySQLDB 数据库管理页面，单击“导出”超链接，打开导出 MySQLDB 数据库的页面。选择导出方式为快速和导出格式为 SQL，然后单击“执行”按钮开始导出并保存导出文件。

（4）参照例 9-10 练习使用 mysqldump 工具备份数据库的方法。

5. 恢复数据库

参照下面的步骤练习恢复数据库。

（1）在 phpMyAdmin 的主页中单击“导入”栏目，打开“导入数据库”页面。

（2）单击“浏览”按钮选择要导入的文件，然后单击“执行”按钮开始导入。

（3）打开 MySQLDB 数据库管理页面，单击“导入”超链接，打开导入 MySQLDB 数据库的页面。单击“浏览”按钮选择要导入的文件，然后单击“执行”按钮开始导入。

（4）参照例 9-11 练习使用 mysql 工具恢复数据库的方法。

6. 创建表

参照下面的步骤练习创建表。

（1）在 phpMyAdmin 中单击与 MySQLDB 数据库对应的超链接，打开管理数据库 MySQLDB 的页面。

（2）参照**例 9-12** 练习在 phpMyAdmin 中创建表 Departments 的方法。

（3）参照**例 9-13** 练习使用 CREATE TABLE 语句创建表 Employees 的方法。

7．编辑和查看表

参照下面的步骤编辑和查看表。

（1）在 phpMyAdmin 中单击 MySQLDB 数据库对应的超链接，打开管理数据库 MySQLDB 的页面，确认可以查看到数据库中包含表的信息。

（2）单击表 Departments 后面的“结构”超链接，打开修改表结构页面，查看表 Departments 的“结构”。

（3）参照**例 9-14** 练习使用 ALTER TABLE 语句在表 Employees 中增加一列，列名为 Tele。

（4）参照**例 9-15** 练习使用 ALTER TABLE 语句在表 Employees 中修改 Tele 列的属性，设置数据类型为 CHAR，长度为 50，列属性为允许空。

（5）参照**例 9-16** 练习使用 ALTER TABLE 语句在表 Employees 中删除 Tele 列。

8．删除表

参照下面的步骤删除表。

（1）在 MySQLDB 数据库中创建一个表 test，其中包含一个 int 类型字段 id。

（2）在 phpMyAdmin 的数据库管理页面中，单击表 test 后面的“删除”超链接，删除表 test。

（3）再次在 MySQLDB 数据库中创建一个表 test，其中包含一个 int 类型字段 id。

（4）练习使用 DROP TABLE 语句删除表 test。

9．向表中插入数据

参照下面的步骤向表中插入数据。

（1）在 phpMyAdmin 的数据库 MySQLDB 管理页面中，单击表 Departments 后面的“浏览”超链接，打开插入数据页面。

（2）参照表 9-8 练习使用 phpMyAdmin 向表 Departments 中插入数据。

（3）参照**例 9-18** 和**例 9-19** 练习使用使用 INSERT 语句插入数据。

10．修改表中数据

参照下面的步骤练习修改表中数据。

（1）在 phpMyAdmin 的数据库 MySQLDB 管理页面中，单击表 Departments 后面的“浏览”超链接，打开浏览数据页面。单击每条记录前面的“编辑”超链接，打开修改记录的页面，将“人事部”修改为“人力资源部”，单击“执行”按钮。

（2）参照步骤（1）再将“人力资源部”修改为“人事部”。

（3）参照**例 9-20**、**例 9-21** 和**例 9-22** 练习使用 UPDATE 语句修改数据。

11．删除表中数据

参照下面的步骤练习删除表中数据。

（1）使用 phpMyAdmin 向表 Departments 中插入一条记录“测试部”。

（2）在 phpMyAdmin 的数据库 MySQLDB 管理页面中，单击表 Departments 后面的“浏览”超链接，打开浏览数据页面。单击“测试部”记录前面的“删除”超链接，在弹出的确认删除对话框中单击“确定”按钮，确认可以删除“测试部”。

（3）参照步骤（1）再插入一条记录“测试部。”

（4）参照例 9-23 练习使用 DELETE 语句删除数据。

12. 查询数据

参照下面的步骤练习查询数据。

（1）在 phpMyAdmin 的数据库 MySQLDB 管理页面中，单击表 Departments 后面的“浏览”超链接，打开浏览数据页面。确认可以浏览表 Departments 中的数据。

（2）单击“搜索”超链接，打开搜索数据页面。在搜索文本框中输入要搜索的文字“张三”，然后选择查找的方式和查找的表 employees，单击“执行”按钮。确认可以在表 employees 中查找包含“张三”的记录。

（3）在数据库管理页面中，单击“搜索”超链接后面的“查询”超链接，打开设置查询条件的页面。为了查询工资大于 3000 元的员工信息，选择了 3 个字段，即 Employees.EmpName、Employees.Title 和 Employees.Salary。为了实现按工资数额的降序排列，在 Employees.Salary 字段下面的“排序”组合框中选择“递减”。在所有字段下面的显示行中，选中对应的复选框。在 Employees.Salary 字段下面的“条件”文本框中，输入“>3000”。配置完成后，单击“更新查询”按钮，在页面左下角的 SQL 语句文本框中会生成对应的 SELECT 语句。单击页面右下部的“提交查询”按钮，打开显示查询结果的页面。

（4）参照例 9-24 练习使用 SELETE 语句查询数据。

（5）参照例 9-25 练习在 SELECT 子句中使用 DISTINCT 关键字指定不重复显示指定列值相同的行。

（6）参照例 9-26 练习在 SELECT 语句中显示列标题。

（7）参照例 9-27 练习在 SELECT 语句中使用 WHERE 子句指定返回结果集的查询条件。

（8）参照例 9-28 练习在 SELECT 语句中使用 WHERE 子句指定返回结果集的查询条件。

（9）参照例 9-29 练习在 SELECT 语句中使用 ORDER BY 子句对结果集进行排序。

（10）参照例 9-30 练习在 SELECT 语句中使用 COUNT()函数统计记录数量。

（11）参照例 9-31 练习在 SELECT 语句中使用 AVG()函数统计指定列的平均值。

（12）参照例 9-32 练习在 SELECT 语句中使用 SUM()函数统计指定列的累加值。

（13）参照例 9-33 练习在 SELECT 语句中使用 MAX ()函数统计指定列的最大值。

（14）参照例 9-34 练习在 SELECT 语句中使用 MIN ()函数统计指定列的最小值。

（15）参照例 9-35 练习在 SELECT 语句中使用 GROUP BY 子句实现分组统计。

（16）参照例 9-36 练习在 SELECT 语句中结合使用子句和 WHERE 子句。

（17）参照例 9-37 练习连接查询。

（18）参照例 9-38 练习子查询。

13. 视图管理

参照下面的步骤练习视图管理。

（1）参照例 9-39 练习使用 CREATE VIEW 语句创建视图 EmpView1。

（2）参照例 9-40 练习使用 ALTER VIEW 语句修改视图 EmpView1。

（3）参照例 9-41 练习使用 DROP VIEW 语句删除视图 EmpView1。

实验11 在PHP中访问MySQL数据库

目的和要求

（1）学习使用PHP的MySQL数据库访问函数。
（2）学习分页显示结果集。
（3）练习使用PHP语言实现几个常用的应用实例。

实验准备

首先要了解PHP5提供了一组MySQLi函数，可以实现连接MySQL数据库、执行SQL语句、返回查询结果集等操作。

在访问数据库时，首先需要创建一个到数据库服务器的MySQLi对象，通过它建立到数据库的连接。

可以使用mysqli_query()函数或连接对象的query()函数来执行SQL语句，既可以执行INSERT、DELETE、UPDATE等更新数据库的语句，也可以执行查询数据的SELECT语句。

实验内容

本实验主要包含以下内容。
（1）练习在PHP中启用MySQLi插件。
（2）练习创建使用MySQL数据库访问函数。
（3）练习设计网络留言板实例。
（4）练习设计网络投票系统实例。
（5）练习设计网站流量统计系统实例。
（6）练习设计二手交易市场系统。

1. 在PHP中启用MySQLi插件

参照下面的步骤练习在PHP中启用MySQLi插件。
（1）打开php.ini进行配置，找到下面的配置项：

```
;extension=php_mysqli.dll
```

去掉前面的注释符号（;），然后保存php.ini。
（2）将php.ini复制到Windows目录下，然后重新启动Apache服务。
（3）在浏览器中访问包含如下内容的PHP脚本：

```
<?PHP
   PHPInfo();
?>
```

确认可以在页面中看到MySQLi栏目，说明已经在PHP中启用了MySQLi插件。

2. 使用MySQL数据库访问函数

参照下面的步骤练习使用MySQL数据库访问函数。
（1）参照**例10-1**练习连接MySQL数据库的方法。
（2）参照**例10-2**练习执行非查询语句的方法。

（3）参照例 10-3 练习执行查询语句的方法。

（4）参照例 10-4 练习同时执行多个查询语句的方法。

（5）参照例 10-5 练习分页显示结果集的方法。

3. 设计网络留言板实例

参照下面的步骤练习设计网络留言板实例。

（1）打开下载源代码的 10\book\book.sql 脚本，在 phpMyAdmin 中执行 book.sql 脚本中的 SQL 语句。确认可以创建数据库 book，以及其中的表 Content 和表 Users。

（2）将下载源代码的 10\book 目录复制到 EclipsePHP 的工作空间目录（例如 C:\workspace）下，在 EclipsePHP Studio 中创建工程 book，工程目录为 C:\workspace\book，确认可以在 EclipsePHP Studio 中查看和调试本实例的代码。

（3）参照 2.1.2 小节设置 Apache 网站的根目录为 EclipsePHP 的工作空间目录 C:\workspace，然后重新启动 Apache 服务。

（4）打开浏览器，访问下面的 URL，确认可以访问网络留言板实例的首页。

```
http://localhost/book/index.php
```

4. 设计网络投票系统实例

参照下面的步骤练习设计网络投票系统实例。

（1）打开下载源代码的 10\Vote\Vote.sql 脚本，在 phpMyAdmin 中执行 Vote.sql 脚本中的 SQL 语句。确认可以创建数据库 Vote，以及其中的表 VoteItem 和表 VoteIP。

（2）将下载源代码的 10\Vote 目录复制到 EclipsePHP 的工作空间目录（例如 C:\workspace）下，在 EclipsePHP Studio 中创建工程 book，工程目录为 C:\workspace\ Vote，确认可以在 EclipsePHP Studio 中查看和调试本实例的代码。

（3）参照 2.1.2 小节设置 Apache 网站的根目录为 EclipsePHP 的工作空间目录 C:\workspace，然后重新启动 Apache 服务。

（4）打开浏览器，访问下面的 URL，确认可以访问网络投票系统实例的首页。

```
http://localhost/Vote/index.php
```

5. 设计网站流量统计系统实例

参照下面的步骤练习设计网站流量统计系统实例。

（1）打开下载源代码的 10\FluxStat\FluxStat.sql 脚本，在 phpMyAdmin 中执行 FluxStat.sql 脚本中的 SQL 语句。确认可以创建数据库 FluxStat，以及其中的表 WebInfo、表 Visitors 和表 FluxStat。

（2）将下载源代码的 10\FluxStat 目录复制到 EclipsePHP 的工作空间目录（例如 C:\workspace）下，在 EclipsePHP Studio 中创建工程 book，工程目录为 C:\workspace\FluxStat，确认可以在 EclipsePHP Studio 中查看和调试本实例的代码。

（3）参照 2.1.2 小节设置 Apache 网站的根目录为 EclipsePHP 的工作空间目录 C:\workspace，然后重新启动 Apache 服务。

（4）打开浏览器，访问下面的 URL，确认可以访问网站流量统计系统实例的首页。

```
http://localhost/FluxStat/index.php
```

6. 设计二手交易市场系统

参照下面的步骤练习设计二手交易市场系统。

（1）打开下载源代码的 11\2shou.sql 脚本，在 phpMyAdmin 中执行 2shou.sql 脚本中的 SQL 语句。确认可以创建数据库 2shou，以及其中的公告信息表 Bulletin、商品分类表 GoodsType、二手商品信息表 Goods 和用户信息表 Users。

（2）将下载源代码的 11\2shou 目录复制到 EclipsePHP 的工作空间目录（例如 C:\workspace）下，在 EclipsePHP Studio 中创建工程 2shou，工程目录为 C:\workspace\2shou，确认可以在 EclipsePHP Studio 中查看和调试本实例的代码。

（3）参照 2.1.2 小节设置 Apache 网站的根目录为 EclipsePHP 的工作空间目录 C:\workspace，然后重新启动 Apache 服务。

（4）打开浏览器，访问下面的 URL，确认可以访问二手交易市场系统实例的首页。

```
http://localhost/2shou/index.php
```

大作业：软件资源下载系统

软件资源下载系统是非常常见的网站应用程序，它可以帮助管理者整理软件资源、统计下载数量，可以帮助访问者快速方便地找到需要的软件。下面介绍一个软件资源下载系统的设计和实现过程。本实例采用 PHP 作为开发工具，MySQL 作为后台数据库。

项目 1　系统及数据库结构设计

要开发一个 Web 系统，首先需要进行需求分析和总体设计，分析系统的使用对象和用户需求，设计系统的体系结构和数据库结构，规划项目开发进度。在实际的项目开发过程中，这些工作是非常重要的。

1. 系统总体设计

软件资源下载系统分为前台管理和后台管理。前台管理包括浏览软件信息、软件搜索、下载排行等功能。后台管理包括软件类别管理、软件资源管理、软件上传管理等模块。

本系统的功能模块如图 A2 所示。

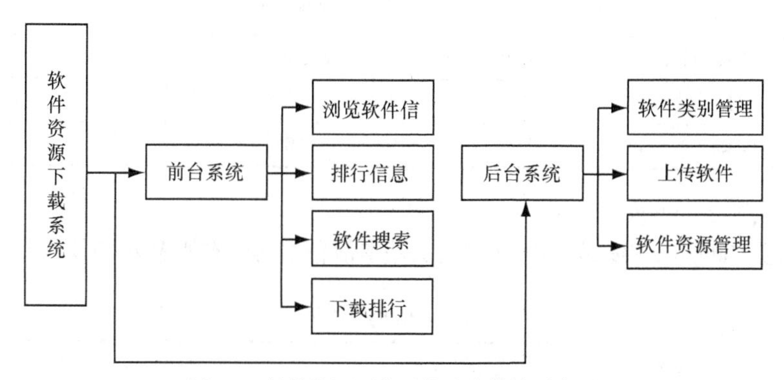

图 A2　软件资源下载系统功能模块示意图

2. 数据库结构设计与实现

在设计数据库表结构之前，首先要创建一个数据库。本系统使用的数据库为 Down，创建数据库和表的脚本保存为下载源代码“大作业\Down.sql”，读者可以在 phpMyAdmin 中执行此脚本。

本系统定义的数据库中包含以下 5 个表：下载软件表 DownLoad、类别表 Category、上传记录表 UpFile、评论表 Votes 和用户信息表 Users。

下面分别介绍这些表的结构。

（1）下载软件表 DownLoad

下载软件表 DownLoad 用来保存下载软件的基本信息，其结构如表 A1 所示。

表 A1　　　　表 DownLoad 的结构

编　号	字段名称	数据结构	说　明
1	DId	INT	软件编号，主键
2	DownName	VARCHAR(50)	软件名称
3	CId	INT	类别编号
4	FileName1	VARCHAR(100)	下载地址 1
5	TxtName1	VARCHAR(50)	地址名称 1
6	FileName2	VARCHAR (100)	下载地址 2
7	TxtName2	VARCHAR (50)	地址名称 2
8	FileName3	VARCHAR (100)	下载地址 3
9	TxtName3	VARCHAR (50)	地址名称 3
10	ImageFile	VARCHAR (300)	图片地址
11	FromURL	VARCHAR (100)	演示地址
12	Rights	TINYINT	版权
13	DownSize	VARCHAR (50)	软件大小
14	DNote	VARCHAR(2000)	说明
15	HotStars	INT	推荐度
16	DayHits	INT	每日浏览量
17	WeekHits	INT	每星期浏览量
18	LastHitTime	DATETIME	最后浏览时间
19	TotalHits	INT	总浏览量
20	CreateTime	DATETIME	创建时间
21	IsHide	BIT	是否隐藏
22	IsHot	BIT	是否推荐

（2）软件类别表 Category

软件类别表 Category 用来保存软件的类别基本信息，其结构如表 A2 所示。

表 A2　　　　表 Category 的结构

编　号	字段名称	数据结构	说　明
1	CId	INT	类别编号
2	CName	VARCHAR(50)	类别名称
3	UpperId	INT	上级类别编号

（3）上传记录表 UpFile

上传记录表 UpFile 用来保存上传软件记录，其结构如表 A3 所示。

表 A3　　　　　　　　　　表 UpFile 的结构

编　号	字段名称	数据结构	说　明
1	UpId	INT	上传编号
2	UpName	VARCHAR(100)	上传软件名称
3	URL	VARCHAR(300)	上传地址

（4）评论表 Votes

评论表 Votes 用来保存软件的评论信息，其结构如表 A4 所示。

表 A4　　　　　　　　　　表 Votes 的结构

编　号	字段名称	数据结构	说　明
1	VId	INT	评论编号
2	VContent	VARCHAR(200)	评论内容
3	DId	INT	软件编号
4	Grade	INT	软件等级

（5）用户信息表 Users

用户信息表 Users 用来保存用户的基本信息，其结构如表 A5 所示。

表 A5　　　　　　　　　　表 Users 的结构

编　号	字段名称	数据结构	说　明
1	UserName	VARCHAR(50)	用户名
2	UserPwd	VARCHAR(50)	密码

在下载源代码“大作业\Down.sql”中，创建表 Users 后，将默认的用户 Admin 插入到表中，默认的密码为“111111”。

项目 2　目录结构与通用模块

下面介绍实例的目录结构与通用模块。本实例的源代码存放在下载源代码的“大作业\down”目录下。

1. 目录结构

在运行实例时，需要将 down 目录复制到 Apache 的根目录下。down 目录下包含下面的子目录。

- admin：用于存储系统管理员的后台操作脚本。
- class：保存数据库访问类。
- images：用于存储网页中的图片文件。
- soft：用于存储网站的软件资源。

其他 PHP 文件都保存在本实例的根目录下。

2. 设计数据库访问类

为了使 PHP 程序条理更加清晰，本实例将对数据库表的访问操作封闭为一个类，每个类对应一个 PHP 文件，文件名与对应的数据库表名相同。所有数据库操作类都保存在 class 目录下，请参照源代码和注释理解。下面介绍这些类中定义的成员函数。

（1）DownLoad 类

DownLoad 类用来管理表 DownLoad 的数据库操作，类的成员函数如表 A6 所示。

表 A6　　DownLoad 类的成员函数

函　数　名	具体说明
GetDownLoadInfo($did)	读取指定的下载记录。参数$did 表示要读取记录的编号
GetDetail($did)	读取指定下载记录的详细信息，包括下载分类信息。参数$did 表示记录编号
GetDLlist($schsql)	根据查询条件返回所有下载记录信息，参数$schsql 表示下载记录信息
GetDownLoadlist	返回所有下载记录信息
GetHot	获取推荐软件
HaveCId($cid)	判断指定的下载分类中是否存在下载记录，如果存在则返回 true，否则返回 false。参数$cid 表示下载分类记录编号
HaveSId($sid)	判断指定的播放软件是否存在下载记录，如果存在则返回 true，否则返回 false。参数$cid 表示播放软件记录编号
isInThisWeek	判断指定的日期是否在本周冗余，参数$date 表示指定的日期
DeleteDownLoad($did)	删除指定的下载记录。参数$did 表示要删除的记录编号
InsertDownLoad	插入新的下载记录
UpdateDownLoad($did)	修改指定的下载记录，参数$did 表示要修改的记录编号
UpdateDayHits($did,$flag)	将当天指定下载记录的点击次数加 1。参数$did 表示记录编号，$flag=0 时表示当天第 1 次单击此记录
UpdateWeekHits($did,$flag)	将当周指定下载记录的点击次数加 1。参数$did 表示记录编号，$flag=0 时表示当周第 1 次单击此记录
UpdateTotalHits($did)	将指定下载记录的点击总次数加 1。参数$did 表示记录编号

（2）Category 类

Category 类用来管理表 Category 的数据库操作，类的成员函数如表 A7 所示。

表 A7　　Category 类的成员函数

函　数　名	具体说明
GetCategoryInfo($cid)	读取指定下载分类记录，参数$cid 表示记录编号
GetCDetail($schsql)	根据查询条件获取下载分类记录，参数$schsql 表示 SELECT 语句
GetCategorylist	返回所有下载分类记录信息
GetSublist($cid)	获取所有下级下载记录信息，参数$cid 表示上级下载记录编号
HaveCategory($cName)	判断是否存在指定名称的下载分类记录，参数$cName 表示下载分类名称。如果存在，则返回 True，否则返回 False
HaveSameCate	判断是否存在指定名称的其他下载分类记录（此下载分类的记录编号不等于当前记录的编号）。如果存在则返回 True，否则返回 False
HaveSub($cid)	判断是否存在下级下载分类记录，参数$cid 表示上级分类记录编号
DeleteCategory($cids)	删除指定的下载分类记录，参数$cids 表示要删除的记录编号
InsertCategory	插入新的下载分类记录
UpdateCategory($cid)	修改指定的下载分类记录，参数$cid 表示要修改的下载记录编号

（3）UpFile类

UpFile类用来管理表UpFile的数据库操作，类的成员函数如表A8所示。

表A8 UpFile类的成员函数

函 数 名	具体说明
GetUpFileInfo($uid)	读取指定的上传记录，参数$uid表示记录编号
GetUpFilelist	返回所有上传记录信息
HaveUpFile($uname)	判断指定上传记录名称是否存在，如果存在则返回True，否则返回False。参数$uname表示上传记录名称
DeleteUpFile($uids)	批量删除指定的上传记录，参数$uids表示要删除的上传记录编号列表
InsertUpFile	插入新的上传记录
UpdateUpFile($uid)	修改指定上传记录，参数$uid表示记录编号

（4）Software类

Software类用来管理表Software的数据库操作，类的成员函数如表A9所示。

表A9 Software类的成员函数

函 数 名	具体说明
GetSoftwareInfo($sid)	读取指定的播放软件记录，参数$sid表示记录编号
GetSoftwarelist	返回所有播放软件记录信息
HaveSName($sname)	判断指定播放软件名称是否存在，参数$sname表示播放软件名称
DeleteSoftware($sids)	删除指定的播放软件记录，参数$sids表示要删除的记录编号
InsertSoftware	插入新的播放软件记录
UpdateSoftware($sid)	修改指定的播放软件记录，参数$sid表示要修改的记录编号

（5）Votes类

Votes类用来管理表Votes的数据库操作，类的成员函数如表A10所示。

表A10 Votes类的成员函数

函 数 名	具体说明
GetVotesInfo($vid)	读取指定的评论记录，参数$vid表示记录编号
GetVoteslist($did)	返回指定下载记录的所有评论记录信息，参数$did表示下载记录编号
GetSum($did)	计算下载记录的投票总分，参数$did表示下载记录编号
HaveDId($did)	判断指定的评论记录是否存在下载信息，参数$did表示下载记录编号
DeleteVotes($vid)	删除指定的评论记录，参数$vid表示要删除的记录编号
InsertVotes	插入新的评论记录
UpdatePassword($cid)	修改指定用户的密码，参数$cid表示企业用户名

（6）Users类

Users类用来管理表Users的数据库操作，类的成员函数如表A11示。

表 A11　　　　　　Users 类的成员函数

函　数　名	具体说明
GetAdminInfo($aid)	读取指定的管理员记录，参数$aid 表示管理员用户名
GetUserlist	返回所有用户记录信息
HaveUser	判断指定用户名和密码是否存在，如果存在则返回 True，否则返回 False
HaveUserName($uname)	判断指定的用户名是否存在，如果存在则返回 True，否则返回 False
DeleteUser($uname)	删除指定的用户记录，参数$uname 表示要删除的用户名
InsertUser	插入新的用户记录
UpdatePassword($uname,$flag)	修改指定用户的密码，参数$uname 表示用户名，$flag=0 时表示用户修改自己的密码，可以指定任意密码；$flag=1 时表示管理员进行密码复位，将密码设置为 111111

项目 3　设计管理员主界面

本实例可以分为管理员用户管理界面和访客界面 2 个部分。本项目将介绍管理主界面的实现过程。

所有 Admin 用户管理部分的文件都保存在下载源代码的“大作业\Down\admin”目录下。

1．管理员登录页面

管理员用户需要首先登录到本系统，然后才能使用系统提供的管理功能。管理员登录页面的地址为：

```
http://localhost/down/admin/login.php
```

登录页面如图 A3 所示。

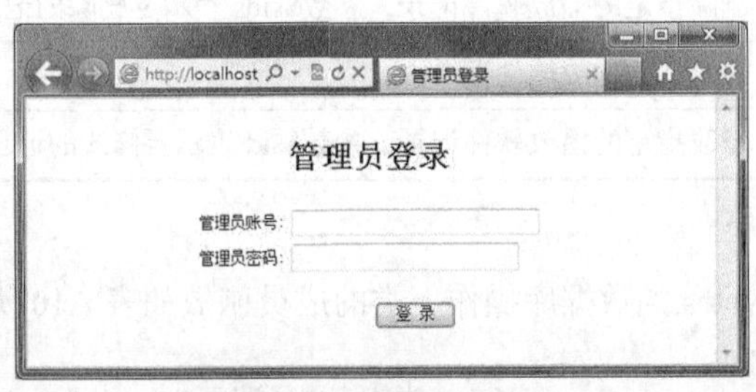

图 A3　管理员登录页面

在登录页面中，使用表单接收用户输入的用户名和密码数据，表单的定义代码如下：

```
<form name="myform" action="putSession.php" method="Post">
```

表单提交时，根据 action 属性将执行 putSession.php，主要代码如下：

```
<?PHP
  session_start();
  // 获取输入的用户名和密码
  $UID= $_POST["loginname"];
  $PSWD= $_POST["password"];

  // 把用户名和密码放入 Session
  $_SESSION["UserName"] = $UID;
  $_SESSION["UserPwd"] = $PSWD;
  header("Location: index.php");
?>
```

程序将接收到的用户名 loginname 和密码 password 数据赋值到 Session 变量 UserName 和 UserPwd 中，然后将页面转向 index.php。因为 index.php 中包含 IsUser.php，可以进行身份验证。不能通过身份验证的用户将直接转向普通用户使用的系统主界面。

IsUser.php 的功能是判断当前用户是否已登录（即保存在表 Users 中的用户），如果不是，则显示登录界面，要求用户登录；如果是，则不执行任何操作，直接进入包含它的网页。

IsUser.php 的代码如下：

```
<?PHP
    // 获取 SESSION 变量
   session_start();
    $UName = $_SESSION["UserName"];
    $UPwd = $_SESSION["UserPwd"];
    include('..\Class\Users.php');
    $objUser = new Users();
    // 用户名是否为空
    if($UName <> "")  {
        $objUser->UserName = $UName;
        $objUser->UserPwd = $UPwd;
        if(!$objUser->HaveUser()) {
            header("Location: login.php");
        }
    }
    else
        header("Location: login.php");
?>
```

程序从 Session 变量中读取注册用户信息，并连接到数据库身份验证。如果是注册用户，则程序不执行任何操作（即通过验证，跳过此文件执行其他文件）；否则转向到登录页。

在需要用户登录后才能访问的文件中引用此文件作为头文件，代码如下：

```
include('isUser.php');
```

在本系统中，IsUser.php 保存在 admin 目录下。

2. 设计管理员主界面

本实例的管理主界面为 admin\index.php，它的功能是显示系统的管理链接。index.php 的界面如图 A4 所示。

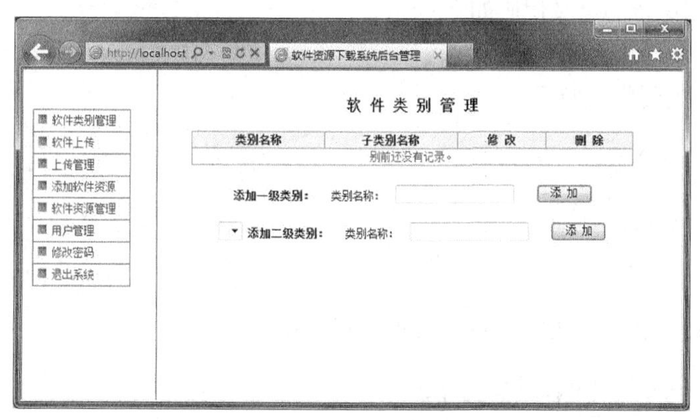

图 A4　index.php 的运行界面

在 index.php 中，使用框架包含了文件 left.php 和 NewsList.php，分别用来处理左侧和右侧的显示内容。框架定义代码如下：

```
<frameset framespacing="1" border="1" bordercolor= #333399  frameborder="yes">
    <frameset cols="150,*">
        <frame  name="contents"  target="main"  src="left.php"  scrolling="auto" frameborder=0>
        <frame  name="right"  src="CategoryList.php"  scrolling="auto"  noresize frameborder=0>
    </frameset>
    <noframes>
    <body>

    <p>此网页使用了框架，但您的浏览器不支持框架。</p>

    </body>
    </noframes>
</frameset>
```

3. 设计 admin\left.php

left.php 文件用于显示管理界面的左侧部分，它定义了一组管理链接，如表 A12 所示。

表 A12　　left.php 中的管理链接

管理项目	链　接
软件类别管理	CategoryList.php
软件上传	UpLoad.php
上传管理	UpList.php
添加软件资源	DownAdd.php
软件资源管理	DownList.php
用户管理	UserList.php
修改密码	PwdChange.php
退出系统	LogOut.php

这些功能的具体实现方法将在稍后介绍。

4. 退出登录

管理员用户登录后，在左侧的功能列表中单击“退出系统”超链接，可以退出到未登录的状态。“退出登录”超链接的定义代码如下：

```
<A href="LogOut.php" target=_top><font color="#444444">退出系统</font></A>
```

LogOut.php 的主要代码如下：

```
<?PHP
    session_start();
    $_SESSION["UserName"] = "";
    $_SESSION["UserPwd"] = "";
    header("Location: Login.php");
?>
```

程序将 Session 变量设置为空，然后将页面转向登录页面。

项目 4　后台管理模块设计

后台管理可以实现以下功能。

- 上传软件。
- 添加、修改和删除软件信息。

- 添加、修改和删除软件类别信息。
- 添加、修改和删除系统用户信息。
- 修改个人密码。

只有管理用户才有权限进入后台管理模块。

1. 设计上传软件页面

在 admin\index.php 中，单击“软件上传”超链接，将访问 admin\UpLoad.php，用来上传软件资源，如图 A5 所示。

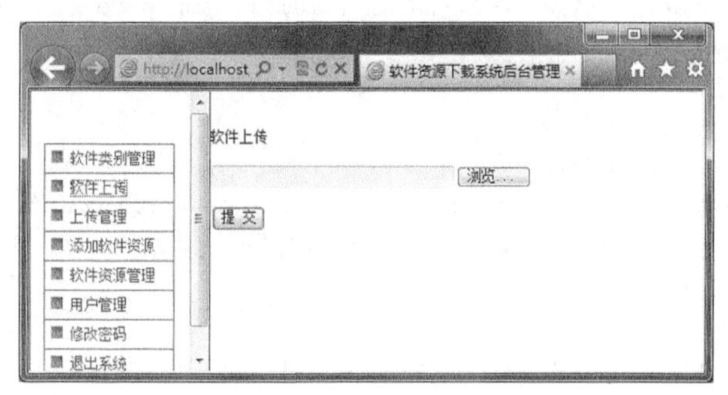

图 A5　上传软件页面

在上传软件页面 UpLoad.php 中，上传软件资源的表单定义如下：

```
<form name="form1" method="post" action="UpFile.php" enctype="multipart/form-data" >
```

可以看到，上传软件的数据由 upfile.php 处理。Upfile.php 将用户上传的软件存放到系统指定的 software 目录下，并将上传信息保存到数据库 UpFile 表中，代码如下：

```
<?PHP
    date_default_timezone_set('Asia/Chongqing'); //系统时间差 8 小时问题
    // 此函数用于根据当前系统时间自动生成上传文件名
    function makefilename() {
        // 获取当前系统时间，生成文件名
        $curtime = getdate();
        $filename  =$curtime['year']   .   $curtime['mon']   .   $curtime['mday']   .
$curtime['hours'] . $curtime['minutes'] . $curtime['seconds'];

        Return $filename;
    }
    // 检查上传文件的目录
    $upload_dir = getcwd();
    $len =  strlen($upload_dir)-6; // 去掉当前目录 admin
    $upload_dir = substr($upload_dir, 0, $len) . "\\software\\";
    // 如果目录不存在，则创建
    if(!is_dir($upload_dir))
        mkdir($upload_dir);

    $newfilename = makefilename();
    $oldfilename = $_FILES['file1']['name'];    // 服务器端临时文件名
    $pos = strrpos($oldfilename, '.');       // 获取文件名中最右侧的
    $ext = substr($oldfilename, $pos, strlen($oldfilename)-$pos);
// 获取文件的扩展名
    $newfile = $upload_dir . $newfilename . $ext;
```

```
    if(file_exists($_FILES['file1']['tmp_name'])) {
        move_uploaded_file($_FILES['file1']['tmp_name'], $newfile);
    }
    else {
        echo("error");
    }
    echo("客户端文件名：" . $_FILES['file1']['name'] . "<BR>");
    echo("文件类型：" . $_FILES['file1']['type'] . "<BR>");
    echo("文件大小：" . $_FILES['file1']['size'] . "<BR>");
    echo("服务器端临时文件名：" . $_FILES['file1']['tmp_name'] . "<BR>");
    echo("上传后新的文件名：" . $newfile . "<BR>");

    include('..\Class\UpFile.php');
    $objUpFile = new UpFile();
    $objUpFile->UpName = $newfilename . $ext;   // 不带路径的文件名
    $objUpFile->URL = $newfile;         // 带路径的文件名
    $objUpFile->InsertUpFile();
?>
文件上传成功 [ <a href=# onclick=history.go(-1)>继续上传</a> ]
```

makefilename()函数的功能是根据当前的系统时间生成文件名。关于上传文件的具体方法请参照 5.4.1 小节理解。上传文件的信息将保存在表 UpFile 中，程序调用$objUpFile->InsertUpFile()函数插入上传文件的数据。

上传成功后，将显示上传文件的基本信息，如图 A6 所示。

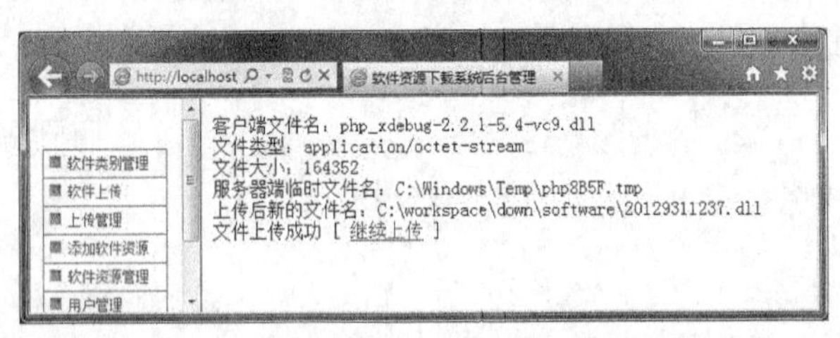

图 A6　上传成功

2. 设计上传管理页面

在 admin\index.php 中，单击“上传管理”超链接，将访问 admin\UpList.php，用来管理上传的软件资源，如图 A7 所示。

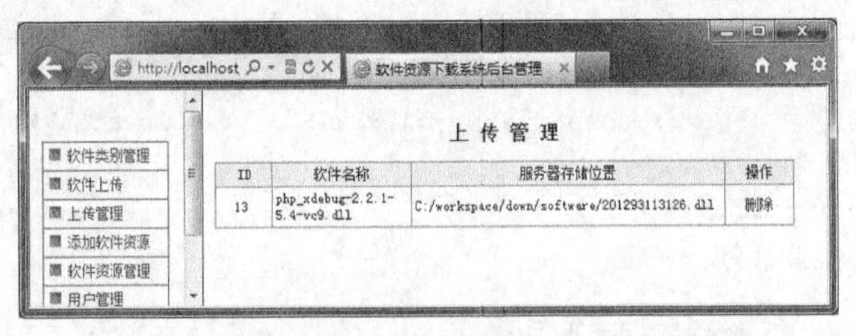

图 A7　上传软件管理页面

在上传管理页面 UpList.php 中，从数据库表 UpFile 中读取软件的上传信息，代码如下：

```
<?PHP
    include('..\Class\UpFile.php');
    $objUpfile = new UpFile();
```

```
        $results = $objUpfile->GetUpFilelist();
        $exist = false;
        while($row = $results->fetch_row())  {
            $exist = true;
    ?>
    <tr>
      <td align="center"><?PHP echo($row[0]); ?> </td>
      <td><?PHP echo($row[1]); ?> </td>
      <td align="left"><?PHP echo($row[2]); ?> </td>
      <td align="center"><a href="UpDelt.php?id=<?PHP echo($row[0]); ?>">删除</a></td>
    </tr>
    <?PHP
        }
        if(!$exist) {
            echo("<tr><td align=center colspan=4>没有上传的软件资源</td></tr></table>");
        }
    ?>
```

用户可以通过单击“删除”超级链接，执行 UpDelt.php，删除上传记录，同时删除上传的软件。UpDelt.php 的主要代码如下：

```
    <?PHP
        // 读取编号参数
        $id = $_GET["id"];
        // 读取指定软件资源信息的数据
        include('..\Class\UpFile.php');
        $objUpfile = new UpFile();
        $results = $objUpfile->GetUpFileInfo($id);
        if($row = $results->fetch_row()) {
            $URL = $row[2];
            if(is_file($URL)) // 如果存在,则删除文件
                unlink($URL);
            $objUpfile->DeleteUpFile($id); // 删除数据库中的记录
        }
    ?>
```

在 PHP 中，is_file()函数用于判断文件是否存在，unlink()函数用于删除指定的文件。

3. 设计软件类别管理页面

在 admin\index.php 中，单击“软件类别管理”超级链接，执行 admin\CategoryList.php，显示软件的类别列表，如图 A8 所示。

图 A8 类别管理页面

类别管理页面为 CategoryList.php，软件类别的添加、修改和删除都在这里完成。下面介绍CategoryList.php 中与界面显示相关的部分代码。

（1）显示类别信息

为了便于用户管理类别信息，CategoryList.php 以表格的形式按层次显示类别名称，即一级类别和二级类别显示在不同的表格列中，并在后面显示修改和删除链接。代码如下：

```
<?PHP
  include('..\Class\Category.php');
  $ca = new Category();
  ......
// 读取一级类目数据到记录集$results 中
  $results = $ca->GetCategorylist();
  $exist = false; // 标识$results 中是否存在数据
  // 在表格中显示类目名称
  while($row = $results->fetch_row())  {
      $exist = true;
?>
  <tr>
    <td><?PHP echo($row[1]); ?></td>
    <td> </td>
    <td       align="center"><a       href="CategoryList.php?Oper=update&did=<?PHP
echo($row[0]); ?>&name=<?PHP echo($row[1]); ?>">修 改</a></td>
    <td       align="center"><a       href="CategoryList.php?Oper=delete&did=<?PHP
echo($row[0]); ?>&name=<?PHP echo($row[1]); ?>">删 除</a></td>
  </tr>
<?PHP
      // 读取此类目下所有类目信息
      $ca1 = new Category();
     $results1 = $ca1->GetSublist($row[0]);
     while($row1 = $results1->fetch_row())  {
 ?>
  <tr>
    <td> </td>
    <td><?PHP echo($row1[1]); ?></td>
    <td       align="center"><a       href="CategoryList.php?Oper=update&did=<?
echo($row1[0]); ?>&name=<?PHP echo($row1[1]); ?>">修 改</a></td>
    <td       align="center"><a       href="CategoryList.php?Oper=delete&did=<?PHP
echo($row1[0]); ?>&name=<?PHP echo($row1[1]); ?>">删 除</a></td>
  </tr>
      <?PHP
      }
  }
  if(!$exist) {
    // 如果记录集为空，则显示“目前还没有记录”
    echo("<tr><td colspan=4 align=center><font style='COLOR:Red'>目前还没有记录。
</font></td></tr></table>");
  }

 ?>
```

可以看到，修改和删除类别信息的操作也在页面 CategoryList.php 中完成（超级链接的 href 属性值为 CategoryList.php）。参数 Oper 表示当前页面的操作状态，当 Oper=edit 时，表示当前操作为修改类别信息；当 Oper=delete 时，表示当前操作为删除类别信息。参数 did 表示要修改或删除的类别编号；参数 name 表示要修改或删除的类别名称。

（2）显示添加类别的表单

表单 AForm 和 BForm 用来添加类别信息，当 Oper= add 时，将显示添加类别的表单。添加类别有两种情况。如果添加一级类别名称，则在表单 AForm 的文本框 txttitle 中输入类别名称；如果添加二级类别信息，则需要在表单 BForm 中选择一级类别名称，然后在文本框 txttitle 中输入二级类别名称。具体代码如下：

```
    <form name="AForm" method="post" action="CategoryList.php?Oper=add">
      <p align="center">
        <font color="#FFFFFF"><b><font color="#000000">添加一级类目：</font></b></font>
          类目名称：  <input type="text" name="txttitle" size="20">
        <input type="hidden" name="sUpperId" value="0">  
        <input   type="submit"   name="Submit"   value="   添   加   "  onclick="return
form_onsubmit1(this.form)">
      </p>
    </form>
    <form name="BForm" method="post" action="CategoryList.php?Oper=add">
      <p align="center">
      <select name="cid">
    <?PHP  //将类目装入下拉菜单中
        $results = $ca->GetCategorylist();
        while($row = $results->fetch_row())  {
          $sname = $row[1];
          $did = $row[0]; ?>
          <option value="<?PHP echo($did); ?>"><?PHP echo($sname); ?></option>
    <?PHP } ?>
      </select>
      <font color="#FFFFFF"><b><font color="#000000">添加二级类目：</font></b></font>
          类目名称：  <input type="text" name="txttitle" size="20">
        <input type="hidden" name="sUpperId" value="1">  
        <input   type="submit"   name="Submit"   value="   添   加   "  onclick="return
form_onsubmit(this.form)">
      </p>
    </form>
```

当用户添加一级类别名称时，单击“添加”按钮，函数 form_onsubmit1 用来验证文本框中 txttitle 是否输入了数据。代码如下：

```
    function form_onsubmit1(obj)
    {
      ValidationPassed = true;
      if(obj.txttitle.value == "") {
        alert("请输入类目名称");
        ValidationPassed = false;
        return ValidationPassed;
      }
    }
```

当用户添加二级类别名称时，单击“添加”按钮，函数 form_onsubmit 用来验证是否选择了一级类别以及文本框 txttitle 中是否输入了数据。代码如下：

```
    function form_onsubmit(obj)
    {
```

```
    ValidationPassed = true;
    if(obj.cid.selectedIndex <0) {
      alert("请选择一级类目");
      ValidationPassed = false;
      return ValidationPassed;
    }
    if(obj.txttitle.value == "") {
      alert("请输入类目名称");
      ValidationPassed = false;
      return ValidationPassed;
    }
  }
```

（3）显示修改类别的表单

表单 UForm 用来修改类别信息。当 Oper= update 时，将显示修改类别的表单，具体代码如下：

```
<?PHP
  //如果当前状态为修改，则显示修改的表单，否则显示添加的表单
  if($Soperate == "update")  {
     $sTitle = $_GET["name"];
?>
   <form    name="UFrom"    method="post"    action="CategoryList.php?did=<?PHP
echo($Operid); ?>&Oper=edit">
      <div align="center">
         <input type="hidden" name="sOrgTitle" value="<?PHP echo($sTitle); ?>">
         <font color="#FFFFFF"><b><font color="#000000">类目名称</font></b></font>
         <input type="text" name="txttitle" size="20" value="<?PHP echo($sTitle); ?>">
         <input type="submit" name="Submit" value=" 修 改 ">
         </div>
     </form>
<?PHP
     }
     else  {
?>
```

隐藏文本框（type="hidden"）sOrgTitle 用于显示和保存修改前的类别名。添加和修改类别的脚本都是 CategoryList.php，只是参数不同。当参数 Oper=edit 时，程序将处理修改的类别数据；当参数 Oper=add 时，程序将处理添加的类别数据。

（4）添加类别信息

在打开 CategoryList.php 时，如果参数 Oper 不等于 update，页面的下方将显示添加数据的表单 Aform。在文本域 txttitle 中输入类别的名称，然后单击“添加”按钮，将调用 CategoryList.php，参数 Oper 等于 add，表示插入新记录。

在执行 CategoryList.php 时，可以在 url 中包含参数，程序将根据参数 Oper 的值决定进行的操作。与添加数据相关的代码如下：

```
<?PHP
  //处理添加、修改和删除操作
  //读取参数 oper，决定当前要进行的操作
  $Soperate = $_GET["Oper"];
  $Operid = $_GET["did"];
  include('..\Class\Category.php');
  include('..\Class\DownLoad.php');
  $ca = new Category();
```

```
    $dw = new DownLoad();
    // 删除记录
    if($Soperate=="delete") {
      ……
    }
    // 添加
    elseif($Soperate == "add") {
      $CName = $_POST["txttitle"];
      $UpId = $_POST["sUpperId"];
      if($UpId=="0")
        $UId = 0;
      else
        $UId = $_POST["cid"];
      // 判断是否已经存在此类目名称
      if(!$ca->HaveCategory($CName)) {
        // 如果没有此类目名称，则创建新记录
        $ca->CName = $CName;
         $ca->UpperId = $UId;
        $ca->InsertCategory();
        echo("类别已经成功添加！");
       }
      else {
        echo("已经存在此类别名称！");
      }
    }
    elseif($Soperate == "edit") {
      ……
    }
?>
```

变量$Soperate 用于接收参数 Oper 的值，当$Soperate 等于“add”时，表示当前状态为插入记录。在插入新类别之前，应该判断此类别名称是否已经存在，以避免出现重复的类别。

（5）修改类别信息

在 CategoryList.php 中，单击类别后面的“修改”超级链接，将打开 CategoryList.php，参数 Oper 等于 update。此时，页面的下方将显示修改数据的表单 Uform。在文本域 txttitle 中输入类别的名称，然后单击“修改”按钮，将再次打开 CategoryList.php，参数 Oper 等于 edit，表示修改记录。与修改数据相关的代码如下：

```
<%
  ……
  // 删除记录
  if($Soperate=="delete") {
    ……
  // 添加
  elseif($Soperate == "add") {
    ……
  }
  elseif($Soperate == "edit") {
    $CName = $_POST["txttitle"];
    // 如果新类目名称与旧名称不同，则判断是否存在此类目名称
     $ca->CId = $Operid;
     $ca->CName = $CName;
    // 如果原类目编号和新类目名称不存在，则表示类目名称发生变化
```

```
    if(!$ca->HaveSameCate())  {
      // 此时判断是否存在此类目名称
      if(!$ca->HaveCategory($CName))  {  //新类目不存在
        $ca->CName = $CName;
       $ca->UpdateCategory($Operid);
        echo("类目已经成功修改！");
       }
      else  {
        echo("已经存在此类目名称");
      }
  }
    }
  ?>
```

在修改类别之前，应该判断新的类别是否已经存在，以避免出现重复的类别。

（6）删除类别信息

在 CategoryList.php 中，单击类别后面的“删除”超链接，将再次打开 CategoryList.php，参数 Oper 等于 delete。删除类别的代码如下：

```
    // 删除记录
    if($Soperate=="delete")  {
      // 判断此类目是否存在下级类目
      if($ca->HaveSub($Operid))  {
        exit("此类目存在下级类别，不能删除！");
      }
      // 判断此类目下是否存在软件资源信息
      if($dw->HaveCId($Operid))  {
        exit("此类目包含软件资源信息，不能删除！");
       }
      $ca->DeleteCategory($Operid);
      echo("类别已经成功删除！");
    }
    // 添加
    elseif($Soperate == "add")  {
      ……
    }
    elseif($Soperate == "edit")  {
      ……
    }
  ?>
```

在修改类别之前，应该判断此类别是否满足允许被删除的条件，如果要删除类别满足下面的任一条件，则不能删除此类别：

- 是否存在下级类别；
- 是否被软件下载表 DownLoad 使用。

变量 Operid 用于接收参数 did 的值，表示当前要删除的类别编号。程序调用 $ca->DeleteCategory()函数删除指定的类别记录。

4. 设计添加软件页面

在 admin\index.php 中，单击“添加软件资源”超链接，将执行 admin\DownAdd.php，添加新的软件下载资源信息，如图 A9 所示。

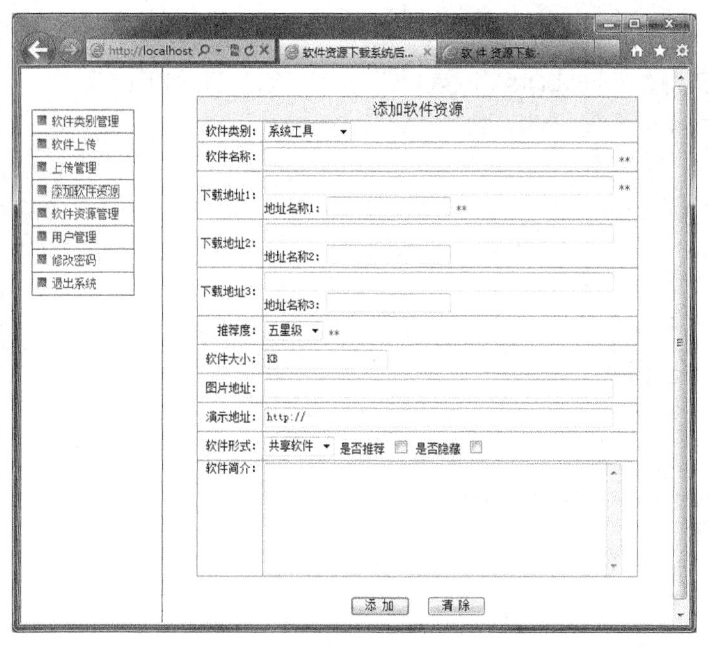

图 A9 添加软件下载资源页面

在添加软件页面中，从表 Category 中读取软件类别信息，并存放到下拉列表 CId 中，读取类别信息的代码如下：

```
<TR>
<TD align="right" width="15%" nowrap>软件类别：</TD>
<TD><select size="1" name="cid">
  <?PHP
    // 读取一级类别信息
    include('..\Class\Category.php');
    $objCate = new Category();
   $objCate1 = new Category();
    $results = $objCate->GetCategorylist();
while($row = $results->fetch_row())  {

 ?>
   <option value="<?PHP echo($row[0]); ?>"><?PHP echo($row[1]); ?></option>
 <?PHP
     // 读取下级类别
     $results1 = $objCate1->GetSublist($row[0]);
     while($row1 = $results1->fetch_row()) {
     // 下级类别的 value 值=类别编号大小+100000,用来区分一级类别
  ?>
      <option   value="<?PHP   echo(10000+(int)$row1[0]);   ?>">--   <?PHP
echo($row1[1]); ?></option>
 <?PHP
    }
   }
 ?>
  </Select> </TD>
</TR>
```

在 DownAdd.php 页面中，“添加”按钮代码如下：

```
<input type="submit" value=" 添 加 " name="B1" onclick="if(CheckFlds()){return true;}return false;">
```

提交前需要调用 CheckFlds()函数对表单进行域校验，代码如下：

```
<SCRIPT language = "JavaScript">
function CheckFlds(){
  if (document.form1.cid.value==""){
   alert("请选择软件类别！");
   form1.cid.focus;
   return false;
  }
  if (document.form1.txtfilename1.value==""){
   alert("请输入下载地址 1！");
   form1.txtfilename1.focus;
   return false;
  }
  if (document.form1.txtname1.value==""){
   alert("请输入地址名称 1！");
   form1.txtname1.focus;
   return false;
  }
  if (document.form1.txtsoftname.value==""){
   alert("请输入软件名称！");
   form1.txtsoftname.focus;
   return false;
  }
  // 判断是否存在下级类目
  ndid = document.form1.cid.value;
  if (ndid <= 10000){
    alert("此类目存在下级类别，请重新选择类别");
    form1.cid.focus;
    return false;
  }
  return true;
}
</SCRIPT>
```

程序判断软件类别、软件名称、下载地址 1 等信息是否为空，如果为空，则返回 false，不允许表单数据提交；判断用户是否选择了软件类别，而且选择的类别应为二级类别，否则不允许提交表单。

当用户单击“添加”按钮时，将提交表单，表单的定义代码如下：

```
<form method="POST" name="form1" action="DownSave.php?action=add"><br>
```

表单数据提交后，将执行 DownSave.php 保存数据，参数 action 表示当前的动作，action=add 表示添加记录。DownSave.php 也可以用来处理修改软件信息的数据。

DownSave.php 的主要代码如下：

```
<?PHP include('isUser.php'); ?><html>
<?PHP
    include('..\Class\DownLoad.php');
    $dw = new DownLoad();
    $dw->DownName = $_POST["txtname"]; // 软件名称
    $dw->CId = $_POST["cid"]-10000;
    if($_POST["txtfilename1"]<>"") {
```

```
        $dw->FileName1 = $_POST["txtfilename1"];
            $dw->TxtName1 = $_POST["txtname1"];
        }
        if($_POST["txtfilename2"]<>"")  {
            $dw->FileName2 = $_POST["txtfilename2"];
            $dw->TxtName2 = $_POST["txtname2"];
        }
      if($_POST["txtfilename3"]<>"")  {
            $dw->FileName3 = $_POST["txtfilename3"];
            $dw->TxtName3 = $_POST["txtname3"];
        }
        $dw->ImageFile = $_POST["images"];
        $dw->FromURL = $_POST["fromurl"];
        $dw->Rights = $_POST["rights"];
        $dw->DownSize = $_POST["size"];
        $dw->DNote = $_POST["txtnote"];
        $dw->HotStars = $_POST["hot"];
        if($_POST["hide"]=="on")
            $dw->IsHide = 1;
        else
            $dw->IsHide = 0;
        if($_POST["hots"]=="on")
            $dw->IsHot = 1;
        else
            $dw->IsHot = 0;
        // 添加软件信息
        if($_GET["action"]=="add")
            $dw->InsertDownLoad();
        else   // 修改软件信息
            $dw->UpdateDownLoad($_GET["did"]);
    ?>
    <html>
    <head>
    <title>保存软件信息</title>
    <link rel="stylesheet" type="text/css" href="../style.css">
    </head>
    <body bgcolor="#eeeeee">
    <br><br>
    <table  width="50%"  align="center"  border="1"  cellpadding="0"  cellspacing="0"
bordercolorlight="#666666" bordercolordark="#FFFFFF">
      <tr>
        <td width="100%" height="20" bgcolor="#eeeeee">
          <p align="center"><font color="#FFFFFF">
            <?PHP
              if($_POST["action"]=="add")
                  echo("添加");
              else
                  echo("修改");
              ?>
            软件成功</font> </td>
      </tr>
      <tr>

        <td width="100%" >
```

```
        <p align="left"><br>
      下载地址 1 为: <?PHP echo($_POST["txtfilename1"]); ?><br><br>
      下载地址 2 为: <?PHP echo($_POST["txtfilename2"]); ?><br><br>
      下载地址 3 为: <?PHP echo($_POST["txtfilename3"]); ?><br><br>
      软件名称为: <?PHP echo($sw->DownName); ?><br><br>
      </td>
    </tr>
  </table>
  <?PHP
     if($_GET["action"]=="edit")  {  ?>
  <p align="center"><a href="javascript:window.close()">[关闭本窗口]</a></p>
  <?PHP }  /*end of if*/ ?>
  </body>
  </html>
```

5. 设计软件管理页面

在 admin\index.php 中，单击“软件资源管理”超链接，将执行 admin\DownList.php，用来管理软件下载资源，如图 A10 所示。

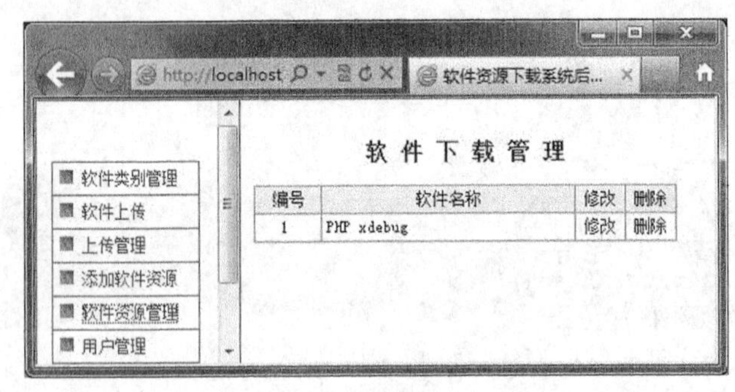

图 A10　软件管理页面

在软件管理页面 DownList.php 中，从数据库表 DownLoad 中读取软件信息。代码如下：

```
  <?PHP
    include('..\Class\DownLoad.php');
    $dw = new DownLoad();
    $results = $dw->GetDownLoadlist();
    while($row = $results->fetch_row()) {
  ?>
  <tr>
    <td align="center"><?PHP echo($row[0]); ?> </td>
    <td><?PHP echo($row[1]); ?> </td>
    <td   align="center"><a   href="DownEdit.php?id=<?PHP   echo($row[0]);   ?>" 
onClick="return newwin(this.href)">修改</a></td>
    <td   align="center"><a   href="DownDelt.php?id=<?PHP   echo($row[0]);   ?>" 
onClick="return newwin(this.href)">删除</a></td>
  </tr>
  <?PHP  }  ?>
```

用户可以通过单击“修改”超链接，打开 DownEdit.php，修改软件资源记录。修改和保存软件信息的过程与添加软件相似，请参照理解。

用户可以通过单击“删除”超链接，执行 SoftDelt.php，删除软件资源信息。代码如下：

```
  <?PHP
    include('..\Class\DownLoad.php');
```

```
    $dw = new DownLoad();
    $id = $_GET["id"];
    $dw->DeleteDownLoad($id);
    echo("软件资源成功删除!");
  ?>
```

6. 设计用户管理页面

在 admin\index.php 中，单击“用户管理”超链接，执行 admin\UserList.php，显示系统管理员用户列表，如图 A11 所示。

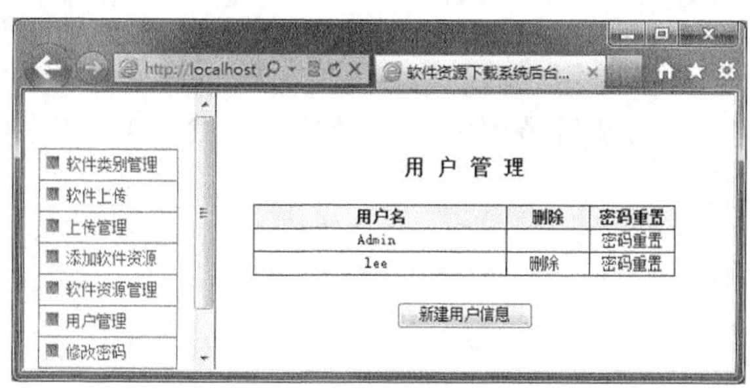

图 A11　用户管理页面

在用户管理页面 UserList.php 中，可以添加和删除系统管理员用户，并且可以重置用户密码。

（1）添加用户信息

当用户单击“新建用户信息”按钮后，将打开 UserEdit.php 页面，添加新用户。代码如下：

```
<input type="button" value="新建用户信息" onclick="newView('UserEdit.php)" name=add>
```

在 UserEdit.php 页面中，只需要输入新用户的用户名即可，如图 A12 所示。

图 A12　添加新用户页面

（2）保存用户信息

在添加新用户页面中，当用户单击“提交”按钮时，将提交表单。代码如下：

```
<form name="form1" method="POST" action="UserSave.php" onsubmit="return CheckFlds()">
```

函数 CheckFlds 用来检验是否输入了用户名，如果用户名为空，则不允许提交表单。

保存用户信息的文件为 UserSave.php，代码如下：

```
<?PHP
 // 在数据库表 Users 中插入新信息
 $usr = new Users();
 $usr->UserName = $_POST["uname"];
 //插入用户前判断该用户名是否已经存在

 if($usr->HaveUserName($usr->UserName))  {
   echo("<script>alert('该用户名已经存在');history.go(-1);</script>");
   exit("");
 }
```

```
    $usr->InsertUser();
    echo("<h3>用户成功保存</h3>");
  ?>
```

程序调用$usr->HaveUserName()函数判断表 Users 中是否已经存在该用户名，如果存在则不允许添加新用户；如果不存在，则调用$usr->InsertUser()函数保存用户信息。

（3）删除用户信息

在用户管理页面中，当用户单击“删除”超链接时，执行代码如下：

```
    <td align="center"><?PHP if($row[0]<>"Admin")  { ?><a href="UserDelt.php?uid=<?PHP
echo($row[0]);   ?>"   onClick="if(confirm('确定要删除用户吗?')){return
newView(this.href);}return false;">删除</a><?PHP } ?> </td>
```

程序将询问用户是否确认要删除该用户系统，如果是，则在新窗口中执行 UserDelt.php 脚本，删除该用户。代码如下：

```
  <?PHP
    $uid = $_GET["uid"];
    $usr = new Users();
    $usr->DeleteUser($uid);
    echo("<h3>用户记录成功删除</h3>");
  ?>
```

（4）密码重置

在用户管理页面中，当用户单击“密码重置”超级链接时，执行代码如下：

```
    <td    align="center"><a    href="PwdReset.php?uid=<?PHP    echo($row[0]);    ?>"
onClick="if(confirm('确定要重置用户密码吗?')){return newView(this.href);}return false;">密
码重置</a></td>
```

程序将询问用户是否确认要重置该用户的登录密码，如果是，则在新窗口中执行 PwdReset.php 脚本，将该用户的密码还原为 111111。代码如下：

```
  <?PHP
    $uid = $_GET["uid"];
    $usr = new Users();
    $usr->UpdatePassword(uid,1);
    echo("<h3>用户密码成功重置</h3>");
  ?>
```

7. 设计修改密码页面

在 admin\index.php 中，单击“修改密码”超链接，执行 admin\PwdChange.php，允许系统管理员修改登录密码，如图 A13 所示。

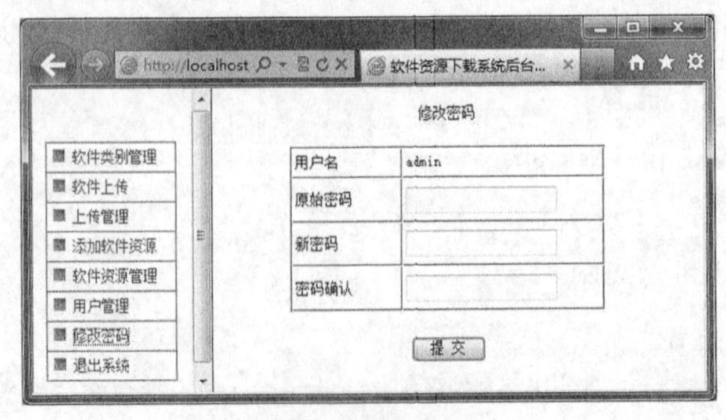

图 A13　修改密码页面

当管理员单击“提交”按钮时，将提交页面，代码如下：

```
<form method="POST" action="PwdSave.php?uid=<?PHP echo($UserId); ?>" name="myform" onsubmit="return ChkFields()">
```

函数 ChkFields 的功能是对输入的新密码进行校验，代码如下：

```
<Script Language="JavaScript">
function ChkFields() {
  if (document.myform.OriPwd.value=='') {
    alert("请输入原始密码！")
    return false
  }
  if (document.myform.Pwd.value.length<6) {
    alert("新密码长度大于等于 6！")
    return false
  }
  if (document.myform.Pwd.value!=document.myform.Pwd1.value) {
    alert("两次输入的新密码必须相同！")
    return false
  }
  return true
}
</Script>
```

程序将检查新密码是否输入、新密码长度是否大于等于 6 位和两次输入的新密码是否相同，只有满足以上条件，才执行 SavePwd.php 文件。

在 SavePwd.php 页面中，程序调用 UpdatePassword()函数修改密码，代码如下：

```
<?PHP
  $OriPwd = $_POST["OriPwd"];
  $Pwd = $_POST["Pwd"];
  $usr = new Users();
  $usr->UserPwd = $Pwd;
  $usr->UpdatePassword($UserName,0);
  echo("<h2>更改密码成功！</h2>");
  $_SESSION["UserPwd"] = $Pwd;
?>
```

项目 5　系统主界面程序设计

本项目将介绍系统主页面的设计过程。

1. 设计主界面

本实例的主界面为 index.php，它的功能是显示系统的给定信息，包括软件查询、推荐软件、热点浏览排行等信息，如图 A14 所示。

在 index.php 中，包含 top.php 和 left.php 脚本，分别用来显示上方和左侧内容。index.php 的代码显示网页中间部分的内容。

下面将介绍 index.php 的主要代码。

在 index.php 的中央，将显示推荐下载的软件信息，代码如下：

```
<table width="100%" border="1" cellpadding="0" cellspacing="0" bordercolorlight="#B06A00" bordercolordark=#E7E4E2>
      <tr>
        <td width="100%" valign="top">
            <table width="100%">
<?PHP
```

```
      $m = 0;
       //include('Class\DownLoad.php');
       $dw = new DownLoad();
       $results = $dw->GetHot();
       $exist = false;
      while($row = $results->fetch_row())  {
          $exist = true;
         if($m>=31)
               break;
          $m = $m + 1;
  ?>
        <TR>
         <A href="list.php?id=<?PHP echo($row[0]); ?>"><?PHP echo($row[1]); ?></A><FONT
color='#B06A00'>(
        <?PHP        echo($row[21]);          ?> <font         color=#000099><?PHP
echo($row[19]); ?></font>)</font></TD>
        </TR>
  <?PHP
      }
      if(!$exist)  {
        echo("<TR><td>没有任何软件资源</td></Tr>");
      }
  ?>
  </table>
```

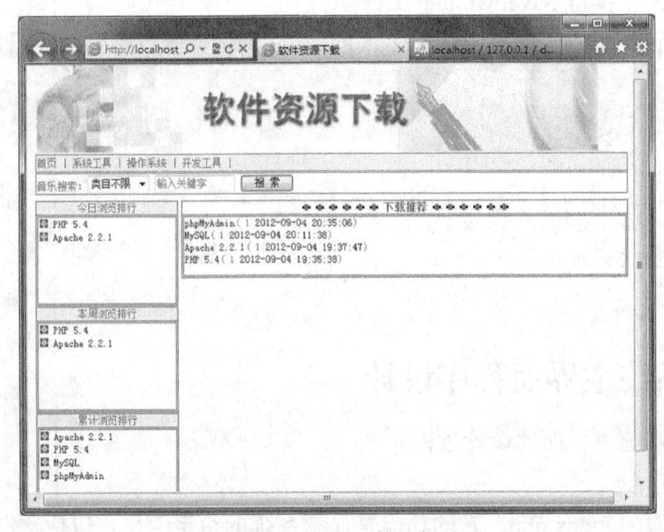

图 A14　index.php 的运行界面

当用户单击软件名称时，在新窗口中打开 list.php 文件，查看下载软件的详细资料。

2. 设计 top.php

top.php 文件用于显示主界面的上侧部分，包括图片、首页链接、软件类别名称和软件搜索。用户通过单击软件类别名称查看指定类别名称下所有的软件列表。代码如下：

```
<?PHP
  include('Class\Category.php');
   $ca = new Category();
   $results = $ca->GetCategorylist();
   while($row = $results->fetch_row())  {
?>
```

```
        |   <a   class="list"   href="sort.php?cid=<?PHP   echo($row[0]);   ?>"><font
color="#B06A00">
        <?PHP echo($row[1]); ?></font></a>
        <?PHP } ?>
            |</p>
          </font> </td>
        </tr>
      </table>
      </center>
    </div>
    <div align="center">
      <center>
      <table    width="703"    border="1"    cellpadding="0"    cellspacing="0"
bordercolorlight="#B06A00" bordercolordark=#FFFFFF>
      <tr>
        <form method="post" name="myform" action="search.php">
         <td width="100%" bordercolorlight="#B06A00" bordercolordark=#FFFFFF>
    <font color=#B06A00 >软件搜索: </font><SELECT name="cid" size="1">
         <OPTION selected value="">类目不限</OPTION>
      <?PHP
        $results = $ca->GetCategorylist();
       while($row = $results->fetch_row())  {
      ?>
         <OPTION value="<?PHP echo($row[0]); ?>"><?PHP echo($row[1]); ?></OPTION>
      <?PHP }  ?>
```

当用户在软件搜索下拉列表中选择软件类别，并在文本域中输入搜索关键字后，单击“搜索”按钮，将提交表单，代码如下：

```
    <form method="post" name="myform" action="search.php">
```

查询结果显示页面Search.php将在稍后介绍。

3. 设计Left.php

Left.php文件用于显示主界面的左侧部分，包括今日浏览排行、本周浏览排行和累计浏览排行。

（1）显示今日下载排行

今日浏览排行列表中将读取表DownLoad中日浏览数量大于0、不隐藏的和最后浏览时间为当日的10个软件信息。代码如下：

```
    <?PHP
       date_default_timezone_set('Asia/Chongqing'); //系统时间差8小时问题
       $now = getdate();
       $mm = $now['mon'];
       if(strlen($now['mon'])<2)
          $mm = "0" . $now['mon'];
        $dd = $now['mday'];
       if(strlen($now['mday'])<2)
          $dd = "0" . $now['mday'];
       $today = $now['year'] . "-" . $mm . "-" . $dd;
    //   echo($today);
       include('Class\DownLoad.php');
       $dw = new DownLoad();
       $exist = false;
       $sql = "SELECT Did, DownName FROM DownLoad WHERE DayHits>0 AND LEFT(LastHitTime,
" . strlen($today) . ")='" . $today . "' Order By DayHits DESC LIMIT 0, 10";
       $results = $dw->GetDLlist($sql);
```

```
        while($row = $results->fetch_row())  {
            $exist = true;
           echo("<img src='IMG/follow.gif' width='11' height='11'> <A href=list.php?id=" .
$row[0] . ">" . $row[1] . "</A><br>");
        }
        if(!$exist)
           echo("本日没有下载");
    ?>
```

（2）显示本周下载排行

本周浏览排行列表中将读取表 DownLoad 中本周浏览数量大于 0、不隐藏的且最后浏览时间在本周的 10 个软件信息。代码如下：

```
    <?PHP
        $weekday = $now['wday'];            // 获取当前星期几 0-周日~6-周 6
        if($weekday == 0)
          $weekday = 7;
        $sql = "Select DId,DownName From DownLoad Where (LastHitTime > DATE_ADD('" .
$today . "', INTERVAL " . (1-$weekday) . " DAY)) AND (LastHitTime < DATE_ADD('" . $today .
"', INTERVAL " . (7-$weekday) . " DAY)) And IsHide=0 And WeekHits>0  Order By WeekHits Desc
LIMIT 0,10";

        $results = $dw->GetDLlist($sql);
        $exist = false;
       while($row = $results->fetch_row())  {
            $exist = true;
          echo("<img src='IMG/follow.gif' width='11' height='11'> <A href=list.php?id=" .
$row[0] . ">" . $row[1] . "</A><br>");
       }
        if(!$exist)
          echo("本周没有下载");
    ?>
```

（3）显示累计下载排行

累计下载排行列表中将读取表 DownLoad 中累计浏览数量最多的 10 个软件信息，代码如下：

```
    <?PHP
      $sql = "Select DId,DownName From DownLoad Order By TotalHits Desc LIMIT 0,10";
      $results = $dw->GetDLList($sql);
      $exist = false;
      while($row = $results->fetch_row()) {
          $exist = true;
         echo("<img src='IMG/follow.gif' width='11' height='11'> <A href=list.php?id=" .
$row[0] . ">" . $row[1] . "</A><br>");
      }
      if(!$exist)
       echo("没有下载");
    ?>
```

4. 设计查看下载软件页面

在主界面 index.php 中，单击任一下载软件，将打开 List.php 页面，显示下载软件的详细信息，如图 A15 所示。

下面介绍查看软件信息页面的部分代码。

（1）显示软件信息

程序会根据软件编号读取和显示软件基本信息，代码如下：

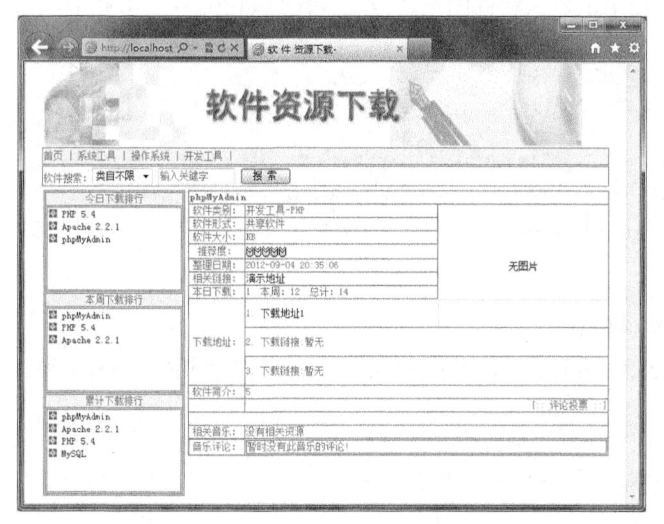

图 A15　查看软件信息页面

```
<?PHP
    $did = $_GET["id"];
     if($did=="")
         exit("您没有选择相关软件资源，请返回");
     $dw = new DownLoad();
     $results = $dw->GetDetail($did);
     if($row = $results->fetch_row())  {
       $DownName = $row[1];
       $uCId = $row[23]; // UpperId
       $nCId = $row[2];     // CId
       $uName = $row[22]; // 分类名称
       $nName = $row[24];  // 上级分类名称
       $LastHitTime = $row[17]; // 最近点击的时间
……
<TABLE    width="100%"    border="1"    cellpadding="0"    cellspacing="0"
bordercolorlight="#B06A00" bordercolordark=#E7E4E2>
<TR>
<TD width="100%" colspan="3"><font color=B06A00><B><?PHP echo($row[1]); ?></B></TD>
</TR>
<TR>
<TD width="70" align="center" nowrap><font color=#B06A00>软件类别：</TD>
<TD    width="258"><font    color=#B06A00><?PHP    echo($uName);    ?>-<?PHP
echo($nName); ?></TD>
……
```

（2）显示软件图片

在 List.php 页面中，显示软件图片的代码如下：

```
<?PHP
     if($row[9]<>"")
         echo("<a href=ShowPic.php?id=" . $row[0] . " target=_blank><img src=" . $row[9] .
" border=0  width=150 height=120 alt=点击放大></a>");
    else
         echo("无图片");
?>
```

ShowPic.php 页面用来显示软件的图片信息，代码如下：

```
<?PHP
    $dw = new DownLoad();
     $did = $_GET["id"];
     $results = $dw->GetDownLoadInfo($did);
     if($row = $results->fetch_row()) {
          if($row[9] <> "")  // ImageFile 字段
              header("Location: " . $row[9]);
     }
?>
```

（3）显示相关软件信息

根据软件名称从表 DownLoad 中读取和显示与本软件有相似名称的软件，代码如下：

```
<?PHP
    // 在下载表中查找不包括本记录的相关的资源信息
    $sql = "Select * From DownLoad Where DId<>" . $did . " And DownName Like '%" . $row[1] .
"%' Order By DId Desc";
     $results = $dw->GetDLlist($sql);
     $exist = false;
     while($row = $results->fetch_row())  {
          $exist = true;
        echo("<a  href=List.php?id="  .  $row[0]  .  "  target=_blank>"  .  $row[1]  .
"</A><br>");
    }
     if(!$exist)
        echo("没有相关资源");
?>
```

（4）显示软件评论信息

程序会根据软件编号从表 Votes 中读取和显示软件的评论信息，代码如下：

```
<?PHP
     include('Class\Votes.php');
    $vt = new Votes();
    $results2 = $vt->GetVoteslist($did);
     $exist = false;
     $i = 0;
     while($row2 = $results2->fetch_row())  {
        $exist = true;
        echo("<font color=#B06A00><li>[打分: " . $row2[3] . "] " . $row2[1] .
"</font></li>");
        $i=$i+1;
        if(i>=5)
              break;  // 只显示 5 条记录
    }
     if(!$exist)
        echo("暂时没有此软件的评论!");
?>
```

5. 设计下载软件页面

在查看下载软件页面 List.php 中，提供 2 个下载链接，定义如下：

```
    1. <a href="download.php?did=<?php echo($row[0]); ?>&flag=1" target=_blank><?PHP
echo($row[4]); ?></a>
    2. <a href="download.php?did=<?php echo($row[0]); ?>&flag=1" target=_blank><?PHP
echo($row[6]); ?>%> <?PHP echo($row[1]); ?></A>
```

```
    3. <a href="download.php?did=<?php echo($row[0]); ?>&flag=1" target=_blank><?PHP
echo($row[8]); ?> <?PHP echo($row[1]); ?></A>
```

download.php 用于处理软件下载，参数 did 用于指定下载的软件编号，参数 flag 指定下载链接的序号，如果 flag 等于 1，则从下载链接 1 下载软件；如果 flag 等于 2，则从下载链接 2 下载软件；如果 flag 等于 3，则从下载链接 3 下载。

download.php 主要完成如下工作。

（1）获取下载软件的信息

程序首先根据参数 did 从表 DownLoad 中获取下载软件的相关信息，代码如下：

```
<?php
    $did = $_GET["did"];
    $flag = $_GET["flag"];
     if($did=="")
         exit("您没有选择相关软件资源，请返回");
    include('Class\DownLoad.php');
     $dw = new DownLoad();
     $results = $dw->GetDetail($did);
     if($row = $results->fetch_row()) {
     //  print_r($row);
       $DownName = $row[1];
       $dl1 = $row[3]; // 下载链接 1
       $dl2 = $row[5]; // 下载链接 2
       $dl3 = $row[7]; // 下载链接 3
       $LastHitTime = $row[18]; // 最近点击的时间
     }
     else {
        exit("没有找到相关软件资源。");
     }
     if($flag<1 or $flag>3 or ($flag==1 and $dl1== "") or ($flag==2 and $dl2== "") or
($flag==3 and $dl3== ""))
         exit("没有相关下载链接");
```

（2）更新下载数

当打开软件信息页面时，download.php 会根据软件编号更新下载数具体代码如下：

```
// 更新每周每日数据
    date_default_timezone_set('Asia/Chongqing'); //系统时间差 8 小时问题
     $now = getdate();
     $today = $now['year'] . "-" . $now['mon'] . "-" . $now['mday'];
     if($LastHitTime==$today)
       $dw->UpdateDayHits($did,1);
     else
       $dw->UpdateDayHits($did,0);
     $dw->UpdateTotalHits($did);  // 更新总点击数

     // 更新本周点击次数
     $weekday = $now['wday'];           // 获取当前星期几 0-周日~6-周 6
     if($dw->isInThisWeek($LastHitTime))
       $dw->UpdateWeekHits($did,1);
     Else
       $dw->UpdateWeekHits($did,0);
```

更新下载数的具体方法如下。

- 如果最后浏览日期为当日，则日浏览数加 1。
- 如果最后浏览日期不为当日，则日浏览数等于 1。
- 将累计浏览数加 1。
- 如果最后浏览日期为本周，则周浏览数加 1。
- 如果最后浏览日期不为本周，则周浏览数等于 1。

（3）转向下载链接

最后，download.php 会根据参数 flag 转向对应的下载链接开始下载，代码如下：

```
if ($flag == 1){
        header("Location: " . $dl1);
    }
    if ($flag == 2)
        header("Location: " . $dl2);
    if ($flag == 3)
        header("Location: " . $dl3);
```

6. 设计软件投票页面

在查看下载软件页面 List.php 中单击“讨论投票”超链接，将打开 Vote.php 页面用于显示软件投票打分页面，如图 A16 所示。

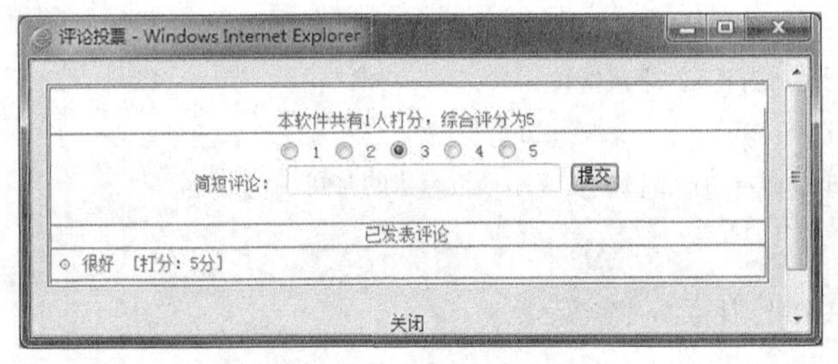

图 A16　Vote.php 的运行界面

在 Vote.php 中，程序会根据软件下载编号从数据库表 Votes 中读取投票的数量，同时计算平均分。代码如下：

```
<?PHP
……
  $results = $vt->GetVoteslist($id);
  $V_Count=0;// 投票数量
  $AvgGrade=0;//投票平均分
  while($row = $results->fetch_row())  {
      $V_Count++;
  }
  if($V_Count > 0)
    $AvgGrade = $vt->GetSum($id)/$V_Count;  //投票平均分
?>
```

在 Vote.php 中，还可以根据评论数量显示访客的评论信息。代码如下：

```
    <p align="center"><font color="#666666">本软件共有<?PHP echo($V_Count); ?>人打分，综合
评分为<?PHP echo($AvgGrade); ?></font></p>
          </td>
        </tr>
        <tr>
          <td align="center">
            <form method=post action="Vote.php?action=save&id=<?PHP echo($id); ?>">
```

```
                <input name=grade type=radio value=1> 1
                <input name=grade type=radio value=2> 2
                <input checked name=grade type=radio value=3> 3
                <input name=grade type=radio value=4> 4
                <input name=grade type=radio value=5> 5
                <input name=id type=hidden value='<%=Request("id")%>'>
                <br>
                <font color="#666666">简短评论：</font>
                <input name=content type=text size="30" maxlength="100">
                <input type=submit value="提交" name="b1">
            </form>
          </td>
        </tr>
        <tr>
            <td align="center"><font color="#666666">已发表评论</font></td>
        </tr>
        <tr>
            <td>
   <?PHP
     if($V_Count==0) { ?><font color="#666666">暂时没有评论</font>
   <?PHP
     } // end of if
     else {
       $results = $vt->GetVoteslist($id);
       while($row = $results->fetch_row()) {
   ?>
            <table board=0 width=100%>
              <tr>
                  <td      width=90%>      <font      color="#666666">      ⊙      <?PHP
echo($row[1]); ?>  [打分：<?PHP echo($row[3]); ?>分]</font></td>
              </tr>
     <?PHP
        } // end of while
     }// end of else
     ?>
```

当用户单击“提交”按钮时，将提交评论信息。代码如下：

```
   <form method=post action="Vote.php?action=save">
```

保存评论信息也在 Vote.php 页面中，根据参数 action 的值保存评论内容和评论分数。代码如下：

```
     $id = $_GET["id"];
     if($id=="")
       exit("请选择软件");
     include('Class\Votes.php');
     $vt = new Votes();
     if($_GET["action"]=="save")  {
        $content = $_POST["content"];
        if($_SESSOIN["truevote"]<>$id) {
         $vt->VContent = $content;
          $vt->Grade = $_POST["grade"];
          $vt->DId = $id;
          $_SESSION["truevote"] = $id;  // 设置 Session 表示已经投票
          $vt->InsertVotes();
```

```
        }
        else  {
          echo("<script>alert('对不起！你已经进行了投票！');</script>");
        }
    }
```

程序将评论信息插入数据库 Votes 表中，并将投票标志设置为当前软件编号，表示不允许对同一软件同时投票 2 次以上。

7. 设计软件搜索页面

用户经常需要从众多软件信息中查询自己关注的内容。在系统首页左侧的软件搜索中输入软件名，然后单击“搜索”按钮，将会打开 Search.php，查询软件资源，如图 A17 所示。

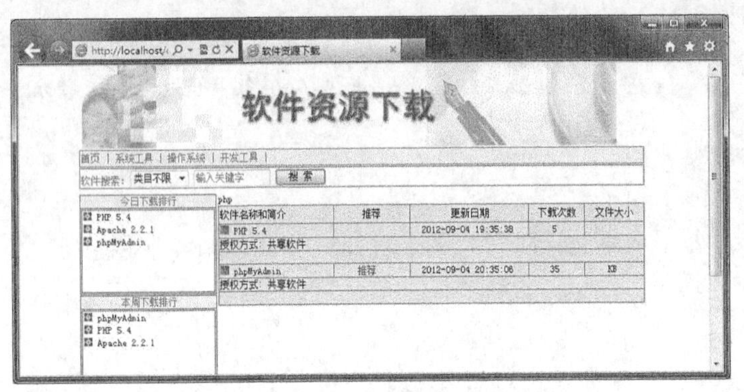

图 A17　Search.php 的运行界面

在 Search.php 页面中，程序将首先读取从 top.php 中传递来的数据。下拉菜单 CId 的值决定查询软件类别，文本域 keyword 的值表示查询关键字。根据 CId 和 keyword 生成 SELECT 语句的代码如下：

```
<?PHP
  $dw = new DownLoad();
  // 取得查询条件
  $uCId = $_POST["cid"];
  $StrKey = $_POST["keyword"];
  echo($uCId . " " . $StrKey);
  // 根据不同情况生成 WHERE 子句 whereTo
  if($StrKey == "")  {
    // 没有输入要查询的条件
    exit("请输入查询条件");
  }
  if($uCId == "")  {  // 所有软件
    // 在所有的类别中，查询指定软件
    $sql = "Select * From DownLoad Where DownName Like '%" . $StrKey . "%' Order By DId";
  }
  else  {
    $sql = "Select d.*,c.CName AS nCName,c1.CName AS uCName From DownLoad d,Category c,Category c1  Where d.CId=c.CId And c.UpperId=c1.CId And c.UpperId=" . $uCId . " And d.DownName Like '%" . $StrKey . "%' Order By d.DId";
  }
?>
```

8. 设计按类别查看软件页面

在系统首页的上方，有一个链接条，包括首页、软件一级类别信息等链接。可以单击任意类别的超级链接，进入按类别显示下载软件列表的页面，如图 A18 所示。

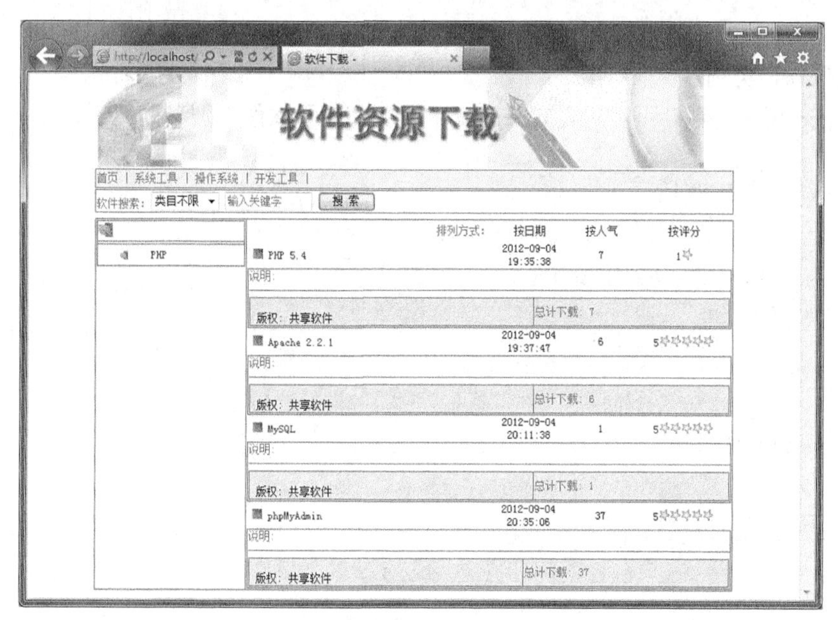

图 A18 按类别查看软件信息

按类别查看软件资源信息的脚本是 sort.php，下面介绍其主要代码。

（1）获取参数

参数 Order 指定排序的项目，参数 updown 指定排序顺序，参数 cid 指定显示的软件类别编号。获取参数的代码如下：

```
<?PHP
    include('Class\DownLoad.php');

     $order_name = $_GET["Order"];
     if($_GET["updown"]<>"")  // 更改排序方向
       $updown="Desc";
     else
       $updown="";
     switch($order_name)  {
       Case "DownName":
         $order_name="DownName"; //按软件名排序
         break;
       Case "IsHot":
         $order_name="IsHot";  //按热度排序
         break;
       Case "CreateTime":  // 按创建时间排序
         $order_name="CreateTime";
         break;
       Case "TotalHits":        // 按点击数排序
         $order_name="TotalHits";
         break;
       Case "Rights":       // 按版权排序
     $order_name="Rights";
       Case "DownSize":
```

```
        $order_name="DownSize";  //按软件大小排序
      default:
        $order_name="LastHitTime"; //按最新点击时间排序
```

（2）读取软件类别

在 sort.php 页面左侧，程序从表 Category 中读取和显示软件类别名称。代码如下：

```
<?php
$ca = new Category();
   $cid = $_GET["cid"];

     if($cid=="")  { //下级类目编号
       $nCId = "";
       $uCId = "";
       $uCName = "";
       $nCName = "所有软件";
       exit("没有选择软件类目");
     }
     else  {
       // 判断当前类目编号是否为 1 级类目
       $results = $ca->GetCategoryInfo($cid);
       if($row = $results->fetch_row())  {
         if($row[2]==0) { //表示一级类目
           $iLevel = 1;
           $uCName = $row[1];
           $nCName = "所有软件";
           $uCId = $row[0];
           $nCId = "";
         }
         else  {
           $iLevel = 2;
            $nCName = $row[1];
            $nCId = $cid;
            $uCId = $row[2];
            // 读取上级类目信息
            $results1 = $ca->GetCategoryInfo($uCId);
           if($row1 = $results1->fetch_row()) {
             $uCName = $row[1];
           }
         }
       }
     }
     ……
     ?>
 <?php
    if($iLevel == 1)   //一级类目
      $sql = "Select * From Category Where UpperId=" . $cid;
    else               //二级类目
      $sql = "Select * From Category Where cid=" . $cid;
     $results3 = $ca->GetCDetail($sql); ?>
      </FONT> <TABLE width="100%" border="0" cellspacing="0">
  <?PHP while($row3 = $results3->fetch_row())  { ?>
       <TR>
       <TD  align="right"  height="21"><div  align="center"><img  src="IMG/into.gif"
```

```
width="9" height="9"></div></td>
          <TD align="left" height="21">
            <A          href="sort.php?cid=<?PHP         echo($row3[0]);         ?>"><?PHP
echo($row3[1]); ?></A></TD>
          </TR>
      <?PHP } ?>
```

（3）读取软件信息

程序会根据参数cid读取指定类别中包含的软件信息，代码如下：

```
    <?PHP
        if($iLevel == 1)  {
            $sql = "Select d.* From DownLoad d,Category c Where IsHide=0 And d.cid=c.cid
And c.UpperId=" . $cid . " Order By " . $order_name . " " .  $updown;
        }
        else
        {
            $sql = "Select * From DownLoad Where cid=" . $cid . " And IsHide=0 Order By
" . $order_name . " " . $updown;
        }
        $results4 = $dw->GetDLlist($sql);
        $exist = false;
        while($row4 = $results4->fetch_row()) {
            $exist = true;
        //下面省略显示软件信息的代码
        // ……
    ?>
```

附录 B HTML 语言简介

HTML 是 HyperText Markup Language（即超文本标记语言）的缩写，它是通过嵌入代码或标记来表明文本格式的国际标准。用它编写的文件扩展名是.html 或.htm，这种网页文件的内容通常是静态的，而且无法与后台数据库结合使用。

虽然可以使用很多可视化工具设计网页，但是在设计 PHP 脚本时，经常需要在代码中直接用到 HTML 语言，以实现不同的网页效果。本书使用 Dreamweaver 作为网页编辑工具，下面结合 Dreamweaver 介绍 HTML 语言的基础知识，这有助于读者理解本书的内容。

B1 基本结构标记

HTML 语言中包含很多 HTML 标记，它们可以被 Web 浏览器解释，从而决定网页的结构和显示的内容。这些标记通常成对出现，如<HTML>和</HTML>就是常用的标记对，语法格式如下：

```
<标记名> 数据 </标记名>
```

本节将介绍一些基本结构标记。HTML 文档可以分为两部分，即文件头与文件体。文件头中提供了文档标题，并建立 HTML 文档与文件目录间的关系；文件体部分是 Web 页的实质内容，它是 HTML 文档中最主要的部分，其中定义了 Web 页的显示内容和效果。

常用的结构标记如表 B1 所示。

表 B1　　HTML 常用的结构标记

结构标记	具体描述
<HTML>…</HTML>	标记 HTML 文档的开始和结束
<HEAD>…</HEAD>	标记文件头的开始和结束
<TITLE>…</TITLE>	标记文件头中的文档标题
<BODY>…</BODY>	标记文件体部分的开始和结束
<!--…-->	标记文档中的注释部分

这些基本结构标记文档的使用实例如下：

```
<HTML>
  <HEAD>
    <TITLE> HTML 文件标题.</TITLE>
  </HEAD>
  <BODY>
```

```
    <!-- HTML 文件内容  -->
  </BODY>
</HTML>
```

这些标记只用于定义网页的基本结构，并没有定义网页要显示的内容。因此，在浏览器中查看此网页时，除了网页的标题外，其他部分与空白网页没有什么区别。

<!—和 -->是 HTML 文档中的注释符，它们之间的代码不会被解析。

B2　设置网页背景和颜色

设计网页时，首先需要设置网页的属性。常见的网页属性是网页的颜色和背景图片。

可以在<BODY>标记中通过 background 属性设置网页的背景图片，例如：

```
<BODY background="Greenstone.bmp">
```

可以在<BODY>标记中通过 backcolor 属性设置网页的背景图片，例如：

```
<BODY bgcolor="#00FFFF">
```

<BODY>标记中的常用属性如表 B2 所示。

表 B2　<BODY>的常用属性

属　性	说　明
BACKGROUND	文档的背景图像
BGCOLOR	文档的背景色
TEXT	文档中文本的颜色
LINK	文档中链接的颜色
VLINK	文档中已被访问过的链接的颜色
ALINK	文档中正被选中的链接的颜色

B3　设置字体属性

可以使用<font>…</font>标记对网页中的文字设置字体属性，包括选择字体、设置字体大小等，例如：

```
<font face="黑体" size="4">设置字体.</font>
```

face 属性用于设置字体类型，size 属性用于设置字体大小。也可以使用 color 属性设置字体的颜色。

还可以设置文本的样式，包括加粗、倾斜和下画线等。使用<b>…</b>定义加粗字体，使用<i>…</i>定义倾斜字体，使用<u>…</u>定义下画线字体。这些标记可以混合使用，定义同时具有多种属性的字体。例如：

```
<p><b>加粗</b> <i>倾斜</i> <u>下画线</u></p>
```

在上面的代码中，可以看到一对<p>…</p>标记，它用于定义字体的分段。可以单独定义<p>和</p>之间元素的属性。比较常用的属性是 aligh = #，#可以是 left、center 或 right。left 表示文字居左，center 表示文字居中，right 表示文字居右。例如：

```
<p align="center"><b>加粗</b> <i>倾斜</i> <u>下画线</u></p>
```

也可以通过选择样式来设置字体。HTML 语言中有一些默认样式，标题是常用的样式之一。标题元素有 6 种，分别为 H1，H2，…，H6，用于表示文章中的各种题目。标题号越小，字体越大。一般情况下，浏览器对标题作如下解释。

- H1：黑体，特大字体，居中，上下各有两行空行。
- H2：黑体，大字体，上下各有一到两行空行。
- H3：黑体（斜体），大字体，左端微缩进，上下空行。
- H4：黑体，普通字体，比 H3 有更多缩进，上边空一行。
- H5：黑体（斜体），与 H4 有相同缩进，上边空一行。
- H6：黑体，与正文有相同缩进，上边空一行。

例如，下面的代码可以定义一个居中的一级标题。

```
<h1 align="center">标题</h1>
```

B4　超级链接

超级链接是网页中一种特殊的文本，也称为超链接，通过单击超级链接可以方便地转向本地或远程的其他文档。超级链接可分为两种，即本地链接和远程链接。本地链接用于连接本地计算机的文档，而远程链接则用于连接远程计算机的文档。

在超级链接中必须明确指定转向文档的位置和文件名。可以使用 URL（Uniform Resource Locator，统一资源定位器）指定文档的具体位置，它的构成如下：

```
protocol:// machine.name[:port]/directory/filename
```

其中，protocol 是访问该资源所采用的协议，即访问该资源的方法，它可以是以下内容。

- HTTP：超文本传输协议，该资源是 HTML 文件。
- File：文件传输协议，用 ftp 访问该资源。
- FTP：文件传输协议，用 ftp 访问该资源。
- Gopher：gopher 协议，该资源是 gopher 文件。
- News：表明该资源是网络新闻。

madcine.name 是存放该资源主机的 IP 地址或域名，如 www.php.net。port 端口号，是服务器在该主机所使用的端口号。一般情况下端口号不需要指定，只有当服务器所使用的端口号不是默认的端口号时才指定。

directory 和 filename 是该资源的路径和文件名。

下面是一个典型的 URL：

```
http://www.php.net/downlaod.php
```

通常网站都会指定默认的文档，所以直接输入 http://www.php.net 就可以访问到 PHP 网站的首页文档。

下面是一个定义超级链接的例子：

```
<a href="http://www.php.net">PHP 网站</a>
```

在<a>和</a>之间定义超级链接的显示文本，href 属性定义要转向的网址或文档。

在超级链接的定义代码中，除了指定转向文档外，还可以使用 target 属性来设置单击超级链接时打开网页的目标框架。可以选择_blank（新建窗口）、_parent（父框架）、_self（相同框架）、_top（整页）等目标框架。比较常用的目标框架为新建窗口，使用它来定义一个新的超级链接，显示文本为“在新窗口中打开 PHP 网站”，定义代码如下：

```
<a target="_blank" href="http://www.php.net">在新窗口中打开 PHP 网站</a>
```

如果没有使用 target 属性，单击超级链接后将在原来的浏览器窗口来浏览新的 HTML 文档。

在 HTML 语言中，电子邮件超级链接的定义代码如下：

```
<a href="mailto:johney2008@sina.com">我的邮箱</a>
```

超级链接还可以定义在本网页内跳转，从而实现类似目录的功能。比较常见的应用包括在网页底部定义一个超级链接，用于返回网页顶端。首先需要在跳转到的位置定义一个标识，在 Dreamweaver 中这种定义位置的标识被称为命名锚记（在 FrontPage 中被称为书签）。

例如，可以在网页的顶部定义命名锚记 top，代码如下：

```
<a name="top" id="top"></a>
```

在<a>标记中增加了一个 name 属性，表示这是一个名字为 top 的命名锚记。

创建命名锚记是为了在 HTML 文档中创建一些链接，通过这些链接可以方便地转向同一文档中有命名锚记的地方，代码如下：

```
<A HREF="url#name">转到命名锚记 name</A>
```

HREF 属性的值如果是命名锚记名，必须在命名锚记名前面加一个“#”号。例如，在网页 href.html 的尾部添加如下代码：

```
<a href="#top">返回顶部</a>
```

单击“返回顶部”超级链接将跳转到网页顶部。

B5　图像和动画

HTML 语言中使用<img>标记来处理图像，例如：

```
<img src="pic.gif">
```

src 属性用于指定图像文件的文件名，包括文件所在的路径。这个路径既可以是相对路径，也可以是绝对路径。除此之外，<img>标记还有其他的属性。

- alt：当鼠标光标移动到图像上时显示的文本。
- align：图像的对齐方式。
- border：图像的边框。
- width：图像的宽度。
- height：图像的高度。
- hspace：水平空距。
- vspace：垂直空距。

还可以使用<img>标记来处理动画。例如，在网页中插入一个多媒体文件 clock.avi，其代码如下：

```
<img border="0" dynsrc="clock.avi" start="fileopen" width="321" height="321">
```

dynsrc 属性用于指定动画文件的文件名，包括文件所在的路径；start 属性用于指定动画开始播放的时间；fileopen 表示网页打开时即播放动画。

网页中常见的多媒体文件类型如表 B3 所示。

表 B3　　网页中常见的多媒体文件类型

文件类型	说　明
.avi	Windows 视频文件
.mov	Quicktime 电影
.mpg / mpeg	国际标准的动画/电影文件格式
.rm / .ram	需要使用 RealPlayer 播放
.swf	使用 Macromedia 公司的 Flash 软件制作

B6　表　格

在 HTML 语言中表格由<table>…</table>标记对定义，表格内容由<tr>…</tr>和<td>…</td>标记对定义。<tr>…</tr>定义表格中的一行，<td>…</td>通常出现在<tr>…</tr>之间，用于定义一个单元格。例如，定义一个 3 行 3 列的表格，代码如下：

```
<table width="200" border="1">
  <tr>
    <td> </td>
    <td> </td>
    <td> </td>
  </tr>
  <tr>
    <td> </td>
    <td> </td>
    <td> </td>
  </tr>
  <tr>
    <td> </td>
    <td> </td>
    <td> </td>
  </tr>
</table>
```

 是 HTML 语言中的空格。下面介绍表格的常用属性。

1．通栏

被合并的单元格会跨越多个单元格，这种合并的单元格被称为通栏。通栏可以分为横向通栏和纵向通栏两种，<td colspan=#>用于定义横向通栏，<tr rowspan=#>用于定义纵向通栏。#表示通栏占据的单元格数量。

2．表格大小和边框宽度

在 table>标记中表格的大小用 width=#和 height=#属性说明。前者为表宽，后者为表高，#是以像素为单位的整数，也可以是百分比。在前面的例子中，可以看到 width 属性的使用。

边框宽度由 border=#属性定义，#为宽度值，单位是像素。例如，下面的 HTML 代码定义了一个边框宽度为 4 的表格。

```
<table border="4" width="100%" id="table1">
    ……
    </table>
```

3. 背景颜色

在 HTML 语言中，可以使用 bgcolor 属性设置单元格的背景颜色，格式为 bgcolor=#。#是十六进制的 6 位数，格式为 rrggbb，分别表示红、绿、蓝三色的分量，或者是 16 种已定义好的颜色名称。

例如，下面的 HTML 代码定义表格第一行的背景颜色为 C0C0C0（灰色）。

```
<table border="1" width="100%" id="table1">
    <tr>
        <td colspan="2" bgcolor="#C0C0C0">
        <p align="center">表格</td>
    </tr>
    <tr>
        <td bgcolor="#C0C0C0">
        <p align="center">域名</td>
        <td bgcolor="#C0C0C0">
        <p align="center">说明</td>
    </tr>
    ……
    </table>
```

4. 边框颜色

在表格中，可以设置两种边框的颜色，即亮边框和暗边框。设置亮边框颜色的属性为 bordercolorlight，设置暗边框颜色的属性为 bordercolordark。

例如，下面的 HTML 代码定义了表格的边框颜色。

```
<table border="1" width="100%" id="table1" bordercolorlight="#FF0000" bordercolordark="#00FFFF">
    <tr>
        <td colspan="2" bgcolor="#C0C0C0">
        <p align="center">表格</td>
    </tr>
    <tr>
        <td bgcolor="#C0C0C0">
        <p align="center">域名</td>
        <td bgcolor="#C0C0C0">
        <p align="center">说明</td>
    </tr>
    ……
    </table>
```

B7　使用框架

框架（Frame）可以将浏览器的窗口分成多个区域，每个区域可以单独显示一个 HTML 文件，各个区域也可以相关联地显示某一个内容。例如，可以将索引放在一个区域，文件内容显示在另一个区域。框架通常的使用方法是在一个框架中放置可供选择的链接目录，而将 HTML 文件显示在另一个框架中。

定义框架的基本代码如下：

```
<html>
<head>
<title>...</title>
</head>
<noframes>...</noframes>
<frameset>
<frame src="url">
</frameset>
</html>
```

1. <noframe>元素

<noframe>元素中包含了框架不能被显示时的替换内容。<noframe>元素通常在 FRAMESET 标记中使用，它在浏览器不支持框架或框架被禁用时，提供替换内容。

2. <frameset>元素

<frameset>元素是一个框架容器，它将窗口分成长方形的子区域，即框架。在一个框架设置文档中，<frameset>取代了<body>位置，紧接<head>之后。

<frameset>元素包含一个或者多个<frameset>和<frame>元素，并可能含有一个可选的<noframe>元素。<frameset>的基本属性包括 rows 和 cols，它们定义了框架设置元素中的每个框架的尺寸大小。rows 值从上到下给出了每行的高，cols 值从左到右给出了每列的宽。

3. <frame>元素

<frame>元素定义了一个框架，每个<frame>元素必须包含在一个定义了该框架尺寸的<frameset>元素中。

<frame>元素的属性说明如下。

- name：框架名称。
- src：框架内容 URL。
- longdesc：框架的长篇描述。
- frameborder：框架边框。
- marginwidth：边距宽度。
- marginheight：边距高度。
- noresize：禁止用户调整框架尺寸。
- scrolling：规定了行内框架中是否需要滚动条。

B8 层叠样式表

层叠样式表（Cascading Style Sheet，CSS）可以扩展 HTML 的功能，重新定义 HTML 元素的显示方式。CSS 所能改变的属性包括字体、文字间的空间、列表、颜色、背景、页边距、位置等。使用 CSS 的好处在于用户只需要一次性定义文字的显示样式，就可以在各个网页中统一使用了，这样既避免了用户的重复劳动，也可以使系统的界面风格统一。

CSS 是一种能使网页格式化的标准，使用 CSS 可以使网页格式与文本分开，先决定文本的格式是什么样的，然后再确定文档的内容。

定义 CSS 的语句形式如下：

```
selector {property:value; property:value; ...}
```

其中各元素的说明如下。

- selector：选择符。有 3 种选择符，第一种是 HTML 的标签，如 p、body、a 等；第二种是 class；第三种是 ID。
- property：就是那些将要被修改的属性，如 color。
- value：property 的值，如 color 的属性值可以是 red。

下面是一个典型的 CSS 定义。

```
a {color: red}
```

此定义使当前网页的所有链接都变成了红色。通常把所有的定义都包括在 STYLE 元素中，STYLE 元素在 HEAD 和</HEAD>之间使用。例如：

```
<HTML>
<HEAD>
  <STYLE>
    A {color: red}
    P {background-color:blue; color:white}
  </STYLE>
</HEAD>
<BODY>
  <A href="http://www.yourdomain.com">CSS 示例</A>
  <P>你注意到这一段文字的颜色和背景颜色了吗?</P> 怎么样?
</BODY>
</HTML>
```

运行结果如图 B1 所示。

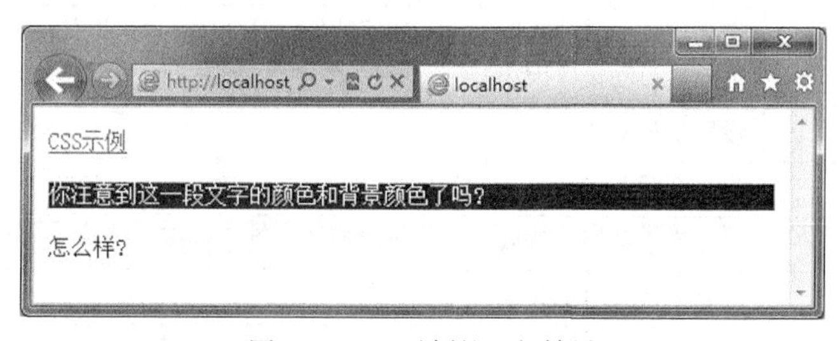

图 B1　CSS 示例的运行结果

CSS 中有许多属性用于定义 HTML 文档的格式，其常用属性如表 B4 所示。

表 B4　CSS 的属性

属　　性	说　　明
background-attachment	指定背景图像是否随着用户滚动窗口而滚动。该属性有两个属性值，fixed 表示图像固定，acroll 表示图像滚动
background-color	用来改变元素的背景颜色，可以为其赋 RGB 值
background-image	设置背景图像的 URL 地址
background-position	用于改变背景图像的位置。此位置是相对于左上角的相对位置
border-bottom-width	用于设置边框底部的宽度。该属性有 4 个属性值，thin 表示使用细线条边框，medium 表示使用中等和细线条边框，thick 表示使用粗线条边框，length 表示自定义边框线条宽度
border-color	设置边框颜色，可以使用 RGB 值，也可以使用颜色名，如 RED

续表

属　性	说　明
border-left-width	设置左侧边框宽度，属性值与 border-bottom-width 的属性值相同
border-right-width	设置右侧边框宽度，属性值与 border-bottom-width 的属性值相同
border-style	设置边框的样式，该属性有 7 个属性值，none 表示无边框，dotted 表示点线边框，dashed 表示虚线边框，solid 表示实线边框，double 表示双线边框，groove 表示 3D 凹线边框，ridge 表示 3D 边框
border-top-width	用于设置边框顶部宽度
clear	用于决定在元素周围不显示浮动元素。该属性有 4 个属性值，none 表示允许四周浮动
color	设置前景颜色，black 表示黑色，silver 表示银色，gray 表示灰色，white 表示白色，maroon 表示栗色，red 表示红色，purple 表示紫色，fuchsia 表示紫红色，green 表示绿色，lime 表示橙色，olive 表示橄榄色，yellow 表示黄色，navy 表示深蓝色，blue 表示蓝色，teal 表示湖蓝色，aqua 表示浅绿色
font-family	设置文本的字体。有些字体不一定被浏览器支持，在定义时可以多给出几种字体，例如 P {font-family: Verdana, Forte, "Times New Roman"} 浏览器在处理上面这个定义时，首先使用 Verdana 字体，如果 Verdana 字体不存在，则使用 Forte 字体，如果还不存在，最后使用 Times New Roman 字体
font-size	设置字体的尺寸
font-style	设置字体样式，normal 表示普通，bold 表示粗体，italic 表示斜体
font-weight	设置字体重量，normal 表示普通，bad 表示极粗，bolder 表示粗体，lighter 表示较细
height	用来指定元素的高度，可以使用数值、百分比，也可以使用 auto 属性，让浏览器根据元素自动设置大小
letter-spacing	设置字母间距
line-height	设置行间距
list-style-image	设置列表的图像样式，此规则将影响到列表的所有项
list-style-position	设置列表标号的位置
list-style-type	设置列表的类型样式
margin-bottom	设置元素距底部边缘的距离
margin-left	设置元素距左侧边缘的距离
margin-right	设置元素距右侧边缘的距离
margin-top	设置元素距顶部边缘的距离
text-align	用于设置文本对齐方式
text-decoration	用于修饰文本
text-indent	用于设置文本的首行缩进
text-transform	用于转换文本的大小写
vertical-align	用于设置垂直对齐方式
width	用于设置元素宽度
word-spacing	用于设置元素的字符间距

附录 C 下载本书所需的软件

本书使用的软件多数可以免费从其官网下载，为方便读者阅读和学习，下面介绍下载本书所需软件的方法。

C1 下载 Apache HTTP Server

在遵守相关许可的前提下，用户可以免费下载到 Apache HTTP Server 的源代码和安装程序。

访问 Apache HTTP Server 项目首页，网址如下：

```
http://httpd.apache.org/
```

打开首页，如图 C1 所示。Download!下面的 From a Mirror 超链接，可以打开下载页面，如图 C2 所示。

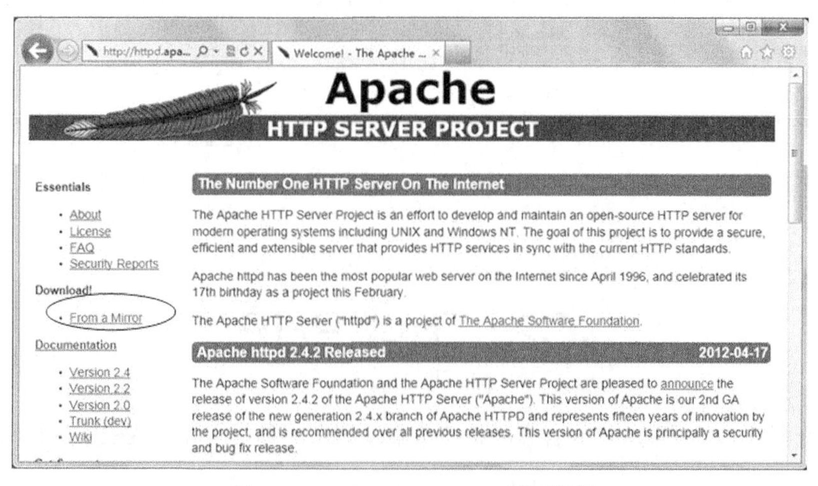

图 C1　Apache HTTP Server 项目首页

在页面中可以选择下载多种程序包，包括 UNIX 和 Windows 的开源代码与二进制程序安装包。读者可以根据需要选择下载。在笔者编写本书时，最新的 Apache HTTP Server 版本是 2.4.2。但此时该版本并不支持 Windows 平台，因此建议下载 2.2.22 版本。

在 Apache HTTP Server 下载页面中单击 2.2.22 超链接，打开下载 Apache HTTP Server 2.2.22 页面，如图 C3 所示。单击 httpd-2.2.22-win32-x86-no_ssl.msi 超链接即可下载 Apache HTTP Server 2.2.22 的 Windows 安装包。

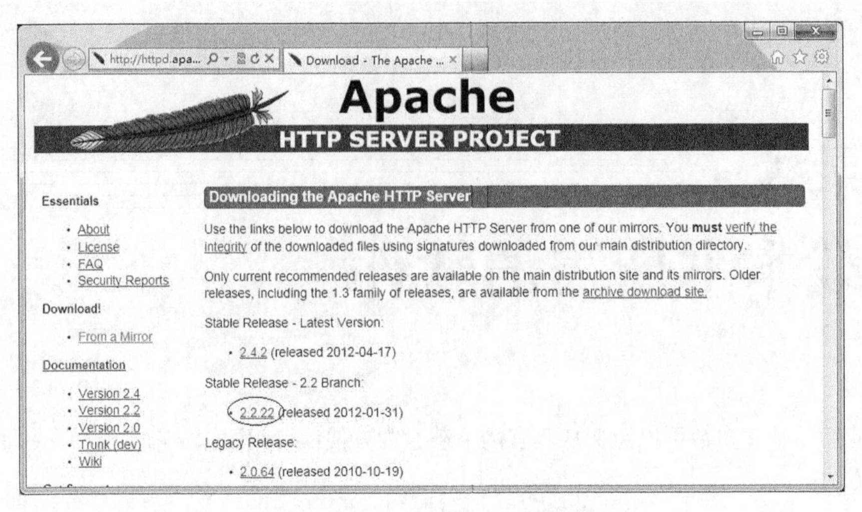

图 C2　Apache HTTP Server 下载页面

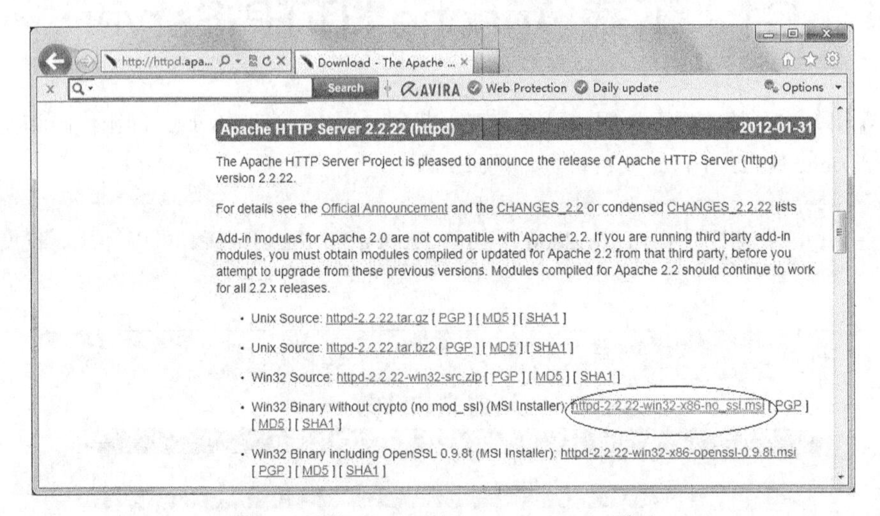

图 C3　下载 Apache HTTP Server 2.2.22 页面

C2　下载 PHP

PHP 是开源项目，可以从它的官方网站免费下载到它的源代码和安装程序。下载 PHP 的网址如下：

```
http://www.php.net/downloads.php
```

在浏览器中访问此网址，可以打开下载页面，如图 C4 所示。

在笔者编写本书时，最新的稳定版本是 PHP5.4.4。单击 Windows 5.4.4 binaries and source 超链接，打开 PHP5.4.4 下载页面，如图 C5 所示。

单击 VC9 x86 Thread Safe 下面的 Zip 超链接，开始下载。下载得到 PHP 二进制程序的 ZIP 压缩包，文件名为 php-5.4.4-Win32-VC9-x86.zip。由于 PHP 版本升级或网站改版等因素，读者看到的超链接和下载文件可能会稍有不同。

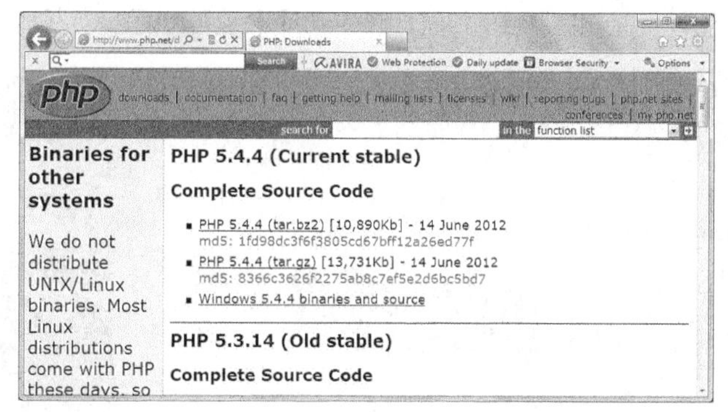

图 C4　PHP 下载页面

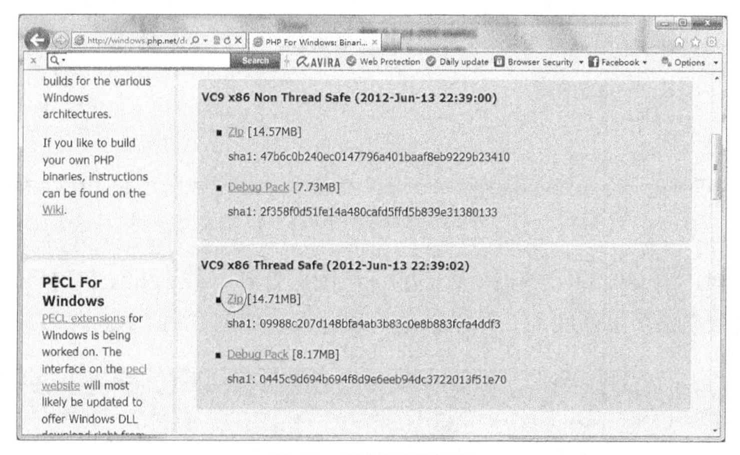

图 C5　选择下载镜像

C3　下载 EclipsePHP Studio

访问下载 EclipsePHP Studio 的页面，网址如下：

```
http://epp.php100.com/
```

下载 Eclipse 的页面如图 C6 所示。

图 C6　Eclipse PHP Studio 的下载页面

单击“下载 EPP”超链接，切换到页面底部，选择下载的产品，如图 C7 所示。

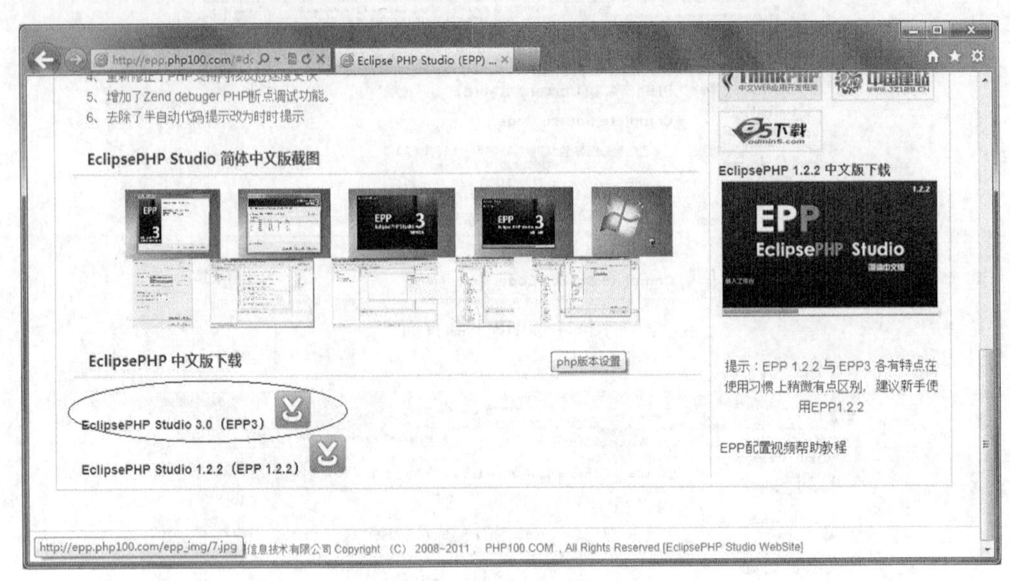

图 C7　选择下载的产品

单击 EclipsePHP Studio 3.0（EPP3）后面的下载图标打开下载 EclipsePHP Studio 3.0 简体中文版的页面。拖动滚动条至页面底部，可以看到下载链接，如图 C8 所示。

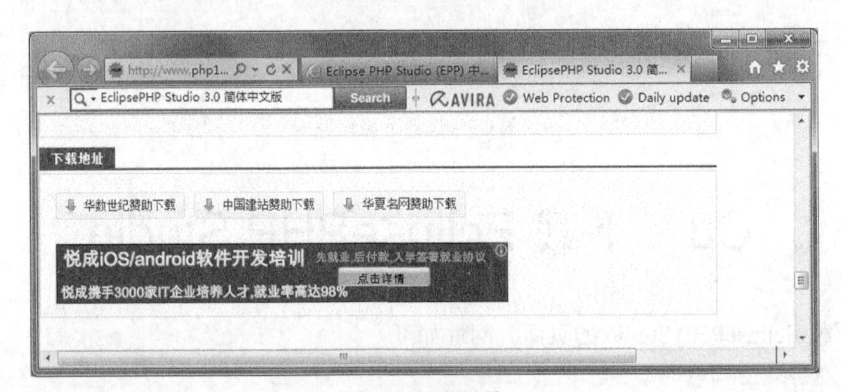

图 C8　下载链接

选择适当的下载链接即可开始下载，下载得到的文件为 EPP3_Setup.rar。

C4　下载 xdebug 插件

因为在 EclipsePHP 中调试 PHP 程序依赖于 xdebug 插件，所以需要访问下面的网站，下载 xdebug 插件。

```
http://www.xdebug.org/download.php
```

拖动滚动条至下载链接处，如图 C9 所示。

根据 PHP 的版本选择 xdebug 插件的版本，因为前面下载的 PHP 为 PHP 5.4 VC9 x86 Thread Safe 版，所以这里单击 PHP 5.4 VC9 TS (32 bit)超链接，下载得到 php_xdebug-2.2.1-5.4-vc9.dll。

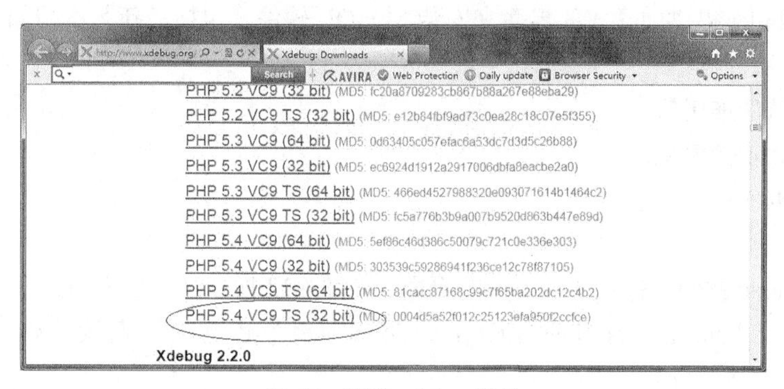

图 C9　下载 xdebug 插件

C5　下载 MySQL 数据库

访问下面的网址可以下载 MySQL 数据库。

```
http://dev.mysql.com/downloads/
```

访问下载页面，如图 C10 所示。

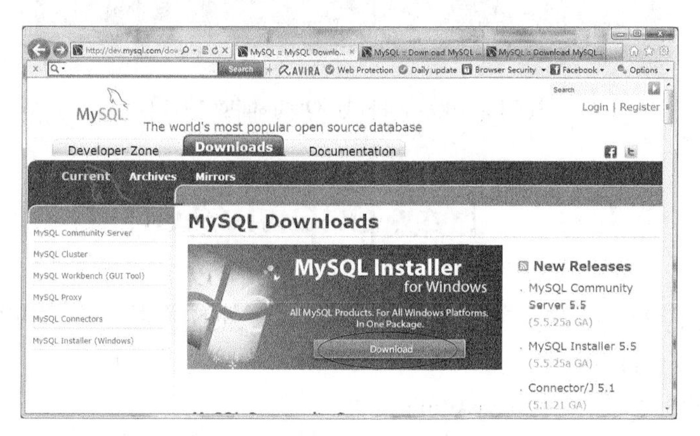

图 C10　下载 MySQL 数据库的页面

单击 Download 按钮，打开下载 MySQL Installer 的页面，如图 C11 所示。

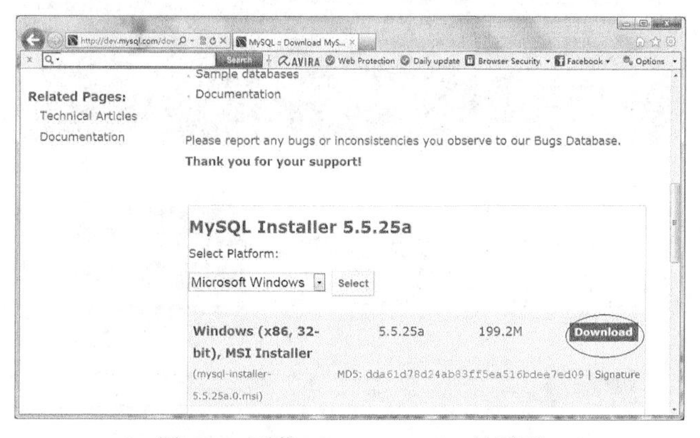

图 C11　下载 MySQL Installer 的页面

MySQL Installer 提供向导式的界面来安装 MySQL 软件，包括最新版本的如下软件：

- MySQL 服务器；
- 所有支持的连接器；
- 工作台和示例模型；
- 示例数据库；
- 文档。

单击 Download 按钮，打开开始下载的页面，如图 C12 所示。下载之前，可以注册一个用户，也可以直接单击“No thanks, just start my download!”超链接，直接开始下载。下载得到 mysql-installer-5.5.25a.0.msi。

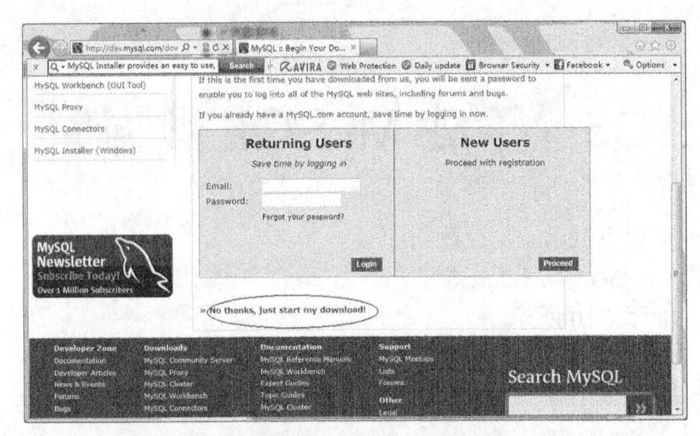

图 C12　开始下载 MySQL Installer 的页面

C6　下载 phpMyAdmin

phpMyAdmin 是非常流行的第 3 方图形化 MySQL 数据库管理工具，使用它可以更加直观方便地对 MySQL 数据库进行管理。

访问下面的网址可以下载 phpMyAdmin：

```
http://www.phpmyadmin.net/home_page/index.php
```

在浏览器中访问此网址，打开如图 C13 所示的网页。

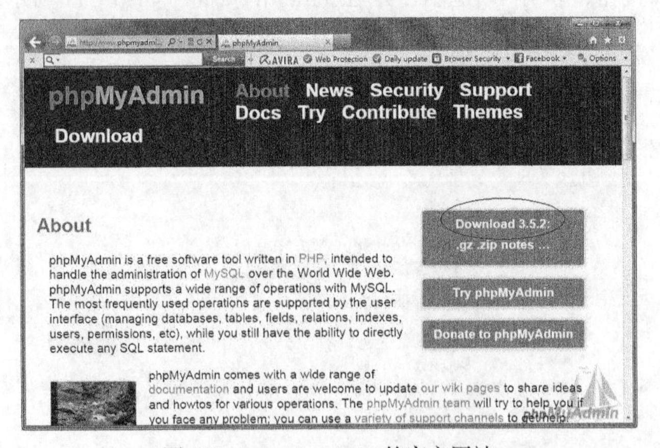

图 C13　phpMyAdmin 的官方网站

在笔者编写本书时，phpMyAdmin 的最新版本为 3.5.2。单击页面右侧的 Download 3.5.2 超链接，打开选择下载程序包的页面，如图 C14 所示。

图 C14　选择下载 phpMyAdmin 的程序包

选择 phpMyAdmin-3.5.2-all-languages.zip 程序包，此程序包可以支持中文。读者在下载 phpMyAdmin 时，程序的版本号可能会发生变化，请根据实际情况选择下载。